U0337015

含能材料译丛

纳米含能材料

——合成与表征及应用

Energetic Nanomaterials: Synthesis, Characterization, and Application

[俄]弗拉基米尔·E. 扎尔科(Vladimir E. Zarko)
[俄]亚历山大·A. 格罗莫夫(Alexander A. Gromov) 主编
任慧 于兰 赵婉君 译

国防工业出版社
·北京·

著作权合同登记　图字:军-2018-015号

图书在版编目(CIP)数据

纳米含能材料:合成与表征及应用/(俄罗斯)弗拉基米尔·E. 扎尔科,(俄罗斯)亚历山大·A. 格罗莫夫主编;任慧,于兰,赵婉君译. —北京:国防工业出版社,2020.12
(含能材料译丛)
书名原文:Energetic Nanomaterials:Synthesis,Characterization,and Application
ISBN 978-7-118-12046-2

Ⅰ.①纳…　Ⅱ.①弗…②亚…③任…④于…⑤赵…　Ⅲ.①纳米材料—功能材料—研究　Ⅳ.①TB383

中国版本图书馆CIP数据核字(2020)第246502号

Energetic Nanomaterials: Synthesis, Characterization, and Application,1 edition
Vladimir E. Zarko, Alexander A. Gromov
ISBN:978-0-12-802710-3

纳米含能材料——合成与表征及应用(任慧,于兰,赵婉君　译)
ISBN:978-7-118-12046-2

注　意

本书涉及领域的知识和实践标准在不断变化。新的研究和经验拓展我们的理解,因此须对研究方法、专业实践或医疗方法作出调整。从业者和研究人员必须始终依靠自身经验和知识来评估和使用本书中提到的所有信息、方法、化合物或本书中描述的实验。在使用这些信息或方法时,他们应注意自身和他人的安全,包括注意他们负有专业责任的当事人的安全。在法律允许的最大范围内,爱思唯尔、译文的原文作者、原文编辑及原文内容提供者均不对因产品责任、疏忽或其他人身或财产伤害及/或损失承担责任,亦不对由于使用或操作文中提到的方法、产品、说明或思想而导致的人身或财产伤害及/或损失承担责任。

※

国防工业出版社出版发行
(北京市海淀区紫竹院南路23号　邮政编码100048)
三河市腾飞印务有限公司印刷
新华书店经售
*
开本710×1000　1/16　印张23¼　字数402千字
2020年12月第1版第1次印刷　印数1—2000册　定价156.00元

(本书如有印装错误,我社负责调换)
国防书店:(010)88540777　书店传真:(010)88540776
发行业务:(010)88540717　发行传真:(010)88540762

主 编 介 绍

弗拉基米尔·E. 扎尔科(Vladimir E. Zarko)

俄罗斯,新西伯利亚,俄罗斯科学院新西伯利亚分院,燃烧与化学动力学研究所

俄罗斯,托木斯克,托木斯克州立大学

亚历山大·A. 格罗莫夫(Alexander A. Gromov)

德国,纽伦堡,乔治-西蒙-欧姆工业大学

德国,普芬茨塔尔,弗劳恩霍夫化学技术学院

俄罗斯,托木斯克,托木斯克理工大学

俄罗斯,莫斯科,俄罗斯科学院,谢苗诺夫化学物理研究所

作 者 列 表

安亭(Ting An)

中国,西安,西安近代化学研究所,燃烧与爆炸科学技术实验室

弗拉基米尔·A. 阿尔希波夫(Vladimir A. Arkhipov)

俄罗斯,托木斯克,托木斯克州立大学

乔瓦尼·科伦伯(Giovanni Colombo)

意大利,米兰,米兰理工大学,航空航天科学与技术系,空间推进实验室

路易吉·T. 德卢卡(Luigi T. DeLuca)

意大利,米兰,米兰理工大学,航空航天科学与技术系,空间推进实验室

斯特凡诺·多西(Stefano Dossi)

意大利,米兰,米兰理工大学,航空航天科学与技术系,空间推进实验室

G. C. 伊根(G.C. Egan)

美国,马里兰,马里兰大学帕克分校,化学与生物分子工程系,化学与生物化学系

伊戈尔·V. 福们科夫(Igor V. Fomenkov)

俄罗斯,莫斯科,泽林斯基有机化学研究所

卢西亚诺·加夫特(Luciano Galfetti)

意大利,米兰,米兰理工大学,航空航天科学与技术系,空间推进实验室

阿龙·加尼(Alon Gany)

以色列,海法,以色列理工大学

奥列格·G. 格洛托夫(Oleg G. Glotov)
俄罗斯,新西伯利亚,俄罗斯科学院新西伯利亚分院,燃烧与化学动力学研究所

亚历山大·A. 格罗莫夫(Alexander A. Gromov)
德国,纽伦堡,乔治-西蒙-欧姆工业大学
德国,普芬茨塔尔,弗劳恩霍夫化学技术学院
俄罗斯,托木斯克,托木斯克理工大学
俄罗斯,莫斯科,俄罗斯科学院,谢苗诺夫化学物理研究所

L. J. 格罗文(L.J. Groven)
美国,南达科他州,拉皮德市,南达科他州矿业技术学院

I. E. 冈杜(I.E. Gunduz)
美国,印第安纳州,西拉法叶,普渡大学

郭效德(Xiao-de Guo)
中国,南京,南京理工大学,国家特种超细粉体工程技术研究中心

郝嘎子(Ga-zi Hao)
中国,南京,南京理工大学,国家特种超细粉体工程技术研究中心

洪伟良(Wei-liang Hong)
中国,深圳,深圳大学,化学与化工学院

胡艳(Yan Hu)
中国,南京,南京理工大学,化工学院,微纳含能器件联合实验室

A. 伊林(A. Il'in)
俄罗斯,托木斯克,托木斯克理工大学

S. 伊塞尔(S. Isert)
美国,印第安纳州,西拉法叶,普渡大学

姜炜(Wei Jiang)
中国,南京,南京理工大学,国家特种超细粉体工程技术研究中心

基尔提·坎普盖图拉(Keerti Kappagantula)
美国,俄亥俄州,雅典市,俄亥俄大学,机械工程系

亚历山大·G. 科罗特基赫(Alexander G. Korotkikh)
俄罗斯,托木斯克,托木斯克理工大学
俄罗斯,托木斯克,托木斯克州立大学

李凤生(Feng-sheng Li)
中国,南京,南京理工大学,国家特种超细粉体工程技术研究中心

刘杰(Jie Liu)
中国,南京,南京理工大学,国家特种超细粉体工程技术研究中心

菲利波·麦吉(Filippo Maggi)
意大利,米兰,米兰理工大学,航空航天科学与技术系,空间推进实验室

詹路易吉·马拉(Gianluigi Marra)
意大利,诺瓦拉,埃尼集团多内加尼研究所,可再生能源与环境研究中心

康斯坦丁·A. 莫诺盖夫(Konstantin A. Monogarov)
俄罗斯,莫斯科,俄罗斯科学院,谢苗诺夫化学物理研究所

亚历山大·S. 木卡西亚(Alexander S. Mukasyan)
美国,印第安纳州,诺特丹,诺特丹大学

尼基塔·V. 穆拉维耶夫(Nikita V. Muravyev)
俄罗斯,莫斯科,俄罗斯科学院,谢苗诺夫化学物理研究所

米歇尔·帕托亚(Michelle Pantoya)
美国,得克萨斯州,卢伯克,得克萨斯理工大学,机械工程系

克里斯蒂安·派拉文(Christian Paravan)
意大利,米兰,米兰理工大学,航空航天科学与技术系,空间推进实验室

奥拉·N. 皮基娜(Alla N. Pivkina)
俄罗斯,莫斯科,俄罗斯科学院,谢苗诺夫化学物理研究所

秦兆(Zhao Qin)
中国,南京,南京理工大学,化工学院,微纳含能器件联合实验室

亚历山大·S. 罗加乔夫(Alexander S. Rogachev)
俄罗斯,切尔诺戈洛夫卡,俄罗斯科学院,结构动力学与材料科学研究所
俄罗斯,莫斯科,MISIS 莫斯科国立钢铁合金学院

瓦莱里·罗森班德(Valery Rosenband)
以色列,海法,以色列理工大学

J. 斯诺诺曼(J. Schoonman)
荷兰,代尔夫特,代尔夫特理工大学,化学工程系

沈瑞琪(Ruiqi Shen)
中国,南京,南京理工大学,化工学院,微纳含能器件联合实验室

T. R. 西佩(T.R. Sippel)
美国,爱荷华州,埃姆斯,爱荷华州立大学

S. F. 桑(S.F. Son)
美国,印第安纳州,西拉法叶,普渡大学

乌利齐·泰皮(Ulrich Teipel)
德国,纽伦堡,乔治-西蒙-欧姆工业大学
德国,普芬茨塔尔,弗劳恩霍夫化学技术学院

B. C. 特瑞(B.C. Terry)
美国,印第安纳州,西拉法叶,普渡大学

王玉娇(Yu-jiao Wang)
中国,南京,南京理工大学,国家特种超细粉体工程技术研究中心

吴立志(Lizhi Wu)
中国,南京,南京理工大学,化工学院,微纳含能器件联合实验室

杨燕京(Yan-jing Yang)
中国,西安,西安近代化学研究所,燃烧与爆炸科学技术实验室

叶迎华(Yinghua Ye)
中国,南京,南京理工大学,化工学院,微纳含能器件联合实验室

仪建华(Jian-hua Yi)
中国,西安,西安近代化学研究所,燃烧与爆炸科学技术实验室

M. R. 打卡莱亚(M.R. Zachariah)
美国,马里兰,马里兰大学帕克分校,化学与生物分子工程系,化学与生物化学系

弗拉基米尔·E. 扎尔科(Vladimir E. Zarko)
俄罗斯,新西伯利亚,俄罗斯科学院新西伯利亚分院,燃烧与化学动力学研究所
俄罗斯,托木斯克,托木斯克州立大学

赵凤起(Feng-qi Zhao)
中国,西安,西安近代化学研究所,燃烧与爆炸科学技术实验室

朱朋(Peng Zhu)
中国,南京,南京理工大学,化工学院,微纳含能器件联合实验室

译 者 序

纳米含能材料是一个新兴的多学科交叉融合的领域，最初的构想来自美国劳伦斯·利弗莫尔国家实验室的 Simpson 研究员，他首次利用溶胶-凝胶技术制备出纳米铝热剂，从而引起火炸药行业的轰动。从 20 世纪末到 2010 年，很多研究者都是自发的、以兴趣为导向进行探索，研究对象很单一，大都围绕纳米铝热剂或者纳米粉体材料（如碳纳米管、富勒烯等）在含能配方中的添加来开展工作。可以说，这段时期的研究没有形成大的团队，也缺乏概念性、原理性、有深度的基础体系框架。2010 年之后，特别是随着纳米铝粉的规模化生产及产量的提升，关于纳米含能材料的话题又一次掀起了高潮。10 年间，世界各国纷纷涌现出很多优秀的科研团队，培养了一大批青年才俊。同时在纳米含能材料内涵与外延的阐释、作用机理分析、燃烧行为诊断、细观反应监测、化学动力学特征以及与微纳器件的集成制造等方面都有详细的论证和研究。发表在顶级期刊上的文章与年俱增，针对纳米含能材料的研究需求也牵引了微纳米尺度表征、原位在线观测，以及微环境、微区域检测、快速/超快速反应区参量测量等先进的结构、性能表征技术的发展。虽然前期我们取得了可喜的成绩，但是很多原理性、根本性、细节性的问题仍存在争议，特别是关于纳米含能材料的能量释放方式、能量输出结构以及能量利用率的提升空间等这些科学共性问题，均有待于进一步的梳理和剖析。

本书的主编 Vladimir E. Zarko 是国际著名燃烧动力学专家，现任俄罗斯科学院新西伯利亚分院燃烧与化学动力学研究所教授，凝聚态燃烧实验室主任。Zarko 教授在燃烧和物理化学等研究领域做出了突出贡献，曾荣获尤里加加林纪念奖章、尤里加加林勋章、院士克尔德什奖章和院士马克耶夫奖章和苏联国家奖章。他多次受邀来华进行学术交流，本书就是在他的努力促成下出版的。在此对 Zarko 教授及所有为本书贡献智慧的学者致以深深的敬意。

这本英文著作是将 2005—2015 年世界各地的成果采用集体编撰的方式汇集到一起，具有很高的学术价值。为了使国内更多研究机构与工业部门的科技人员尽早读到国外第一本系统阐述纳米含能材料的著作，译者在工作之余，利用散碎的个人空闲时间，完成了文稿的翻译。在此需要特别声明两点：一是纳米含能材料是新颖的、极富生命力的领域,2016 年至今在日新月异的发展快轨上又获得了一些显著进步,与之相比,书中个别观点和实验结论已略显粗浅;二是原文涉猎的理论体系繁杂,很多专家的见解颇为精深,由于译者水平有限,不妥之处在所难免,如蒙读者批评指正,我们将不胜感谢。

参加本书译校工作的还有于兰博士和赵婉君博士,她们二人为本书的出版付出了大量的辛勤劳动。同时感谢在译校过程中闫涛博士、李雅茹博士、王慧心博士以及王前硕士、管发扬硕士等的参与和付出。在此由衷感谢国防工业出版社装备科技译著出版基金的大力资助,感谢国防工业出版社的协助和支持。

任慧

2019 年 10 月

前　　言

本书综述了关于纳米含能材料历年来的研究结果。纳米含能材料是指由纳米组分组成,或包含纳米组分的含能材料或者含能体系。这是一个新颖但很有潜力的研究领域,其研究结果有望为先进炸药、推进剂及微型含能元器件的研发带来突破。纳米含能材料的共同优点是其极高的活性及超快速的化学反应速率。

最初,研究较多的纳米含能材料都是以纳米金属为基础的。如今很多国家都能够采用多种方法来制备这些材料,其产业化也达到了一定的成熟度。纳米含能材料研究的另一个方向是纳米氧化剂。作为催化剂,纳米氧化物已经广泛应用于固体推进剂及烟火剂配方中,这些配方能够达到燃烧传播速率数千米每秒。此外,纳米含能复合材料在微型火箭发动机及多种微芯片中也有广泛的应用。

显然,只有在原子水平上研究物质反应的内在机理,才能有效实现纳米含能材料的独特性能。为了掌握这些机理,需要利用先进的技术和精密的方法来进行探索。多个国家的学者在此方向上进行了大量的研究。

本书总结了纳米含能材料领域的最新研究成果(2005 年至今),这些成果来自中国、德国、以色列、意大利、俄罗斯及美国等多个国家的优秀科研团队。

第 1 章综合点评了目前纳米材料的制备和应用成果。重点关注了纳米化学研究中采用的一种自下而上的研究方法,该方法可用于在不同空间尺度上进行物质结构的构架。这种方法有助于人们深入理解如何调控纳米含能材料性能的机理,从而制备具有针对性物化性质的新型含能物质。

第 2 章系统讲解了与颗粒介质有关的基本反应动力学。介绍了设计纳米 Al 颗粒可燃剂的新方法,使配方具有更高的反应活性与更快的反应速率。除了制备之外,还介绍了一些用于定量测量燃烧性能的表征技术。

第 3 章主要调研了纳米金属(主要由金属丝电爆制得)在不同含能体系中的应用,重点研究其燃烧效率。含有纳米铝粉的化学反应体系,如推进剂、炸药及铝热剂等,在点火及燃烧速率等动力学特性上均有明显的改善。

第 4 章综述了含纳米 Al 颗粒含能材料燃烧的三个主要步骤:热传导机理、氧化壳层的作用以及反应路径。作者提出,很多实验上的困难限制了人们对于反应机理的认识，并且为今后的研究给出了一些建议。

第5章主要讨论的是纳米催化剂，包括纳米金属颗粒（Ni、Cu、Al）、纳米金属氧化物（（Fe_2O_3、CuO、Co_2O_3）、纳米金属氢化物（LiH、MgH_2、Mg_2NiH_4、Mg_2CuH_3）等。其中，详细研究了纳米催化剂对于AP和AP/HTPB热分解的催化作用，及其对于AP/HTPB推进剂燃烧性能的影响。

第6章主要介绍了表面上包覆有Ni或Fe纳米层的Al颗粒及其特性。包覆后的颗粒会在较低的温度下发生点火，点火时间也较未包覆的颗粒更短，主要是由于铝及其包覆金属之间形成了熔融的共晶层，从而发生放热反应。在含金属的固体推进剂的燃烧过程中，包覆的Al颗粒比未包覆的Al颗粒更不容易发生团聚。

第7章总结了关于多维度纳米结构含能材料的制备、表征及含能元器件的性能，包括碳纳米管/KNO_3、Al/CuO纳米线、Al/Ni纳米棒、Al/Co_3O_4纳米线、Al/Ti多层复合膜、Al/Ni多层复合膜、CuO/Al多层复合膜、多孔铜/NH_4ClO_4以及多孔铜/$NaClO_4$和三维Fe_2O_3。

第8章讲述了高能量球磨法制备金属-非金属、金属-金属纳米结构复合颗粒，以及铝热剂，如金属-金属氧化物混合纳米粉体的性质。这些反应体系表现出极低的点火温度、极高的反应前沿传播速率（高达数千米每秒）。同时也对此现象进行了分析。

第9章讨论了Ti、Al、Fe及Si的纳米氧化物对于奥克托今（环四亚甲基四硝胺，cyclotetramethylenete-tranitramine，简写为HMX）热分解和燃烧的催化作用。在界面催化机理中考虑了催化材料的点缺陷。结果表明，在颗粒表面存在的酸性或碱性官能团会影响表面电荷分布，从而影响上述纳米氧化物的催化效率。

第10章介绍了碳纳米管负载金属（Pb、Ag、Pd、Ni）或金属氧化物（PbO、CuO、Bi_2O_3、NiO）的复合催化剂的性质，及其对单基推进剂、双基推进剂、复合改性双基推进剂热分解和燃烧速率的影响。碳纳米管与金属氧化物纳米颗粒的协同作用，对含能材料的分解和燃烧产生影响，提高了含能材料的燃烧性能，使其有望应用于固体推进剂中。

第11章讨论了Al和Ti颗粒燃烧过程中形成的氧化物纳米颗粒的特性。虽然Al和Ti的燃烧机理有所不同，但是它们的氧化物纳米颗粒的尺寸几乎相同，并具有相似的形貌和电荷特征。在氧化物纳米颗粒的形成过程中，热电子发射效应会使纳米金属颗粒带电。本章还描述了氧化物气溶胶颗粒的演化过程，并阐述了在纳米颗粒生长机理研究中一些尚未解决的问题。

第12章介绍了纳米材料在推进剂中应用时的优异性能，研究发现纳米颗粒不会发生烧结现象，推进剂物料黏度也不会增加。一种方法是将纳米材料封装在晶体颗粒中作为纳米催化剂，该方法制得的产物比简单物理混合物展现出了更优异的性能；另一种方法是将纳米材料封装在金属材料（如 Al）中，在加热颗粒碎片的过程中，该方法制备的材料有利于金属颗粒的点火，以及生成尺寸更小的燃烧产物。

第 13 章介绍了先进的表征技术和方法，用于预表征固体含能体系中的纳米 Al 颗粒，并研究了不同方法制备的各种粉体（如利用空气或有机化合物进行钝化，用碳氢化合物和氟代烃进行包覆）的不同特性。这些研究结果有助于理解纳米添加剂的形态、结构、氧化活性等性质与推进剂、可燃剂的流变行为之间的关系。

本书的每章都按照出版物的标准流程进行了细致的编辑。因此，本书可供含能材料领域的学者及研究生阅读，也可作为从事含能材料制备、表征和应用的有关科研人员、工程技术人员参考书。

各章中出现的材料分类如下表所列：

材料/方法	第1章	第2章	第3章	第4章	第5章	第6章	第7章	第8章	第9章	第10章	第11章	第12章	第13章
纳米 Al 颗粒	+	+	+	+	+	+	+	+				+	+
纳米铝基推进剂	+		+	+	+	+				+		+	+
纳米复合材料	+	+			+		+	+	+	+	+	+	+
纳米炸药	+		+						+				
纳米铝热剂	+	+	+	+	+	+	+	+					
性能表征	+	+	+	+	+	+	+	+	+	+	+		+
纳米材料合成	+	+				+	+	+		+	+	+	

Vladimir E. Zarko
Alexander A. Gromov
2015 年 7 月 31 日

目　　录

第1章 纳米含能材料:燃烧与推进的新时代

Vladimir E. Zarko

1.1 概 述

在所谓纳米世界,化学物质是通过原子的自排列而制造的。“纳米”的概念出现于20世纪中叶,包括纳米科学和纳米技术。诺贝尔奖获得者 Richard Feynman 在一次题为“There is Plenty of Room at the Bottom”的演讲中(1959年)表示:“构造若干个原子大小的装置并不违反任何物理定律。”然而,确切地说,人类实际上早在几世纪以前就开始与纳米材料打交道了。例如,收藏于大英博物馆的古罗马莱克格斯酒杯(公元4世纪),中世纪欧洲大教堂中镶嵌着纳米 Au 颗粒的彩绘玻璃窗(约公元5世纪),以及达盖尔银版摄影(1839年)等。

近年来,人们已经在有针对性地制备新型纳米材料,开发了新颖的纳米工具代替旧的工业化设备,还发现了物质在纳米尺寸上具有的新特性。鉴于此,纳米科学和纳米技术不应视为全新的科学,而是“科学工作的进步”。纳米技术应该是一种改进,而不是改革。

纳米材料的定义具有一定的主观性,它可以基于不同的标准。首先,它涉及一个尺寸区域,通常对应于亚微米尺度。一般来说,在不同的科学技术领域中,会采用不同的长度划分来定义粗颗粒和细颗粒,通常认为100nm是细颗粒和纳米颗粒的分界线[1]。然而,也可以根据物理性质变化巨大时所对应的尺寸来定义这个边界,如熔化温度。此时,这一界线的确定取决于该物质的性质:对于铝 Al 来说,约为15nm;对于 Au 来说,约为50nm。另一种定义边界的方法是依据化学活性的变化,对于含能材料来说,通常在100nm以下称为纳米级,因为在该尺度下材料的点火和燃烧反应会出现明显的加速[2]。因此,在讨论纳米颗粒的性质及其行为等问题时,必须考虑纳米尺寸的具体定义。

纳米技术为纳米材料的精确制备提供了条件。因此,纳米技术的定义通常包括“有针对性地制备纳米材料”,此处的纳米材料是指至少有一个维度处于纳米尺寸上的物体。S. Pearton[3] 在一篇评论中曾强调,正如任何一种新事物一样,纳米技术也具有典型的发展历程,会经历不同的时期,如萌芽前期、萌芽期、风靡期、饱和期、泛滥期、反弹期以及反弹之反弹期等。可以用一条具有正弦曲线形式的预测图更形象地描述,曲线上的第一个波峰可视为饱和点,波谷可视为反弹点。按照"佛罗里达州原始预测法"来说,不同的技术正处于不同的时期,如生物材料似乎正处于其发展历程的最初峰值期。M. Zachariah 委婉地道出了纳米含能材料的现状[4]。他强调,纳米含能材料的意义在于突破了利用传统 CHNO 体系得到的基础热力学理论的限制。研究人员和工程师们清醒地认识到,典型的 CHNO 化学体系已接近化学储能的极限。纳米含能材料潜在的应用优势在于它们具有高体积能量密度,生成产物环保,能量释放速率可调控,且感度也低。这使得活性纳米复合材料有着广阔的应用前景,包括环境清洁型的点火器、雷管、新型火箭推进剂、炸药和热电池等。

过去,人们曾希望在小颗粒物中存在与高压缩力有关的大量额外能量。然而后来,从理论和实验发现,实际应用中,纳米尺寸(30~100nm)的颗粒并未表现出明显的优势。同时,人们希望含能材料中可燃剂和氧化剂组分能够在更近的距离接触(几埃),即制备"纳米含能材料",这样就能够强烈地提高化学反应速率。这些期望是有道理的,但并非全部,实验研究发现实际作用远小于预期。正如文献[4]所讲:"我们还没有很好地在概念上把握此类系统中的点火和传播过程,与相应的分子炸药比起来,它们具有更显著的多样性。"因此,必须着重阐述上述过程的基本原理,以得到这个问题的答案,那就是如何才能做出一种优良的纳米含能复合物。

在一些独到的研究事例中,研究者们所制得的纳米含能材料具有非常快的燃烧速率,可用于不同的应用场合。例如,将高氯酸钠浸渍在多孔硅薄膜的纳米孔中,样品的燃烧速率达到 3000m/s 以上[5]。

还须注意的是,正如任何现代技术一样,纳米含能材料也可能会由于其应用而带来消极的恐慌和危险的后果。《法国科学院院刊》在一本名为《纳米科学和纳米技术:希望和担忧》的特别期刊(2011 年 12 期)中讨论了这一问题。即使不考虑这样的技术应用于社会的不同方面,也要注意由于其毒性和穿透生命体的能力(接触碳纳米管的小鼠,其大脑中发现了碳纳米管),以及更强的自燃性和对能量冲击的敏感性,处理纳米颗粒时必须进行一定的预防措施[6-7]。需要强调的是,直到现在,至少在欧洲,针对纳米科学和纳米技术这一特定领域的法律条例仍未建立。其中一个原因是,许多情况下人们对于职业风险的科学知识仍不明确。根据欧盟的定义,纳米科学"涉及的是在原子、分子以及大分子尺度上对现象的研究和对材料的操控,纳米尺寸上与宏观尺度上的性质具有显著不同"。

在为新的纳米技术立法时,必须考虑风险方面的问题,并以此作为基础,用于制定规章[8]。有一些关于纳米材料的讨论认为,“是否能够释放出纳米物质”是纳米安全研究的主题。从制定规章的角度来看,具有纳米结构不是由离散颗粒而组成的材料,不存在释放出纳米物质的风险,也就不应该被认为是纳米材料。因此,在为新的纳米技术立法时,必须在纳米材料的定义上反映出这种差异。事实上,纳米材料的规章制定应该集中在纳米物质上,欧洲委员会联合研究中心的报告[9]指出了这一点。

纳米含能材料所具有的小临界直径,以及高反应速率和高热量释放使这些材料很适合用于火工器件。纳米复合含能材料的物理建模与仿真正在不断地进行中。纳米材料的制备和表征方法也越来越成熟和高效,形势持续良好发展。本章主要讨论纳米材料最近的研究进展以及未来研究的前景展望。单个金属颗粒的燃烧机理与点火特性、具有独特性能组分的纳米复合体系及其制备方法,都具有很重要的研究意义。

一些研究者指出,纳米铝粉(nAl)点火的确切物理机制尚未明确,其主要原因是目前缺乏有效的实验技术,因为想要记录发生在升温速率高达 $10^6 \sim 10^8$K/s时纳米尺寸颗粒的物理变化,这种实验很难设计。此外,在利用微小颗粒来增大材料的比表面积,减小可燃剂和氧化剂之间距离的同时,也限制了在这一尺度上对反应进行探索的能力。

随着对铝基活性纳米材料的深入研究,我们在研究新型高能炸药材料方面也取得了重大进展。最近的研究表明,炸药对外界刺激的敏感性随着晶体尺寸的减小而降低。因此,我们开始致力于合成不同炸药的(如 RDX(黑索今)、HMX(奥克托今)、CL-20(六硝基六氮杂异伍兹烷)、TATB(三氨基三硝基苯))的纳米晶体,采用的方法有蒸发辅助法和溶胶凝胶法等。

下面只是对材料进行简单的介绍和说明,并没有进行详细描述,读者可以阅读最近发表的几篇综述来获取更多的信息[10-13]。此外,本章也提供了一些前沿资讯。纳米含能材料使用中的一些优点及缺点也必须要关注。缺点主要涉及纳米材料的处理和基于它们的混合物的制备问题。以下几小节简要列出了这些内容。本章还讨论了纳米含能材料未来的应用前景和未来研究的展望。

1.2　纳米 Al 颗粒的燃烧

1.2.1　纳米颗粒的热传递

最近的研究[14]揭示了纳米 Al 颗粒燃烧传热的一些特点,结果表明,我们高估了燃烧过程中从纳米颗粒扩散到周围气体中而造成的热量损失。对于纳米颗粒，当其克努森数 $Kn>10$ 时（$Kn=2\lambda/d$，其中，λ 为气体分子的平均自由路径，d 为颗粒大小），必须要考虑 Kn 的影响。在这种情况下，必须采用非连续传热方程来描述颗粒到周围气体的热损失。然而，研究发现，实际应用该表达式时需要提供燃烧时间的数值，而该数值比实验能观测到的数值要小 2 个数量级。这一发现意味着，要正确描述纳米颗粒的传热过程，必须使用适当的能量调节系数和合理的低黏附概率，以保证氧气分子与铝表面反应时的碰撞。例如，在激波管实验中[14]，对于尺寸为 80nm 的纳米 Al 颗粒，测量得到的燃烧时间为 124μs，而不是估算的 1μs。为了校正理论预估，Allen 等使用的能量调节系数为 0.0035，黏附概率为 0.0009。他们得出的结论是，在激波管实验中的高温环境下，纳米金属颗粒会与周围气体发生热隔离。在模拟纳米金属颗粒燃烧时，必须考虑这种效应。

1.2.2 氧化层的影响

众所周知，氧化层的存在大大降低了纳米颗粒中活性金属含量。例如，同样是具有厚 3nm 的氧化层，30μm 颗粒的活性金属含量①为 99.9%，而 30nm 颗粒的活性金属含量仅为 51%。这就是近年来众多学者致力于研究没有钝化氧化层的金属颗粒的制备方法的原因。在保护活性金属不被空气氧化的方法中，使用有机自组装单分子膜可能是一种较为先进的方法，即通过分子的两亲吸附作用[15]，在材料表面形成致密的有机薄膜组织。据预计，在一厚层有机分子膜的存在下，金属颗粒受到的“污染”将会非常小。然而，在实际中，全氟羧酸（$C_{13}F_{27}COOH$）钝化的 Al 颗粒（80~100nm）中活性铝含量仅为 23%~25%[16-17]。这是因为在使用湿法化学技术将金属在溶液中进行包覆时，金属颗粒表面完全失去了氧化层的保护。

文献[18-19]中提出了另一种钝化纳米金属颗粒的方法。通过 Gen-Miller 流悬浮装置[20]制备纳米 Al 颗粒，先将金属蒸发，然后在六甲基二硅氮烷蒸气与氩气的混合气体中冷凝得到产物，初始粒径约为 50nm。得到的产物中，三甲基硅烷包覆在纳米 Al 颗粒上，这使得颗粒的粒度有了小幅度的变化，从 48nm 增加到 54nm。令人惊讶的是，活性铝的含量增长幅度很小，在 Al_2O_3 壳包覆时为 72.5%，而聚合物包覆时为 74.5%。在经历 60 天的储存后，二者仍保持微小的差异（Al_2O_3 壳下为 64.4%，聚合物包覆下为 66.6%）。

① 本书中的“含量”均指的是“质量分数”。

上述资料表明,想要钝化金属颗粒表面而不损失活性金属含量,在技术上存在着很大的困难。

1.2.3 对固体推进剂燃烧速率和性能的影响

纳米金属颗粒首次作为含能材料应用,是在固体推进剂中。据预计,在推进剂配方中使用纳米铝粉代替微米铝粉不仅能够提高燃烧速率,而且可以降低燃烧速率对压强的依赖性。20世纪60年代,化学物理研究所(莫斯科)研究初期获得的数据表明,在高氯酸铵和沥青黏结剂的复合推进剂中,将13%或31%的15μm铝粉替换为纳米铝粉(Gen-Miller型,90nm),其燃烧速率增加了约50%;但在其燃烧规律中,压强指数也增加了约10%[21]。在接下来的几年里,当第一批电爆纳米Al颗粒成功制备时,研究人员猜测,这些亚微米级的金属颗粒中会存在一部分额外的生成热,可用于提高推进剂的能量。文献[22]中提出了纳米Al颗粒中存在额外能量(高达400cal/g,1cal=4.1868J)的想法。后来,文献[23]详细地研究了这一效应。经差热分析实验证实,通过电爆铝丝制得的纳米Al颗粒(50~100nm),在经过0.5~1.5年的老化后,检测不到有任何能量储存的迹象。实验中测得的580℃处的弱放热峰是颗粒的氧化,可能是由于吹扫气(氩气或氦气)中少量氧气的存在造成了颗粒的氧化,也可能是颗粒本身吸附了空气。需要注意的是,可燃剂的能量效应应该会体现在固体推进剂的比冲量中。然而,纳米Al颗粒中氧化物含量的增加将会减少甚至掩盖这种效应。因此,对它的检测需要用专门的手段进行详细测量,这些都会在今后做进一步的研究。

使用超细铝粉的另一个目的是希望能够降低推进剂燃烧规律中的压强指数。在许多实验中,研究者试图通过将推进剂中的部分微米铝粉替换为纳米铝粉从而降低压强指数,但都失败了[24-26]。实验表明,在纳米铝粉的存在下,凝聚相的热释放量明显增加,因此提高了燃烧速率的大小,但并没有降低其压强指数。要注意的是,当以氧化物包覆的纳米铝粉代替微米铝粉时,由于纳米颗粒中Al_2O_3含量更高,固体推进剂中的总能量组分将会降低(金属颗粒尺寸越小,氧化物含量越高),从而降低了固体推进剂的能效。通过计算,在推进剂模型的配方中(70%高氯酸铵(AP)和15%含能黏合剂)含15%的铝,将15μm的普通铝粉(活性铝含量为99.5%)替换为80nm的纳米铝粉(活性铝含量为82.3%),将导致比冲量值I_{SP}从266.6s(15%Al)降低到260.6s(12.3%Al)。这些数值是在燃烧室压强为40atm($1atm=1.01325\times10^5Pa$)和喷管出口压强为1atm的条件下估算得到的。

纳米金属颗粒在使用中的一个明显缺点是,由于其比表面积较大,当推进剂药浆中的颗粒含量超过10%时，就会导致体系黏度过高，从而限制了其在利用浇注技术生产固体推进剂中的应用。对含有Alex型纳米Al颗粒（80～100nm）的HTPB基药浆流变特性的研究表明，药浆黏度$\eta_{rel,Alex}$与固体添加剂的体积浓度C_V关系如下[27]：

$$\eta_{rel,Alex}=\eta_{suspension}/\eta_{HTPB}=1+5.5C_V-3.14C_V^2+74.5C_V^3$$

该方程在纳米金属颗粒的体积浓度$C_V<50\%$时适用。

1.2.4 纳米颗粒烧结的影响

一些新的研究结果从理论和实验上[28-29]验证了在快速升温条件下颗粒聚集为块状Al_2O_3迅速烧结的事实。因此，研究者们对纳米铝粉团在点火和燃烧过程中的有效颗粒尺寸提出了质疑。在文献[30]中进行的反应分子动力学计算表明，当铝核/氧化物壳颗粒快速加热时，在内部诱导电场的驱动下，内核处熔融的Al原子向外扩散到氧化物壳中，导致氧化物壳层在比其熔点低得多的温度下熔化，并且在表面张力的作用下使颗粒烧结。重要的是，根据计算结果，铝粉的特征烧结时间甚至比反应时间还要短。这就可以定性地解释对于非常小的Al颗粒，实验中无法测得其燃烧时间，因为这一时间极为短暂。

1.3 纳米复合铝热剂的燃烧

纳米粉体经常用于制备亚稳态分子间复合物（MIC）。MIC是纳米组分的混合物，在通常情况下是稳定的，在受到外界刺激（热、机械或电）进行触发后，能够释放出大量能量。常见的MIC是纳米金属颗粒（如Al、Mg、Zr、Hf等）和纳米金属氧化物（Fe_2O_3、MoO_3、Cr_2O_3、MnO_4、CuO、Bi_2O_3及WO_3等）的混合物。众所周知，对于传统铝热剂，由于相对缓慢的扩散过程，其燃烧反应也很慢。与传统铝热剂的反应速率相比，当铝热剂组分处于纳米尺寸时，扩散路径变短，反应速率明显提高。在金属和金属氧化物组成的MIC中添加聚合物、黏结剂、产气剂等组分能够为其燃烧过程提供必要的燃烧结构。MIC在应用领域中令人感兴趣的是其在微型电发动机中的使用。这与微型推进系统的发展，以及此类含能材料在微型发动机甚至小型飞船上的应用有关。据推测，这种混合物可以作为产气组分来应用。它们可以将高能特性与前所未有的稳定性、安全性相结合，并可以通过对粒度组成的精确调控而在较宽的范围内调控燃烧速率。对于纳米铝热剂，由于其反应速度快，因此在燃烧室壁上的能量损失可以忽略不计。例如，通过将79nm的Al颗粒和30nm×200nm的MoO_3纳米片机械混合制备MoO_3-Al

纳米铝热剂,在直径0.5mm的金属管中测得的燃烧速率可达790m/s。这种复合物有望应用于微尺度火箭推进剂中[31]。纳米MIC还有可能应用在弹药引信和电点火装置上[32]。

1.3.1 MIC制备方法

制备混合纳米含能材料可以采用多种先进技术,如喷墨法、气相沉积法、冷喷涂法等。在制备不同的MIC时,有三种技术方法应用较为广泛,分别是机械搅拌法、反应抑制混合法以及溶胶-凝胶法。机械搅拌法是最简单和最常见的生产纳米铝热剂的方法。将金属氧化物和可燃剂的纳米粉体在惰性液体中(为了减少静电荷)振荡混合和超声处理,以确保各组分的解聚及均匀分散。液体蒸发后,就得到了备用的铝热剂。几乎所有的铝热剂体系都可以采用机械搅拌技术来制备,简易性使其得到广泛应用。它的主要缺点是需要使用纳米级原材料。

反应抑制球磨法是基于转动球磨和振动球磨的应用来实现的。该方法是将金属氧化物和铝混合后一起研磨。其组分颗粒既可以是纳米级的,也可以是微米级的。在研磨过程中,混合颗粒形成复合颗粒,可燃剂和氧化剂都包含于同一颗粒中。这种技术制备的颗粒尺寸为1~50nm,由金属层(如Al)和氧化剂层组成,层厚均约为10nm。颗粒尺寸与研磨时间相关,但由于该混合物的反应活性高,在研磨一段时间后(取决于初始颗粒的大小、组分的类型,以及研磨的介质),当颗粒减小到一定尺寸时,混合物可能发生点火。“反应抑制球磨法”这一概念意味着,应在混合物发生点火前停止研磨。这种方法的优点是:可以使用初始大小为微米的颗粒;制得的复合纳米颗粒密度接近理论值;由于将金属封装在颗粒基质中,降低了其被氧化的可能性,大大减少了金属氧化物的存在;可以通过控制研磨时间来精确控制混合的程度,从而调控复合物的活性。该方法的主要缺点是:只有少数的铝热剂混合物可以通过这种方法制备,因为大部分的混合物在经历了充分混合后都过于敏感和易燃。

利用溶胶-凝胶法获得具备纳米结构的材料,是将活性前驱体(单体)混合到溶液中,在此过程中发生聚合反应,最后形成一个高度交联的三维固体网络结构,并形成凝胶。然后将凝胶采用超临界萃取方法进行干燥,形成多孔低密度的气凝胶样品;或通过缓慢蒸发来使凝胶干燥得到干凝胶。在溶液形成或凝胶过程中,可以加入含能材料。通过溶液化学方法可以对原颗粒的组成和大小、凝胶形成时间、表面积和密度进行调整与控制。溶胶-凝胶法应用的一个重要领域是纳米金属氧化物的合成,通过该方法可获得不同的MIC(主要是金属/金属氧化物的纳米铝热剂)。该方法可以用于合成各种金属和非金属的纳米结构氧化物,如Fe、Cr、Al、Ga、In、Hf、Sn、Zr、Mo、Ti、V、Co、Ni、Cu、Y、Ta、W、Pb、B、Nb、Ge、

Pr、U、Ce、Er 和 Nb[33]。为了获得含有金属氧化物和金属的纳米含能复合材料，需要在黏度开始迅速增加，凝胶化开始之前，将粉末金属可燃剂引入溶胶。这样，就可以获得金属颗粒均匀分布的金属氧化物凝胶体。当使用其他物质作为可燃剂时，可以通过超声搅拌防止颗粒的结块。溶胶-凝胶法的优点是用途广泛，生产效率较高。

1.3.2 揭示 MIC 反应机理

近 30 年来，关于纳米铝热剂等纳米含能材料的点火和燃烧机理的研究一直在显著增加。然而，若要控制这些放热量极高的反应，在理论和工艺方面仍有许多不明之处。文献[34]讨论了金属氧化物中氧的释放在纳米铝热剂点火现象中的作用。在这项工作中，作者采用了先进的实验手段，包括同步使用飞行时间质谱仪、发射光谱以及升温速率高达 10^5K/s 的温度跃迁(T-jump)加热装置，研究了 $2Al+3MO \longrightarrow Al_2O_3+3M+\Delta Q$ 类型的反应(MO 为金属氧化物)。研究发现，MO 颗粒分解产生的氧在反应中起着积极的作用。不同的氧化物，如 CuO、Fe_2O_3 和 ZnO 的实验表明，Al/MO 组合的反应活性直接取决于氧化物颗粒的氧释放能力。因此，Al/CuO 较高的反应活性可以归功于 CuO 较高的氧释放速率，相比较，Fe_2O_3 尤其是 ZnO 的氧释放速率较低。时间分辨质谱仪记录到了铝的低价氧化物的生成(AlO 和 Al_2O)，这表明，铝的氧化反应不遵循热平衡的计算，意味着该系统远未达到平衡。后续的高速 X 射线录像(135000 帧/s)也证实，由温度测量结果可知，氧在点火瞬间之前已经释放。事实上，点火温度与 MO 释放氧的时间密切相关。同时，研究者采用 Bi_2O_3 进行了另外一组实验。在 Al/Bi_2O_3 体系中明确发现，纳米铝热剂的反应在氧从 Bi_2O_3 中释放之前就开始了。这表明，熔融 Bi_2O_3 中的游离氧离子先与液态 Al 在凝聚相中反应，然后扩散到 Al 颗粒的表面。研究者强调，这些反应可能比预期的要发挥更大的作用。后来，该团队在期刊《燃烧与火焰》中发表了一篇专题文章[35]，总结了相关的实验数据，主要涉及不同金属氧化物与铝在凝聚相中的反应机理，及反应同时伴随着的活性烧结。正如期刊编辑对该文章的一篇评论中所说[36]，研究结果显示，凝聚相的反应可能比我们从前预想的更加重要。文献[37-38]也提供了进一步的证据，证实在纳米铝热剂的点火和燃烧中存在着凝聚相反应。在第 4 章中，M. R. Zachariah 和 G. C. Egan 也对于现有配方中纳米铝热剂的反应机理进行了综述。

1.4 纳米炸药的燃烧

1.4.1 碳纳米管负载炸药

纳米结构的含能材料是一种新概念复合粉体，能够显著提高火药和炸药性能。炸药纳米晶体与纳米多孔基底的结合使得复合材料兼具二者原有的性质以及自身独有的特征。以下是一些关于纳米炸药实验研究结果的报道。

文献[39]首次尝试在纳米状态下控制高能炸药的燃烧性能。研究中通过浸渍法将RDX(1,3,5-三硝基-1,3,5-三氮杂环己烷)负载于多孔铬(III)氧化物基体上。通过撞击和摩擦实验、差示扫描量热法和时间分辨摄像法,共同研究了Cr_2O_3/RDX纳米复合材料的感度和活性。结果发现,Cr_2O_3基体上RDX颗粒的大小及分布对其活性有重要影响,且与微米RDX的活性具有明显区别。尤其是,在RDX含量为6.2%~80%的纳米复合材料中,RDX在熔融之前就开始分解。这意味着,纳米RDX的热分解活化能降低了。研究还发现,RDX含量为14.3%~42%时,纳米复合材料的撞击感度要低于纯RDX。需要注意的是,在这种情况下,在Cr_2O_3表面的炸药层分布不连续。而当RDX含量较高时(42%~95%)则覆盖了Cr_2O_3的整个表面,导致与纯RDX相比,其感度反而更高。然而,当RDX含量最高时(95%),经检测,其撞击感度与RDX相同。具有较低RDX含量(14.3%和25%)的纳米复合材料燃烧非常不规律,并会在接触到激光辐射时停止燃烧。RDX含量较高的纳米复合材料(40%~95%)则能够在激光切断后实现自持燃烧。RDX含量增加时,燃烧速率降低。

观察发现,RDX的活性与其在Cr_2O_3基体上的分布状态密切相关。在低RDX含量(<10%)时,RDX通常为10nm,且颗粒间彼此分离;其热分解过程为一步分解,且复合物对撞击和摩擦的刺激非常钝感。随着RDX含量的增加(10%~40%),炸药颗粒在Cr_2O_3表面沉积,但它们仍然是不连续的,颗粒也仍为纳米尺寸;在RDX熔融之前,其分解过程由两个放热阶段组成;此时,燃烧不能够自持,也没有转化为爆轰。当RDX的含量为40%~75%时,氧化物微孔表面完全覆盖了一层炸药;该复合物可以自持燃烧,并能够在密闭空间内转为爆轰。最后,当RDX含量高于75%时,炸药层将Cr_2O_3完全包裹,复合物的性质接近纯RDX的性质。

文献[40]中描述了另一种具有独特性质的纳米结构含能材料(EM)。研究表明:使用粒度为7nm的RDX将多壁碳纳米管(CNT)进行环壳包裹,所得复合物的反应传播速率能够超过2m/s。这一燃烧速率比普通RDX在常压下的燃烧速率高10^3倍以上。研究发现,燃烧速率的提高取决于碳纳米管结构。与9壁纳米管(管径13nm)相比,在10壁纳米管(管径22nm)下这种效应更为明显。该复合物的反应中还演化出一种各向异性压力波,其单位质量总脉冲很高(300N·s/kg),产生的电脉冲高达7kW/kg。针对碳纳米管复合物这一不同寻常的燃烧行为,究其物理原因,是由于碳纳米管具有非常高的热导率,在室温下可达3500W/(m·K),比最佳的金属导体Ag(430W/(m·K))还要高8倍。

然而研究发现,在扩大的系统中上述作用效果存在很大的问题,实际情况是,系统规模越大,该作用效果就越小。在这一新效应能够切实可行之前,还有很多工作要做。碳纳米管和 RDX 涂层厚度的不均匀性也产生了一些技术问题,导致复合材料沿轴向位置的性能不规则。

该方向后续的研究是将含能材料通过化学键合,包覆在单壁碳纳米管上[41]。研究者利用重氮化反应,合成了一系列硝基苯官能团修饰的碳纳米管复合材料。其目的是探索碳纳米管的包覆方法,使其能够以可控的方式释放能量,并研究碳管热导率对炸药反应速率的影响。经验证,重氮化反应确实是一种将含能分子(硝基苯)均匀而密集地连接在碳纳米管表面上的方法。结果发现,在较低的温度下,共价复合的材料比物理混合型的材料要释放更多的能量(热释放的最高温度 T_{max}分别为 373.6℃和 280.3℃),而且在较低的温度下,含有高导电性碳纳米管的复合材料还表现出易爆炸的性质。研究还表明,由于碳管具有金属般的导电性,当复合材料以垂直排列的结构进行复合时,会表现出更加优良的性能。

文献[42-43]中首次尝试了利用多壁碳纳米管作为载体负载氮原子簇 N_8。N_8 具有巨大的生成热,H_f高达 3630cal/g,远超过目前生成热最高的炸药(HMX,约为 91cal/g)。众所周知,纯氮原子簇属于亚稳态体系,但进一步的理论研究表明,当将多氮分子链封装于碳纳米管管内时,它可以在常压和室温下稳定,因此这种复合材料有望作为纳米含能材料。实际上,暂时还没有确切证据可以证实氮原子簇封装在了碳纳米管中。根据文献[43]的实验数据可知,在碳纳米管中氮原子的含量为 1.7%~4%,氮的主要存在形式为吡啶型、类石墨型、氧化氮,以及氮气吸附层。实验研究结果表明,获得可控浓度和结构的氮掺杂碳纳米管是可能的,这有望促进新型纳米含能材料的发展。

1.4.2 多孔硅浸渍复合材料

在燃烧研究中,研究者们首次发现,硝酸中浸渍过的多孔硅(PSi)[44]是一种活性材料。将块状硅浸渍在含有氟化物(如 HF)的溶液中,进行电化学蚀刻可以制得多孔硅。通过选择适当的蚀刻参数,可将多孔硅的孔径在 2~1000nm 范围内进行调整。多孔硅的孔中可填充液体氧化剂($Ca(ClO_4)_2$、$KClO_4$、$NaClO_4$ 等)。文献[5]的研究展现了多孔硅作为快速燃烧含能材料的应用潜力,利用电化学腐蚀的方法制备了厚度为 65~95μm 的多孔硅膜,孔径小于 3nm,然后用高氯酸钠($NaClO_4$)浸渍纳米孔制备了复合纳米含能材料。结合 930000 帧/s 高速光学成像系统,使用特制的测量工具,对复合材料的燃烧传播速率进行测量。结果显示,多孔硅薄膜比表面积高达约 840m^2/g,孔隙率为 65%~67%,燃烧速率高达 3050m/s。

特制的具有通道结构的多孔硅具有更高的燃烧速率,高达 3660m/s,这是目前所报道的纳米含能体系中得到的最高的燃烧速率[45]。结果发现,在通道型多孔硅中,火焰传播速率的增强机理不同于普通多孔硅的对流控制燃烧。这项研究的目的是将声速与火焰跃进至可见主反应区前阵面的现象联系起来。据悉,在通道型多孔硅燃烧中存在声波辅助反应,因此其比普通多孔硅更容易点燃。研究者认为,声波在沿多孔硅薄膜传播时可以携带足够的能量来点燃敏感的通道结构并将反应传播下去。

文献[46]中详细研究了多孔硅-高氯酸钠复合材料的反应波传播机理。通过改变样品的比表面积(SSA)来改变传播速率。SSA 较低(约 $300m^2/g$)的样品通常表现出约 1m/s 的基线速度,而 SSA 较高(约 $700m^2/g$)的样品具有高达约 1000m/s 的快速反应波传播速率。为了研究微尺度结构对反应波传播的影响,使用了特制的样品,样品由图案部分以及无图案部分组成。图案部分的截面上遍布着微米大小的微方柱和微通道。将样品从无图案的多孔硅一端点燃,然后反应波传播到有图案的多孔硅部分。多孔硅上有序的微尺度图案部分反应波传播速率提高了 2 个数量级,据影像记录显示,灼热的气相燃烧产物逆流而上是造成这一现象的主要原因。同时,也要考虑在纳米多孔结构中硅原子的氧化导致了结构的体积膨胀,从而引发了裂纹的形成。实验表明,传导燃烧和对流燃烧的共同作用,可能促进了多孔硅衬底上裂纹的快速传播,从而造成上述传播速率的差异。这也正是在多孔层内反应波传播速率能够达到千米每秒的原因。

文献[47]中证实了纳米含能多孔硅晶体的特殊性能。结果表明,在硅片的未抛光面上沉积厚 100nm 的铝膜,利用电流通过铝膜产生的热量来点燃该多孔硅片。试样在点燃时产生强烈的爆炸,使硅片爆炸成很多小碎片。使用该体系可以获得高达 140mN·s 左右的冲量。事实上,这一数值比常规药剂如斯蒂酚酸铅或高氯酸铵[48]产生的脉冲幅度(0.1~6mN·s)要高出 2 个数量级。此外,通过将 3 个多孔硅芯片堆叠在一起,就有可能获得 0.25N·s 的爆炸脉冲,这足以将 30g 的物体推至 3m 高。

1.5　表征纳米含能体系性能的实验方法

在纳米含能体系的表征方面有一套先进的实验方法和工具,这些技术包括快速视频和 X 射线摄影法、飞行时间质谱仪、光学发射测量法、离子聚焦层析成像法等。这些方法的一个重要特点是具有极高的空间和时间分辨率。本节列举了当前研究中采用的一些方法。

探索爆炸物的结构特性需要使用尺度范围跨越几个数量级的方法,从不到10nm到至少10μm。这些方法可用于测定纳米和微米颗粒的大小,以及样品的孔径和总孔隙度。文献[49]中使用了多种方法组合的手段来表征三氨基三硝基苯(TATB)炸药,包括超小角X射线散射(USAXS)、超小角中子散射(USANS)和X射线计算机层析成像。超小角X射线散射能够在几纳米到几微米的尺度上来测定结构的不均匀性。超中子小角散射则填补了USAXS和影像技术测量尺度之间的空白,将散射灵敏度扩展至约10μm。同步X射线显微层析法能够使尺度在几微米到1cm的低原子序数材料以适当的对比度来成像。尤其是USAXS,探测到了炸药中最小的空隙,包括热点的空隙,从几百纳米到几微米,并发现随着温度循环,这些空隙不仅数量在增加,尺寸也在增大。这些数据提供了重要的信息,使研究者能够更好地理解影响炸药力学性能的微观结构机制,还可以作为经验值输入爆轰计算模型。这项研究的目的是确定空隙和微观结构之间的关系,及其对爆轰性能的影响。

文献[50]中也得到了相似的研究结果,利用计算机X射线层析技术获得了二氧化呋咱四嗪与二硝基二氮杂戊烷混合物的孔隙度与孔径分布。利用这些数据可以将激光起爆阈值与混合炸药样品的微观结构联系起来,微观结构主要取决于样品组分间的质量比以及结晶的条件。

文献[51]中成功利用聚焦离子束(FIB)的方法与空间分辨率约为10nm的纳米断层摄影技术研究了含有细晶粒黑索今的纳米颗粒的感度。结果表明,若以理论最大密度来估算,大部分孔隙率都是由小于100nm的孔洞贡献的。同时指出,复合材料的冲击感度较低主要是由于材料中没有大的空隙。

文献[52]中使用了独创的纳米量热技术,该技术能够在极高的升温速率下测量质量仅为几纳克的炸药单晶的热效应。该装置的热灵敏度为10μW,最大升温速率可达10^6K/s。该装置可以测量材料的相变热和分解热。在高达2500℃/s的升温速率下,对质量为7~30ng的RDX、PETN(季戊四醇四硝酸酯)和CL-20等单晶进行了初步测试。测试表明,上述炸药在高升温速率下具有非常特殊的热性能,还需要在今后进行详细的研究。

1.6 结　论

对纳米化学物质结构的研究开创了一种从原子尺度到毫米级,自下而上的研究方法。含能材料研究中的主要观点是提高反应物的表面积和接触度,以提高反应速率,减少点火延迟。本质上,纳米含能材料的反应和燃烧动力学具有升温速率快、温度高等特点,要在很短的时间尺度上利用实验观测到纳米尺寸上的变化非常困难,这就限制了人们对深层次反应机理的理解。

显然,如果实验在真空中进行,就能防止气相-凝聚相之间发生明显的非均相反应,从而在没有气相化学反应对流效应的干扰下,研究纳米颗粒体系中凝聚相界面上的相互作用。在装满含能材料的塑料管中测量火焰阵面的位移,该实验证实了气相化学反应可能造成的影响,也证实了对实验数据进行解释的困难所在。在该实验[53]中,研究者在聚丙烯酸的燃烧管中装入松散的铝/氧化铜(Al/CuO)铝热剂,管中有完全装填区域与部分装填区域两部分。在部分装填区域,火焰阵面速度可达1000m/s;在完全装填区域,火焰阵面速度仅为600m/s。在部分装填区域中,中间产物和产物向前膨胀,完全填满了燃烧管,并将其加热至约3000K。在完全填充区域,温度则先上升到3200K,在火焰阵面冲出燃烧管另一端时仍保持在3000K的高温。这些结果表明,火焰阵面可能并不代表有新的材料被点燃了,而仅是某些反应中的物质在沿着管道向前推进。

在此之前,对于铝/三氧化钼(Al/MoO_3)体系进行的燃烧管实验[54]也得到了规律类似的结果。以低密度进行松散堆积的纳米含能材料,实验记录到其“燃烧速率”高达1000m/s,而对于密实堆积的样品,仅记录到约为1m/s的缓慢速度,这也正是典型微米铝热剂的燃烧速率。结果表明,实验中观察到的纳米含能体系在狭窄通道中燃烧时火焰阵面的高速传播,可能是由于高温气体的急速排放,而并非由于纳米体系的非均相化学反应动力学。这表明,纳米铝热剂与微米铝热剂体系在反应动力学上差异如此之大(若干个数量级)的原因仍然悬而未决。

需要注意的是,在浸渍多孔硅材料燃烧过程中记录到的超过3km/s的超快速燃烧速率可能在客观上具有一定的意义,但这一过程的具体控制参数尚未明确。建立纳米含能材料的真实反应机理需要对实验条件和技术进行特殊设计。文献[37]中使用快速加热的细金属丝点燃了多种纳米铝热剂的组合,通过非常细致的研究,首次获得了明确的证据,该研究证实,纳米铝粉基铝热剂所释放的大部分热量来自凝聚相的反应。文献[55]中也首次获得了气态氧对于纳米铝粉的点火和燃烧均有贡献的直接证据。该研究使用纳米铝粉(50nm)作为可燃剂,50~300nm的高碘酸盐(KIO_4、$NaIO_4$)作为氧化剂,对其化学计量比混合物进行测试。高碘酸盐颗粒由水溶液逐渐蒸发制备而得。对其热分析和T-Jump(温度突跃)导线加热的实验数据分析表明,高碘酸盐的放热分解有助于降低纳米含能配方的点火温度。结果表明,高碘酸盐基的纳米含能配方的反应机理不同于金属氧化物基的纳米铝热剂,与传统的纳米铝热剂Al/CuO以及$Al/KMnO_4$

混合物相比，它具有更高的气体释放速率和燃烧室最大压力。文献总结道，高碘酸盐分解释放的气态氧对于高碘酸盐基纳米含能配方的点火和燃烧至关重要。

纳米含能材料处理中出现的一个问题是，如何避免技术限制的劣势而获得纳米组分的优势。使用具有纳米级性能的微米级颗粒可能是一个很有希望的研究手段。例如，通过将高能化合物在介孔材料基体上自组装[56-57]的方法来制备复合材料。为此，先将 HNIW(CL-20)溶解在丙酮中，在毛细管力作用下进入线性有序的介孔材料 SBA-15 上的介孔中。随后，将丙酮蒸发，HNIW 通过主-客体间的氢键作用实现在介孔中的自组装。纳米孔与 HNIW 纳米晶的大小均在 10nm 的量级。复合物中 HNIW 的最大含量可以占到 70%。利用差示扫描量热仪(DSC)分析了纳米复合材料的热性能。与纯 HNIW 以及上述二者的物理混合物相比，封装后的晶体分解峰温下降了 11℃，而总放热量略有增加。另外的实验也表明，介孔碳(如 FDU-15)或许也有作为复合物基体的潜力。使用 FDU-15 作为基体，2,4,6-三硝基苯酚(TNP)也可以自组装于介孔碳的纳米通道中形成纳米复合材料。在该纳米复合材料中，TNP 的含量可达 66%。此类纳米复合材料在不同应用领域都具有巨大的应用前景，如作为含能填料用在多种产气推进剂中，以及微型含能元器件中等。

文献[58]中实现了独创的研究构思，研究者利用了脱氧核糖核酸(DNA)、Al 和 CuO，在分子水平上构建高能材料。他们利用 DNA 的“黏着性能”，在 DNA 链上分别接枝了 CuO 与 Al 的纳米颗粒，然后将两种纳米颗粒混合在一起，用 DNA 链进行包覆。结果，他们得到了密实的固体材料，该材料在加热到 410℃时会自燃，并释放出高达 1.8MJ/kg 的热量。

前面介绍了多个具有独特性能的新型含能材料的研究案例，虽然未涵盖到所有领域的应用，却清晰地显示了纳米含能材料在各种设备和设施上的应用潜力。由于高能量密度以及与微机电系统兼容的制备方法，芯片型多孔硅复合物作为一种含能材料有着广阔的前景。

纳米高能复合材料也能够应用于内燃机中的燃气点火器，或作为可燃剂应用于航空器和火箭、微型雷管、现场焊接工具，以及作为推进剂的添加剂用于火箭发动机等。

在纳米含能材料的制备和应用中还存在一些问题，这些问题包括，尤其是指反应组分之间界面的作用，如何预测反应行为对于点火方式的依赖性，以及纳米颗粒大小与复合材料性能之间的关系。为了得到答案，实验研究的结果必须以详细而简明的方式给出，以便对不同方法制备的材料进行比较。基于对现有信息的客观估计，未来的研究中将有可能建立点火和燃烧模型，并对燃烧和操作行为做出可靠的预测。

本章阐述了“自下而上”的方法,该方法必定能够为人们更好地理解控制纳米含能材料热性能的结构机制提供有效的工具。对于机理的理解将使人们能够在分子层面调控含能物质和配方,使之具有特定的化学和物理性质。

致谢

本章的工作在联邦目标计划内,得到了俄罗斯联邦教育和科学部的部分财政支持。协议编号 No. 14. 578. 21. 0034(RFMEFI57814X0034)。

参 考 文 献

[1] G. P. Sutton, O. Biblarz, Rocket Propulsion Elements: An Introduction to the Engineering of Rockets, seventh ed. , John Wiley & Sons, USA, 2001, 739 pp.

[2] S. S. Son, R. A. Yetter, V. Yang, Introduction: nanoscale energetic materials, J. Prop. Power 23 (4) (2007) 643-644.

[3] S. Pearton, The shifting tide of expectations, Mater. Today 10 (10) (2007) 6.

[4] M. Zachariah, Nanoenergetics: hype, reality and future, Propell. Exlos. Pyrotech. 38 (2013) 7.

[5] C. R. Becker, S. Apperson, C. J. Morris, et al. , Galvanic porous silicon composites for high-velocity nanoenergetics, Nano Lett. 11 (2) (2011) 803-807, http://dx. doi. org/10. 1021/nl104115u.

[6] J. -L. Pautrat, Nanosciences: evolution or revolution? C. R. Phys. 12 (2011) 605-613, http://dx. doi. org/10. 1016/j. crhy. 2011. 06. 003.

[7] S. Lacour, A legal version of the nanoworld, C. R. Phys. 12 (2011) 693-701.

[8] N. Muellera, B. van der Bruggenb, V. Keuterc, et al. , Nanofiltration and nanostructured membranes-should they be considered nanotechnology or not? J. Hazard. Mater. 211-212 (2012) 275-280.

[9] G. Lövestam, H. Rauscher, G. Roebben, et al. , Considerations on a Definition of Nanomaterial for Regulatory Purposes, JRC Joint Research Center, 2010, ISBN 978-92-79-16014-1.

[10] C. Rossi, K. Zhang, D. Estive, et al. , Nanoenergetic materials for MEMS: a review, J. Microelectromech. Syst. 16 (4) (2007) 919-931.

[11] R. A. Yetter, G. A. Risha, S. F. Son, Metal particle combustion and nanotechnology, Proc. Comb. Inst. 32 (2009) 1819-1838.

[12] E. L. Dreizin, Metal-based reactive nanomaterials, Prog. Energy Combust. Sci. 35 (2009) 141-167.

[13] M. K. Berner, V. E. Zarko, M. B. Talawar, Nanoparticles of energetic materials: synthesis and properties (Review), Combust. Explos. Shock Waves 49 (6) (2013) 1-23.

[14] D. Allen, H. Krier, N. Glumac, Heat transfer effects in nano-aluminum combustion at high temperatures, Comb. Flame 161 (2014) 259-302.

[15] G. Smidt, Clusters and Colloids: From Theory to Applications, VCH, New York, 1994.

[16] L. H. Dubois, R. G. Nuzzo, Annu. Rev. Phys. Chem. 43 (1992) 437-463.

[17] R. J. Jouet, A. D. Warren, D. M. Rosenberg, et al. , Surface passivation of bare aluminum nanoparticles using perfouroalkyl carboxyl acids, Chem. Mater. 17 (2005) 2987-2996.

[18] A. N. Zhigach, I. O. Leipunskii, A. N. Pivkina, et al., Aluminum/HMX nanocomposites: syntheses, microstructure, and combustion, Combust. Explos. Shock Waves 51 (1) (2015) 100–106.

[19] A. N. Zhigach, M. L. Kuskov, I. O. Leipunskii, et al., Preparation of ultrafine powders of metals, alloys, and metal compounds by the Gen–Miller method: history, current status, and prospects, Ros. Nanotekhnolog 7 (3–4) (2012) 28–37.

[20] M. Y. Gen, M. S. Ziskin, Y. I. Petrov, Research of dispersion of aerosols of aluminum depending on conditions of their formation, USSR Acad. Sci. Proc. 127 (2) (1959) 366–368. See also, http://nanorf.ru/events.aspx? cat_id=223&d_no=4188.

[21] P. F. Pokhil, A. F. Belyaev, Y. V. Frolov, et al., Combustion of Powdered Metals in Active Environments, M: Science, 1972, pp. 238–251.

[22] G. V. Ivanov, F. Tepper, Activated aluminium as a stored energy source for propellants, in: Proc. 4th Int. Symp. Spec. Topics Chem. Propulsion, Stockholm, Sweden, May 27–28, 1996, pp. 636–644.

[23] M. M. Mench, C. L. Yeh, K. K. Kuo, Propellant burning rate enhancement and thermal behavior of ultra-fine. Aluminum powders (ALEX), in: Proceedings of the 29th International Annual Conference of Insitut of Chemische Techologie (ICT), Karlsruhe, Germany, 1998, pp. 30.1–30.15.

[24] A. Dokhan, D. T. Bui, E. W. Price, et al., A detailed comparison of the burn rates and oxide products of ultra-fine Al in AP based solid propellants, in: 34th Int. Annual Conference of ICT, 2003. Paper 28.

[25] D. T. Bui, A. I. Atwood, T. M. Atienza, Effect of aluminum particle size on combustion behavior of aluminized propellants in PCP binder, in: 35th Ann. Conference of ICT, 2004. Paper 27.

[26] L. Galfetti, L. T. DeLuca, F. Severini, et al., Pre and post-burning analysis of nano-aluminized solid rocket propellants, Aerosp. Sci. Technol. 11 (2007) 26–32.

[27] U. Teipel, Energetic Materials. Particle Processing and Characterization, Wiley-VCH, Weinheim, 2005.

[28] K. T. Sullivan, W.-T. Chiou, R. Fiore, M. R. Zachariah, Appl. Phys. Lett. 97 (13) (2010) 133104.

[29] P. Chakraborty, M. R. Zachariah, Do nanoenergetic particles remain nano-sized during combustion? Comb. Flame 161 (2014) 1408–1416.

[30] S. Chung, E. Gulians, C. Bunker, et al., J. Phys. Chem. Solids 72 (6) (2011) 719–724, http://dx.doi.org/10.1016/j.pcs.2011.02.021.

[31] T. M. Klapotke, Chemistry of High-Energy Materials, Walter de Gruyter, Berlin, 2011.

[32] A. Gibson, L. D. Haws, J. H. Mohler, Integral Low-Energy Thermite Igniter, 1984. US Patent No. 4464989.

[33] T. M. Tillotson, R. L. Simpson, L. W. Hrubesh, Metal-Oxide-Based Energetic Materials and Synthesis There, 2006. US Patent No. 6986819.

[34] L. Zhou, N. Piekel, S. Chowdhury, M. R. Zachariah, The Role of Metal Oxide Oxygen Release on the Ignition of Nanothermities, Proc. 42 Annual Conference of ICT 4(1) (2011).

[35] K. T. Sullivan, et al., Reactive sintering: an important component in the combustion of nanocomposite thermites, Combust. Flame 159 (2012) 2–15.

[36] P. Dagaut, F. N. Egolfopoulos, Editorial comment, Combust. Flame 159 (2012) 1, http://dx.doi.org/10.1016/j.combustflame.2011.10.026.

[37] R. J. Jacob, G. Q. Jian, P. M. Guerieri, M. R. Zachariah, Energy release pathways in nanothermites follow through the condensed state, Combust. Flame 162 (2015) 258–264, http://dx.doi.org/

10. 1016/j. combustflame. 2014. 07. 002.

[38] G. C. Egan, T. LaGrange, M. R. Zachariah, Time-resolved nanosecond imaging of nanoscale condensed phase reaction, J. Phys. Chem. C 119 (5) (2015) 2792 - 2797, http://dx. doi. org/10. 1021/jp5084746.

[39] M. Comet, B. Siegert, V. Pichot, et al. , Preparation of explosive nanoparticles in a porous chromium (III) oxide matrix: a first attempt to control the reactivity of explosives, Nanotechnology 19 (2008) 285716, http://dx. doi. org/10. 1088/0957-4484/19/28/285716, 9 pp.

[40] W. Choi, S. Hong, J. T. Abrahamson, et al. , Chemically driven carbon-nanotube-guided thermopower waves, Nat. Mater. (2010), http://dx. doi. org/10. 1038/nmat2714.

[41] C. H. Lee, S. Haam, H. Choi, et al. , Synthesis of energetic material using single-walled carbon nanotube, in: 2013 Insensitive Munitions & Energetic Materials Technology Symposium, 2013. http://www. dtic. mil/ndia/2013IMEM/T16100_Lee. pdf. See also H. Choi, W. -J. Kim, C. H. Lee, H. Seungjoo, Synthesis of energetic material using single-walled carbon nanotube, in: 44th ICT-Conference, Paper V4(1-9).

[42] H. Abou-Rachid, A. Hu, V. Timoshevskii, et al. , Nanoscale high energetic materials: a polymeric nitrogen chain N8 confined inside a carbon nanotube, Phys. Rev. Lett. 100 (2008) 196401. See also H. Abou-Rachid, A. Hu, D. Arato, et al. Novel nanoscale high energetic materials: nanostructure polymeric nitrogen and polynitrogen, in: Abstracts of "7th Int. Symp. on Special Topics in Chem. Propulsion", Kyoto, Japan, 2007.

[43] H. Liua, Y. Zhanga, R. Lia, H. Abou-Rachid, et al. Uniform and High Yield Carbon Nanotubes with Modulated Nitrogen Concentration for Promising Nanoscale Energetic Materials. http://www. eng. uwo. ca/people/asun/Paper/Uniform%20and%20High%20Yield%20Carbon%20Nanotubes%20with%20Modulated%20Nitrogen%20Concentration%20for%20Promising%20Nanoscale%20Energetic%20Materials. pdf.

[44] P. McCord, S. L. Yau, A. J. Bard, Chemiluminescence of anodized and etched silicon: evidence for a luminescent siloxene-like layer on porous silicon, Science 257 (5066) (1992) 68.

[45] N. W. Piekiel, C. J. Morris, L. J. Currano, D. M. Lunking, et al. , Enhancement of on-chip combustion via nanoporous silicon microchannels, Combust. Flame 161(5)(2014)1417-1424, http:// dx. doi. org/10. 1016/j. combustflame. 2013. 11. 004.

[46] V. S. Parimi, S. A. Tadigadapa, R. A. Yetter, Reactive wave propagation mechanisms in energetic porous silicon composites, Combust. Sci. Technol. 187 (1 - 2) (2014) 249 - 268, http://dx. doi. org/10. 1080/00102202. 2014. 973493.

[47] V. C. Nguyen, K. Pita, C. H. Kam, et al. , Giant and tunable mechanical impulse of energetic nanocrystalline porous silicon, J. Propul. Power 31 (2) (2015) 694 - 698, http://dx. doi. org/10. 2514/1. B35274.

[48] E. Zakar, Technology Challenges in Solid Energetic Materials for Micro Propulsion Applications, U. S. Army Research Lab. Rept. ARL-TR-5035, 2009.

[49] T. M. Willey, G. E. Overturf, Towards next generation TATB-based explosives by understanding voids and microstructure from 1nm to 1cm, in: 40 International Annual Conference of ICT, vol. 19, FRG, Karlsruhe, 2009, pp. 1-12.

[50] V. E. Zarko, A. A. Kvasov, V. N. Simonenko, et al. , Laser initiation thresholds for FTDO/DNP crystal-

ized mixtures, in: 42nd International Annual Conference of the ICT, vol. 23, 2011, pp. 1-9 (Karlsruhe, Germany).

[51] H. Qiu, V. Stepanov, T. Chou, et al., Preparation and characterization of an insensitive RDX-based nanocomposite explosive, in: 2011 MRS Fall Meeting & Exhibit. Abstracts-Symposium Y: Advances in Energetic Materials Research, 2011. Y1.2, http://www.mrs.org/f11-abstracts-y/.

[52] N. Piazzon, A. Bondar, D. Anokhin, et al., Thermal signatures of explosives studied by nanocalorimetry, in: 42nd International Annual Conference, ICT, vol. 7, 2011, pp. 1-8 (Karlsruhe, Germany).

[53] J. M. Densmore, K. T. Sullivan, A. E. Gash, J. D. Kuntz, Expansion behavior and temperature mapping of thermites in burn tubes as a function of fill length, Propel. Explos. Pyrotech. 39 (3) (2014) 416-422, http://dx.doi.org/10.1002/prep.201400024.

[54] M. L. Pantoya, J. J. Granier, Combustion behavior of highly energetic thermites: nano versus micron composites, Propel. Explos. Pyrotech. 30 (1) (2005) 53-62.

[55] G. Jian, J. Feng, R. J. Jacob, et al., Super-reactive nanoenergetic gas generators based on periodate salts, Angew. Chem. Int. Ed. 52 (2013) 9743-9746, http://dx.doi.org/10.1002/anie.201303545.

[56] H. Cai, R. Yang, G. Yang, et al., Host-guest energetic nanocomposites based on self-assembly of multi-nitro organic molecules in nanochannels of mesoporous materials, Nanotechnology 22 (2011) 305602, http://dx.doi.org/10.1088/0957-4484/22/30/305602.

[57] H. Cai, H. Huang, Design and preparation of host-guest energetic nanocomposites by self-assembly of energetic compounds in mesoporous materials, in: 43rd International Annual Conference, ICT, vol. 41, 2012, pp. 1-10 (Karlsruhe, Germany).

[58] F. Séverac, P. Alphonse, A. Estève, et al., High-energy Al/CuO nanocomposites obtained by DNA-directed assembly, Adv. Funct. Mater. XX (2011) 1-7. http://phys.org/news/2011-11-explosivecomposite- based-nanoparticles -dna.html#jCp.

第 2 章　快速反应纳米复合含能材料：制备与燃烧性能表征

Keerti Kappagantula, Michelle Pantoya

2.1　概　　述

燃烧是一种快速的化学反应,产生热和光。对于复合材料,反应材料由可燃剂和氧化剂组成。一旦反应物质聚集在一起,如果有足够的能量来引发反应,就会发生燃烧。当其中一种反应物(可燃剂或氧化剂)处于纳米尺寸时,这种复合材料就称为纳米复合材料。如果燃烧释放的能量超过维持反应所需的能量,能量就会扩散到周围的反应物中。当周围反应物的能量达到阈值,就会引发持续的燃烧以及能量的传递,从而实现燃烧的传播[1]。

为了引发燃烧反应,参与的反应物应当具有超过阈值的能量,该能量称为活化能,这一概念由 Svante Arrhenius 提出。他定义了活化能和反应速率 $k(T)$ 之间的关系：

$$k(T) = A \cdot \exp\left(\frac{E_a}{RT}\right) \tag{2-1}$$

式中:A 为指前因子;R 为气体常数;T 为热力学温度。

放热反应的活化能在反应路径中的作用如图 2-1 所示。引发一个燃烧反应通常称为点火。反应物的点燃可以有若干种途径,如通过热、机械、电、冲击、光学、化学或声刺激等。根据反应物的状态以及升温速率等因素的不同,每种方法都会产生独特的燃烧特性。

由于燃烧是自发放热的,在反应物被点燃后,化学反应能产生足够的能量使得周围的反应物达到活化能,因此,也随之发生点火。随后,点火和能量传递的过程在反应物中循环反复发生,在物理上以火焰的形式表现出来。Farley 等对复合物点火和燃烧传播相关的不同理论进行了深入研究,并对其进行了分析[2]。

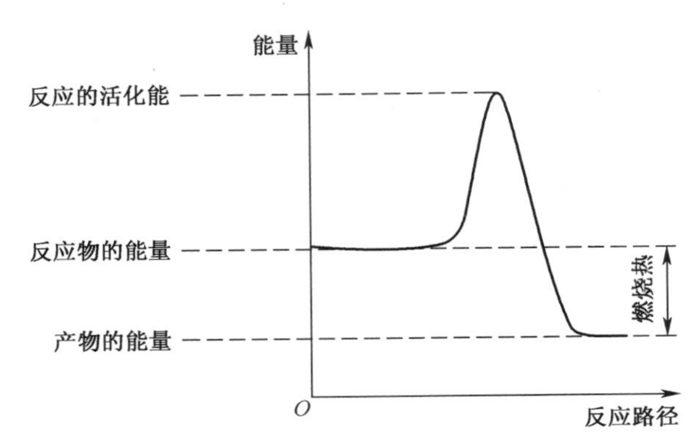

图 2-1　放热燃烧反应的活化能在反应路径中的作用

含能材料大致分为均相和非均相两种。均相含能材料，有时特指单分子含能物质或炸药（如 TNT（三硝基甲苯）、HMX、RDX、PETN 等），在同一个分子中同时包含可燃性元素（如 C、H）以及氧化性元素（O、F、N 等）。当分子在外界刺激下达到活化能时，其中的化学键断裂，发生燃烧，紧接着是能量的迅速释放。能量释放的时间尺度非常小，因为其控制机理为化学键的断裂，所以来自材料内部的能量非常高。然而，由于其单分子的性质，它们的燃氧比通常并不理想，因此，能量密度较低。

非均相含能材料也称为复合含能材料，由可燃剂和氧化剂的物理混合物组成。可燃剂与氧化剂发生物理接触后，在接触的部分发生燃烧反应。图 2-2 显示了可燃剂镁粉（Mg）与氧化亚锰（MnO）结合得到的颗粒复合材料。反应速率受颗粒扩散的限制，相对较低。但是，与单分子炸药相比，其能量密度非常高（例如，Al/MoO_3 复合物的能量密度为 16736J/g，而 TNT 的能量密度为 2094J/g）。可燃剂-氧化剂混合物的均匀性和颗粒的大小成为决定能量释放速率的重要因素，因此也决定了从反应中获得能量的大小。含能复合材料的反应活性可以通过多项参数来控制，包括粒度、配方、组分、反应物的数量、燃氧比等。通过这种方式，可以针对不同的应用需求，如提高可靠性、控制反应速率、调控感度等来定制不同的复合含能材料，从而实现含能材料的多功能化。

传统含能复合材料中的颗粒尺寸为 1～100μm。经典燃烧理论显示，燃烧反应是由扩散速率来控制的，因此减小反应物颗粒的尺寸，也就减小了传播距离，增强了作用机制，从而提高了反应速度。将颗粒尺寸从微米降低到纳米，大大增加了颗粒的比表面积。增大比表面积能够减小颗粒间的扩散距离，增加反应物间的接触点，从而提高反应活性。因此，纳米尺寸的含能复合物比微米尺度的复合物具有更高的反应速率，尽管其整体的能量密度并未改变。

图 2-2　着色后的扫描电镜图(SEM)
Mg 颗粒为深灰色;MnO 颗粒为浅灰色。

Brown 等将 Sb/$KMnO_4$ 复合体系的粒度从 14μm 降低到 2μm,发现燃烧速率从 2~8mm/s 提高到 2~28mm/s[3]。Shimizu 等研究发现,在 Fe_2O_3/V_2O_5 体系中,可燃剂和氧化剂之间接触点的增加,提高了组分间的反应速率[4]。Aumann 等对松散粉状介质中的纳米铝粉进行了研究,并指出,由于每种反应物间的扩散距离减小[5],平均粒度 20~50nm 的铝热剂混合物,其反应速率几乎是传统铝热剂的 1000 倍。Bockmon 等指出,当松装粉末中反应物的尺度从微米降到纳米级时,其反应速度能提高 1000 倍[6]。

铝(Al)是制备纳米含能复合材料的首选可燃剂。由于具有很高的燃烧热(约32kJ/g)[7],铝在军备和工业领域中都有着广泛的应用。铝核表面有一层厚 2~4nm 的 Al_2O_3 壳,阻挡了外界的氧气,降低了其自燃性,使 Al 颗粒相对稳定,易于使用。图 2-3 为 Al 颗粒的透射电子显微镜图像,可以看到其表面的氧化壳[8]。对于微米尺度的 Al 颗粒来说,Al_2O_3 壳约占颗粒总质量的 1%。而对于纳米尺寸的 Al 颗粒,根据直径的不同,Al_2O_3 壳会占到总质量的 20%~45%,是整个颗粒中相当大的部分。然而,Al_2O_3 壳通常不参与燃烧反应中,反而更像一个吸热组分。Al_2O_3 壳还形成了氧化剂和活性铝核之间的屏障,阻止了颗粒的进一步氧化。根据 Al 颗粒的大小不同,可燃剂或氧化剂穿过 Al_2O_3 壳进行扩散的速度也有所差异,此后反应才会发生。总之,Al_2O_3 壳既可以阻止内部的铝继续被氧化,也会在高温下吸热。

氟(F)是少数几种能够与铝反应的强氧化性元素之一,Al—F 键是自然界中最强的键之一(665kJ/mol)。事实上,由于具有最强的电负性,氟是化学活性

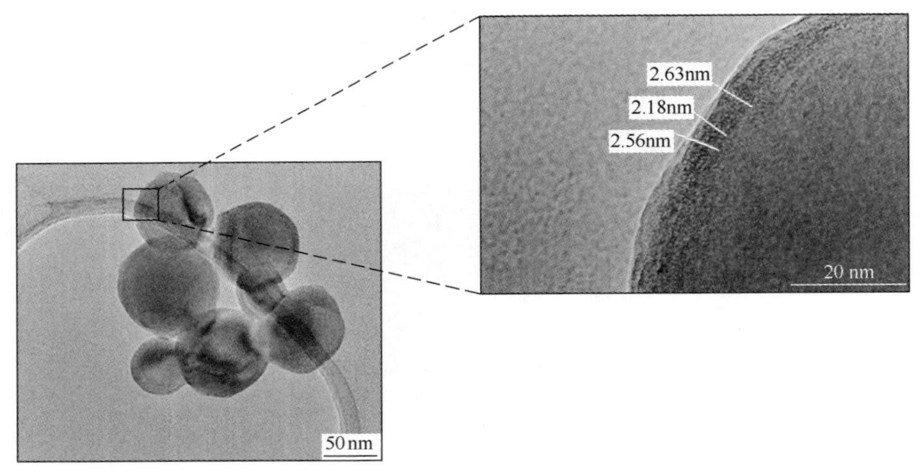

图 2-3　带 Al_2O_3 壳的纳米 Al 颗粒的透射电镜图片[8]

最强的元素,通常被称为材料之王[9]。由于其化学性质过于活泼,氟气无法直接作为商用试剂来使用。此外,氟与碳元素之间也能形成极强的键(536kJ/mol)。法国化学家 Dumas 与 Peligot 发现了 C—F 键的稳定性[10]。1938 年,美国杜邦公司的 Roy Plunkett 在用四氟乙烯(TFE)实验合成一种稳定的制冷剂时,发现了聚四氟乙烯(PTFE),从此正式开启了氟聚物的时代[11]。

在 PTFE 商业化生产后不久,氟聚物开始用于含能复合材料中[12]。从那时起,氟聚物就作为优良的氧化剂与含能黏结剂在含能材料中广泛应用[13-14]。以 PTFE 基的含能复合材料为例,大多数的研究是 PTFE 与活性金属如 Al、Mg、Si 等的结合[15-21]。此外,由于其热稳定性与化学惰性,氟聚物还常用于制备对安全性要求高的含能材料。

更好地了解氟聚物的氧化性质及其与活泼金属反应时的高放热性,有助于了解氟聚物在反应组分中的分解机理。PTFE 在 460~610℃ 发生放热的热分解反应,且分解机理与环境有很大关系。在空气中加热 PTFE,会生成其单体 TFE(C_2F_4)以及碳酰氟(COF_2)。单体 TFE 可以进一步分解为二氟卡宾(:CF_2)。另外,在真空或惰性环境下,PTFE 的分解则是吸热的,生成 TFE 以及多种碳氟化合物的混合物,包括环氟化碳等[12,22]。

Al 与 F 之间的反应机理是含能材料领域内一个备受关注的方向[16,23-24]。Osborne 等研究了 Al 颗粒表面 Al_2O_3 壳和 PTFE 的反应,发现在活性铝核氧化之前,会发生一种放热的预点火反应(PIR),其中包括 PTFE 与 Al_2O_3 的氟化反应。这是首次发现铝核外面包裹的 Al_2O_3 壳能够对整个反应的能量有热贡献。由此产生了利用 Al_2O_3 作为催化床的想法,用于激发放热反应,从而促进反应的整体放热性[25]。关于表面反应的活性,早期研究表明,PIR 的放热性与燃料颗粒的比表面积是高度相关的[25]。他们还发现,PIR 是与燃氧比无关的常数。图 2-4 是不同燃氧比下 Al-PTFE 热分析的热流率曲线。配方中可燃剂含量从低到高,其 PIR 都保持不变。纳米 Al 颗粒的 PIR 非常大,这是由于,纳米颗粒相比于微米颗粒,具有更高的比表面积,从而促进发生更多的表面放热反应。

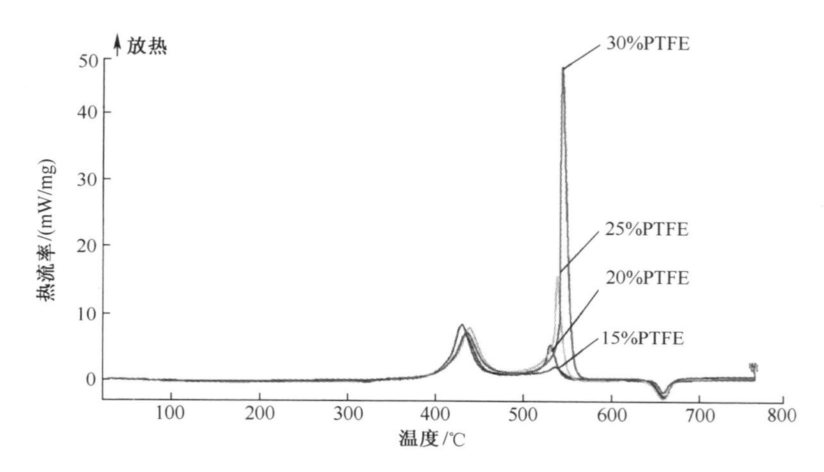

图 2-4　氩气中热流率随温度变化的曲线

(纳米 Al 颗粒与 PTFE 按照不同燃氧比复合,以复合物中 PTFE 所占百分比来表示)

注:初始的放热峰为预点火反应(PIR)。

Watson 等[23]研究了由铝、聚四氟乙烯和/或三氧化钼组成的含能复合材料在燃烧过程中释放出的气体的影响规律。分别在开放和封闭的装置中燃烧 Al/PTFE和 Al/PTFE/MoO_3。结果表明,封闭条件对 Al/PTFE 的燃烧速率有显著的影响,使其提升了 200 倍。他们认为,如果没有封闭条件,PTFE 分解产生的气体会扩散出去,就无法与 Al 发生完全反应。将反应物封闭,能够加快反应速率,有效地迫使 PTFE 分解产生的氟与铝核外层的 Al_2O_3 壳反应,从而激活 Al 的氧化,产生更高的燃烧速率。表 2-1 的数据显示了开放和封闭装置中火焰速度的显著差异[23]。PTFE 分解产生的氟与 Al_2O_3 壳发生表面放热反应,有助于提高表面的火焰速度,尤其是在 MoO_3 存在的条件下。

表 2-1　50nm Al 颗粒与聚四氟乙烯(PTFE)和/或三氧化钼(MoO_3)复合[23]

Al/%(质量分数)	燃烧速率/(m/s)					
	开放系统中燃烧			封闭系统中燃烧		
	Al/PTFE	Al/MoO_3/PTFE	Al/MoO_3	Al/PTFE	Al/MoO_3/PTFE	Al/MoO_3
10	0.00	0.00	2	0.00	0.00	88
20	0.14	11	23	0.01	351	557

（续）

Al/%（质量分数）	燃烧速率/(m/s)					
	开放系统中燃烧			封闭系统中燃烧		
	Al/PTFE	Al/MoO_3/PTFE	Al/MoO_3	Al/PTFE	Al/MoO_3/PTFE	Al/MoO_3
30	1.6	356	435	299	690	901
40	3.2	410	456	837	957	960
50	4.2	230	201	752	816	756
60	2.6	76	31	562	272	393
70	2.3	9	3	386	72	160
80	1.3	1	0.8	79	8	0.00
90	0.00	0.30	0.06	0.00	0.00	0.00

Yarrington 等[21]制备了 Al、PTFE（商品名为特氟龙（Teflon））及一种黏结剂（六氟化丙烯-氟化亚乙烯共聚物，HFP-VF，商品名为 Viton，氟橡胶）的混合物，称为 AlTV，研究其在粉末与压片状态下的燃烧特性。通过化学平衡来计算其燃氧比、主要产物、反应温度和压力等。随着 Al 含量的增加，压片的燃烧速率也随之增加，当 Al 含量为 58%时，燃烧速率达到最大值，远远高于化学计量比为 28%的粉末混合物在火焰管测试中得到的燃烧速率。研究者们认为，AlTV 中各组分的反应在固相与气相中都会发生。

在含能复合材料中，对快速反应材料的研究主要集中于 PTFE，因为作为氟元素最常见的来源，它在反应中能够产生高达为 1000m/s 的火焰速度。但是，也有关于其他氟聚物的实验研究。研究证明，氟化石墨$\leftarrow CF \rightarrow_n$能够代替 PTFE 作为氧化剂用于含能配方中，且能得到更高的燃烧温度[26]。Cudzilo 等[27]报道了若干种可燃剂颗粒，包括 Si、Si-Al 合金等与氟化石墨发生的高放热、自持反应。他们指出，除了含可燃剂元素的化合物外，主要的燃烧产物是层状石墨。

Iacono 等利用全氟化氟醚（PFPE）、氟化聚氨酯，以及二者的共聚物，作为氟化物基体，制备了不同结构，如片状、纤维状、圆柱形、冰球状等的含铝复合含能材料[15,28-30]。PFPE 与 PTFE 不同，它是一种液态的、糊状的低聚物，可以将 Al 颗粒表面润湿，有效地包覆它们。

在含能复合材料中，氟聚物被用作黏结剂。HFP-VF 已代替碳氢类黏结剂如端羟基聚丁二烯（HTPB）作为含能黏结剂。Nandagopal 等[14]将 HFP-VF 包覆的 AP 用在推进剂配方中，结果表明，与未用 HFP-VF 黏结剂调控的含能复合物相比，含有 HFP-VF 的 Al/HTPB/AP 在热稳定性方面有所提高，因此，获得了一种更安全、更易处理的固体火箭推进剂配方。

本章将重点探讨活化可燃剂 Al 颗粒的方法,以得到快速反应的配方。目的是通过利用 Al_2O_3 壳内固有的放热性表面化学反应,来改善铝的反应活性。过去人们通常认为 Al_2O_3 壳是不参与反应的组分,因其:①阻止 Al 的氧化,降低 Al 的活性;②会吸收反应中释放的能量。然而,Al_2O_3 是一种活性催化剂,利用 Al_2O_3 表面的催化反应,有效地提高 Al 的氧化反应,制备快速反应复合物,将是未来含能材料发展的重要途径。

2.2　可燃剂与氧化剂结合方式对燃烧的影响

降低反应物的尺寸能够提高其反应活性,然而一旦涉及纳米尺寸的反应物,还是存在一些问题。纳米颗粒具有较高的表面能,使得颗粒之间更容易团聚(为了将整个体系的自由能最小化),从而导致将复合材料均匀化非常困难[31]。与纳米颗粒的高比表面积相关的另一个问题是,纳米颗粒添加到溶剂中时,会提高体系的黏度,导致颗粒在混合时产生不必要的摩擦,又加剧了复合物的团聚[32]。此外,最大的一个问题是可燃剂颗粒在燃烧前就已经被过度氧化[33]。一般来说,纳米颗粒有一层钝化的 Al_2O_3 壳,平均厚度为 1.7~6.0nm[34],根据颗粒大小不同,壳层占整个颗粒体积的 25%~40%。虽然 Al_2O_3 壳层相当于一种惰性包覆,但 Al 颗粒长时间暴露在空气或潮湿环境中还是会被进一步氧化,因此随着时间的推移,内层的活性物质会消耗殆尽,从而造成可燃剂的老化。

解决这些问题的一种方法是对纳米颗粒的表面进行化学功能化。一般而言,表面功能化指的是将纳米颗粒用有机物进行包裹的处理方式。由于 Al 颗粒表面有一层 Al_2O_3 壳,因此,用于表面功能化的材料应该能够与 Al_2O_3 壳发生物理或化学的相互作用。在标准大气压条件下,Al_2O_3 壳会有部分被羟基化[35],为 Al 颗粒的表面功能化提供了另一种可能的途径。关于 Al 颗粒表面 Al_2O_3 的化学功能化,大量的文献中都是采用羧酸与其表面存在的羟基发生缩合反应,从而形成自组装单层(SAM)[36-38]。已经成功将 Al_2O_3 功能化的材料有硅烷[39]、磷酸[40]、异羟肟酸[41]等。研究表明,这些纳米颗粒的物理性质在很大程度上是其表面包裹物的物化组分起的作用[42-43]。

研发新型的含铝纳米复合含能体系,使之具有为特定应用而量身定制的能量特性,通常需要用到大量的复合物颗粒。利用全氟烷基羧酸[32]、硅烷[44]以及乙二醇[45]等能够实现功能化纳米 Al 颗粒的大量制备。这些含铝纳米复合物的燃烧性能通常受到其表面上官能团的影响,如当表面存在羟基时,其纳米复合物的燃烧速率会随之降低。

对纳米 Al 颗粒的表面功能化,也可以不通过 Al_2O_3 壳来实现[32]。然而,对于此类纳米 Al 颗粒含能复合物的火焰传播研究表明,相比于具有 Al_2O_3 壳以及无表面功能化的铝基纳米含能复合物,其燃烧速率要低得多[46]。此外,在没有 Al_2O_3 壳的情况下,利用全氟烷基羧酸包覆 Al 颗粒的方法不适合大量制备,因为颗粒表面部分氟钝化会导致材料极其易燃。全氟烷基羧酸在包覆 Al 颗粒方面还有特殊的作用,因为对于铝来说,氟是一种氧化剂,因此使用氟化物能够在燃烧过程中为整个体系提供更多的能量。实际上,Al 在生成 AlF_3 时能释放 55.67kJ/g 的能量,比生成 Al_2O_3(30.96kJ/g)明显要高很多[47]。为了充分利用这一潜能,研究者利用全氟十四酸(PFTD)包覆含有 Al_2O_3 壳的纳米 Al 颗粒,用于改善其反应动力学。

本章中,我们制备了表面功能化及未功能化的 Al 颗粒,并分别与三氧化钼组合成配方,对其火焰传播特征进行了测量和分析,确定了影响含能复合物燃烧速率的潜在因素及其化学组成,从而有助于进一步理解快速反应的含能复合体系[49]。

2.2.1 材料及样品制备

采用平均粒径 80nm 的 Al 颗粒作为可燃剂。所有的 Al 颗粒都包覆在平均厚度为 2.7nm 的 Al_2O_3 钝化外壳中,活性铝的含量占总体积的 86%。利用 PFTD 将具有 Al－Al_2O_3 核壳结构的颗粒进行表面功能化,形成厚度 5nm 的包覆层(35%(质量分数))。利用羧酸包覆 Al 颗粒的详细制备步骤可以参见文献[48]。第二种 Al 颗粒是表面具有 Al_2O_3 钝化外壳,但没有被酸包覆的 Al 颗粒,标记为 Al。采用 MoO_3 作为主氧化剂,形貌为片状结构,平均片厚约为 44nm。

制备了三种不同的复合物,分别为 Al/MoO_3/PFTD、Al－PFTD/MoO_3 及 Al/MoO_3,用于火焰传播实验。Al/MoO_3/PFTD 是将 Al、PFTD 粉以及 MoO_3 直接进行物理混合制得。相应的,Al-PFTD/MoO_3 则是将 MoO_3 与利用长链 PFTD 包覆的 Al 颗粒混合而制得,该样品中 Al 与 PFTD 是通过化学键相结合的。Al/MoO_3样品中仅含有 Al 与 MoO_3。Al、PFTD 及 MoO_3 之间的氧化还原反应是很复杂的,因此,反应物的浓度是用质量分数来表示的,而非化学计量比。

Dickiki 等[46]的研究结果表明,Al-PFTD/MoO_3 中,当 MoO_3 含量为 70.6% 时,样品具有最高的燃烧速率,因此将 Al-PFTD/MoO_3 的配方据此调整为同样比例。由于 Al-PFTD 复合颗粒中含有 35%的 PFTD,因此在整个 Al-PFTD/MoO_3 样品中,PFTD 的含量应为 10.36%。这也意味着在 Al-PFTD 中,活性 Al 及 Al_2O_3的含量占整个样品质量的 19.06%。为了保证反应的一致性,Al/MoO_3/

PFTD复合物中各组分的比例也照此分配,不同之处仅在于PFTD与Al的结合方式,以便研究其对复合物燃烧速率的影响。表2-2给出了三种不同复合材料中可燃剂与氧化剂的质量分数。

表2-2 可燃剂与氧化剂反应物及其在复合物中的质量分数

样品名称	反应物			反应物质量分数/%		
	可燃剂	氧化剂1	氧化剂2	可燃剂	氧化剂1	氧化剂2
$Al/MoO_3/PFTD$	Al	PFTD粉	MoO_3	19.04	10.36	70.6
$Al-PFTD/MoO_3$	Al-PFTD	PFTD包覆	MoO_3	19.04	10.36	70.6
Al/MoO_3	Al	MoO_3	—	21.24	78.76	—

将用于制备样品的反应物定量称量,分散于己烷中。用Misonix声振动棒将悬浊液以10s为间隔超声120s进行混合,以破坏粒子的团聚,改善复合物的均匀性。

将己烷悬浊液转移到耐热玻璃盘中,加热到45℃,以促进己烷的蒸发。粉末状混合物干燥后,将其收集起来用于后续实验。这是将固体颗粒状反应物结合起来的标准步骤。

2.2.2 火焰传播实验

将制备好的复合物分别进行火焰传播实验。图2-5是该实验装置示意图。它的组成包括石英管,长110mm、内径3mm、外径8mm。每种样品都装入石英管中,在振荡床上振荡5s以减小局部密度梯度。每根管中装入复合物的质量为(470±10)mg,使得松装粉末的填充密度为最大理论密度的7%左右。一切就

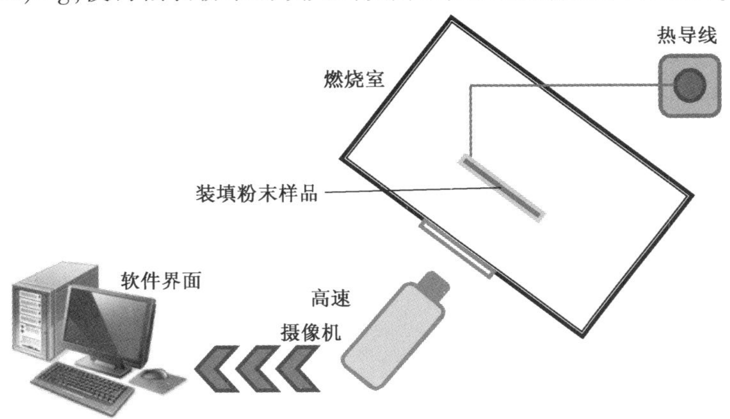

图2-5 实验中火焰管、点火源、摄像机相对位置

绪后,将石英管放置在带有观察窗的不锈钢燃烧室中。每种复合物都分别放置在三个石英管中进行平行实验,以便对测试结果的重复性及不确定性进行评估。

通过镍铬导线外接电源提供的热刺激进行点火。用 Phantom v7(Vision Research, Inc., Wayne, NJ)的 Nikon AF Nikkor 52mm 1∶2.8 镜头来记录点火及火焰传播的过程。摄像机捕捉样品反应的图像,垂直于火焰传播的方向,拍摄速度为 160000 帧/s,分辨率为 256×128 像素。利用图像处理软件对记录下的数字图像进行后处理。建立一个参考长度,软件会基于连续时间帧之间的距离来计算速度。使用“查找边界”的图像过滤器,以确定像素密度的预置变量,识别火焰的前沿位置(火焰中具有最大亮度的区域),并将其标记用于速度测量。图 2-6 显示了利用高速摄像记录下来的图像序列,可以看见装满含能复合物粉末的石英管中火焰的传播。

图 2-6　火焰沿管道传播的连续图像

2.2.3　测试结果

图 2-7 是具有代表性的数据点图,其纵坐标为火焰前沿移动的距离,横坐标为时间。曲线的初始部分不稳定,这是由于此时火焰沿着石英管向下行进。当传播趋于稳定状态时才开始测量火焰速度,如图中石英管的后半部分,距离与时间开始呈线性关系。线性区域的斜率即为燃烧速率。

图 2-8 比较了稳定状态下的燃烧速率,小条表示标准偏差。全氟十四酸包覆的铝粉(Al-PFTD/MoO_3)的燃烧速率比二者的物理混合物(Al/MoO_3/PFTD)快了 366%。该复合材料的燃烧速率几乎是未处理的纳米铝复合材料 Al/MoO_3 的 2 倍。有趣的是,在本研究中,含有表面功能化铝粉的复合物 Al-PFTD/MoO_3

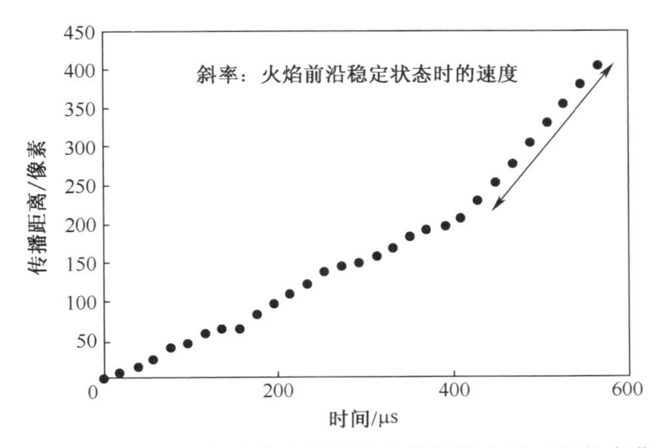

图2-7　Al/MoO_3 复合物在燃烧管中传播距离随时间的变化

具有最高的燃烧速率,而物理混合的复合材料 Al/MoO_3/PFTD 的燃烧速率最低。

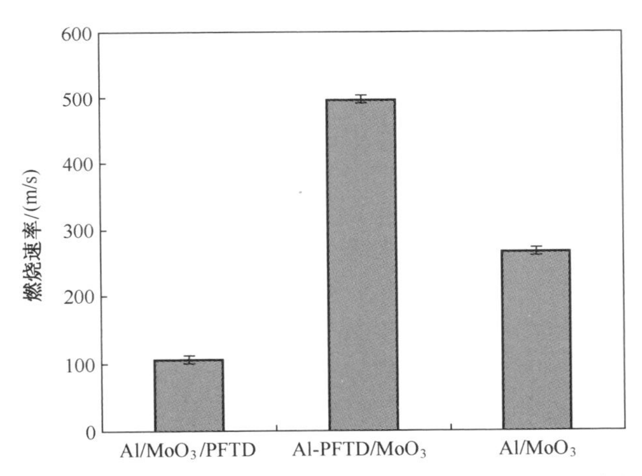

图2-8　Al/MoO_3/PFTD、Al-PFTD/MoO_3 以及 Al/MoO_3 的燃烧速率与标准偏差

Al-PFTD/MoO_3 燃烧速率的提高可能主要归功于氧化剂 PFTD 与可燃剂 Al 的键合。在酸包覆的铝粉燃烧过程中,推测反应是分为两个独立的阶段来进行的:在第一阶段,Al 颗粒表面的 PFTD 长链与 Al_2O_3 壳生成 AlF_3。Al_2O_3 壳的氟化是影响 Al 与氟化物反应速率的决定性步骤。这种相互作用使得铝核部分更容易发生进一步的反应。比起未与 PFTD 键合的 Al 颗粒,功能化 Al 颗粒表面与 PFTD 长链的结合提高了氟化反应的速率。在第二阶段,铝核部分与 PFTD 中的氟、MoO_3 以及空气发生快速的氧化反应。

对于 $Al/MoO_3/PFTD$ 复合物,PFTD 颗粒则未与纳米 Al 颗粒键合。Al 和 PFTD 颗粒之间的扩散距离更大,可能需要更长的时间才能发生氟化反应。因此,$Al/MoO_3/PFTD$ 的燃烧速率明显小于 $Al-PFTD/MoO_3$。

物理混合的样品 $Al/MoO_3/PFTD$,其燃烧速率也低于组分简单的样品 Al/MoO_3。对于 $Al/MoO_3/PFTD$ 复合物,在燃烧过程中存在两个相互竞争的反应:Al 与 PFTD 反应,Al 与 MoO_3 反应。PFTD 的主要氧化成分是氟,它与 Al_2O_3 和 Al 反应。这种反应与 PTFE 的反应类似,因为 PFTD 链在反应过程中会首先脱去羧基,脱羧基后的结构与 PTFE 聚合物链类似。由于与 Al 的距离更近,PFTD 可能在 MoO_3 之前,先与 Al 反应。Watson 等[23]的研究结果显示,Al 与 PTFE 的燃烧速率小于 Al 与 MoO_3 的反应速率。他们的结果还显示,与 PTFE 和 MoO_3 混合的 Al 的燃烧速率低于 Al/MoO_3。本书的研究结果中也得到了类似的规律。PFTD 中氟的分解可能是决定其与 Al 反应速率的关键步骤,并且该步骤降低了 Al 与 MoO_3 反应的机会,使 Al 与 PFTD 的反应成为主要反应。如果较慢的反应成为主要反应,那么整个三元复合体系的燃烧速率就会低于二元复合体系的燃烧速率。Prentice 等[50]在进行火焰传播研究时也观察到类似的结果。他们进行了 Al 与不同配比的二氧化硅(SiO_2)和氧化铁(Fe_2O_3)混合时的火焰传播研究,结果表明,Al/SiO_2 的燃烧速率最低,Al/Fe_2O_3 的燃烧速率最高;而对于所有的复合材料,随着添加的 SiO_2 的比例增加,三元体系的燃烧速率逐渐降低。Prentice 等指出,相较于燃烧速率很高的二元反应,在机械混合的三元复合材料中,与铝的竞争反应往往会降低反应速率,反应物的扩散也受到限制。

2.3 可燃剂表面功能化对纳米含能复合物燃烧性能的调控

利用纳米铝粉及 PFTD 功能化的铝粉(Al、Al-PFTD)分别与 MoO_3 结合制备含能复合物,对其火焰传播的研究结果表明,与 Al/MoO_3 相比,$Al-PFTD/MoO_3$ 中的 PFTD 能够积极参与反应,有助于火焰速度的提高。然而,用 PFTD 修饰 Al 颗粒仅起到了提高燃烧速率的作用。我们更进一步的目标则是,通过研究全氟羧酸功能化修饰的纳米 Al 颗粒的火焰传播,实现对 Al 颗粒燃烧过程的控制和有针对性订制,如降低某些高能复合材料的燃烧速率。铝热剂是一种理想的含能复合材料,因为它们的可调控性是基于对反应物性质的调控。为了达到这一效果,采用了一种更短的、空间位阻更大的有机酸,全氟癸二酸(PFS)来对纳米 Al 颗粒进行功能化[48]。利用差分扫描量热法和火焰传播实验,对其热平衡及非平衡的燃烧行为进行了研究。对含能复合材料的活化能(E_a)和燃烧速率进行了估算,并研究了有机酸的结构与燃烧行为之间的关系[51]。

2.3.1　样品制备

制备了三种不同类型的铝粉,平均粒径均为 80nm。所有的 Al 颗粒都被一层 Al_2O_3 钝化外壳所包覆,壳的厚度约为 2.7nm。Al-PFTD 颗粒表面则是在 Al_2O_3 壳上又包覆了一层厚约 5nm 的 PFTD 层。同样的,Al-PFS 是在 Al_2O_3 壳上又包覆了一层厚约 5nm 的 PFS 层。应注意,这些有机酸都是通过与 Al_2O_3 壳表面上的羟基发生键合而包覆在 Al 颗粒上的。第三种类型的 Al 颗粒仅仅具有 Al_2O_3 的钝化外壳,没有包覆任何的有机酸,将其标记为 Al。PFTD 和 PFS 的化学结构如图 2-9 所示。

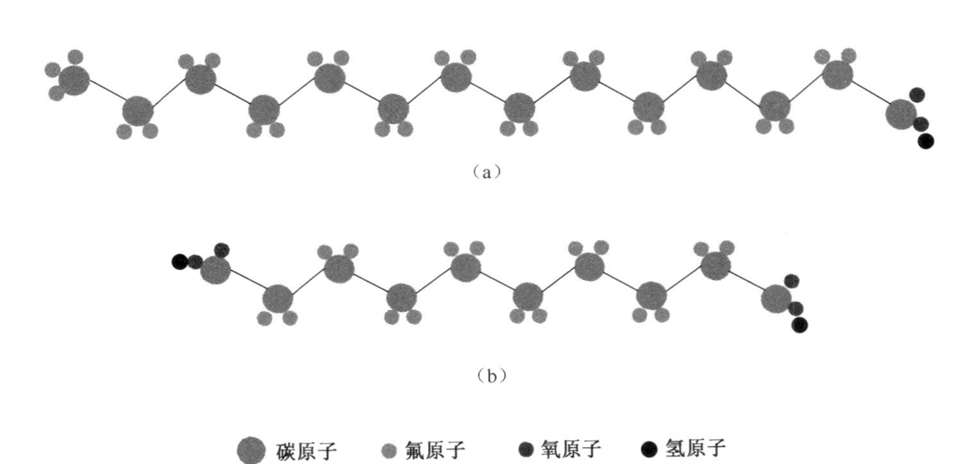

图 2-9　PFTD 和 PFS 的化学结构

(a)全氟十四酸(PFTD);(b)全氟癸二酸(PFS)。

本研究中使用的纳米 Al 颗粒是由美国的诺瓦中心(Nova Centrix Corp.)生产的。通过乙醚的悬浊液,在铝粉表面包覆上 PFTD 来制备 Al-PFTD;在铝粉表面包覆上 PFS 则得到 Al-PFS。将粉末产品在乙醚中清洗三次,除去表面上未与 Al_2O_3 壳键合的有机酸,最终得到在 Al_2O_3 壳自组装上一层氟化酸的 Al 颗粒。氟化酸包覆 Al 颗粒的详细制备方法可以参见文献[48]。全氟羧酸、PFTD 和 PFS 都是通过羧基官能团[32]与 Al_2O_3 结合的。氧化剂 MoO_3 是从美国的Mach I 购得。MoO_3 颗粒具有长方形片状结构,平均厚度为 44nm,而所有的 Al 颗粒都是球状的。

为了制备含能复合物,称取一定质量的可燃剂铝粉(有自组装层和无自组装层的)及氧化剂 MoO_3,分散于己烷中。按照 2.1 节中描述的标准流程,通过超声制备悬浊液,然后制备活性粉剂。对于三种不同的铝粉,分别制得三种不同的含能复合材料。

2.3.2 火焰传播实验

火焰传播实验用于确定三种复合含能材料的燃烧速率。正如文献[6,46,52-54]所介绍的,火焰管装置被广泛应用于火焰传播实验中。将每种复合含能材料都装入石英管中,放置于振荡床上振荡5s,以减少局部的密度梯度。每个石英管中都装有(468±10)mg 的含能复合材料,装填状态为松散的粉末状,约为理论最大密度的7%。一切准备就绪,将石英管放置于不锈钢的燃烧室中,具体实验装置如图2-6所示。在这些实验中,摄像机捕捉到样品反应的图像,垂直于火焰传播的方向,拍摄速度为160000帧/s,分辨率为256×128像素。用 Vision Research 软件对记录下的图像数据进行后处理。

2.3.3 热平衡实验

利用热平衡等转化率法计算活化能。样品用量约6mg,装入 Neztsch STA 409 型同步差示扫描量热仪(DSC)和热质量分析仪(TGA)中,在氧气-氩气1:3(体积比)的气氛环境中加热到1273K,升温速率分别为2K/min、5K/min、10K/min、。为了获得净能量和质量变化,样本坩埚与一个空的参比坩埚一同进行 DSC/TGA 实验。同时,为了测量相变(生成气体)造成的质量变化,从而得到质量与平衡温度的函数关系,样品支架安装在一个微克级分辨率的天平上(TGA)。当 DSC/TGA 中的反应产生足够的能量,能量信号强度明显超过机器的本征噪声时,DSC 曲线的斜率会发生变化。DSC 曲线覆盖的面积对应的是反应净放热量。反应的活化能用下式计算(利用 M. J. Starink[55]提出的 B-1.95 型峰拟合法):

$$\frac{B}{T_{\mathrm{p}}^{1.95}}=A\cdot\exp\left(-\frac{E_{\mathrm{a}}}{RT_{\mathrm{p}}}\right)\tag{2-2}$$

式中:B 为升温速率;A 为指前因子;E_{a} 为活化能;R 为理想气体常数;T_{p} 为反应的放热峰峰温。

反应速率近似为 $B/T_{\mathrm{p}}^{1.95}$。对式(2-2)两边同时取自然对数,可得

$$\ln\left(\frac{B}{T_{\mathrm{p}}^{1.95}}\right)=-\frac{E_{\mathrm{a}}}{RT_{\mathrm{p}}}+\ln A\tag{2-3}$$

对于不同的升温速率,绘制 $\ln\left(\frac{B}{T_{\mathrm{p}}^{1.95}}\right)$ 作为$(1/RT_{\mathrm{p}})$的函数曲线,通过其趋

势线的斜率就可以得到 E_a 值(kJ/mol)。

2.3.4　火焰速度测试结果

上述样品的活化能及其燃烧速率如表 2-3 所列。Al-PFTD/MoO_3 的燃烧速率比 Al/MoO_3 的燃烧速率快 86%，而 Al-PFS/MoO_3 的燃烧速率几乎是 Al/MoO_3 的 50%。

表 2-3　活化能和燃烧速率

含能复合物	活化能 E_a/(kJ/mol)	燃烧速率/(m/s)
Al/MoO_3	252	267
Al-PFTD/MoO_3	185	497
Al-PFS/MoO_3	553	138

图 2-10~图 2-12 显示了在升温速率 2K/min、5K/min 和 10K/min 下，三种含能复合物的热流率和质量损失随温度变化的曲线。

Al-PFTD/MoO_3 和 Al-PFS/MoO_3 的反应显示，在较大的放热峰之前有一个较小的放热峰，而在 Al/MoO_3 的反应中并未看到该峰的出现。另外，Al/MoO_3 的曲线显示出了一个两步的放热峰，表明在两个不同的温度上发生了两个反应。同时，在有机酸包覆的含能复合物中，其 DSC 曲线上在 650~660℃ 有两个较小的吸热峰，该温度段对应的是铝的熔点，可能意味着这是与 MoO_3 反应后剩余的部分铝的熔融吸热过程。

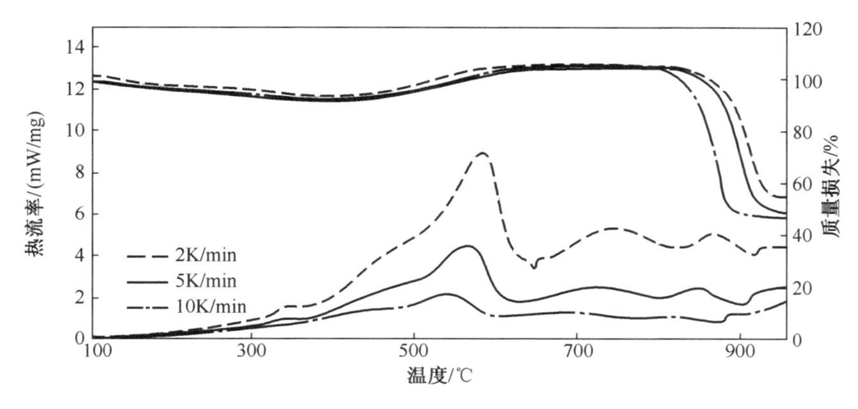

图 2-10　不同升温速率下 Al-PFTD/MoO_3 反应的热流率(底部的三条线)和质量损失(顶部的三条线)随温度变化的曲线

在 Al/MoO_3 的热流率曲线中并未出现如此的吸热峰，而是出现了另一个吸

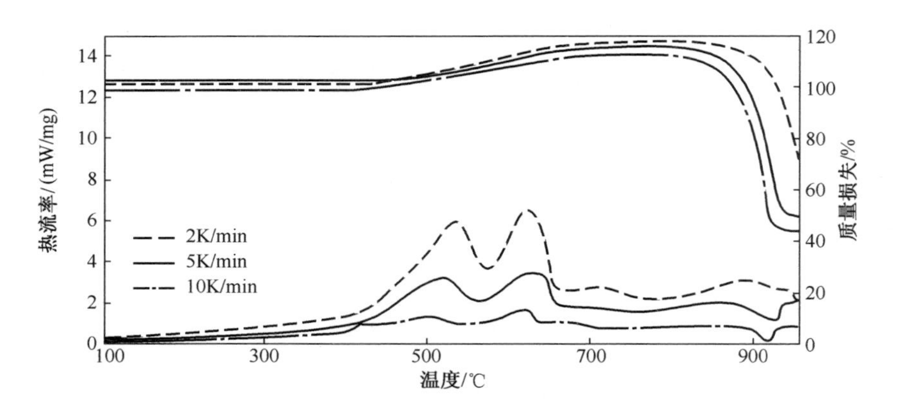

图 2-11　不同升温速率下 Al/MoO_3 反应的热流率(底部的三条线)和质量损失(顶部的三条线)随温度变化的曲线

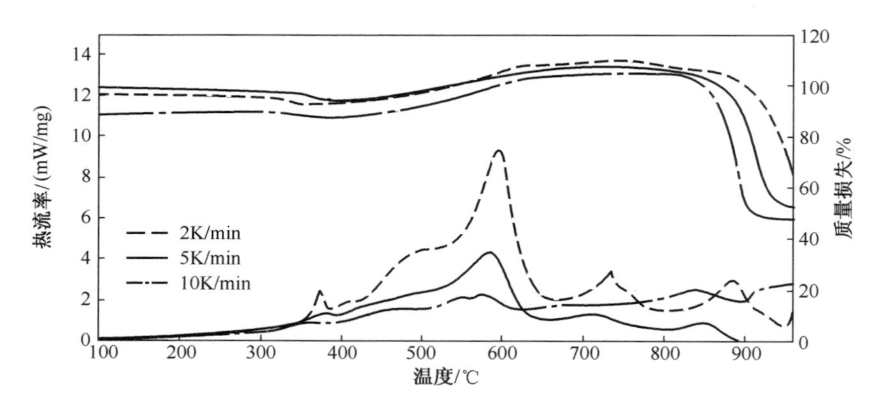

图 2-12　不同升温速率下 Al-PFS/MoO_3 反应的热流率(底部的三条线)和质量损失(顶部的三条线)随温度变化的曲线

热峰。可得出结论,第一个峰值对应的是 Al 与 MoO_3 颗粒的氧化反应,发生在大约 540℃[56]。为了解该热流率曲线上的第二个峰值,在单独的 Ar 气氛下,对相同的含能复合物,同样的粒度,以同样的升温速率进行了又一次的热流率实验,热流率曲线如图 2-13 所示。

Al/MoO_3 在 Ar 气氛中的热流率曲线上,660℃附近出现一个吸热峰(对应未燃烧的 Al 的熔融过程)。与 Al/MoO_3 在 O_2 气氛和 Ar 气氛环境下燃烧所观察到的热流率曲线(图 2-13)进行比较,可以认为第二个放热峰与铝的熔融吸热相对应。而在完全的 Ar 气氛环境中,反应过程中唯一可用的氧化剂是 MoO_3。一旦所有的 MoO_3 都用于和铝发生氧化还原反应,剩余的 Al 颗粒就无法再与任何

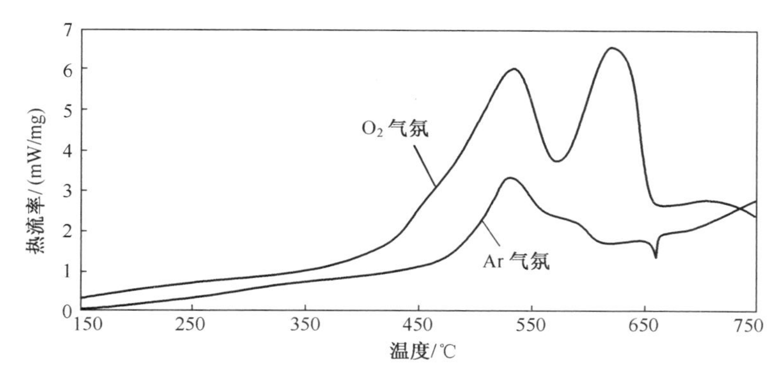

图 2-13　不同气氛下 Al/MoO_3 含能复合材料热流率随温度变化的曲线(升温速率为 10K/min)

其他氧化剂发生反应,因此在继续加热时只能熔化。另外,在 O_2 气氛和 Ar 气氛体积比 1∶3 的环境中,Al 颗粒则可以与含能复合物中的 MoO_3 以及反应气氛中的氧气两种氧化剂反应。因此,在消耗了所有的 MoO_3 之后,继续加热,剩余的 Al 就会被气氛中的氧气所氧化,该氧化过程会放出热量。因此可以得出结论,在 Al/MoO_3 热流率曲线中的第二个放热峰是由于未燃烧的 Al 颗粒被在反应气氛中的氧气所氧化。为了更好地比较,图 2-14 将所有含能复合物在 10K/min 升温速率下的热流率曲线都列在了一起。

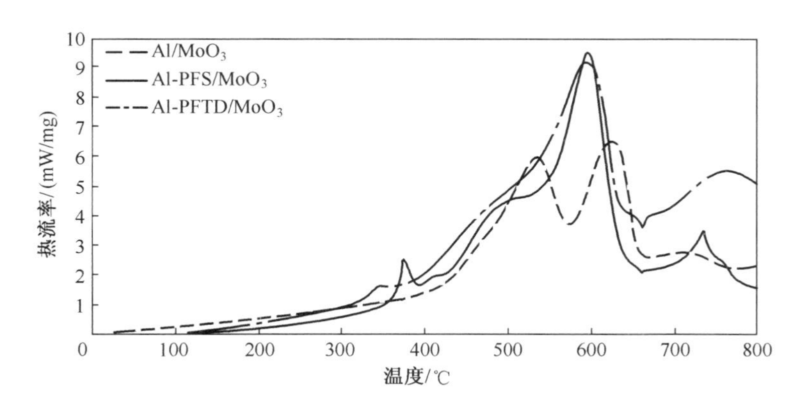

图 2-14　每种含能复合材料热流率随温度变化的曲线(升温速率为 10K/min)

从图 2-14 可以看出,与 Al-PFS/MoO_3 相比,Al-PFTD/MoO_3 的 DSC 曲线中第一个放热峰的温度略有提前。将对图 2-14 的分析方法扩展到较低的升温速率下,以便测量与连续过渡相对应的等转化率温度。利用不同升温速率(2K/min、5K/min、10K/min)下对应的反应峰温,为每种含能复合物绘制

$\ln(B/T_p^{1.95})$对于$(1/RT_p)$的函数曲线，结果如图 2-15 所示。

图 2-15 中直线的斜率就是表 2-3 中所对应的各样品的活化能 E_a，其中 Al/MoO_3 的 $E_a=252$kJ/mol，与文献[57-58]中得到的含能复合物的 E_a 值相对应。值得注意的是，活化能的趋势与燃烧速率的趋势相反，即低燃烧速率的复合物有很高的活化能，高燃烧速率的复合物活化能则很低。由于其他参数，如燃烧管直径、长度，Al 与 MoO_3 含量，理论最大密度(TMD)及刺激电压对于所有的实验都是保持不变的常数，因此影响复合物燃烧速率的主要因素应是化学组成及有机酸包覆层的活性。

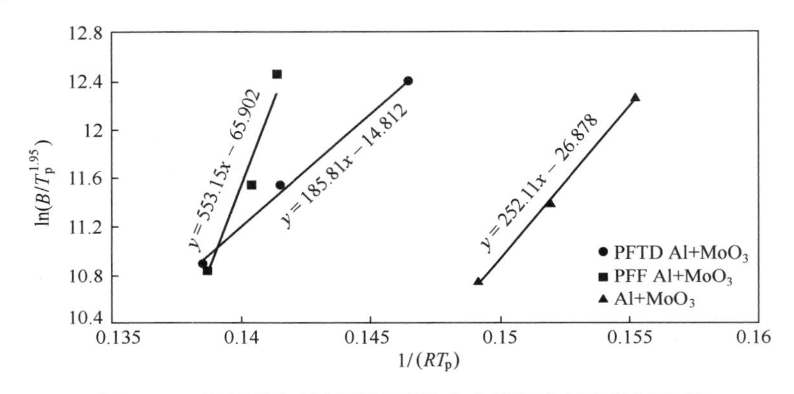

图 2-15 通过趋势线斜率计算得出含能复合材料的活化能

Osborne 与 Pantoya[25]认为，当 Al 与 PTFE 发生反应时，在高温下，氟会与 Al_2O_3 壳发生反应，导致氟化铝(AlF_3)的形成。这种相互作用发生在大约 400℃的预点火反应中。他们假设，AlF_3 的形成有助于分解 Al_2O_3 壳，使得 Al 核暴露出来，得以进行后续的反应。如图 2-9 所示，用于包覆的酸在其烷基链上有大量的氟，两端为羧基官能团。从质量比来看，PFTD 含有 72%的氟，而 PFS 含有 62%的氟。在高温下，有机酸的包覆层中分解出的 F 自由基(类似于 PTFE 分子分解出的氟自由基)可能与 Al_2O_3 发生反应，使 Al_2O_3 层分解，并暴露出铝的内核部分，从而进一步氧化。在图 2-14 中，将这两种不同的酸包覆的含能复合材料的热流率曲线进行比较可以看出，Al-PFTD/MoO_3 的 PIR 起始温度为 320℃，分解峰温为 342℃，而 Al-PFS/MoO_3 的 PIR 起始温度为 350℃，分解峰温为 374℃。图 2-10 与图 2-12 中的 PIR、热流率曲线较为相似，在平衡常数方面没有不同，无法解释其在表 2-3 中显示的燃烧速率为何不同(Al-PFTD/MoO_3 的燃烧速率比 Al/MoO_3 的燃烧速率高了 86% ，而 Al-PFS/MoO_3 的燃烧速率则比 Al/MoO_3 的燃烧速率低了 48%)。

从图 2-10 和表 2-3 的结果中发现，酸包覆可以有针对性地敏化或钝化含

能复合物。利用 PFTD 包覆能够在如下三个方面提高 Al 的点火感度:

(1) 降低 PIR 的起始温度;

(2) 降低活化能;

(3) 提高火焰速度。

PFTD 相比于 PFS,其具有更长的—CF_2—链。链越长,结构越不稳定,反应就越迅速,因为长链较短链更容易生成自由基[59]。同时,PFTD 还有更高的氟含量(72% ,PFS 的氟含量为 62%),而氟又是电负性极高的氧化剂。Dean 等[20]表示,Al-F 的 PIR 是与有机酸的氟含量和 Al 颗粒的比表面积直接相关的。氟含量和比表面积越高,PIR 的初始温度就越低。在图 2-15 中也可以看到,PFTD 与 PFS 相比,其 PIR 起始温度提前了 30℃。PIR 起始温度的降低能够加速 Al 的氧化,这也可以解释 Al-PFTD/MoO_3 比 Al-PFS/MoO_3 的燃烧速率更高。控制 PIR 的起始温度是控制有机酸包覆 Al 含能复合物的反应活性的关键。

此外,PFS 与 PFTD 相比,其具有更对称稳定的分子结构,因此,PFS 中键的断裂及自由基的生成都需要更高的能量,也就具有更高的活化能 E_a。同时,PFS 上羧基中的氧原子和氢原子会在反应前沿中与 F 自由基成键,进一步降低了活性 F 的浓度,从而阻碍了 Al 的氧化,降低了 Al-PFS/MoO_3 的燃烧速率。另外,PFS 分子中多的这个羧酸官能团,碳原子与氧原子之间有一个 π 键。尽管—C—F—键是最强的单键,具有很大的解离能(BDE,490kJ/mol),但—C=O—中有一个 π 键,它的 BDE 为 799 ~ 802kJ/mol[59]。这就意味着,打开一个—C=O—键需要的能量几乎是打开一个—C—F 键的 2 倍,这也是 Al-PFS/MoO_3 活化能高的原因之一。Thadhani 等[60]的研究表明,对于固体状态的反应物,初始分解温度的提前降低意味着更高的反应速率。值得注意的是,本研究的结果与Thadhani 等是一致的,即 Al-PFTD/MoO_3 的初始分解温度低于 Al-PFS/MoO_3,燃烧速率与 E_a 的关系也类似。

对于含能复合物,燃烧速率与 E_a(表 2-3)之间的关系是成反比的。因为考虑了燃氧比之外的其他影响因素,此处测量的活化能是表观活化能。表观活化能是将发生化学反应需要的能量势垒进行定量化。活化能高的反应物相比于活化能低的反应物,其需要更高的能量输入才能发生反应。

含能复合物在火焰管中的燃烧是沿着火焰管的轴向进行的。考虑火焰管的管径(3mm)相比于其长度(10cm)来说小了 1 个数量级,反应中的热量传递可以近似为沿着轴向的一维传播。通过镍铬导线的热刺激加热其附近的含能复合物,将能量提高到其活化能之上,在可燃剂的氧化过程中开始发生放热反应。

在氧化反应过程中释放的能量加热了邻近反应区域的含能复合物,一旦附近的反应物获得了高于其活化能的能量,可燃剂和氧化剂的颗粒就会开始发生放热反应。反应也因此能在火焰管中传播开来,反应的传播表现为快速移动的火焰前沿,可以用肉眼观测到。相对来说,具有低活化能的含能复合材料需要较少的能量来克服 E_a 能量势垒,这意味着能量更容易传递到未反应的含能复合物上(而不是被其所消耗),从而具有更快的反应传播和更高的燃烧速率。另外,具有较高 E_a 的含能复合材料在反应区域会消耗较多的能量,并导致燃烧速率较低。这与表 2-3 中所列的结果一致。

2.4 结　　论

本章通过对铝功能化制备可燃剂颗粒,分析了铝与氟聚物的反应动力学和燃烧性能。为了调控反应的关键参数,即火焰速度,进行了实验研究。结果表明,通过简单地改变添加剂的组分,可以提高对能量输出的控制以及反应的可调控性。

用 PFTD 与 Al_2O_3 钝化壳层键合,将纳米 Al 颗粒进行了功能化处理。结合 MoO_3,制备了三种不同的含能复合物,分别为 PFTD 修饰的 Al 与 MoO_3,未功能化的 Al 与 MoO_3 及单独的 PFTD 颗粒,未功能化的 Al 与 MoO_3。为了解表面功能化对铝反应活性的影响,测量了其火焰速度。结果显示,表面功能化的 Al 的复合物(Al-PFTD/MoO_3),反应速率是 Al/MoO_3 的 2 倍,是 Al/MoO_3/PFTD 的 3.5 倍。不同复合物中 PFTD 与 Al 颗粒的结合方式不同,进而影响了反应动力学,从而造成了火焰传播与燃烧速率中的巨大差异。

为了调控反应活性,进一步探讨了功能化的作用。对三种含能复合物进行了热平衡及火焰传播实验。样品中均使用 MoO_3 作为氧化剂,而可燃剂 Al 颗粒的平均粒径为 80nm,其中两种含能复合物中包所用的 Al 颗粒使用两种不同的酸进行了包覆,另外一种含能复合物则是采用了未包覆的 Al 颗粒,作为参照基准。外层包覆的酸分别是通过自组装形成的单层 PFTD 及 PFS,因此三种复合物分别标记为 Al-PFTD/MoO_3、Al-PFS/MoO_3 和 Al/MoO_3。结果表明,Al-PFTD/MoO_3 具有最高的燃烧速率,几乎是 Al/MoO_3 的 2 倍。Al-PFS/MoO_3 的燃烧速率最低,仅为 Al/MoO_3 的 48%。热平衡分析表明,PFTD 的促进作用使得起始反应在较低的温度下发生,这可能是由于酸分子链的结构稳定性较低所致。两种不同酸包覆的含能复合物的热流率曲线中唯一差异在于,Al-PFTD/MoO_3 的 F-Al 预点火反应具有较低的初始温度,意味着酸分子链的结构稳定性是提高或降低酸包覆铝粉含能复合物反应活性的关键。

活化能 E_a 结果则显示,其趋势与燃烧速率完全相反,复合物的燃烧速率越高,其活化能就越低。对于本研究中的含能复合物,这一结果是在预料之中的。由于传播速率可以描述为一系列点火位点,因此活化能越低,传播速率就越快。

上述研究结果是很有意义的,这意味着,含能复合物活性的降低或提高可以通过调控其包覆所用的酸的结构来实现。结果表明,由于 PFTD 包覆层稳定性较低,且氟含量较高,使得预点火反应的初始温度提前,从而提高了含能复合物的反应活性(进而导致了更低的活化能和更高的燃烧速率)。外有机酸 PFS 则更稳定,需要更高的化学键解离能,导致 PIR 反应初始温度滞后,需要更高的活化能来反应,降低了火焰速度,最终降低了整个含能复合物的反应活性。

参考文献

[1] S. R. Turns, An Introduction to Combustion: Concepts and Applications, third ed., vol. 3, McGraw Hill, NewYork, 2012.

[2] C. Farley, Reactions of Aluminum with Halogen Containing Oxides, Dissertation. Lubbock, TX, May 2013.

[3] M. Brown, S. Taylor, M. Tribelhom, Fuel oxidant particle contact in binary pyrotechnic reactions, Propell. Explos. Pyrotech. 23 (1998) 320-327.

[4] A. Shimizu, J. Saitou, Effect of contact points between particles on the reaction rate in the Fe_2O_3-W_2O_5 system, Solid State Ionics 38 (1990) 261-269.

[5] C. Aumann, G. Skofronick, J. Martin, Oxidation behavior of aluminum nanopawders, J. Vac. Sci. Technol. 13 (3) (1995) 1178-1183.

[6] B. S. Bockmon, M. L. Pantoya, S. F. Son, B. W. Asay, J. T. Mang, Combustion velocities and propagation mechanisms of metastable interstitial composites, J. Appl. Phys. 98 (6) (2005) 064903-064907.

[7] S. H. Fischer, M. C. Grubelich, Theoretical energy release of thermites, intermetallics and combustible metals, in: 24th International Pyrotechnics Seminar. Monterey, CA, 1998.

[8] J. Gesner, M. Pantoya, V. Levitas, Effect of oxide shell growth on nano-aluminum thermite propagation rates, Combustion and Flame 159 (2012) 3448-3453.

[9] K. Johns, G. Stead, Fluoroproducts-the extremophiles, J. Fluorine Chem. 104(2000) 5-14.

[10] P. Kirsch, Modern Fluoroorganic Chemistry: Synthesis, Reactivity, Applications, John Wiley and Sons, Hoboken, NJ, 2004.

[11] L. McKeen, Fluorinated Coatings and Finishes Handbook: The Definitive Users Guide, William Andrew, 2006.

[12] E. Koch, Metal-fluorocarbon pyrolants: III. Development and application of magnesium/teflon/viton (MTV), Propell. Explos. Pyrotech. 27 (5) (2002) 262-266.

[13] E. Koch, Metal-fluorocarbon pyrolants IV: thermochemical and combustion behavior of magnesium/teflon/viton (MTV), Propell. Explos. Pyrotech. 27 (6) (2002) 340-351.

[14] S. Nandagopal, M. Mehilal, M. Tapaswi, S. Jawalkar, K. Radhakrishnan, B. Bhattacharya, Effect of

coating of ammonium perchlorate with fluorocarbon on ballistic and sensitivity properties of AP/Al/HTPB, Propell. Explos. Pyrotech. 34 (6) (2009) 526-531.

[15] N. Clayton, K. Kappagantula, M. Pantoya, S. Kettwich, S. Iacono, Fabrication, characterization and energetic properties of metalized fibers, ACS Appl. Mater. Interfaces. 6 (2014) 6049.

[16] E. Dreizin, Metal based nanoreactive materials: a review article, Prog. Energy Combust. Sci. 35 (2) (2009) 141-167.

[17] K. Kappagantula, M. Pantoya, Experimentally measured themal transport properties of aluminum-polytetrafluoroethylene nanocomposites with graphene and carbon nanotube additives, Int. J. Heat Mass Transfer 55 (4) (2012) 817-824.

[18] K. Kappagantula, M. Pantoya, E. Hunt. Impact ignition of aluminim-teflon based energetic materials impregnated with nano-structured carbon additives, J. Appl. Phys. 112 (2) (n. d.) 024902-024908.

[19] S. Kettwich, K. Kappagantula, B. Kusel, E. Avijan, S. Danielson, Thermal investigations of nanoaluminum/perfluoropolyether core-shell impregnated composites for structural energetics, Thermochim. Acta 591 (2014) 45-50.

[20] M. Pantoya, S. Dean, The influence of alumina passivation on nano-Al/Teflon reactions, Thermochim. Acta 493 (2009) 109-110.

[21] C. Yarrington, S. Son, T. Foley, Combustion of silicon/teflon/viton and aluminum/teflon/viton energetic composites, J. Propul. Power 26 (4) (2010) 734-743.

[22] S. Moldoveanu, Analytical Properties of Synthetic Organic Polymers, Elsevier, Amsterdam, 2005.

[23] K. Watson, M. Pantoya, V. Levitas, Fast reactions with nano- and micrometer aluminum: a study on oxidation versus fluorination, Combust. Flame 155 (4) (2008) 619-634.

[24] R. Yetter, G. Risha, S. Son, Metal combustion and nanotechnology, Proc. Combust. Inst. 32 (2) (2009) 1819-1838.

[25] D. Osborne, M. Pantoya, Effect of Al particle size on the thermal degradation of Al/Teflon mixtures, Combust. Sci. Technol. 179 (8) (2007) 1467-1480.

[26] E. Koch, Metal-fluorocarbon pyrolants: V. Theoretical evaluation of the combustion performance of metal-fluorocarbon pyrolants based on strained fluorocarbons, Propell. Explos. Pyrotech. 29 (1) (2004) 9-18.

[27] S. Cudzilo, M. Szala, A. Huczko, M. Bystrzejewski, Combustion reactions of poly(carbon monofluoride), $(CF)_n$ with different reductants and characterization of the products, Propell. Explos. Pyrotech. 32 (2) (2007) 149-154.

[28] S. Danielson, et al. , Metastable Metalized Perfluoropolyether Functionalized Composites, American Chemical Society, New Orleans, LA, 2013.

[29] R. Fantasia, S. Pierson, C. Hawkins, S. Iacono, S. Kettwich, Facile Route Towards Perfluoropolyether Segmented Polyurethanes, American Chemical Society, Denver, CO, 2011.

[30] S. Pierson, D. Richard, C. Lindsay, S. Iacono, S. Kettwich, Synthesis and Characterization of Aluminum Perfluoropolyether Blended Materials, American Chemical Society, Anaheim, CA, 2011.

[31] J. Brege, C. Hamilton, C. Crouse, A. Barron, Ultrasmall copper nanoparticles from a hydrophobically immobilized surfactant template, Nano Lett. (2009) 2239-2242.

[32] R. J. Jouet, A. Warren, D. M. Rosenberg, V. J. Bellito, K. Park, M. Zachariah, Surface passivation of bare aluminum nanopaticles using perfluoroalkyl carboxylic acids, Chem. Mater. 17 (2005) 2987-2996.

[33] R. Brewer, P. Dixon, S. Ford, K. Higa, R. Jones, Lead free Electric Primer, Final, Naval Air Warfare Center, WEapoms Division, China Lake, CA, 2006.

[34] D. Pesiri, C. Aumann, L. Bilger, D. Booth, R. Carpenter, R. Dye, E. O'Neill, D. Shelton, K. Walter, Industrial scale nano-aluminum powder manufacturing, J. Pyrotech. 19 (2004) 19-32.

[35] K. Wefers, C. Misa, Oxides and Hydroxides of Aluminum, Alcoa Technical Paper 19, 1988.

[36] K. Oberg, P. Persson, A. Shchukarev, B. Eliasson, Comparison of monolayer films of stearic acid and methyl stearate on an Al_2O_3 surface, Thin Solid Films 397 (2001) 102-108.

[37] M. Lee, K. Feng, X. Chen, N. Wu, A. Raman, J. Nightingale, E. Gawalt, D. Korakakis, L. Hornak, A. Tiperman, Adsorption and desorption of stearic acid on self-assembled monolayers on aluminum oxide, Langmuir (2007) 2444-2452.

[38] M. E. Karaman, D. A. Antelmi, R. M. Pashley, The production of stable hydrophobic surfaces by the adsorption of hydrocarbon and fluorocarbon carboxylic acids onto alumina substrates, Colloids Surf. A Physicochem. Eng. Asp. 182 (1-3) (2001) 285-298.

[39] M. Abela, J. Wattsa, R. Digby, The adsorption of alkoxysilanes on oxidised aluminium substrates, Int. J. Adhes. Adhes. (1998) 179-192.

[40] I. Liakosa, E. McAlpineb, X. Chen, R. Newmand, M. R. Alexander, Assembly of octadecyl phosphonic acid on the α-Al_2O_3(0 0 0 1) surface of air annealed alumina: evidence for termination dependent adsorption, Appl. Surf. Sci. 255 (5) (2008) 3276-3282.

[41] J. Folkers, C. Gorman, P. Laibinis, S. Buchholz, G. Whitesides, R. Nuzzo, Self-assembled monolayers of long-chain hydroxamic acids on the native oxide of metals, Langmuir (1995) 813-824.

[42] C. Crouse, C. Pierce, J. Spowart, Influencing solvent miscibility and aqueous stability of aluminum nanoparticles through surface functionalization with acrylic monomers, ACS Appl. Mater. Interfaces2 (2010) 2560-2569.

[43] D. Weibel, A. Michels, A. Feil, L. Amaral, S. Teixeria, F. Horowitz, Adjustable hydrophobicity of Al substrates by chemical surface functionalization of nano/microstructures, J Phys. Chem. C (2010) 13219-13224.

[44] S. Valliappan, J. Swiatkiewicz, J. A. Puszynski, Reactivity of aluminum nanopowders with metal oxides, Powder Technol. 156 (2005) 164-169.

[45] R. Thiruvengadathan, A. Bezmelnitsyn, S. Apperson, C. Staley, P. Redner, W. Balas, S. Nicolich, D. Kapoor, K. Gangopadhyaya, S. Gangopadhyay, Combustion characteristics of novel hybrid nanoenergetic formulations, Combust. Flame 158 (2011) 964-978.

[46] B. Dickiki, S. Dean, M. Pantpya, V. Levitas, J. Jouet, Influence of aluminum passivation on reaction mechanism: flame propagation studies, Energy Fuels 23 (2009) 4231-4235.

[47] CRC Handbook of Chemistry and Physics, vol. 71, CRC Press, Boca Raton, FL, 1991.

[48] J. Horn, J. Lightstone, J. Carney, J. Jouet, Preparation and characterization of functionalized aluminum nanoparticles, in: Shock Compression of Condensed Matter-2011: Proceedings of the Conference of the American Physical Society Topical Group on Shock Compression of Condensed Matter. Chicago, Illinois, 2011.

[49] K. Kappagantula, M. Pantoya, J. Horn, Effect of surface coatings on aluminum fuel particles toward nanocomposite combustion, Surf. Coat. Technol. 237 (2013) 456-459.

[50] D. Prentice, M. Pantoya, B. Clapsaddle, Effect of nanocomposite synthesis on the combustion performance of a ternary thermite, J. Phys. Chem. B 109 (43) (2005) 20180-20185.

[51] K. Kappagantula, C. Farley, M. Pantoya, J. Horn, Tuning energetic material reactivity using surface functionalization of aluminum fuels, J. Phys. Chem. C 116 (46) (2012) 24469-24475.

[52] C. Yarrington, S. Son, T. Foley, S. Obrey, A. Pacheo, Nano aluminum energetics: the effect of synthesis method on morphology and combustion performance, Propell. Explos. Pyrotech. 36 (6) (2011) 551-557.

[53] K. Kappagantula, B. Clark, M. Pantoya, K. Kappagantula, Flame propagation experiments of non gas generating nanocomposite reactive materials, Energy Fuels 25 (2) (2011) 640-646.

[54] M. Weismiller, J. Malchi, J. Lee, R. Yetter, T. Foley, Effects of fuel and oxidizer particle dimensions on the propagation of aluminum containing thermites, Proc. Combust. Inst. 33 (2) (2011) 1989-1996.

[55] M. J. Starnik, Analysis of aluminum based alloys by calorimetry: quantitative analysis of reactions and reaction kinetics, Int. Mater. Rev. 49 (3) (2004) 191-226.

[56] J. H. Bae, D. K. Kim, T. H. Jeong, H. J. Kim, Crystallization of amorphous Si thin films by the reactionof MoO_3/Al, Thin Solid Films 518 (2010) 6205-6209.

[57] D. Stamatis, E. L. Dreizen, K. Higa, Thermal initiation of Al-MoO_3 nanocomposite materials prepared by different methods, J. Propul. Power 27 (2011) 1079-1087.

[58] J. Sun, M. Pantoya, S. Simona, Dependence of size and size distribution on reactivity of aluminum nanoparticles in reactions with, Thermochim. Acta 444 (2006) 117-127.

[59] T. W. Graham Solomons, C. Fryhle, Organic Chemistry, Wiley, 2011.

[60] N. Thadhani, S. Namjoshi, K. Vandersall, X. Xu, Thermal analysis Instrumentation for the Kinetics of Shocked Materials, Final report, Storming Media, Atlanta, 1999.

第3章　纳米金属:在含能体系中的合成与应用

Alexander A. Gromov, Alexander G. Korotkikh, A. Il'in, Luigi T. DeLuca,
Vladimir A. Arkhipov, Konstantin A. Monogarov, Ulrich Teipel

3.1　概　　述

与温度、压力、反应物浓度等相同,比表面积也视为小尺寸结构(特征尺寸小于100nm)的一个很有影响的可变参量。纳米结构的基本物理特性通常由低温、低能量方面的性质(熔化温度、氧化温度、氧化还原电势等)来表示[1]。二维纳米材料具有某些超常的热力学性质,如石墨烯比表面积 $S_{sp} \approx 1000m^2/g$,因此具有极高的热导率(5000W/(m·K)),超过了金属热导率的10倍[2]。纳米金属极大的比表面积这一优势在催化、点火、氧化以及含能材料燃烧方面都有助于高速的均相反应。现有的宏观物理化学模型很难对含纳米粉末和纳米金属(纳米合金;颗粒表面平均直径为5~500nm)的含能材料燃烧过程进行分析[3]。这种含能材料的一个例子是 $nAl/nMoO_3$ 复合物的燃烧速率大约为1km/s[4]。

历史上,纳米合金在热核工程中的应用起源于美国,与此同时,从第二次世界大战起,纳米合金在含能材料中的应用也得以发展。1977年,苏联关于纳米金属的研究结果首次在Morokhov的书中发表[5]。1989年,Gleiter[6]发表相关工作后,“纳米晶体材料”这一术语在西欧和美国被广泛熟知;但是关于纳米合金应用的工程研究比“纳米”这一术语出现的时间要早大约30年。到目前为止“超细”“极细”“超分散”和“亚微观晶体”粉末这些术语和“纳米”一直并存于期刊中[1,3,5-6]。关于“什么是真正的纳米”这一确切定义的讨论一直持续到今天。

自俄国航空航天科学家Kondratyuk和Tsander在1910年进行金属粉末的相关探索后[7],其在含能系统中作为添加剂应用的可能性就开始被广泛研究。1960—1970年,出版了一些综述书籍[8-9],书中讨论了微米尺寸的金属粉末(微米合金,直径为5~500μm)在高温氧化环境下燃烧的最基本法则。在20世纪40年代对金属化推进剂的最初测试中发现了微米合金作为燃料的缺点:颗粒团聚(尤其是 Al 颗粒);在气相中金属反应完全性较低(不完全燃烧,高达 50% 未燃烧金属);明显的两相流比冲损失(15%的两相流物质中包含了 25%微米铝粉)[10]。20 世纪 70 年代,Zeldovich 等[10]提出了减少损失的途径之一是使用超细金属颗粒作为燃料和燃烧催化剂,尤其是使用纳米合金颗粒。在现代纳米含能科学领域,俄罗斯、意大利、法国、德国、美国和中国的一些团队最近都或多或少地将注意力集中在这些观点上。

3.2 含能体系中的纳米金属

目前,已经有一些国家生产许多相当便宜的纳米合金,并应用于不同的技术领域,但其标准化、储存、处理、毒性以及在含能材料中的应用还在讨论中[1]。现代含能材料领域要求有对纳米合金性质的正确表征,然后才能进行应用。20 世纪 90 年代关于纳米合金的“浪漫氛围”和关于其“过剩能量”的神话应该被纳米合金在含能系统中明确的设计和应用条件改变。纳米粉末,尤其是纳米合金,其亚稳态物理化学性质使其成为一种相当反复无常的、缺乏研究的材料。在许多条件下,因为纳米合金会表现出非常强的还原性,加之其颗粒尺寸较小:纳米铜粉像锌一样反应(与酸反应释放氢气);纳米铝粉表现出了与钠和钾一样的性质(与水在室温下反应);纳米钛粉和纳米锆粉与空气接触就会自动爆炸等。

图 3-1 展示了纳米铝粉在含能体系中的一些基础应用和燃烧过程的分析,中间产物及燃烧最终产物,以及对未来工作的展望。

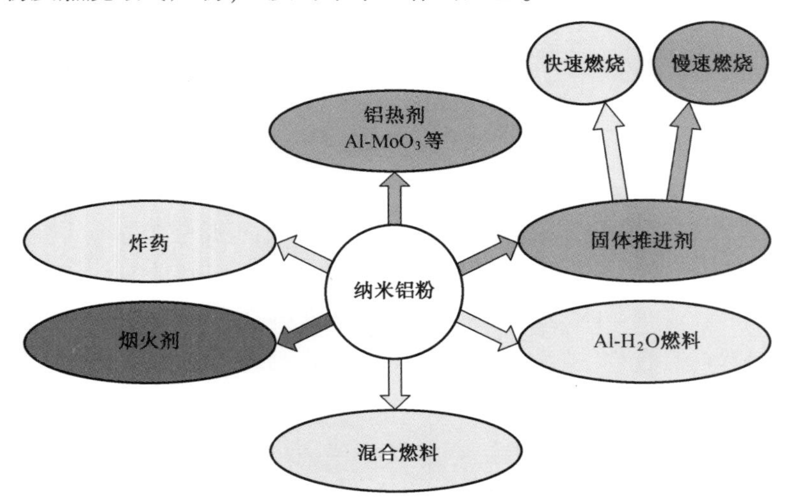

图 3-1 纳米铝粉在含能体系中的应用

深灰色箭头—发达领域;浅灰色箭头—发展中;黑色箭头—目前应用有限。

3.2.1　纳米金属的生产、钝化处理及性质

以不同蒸发方法,如热蒸发、激光切除、微波等离子体处理、化学气相沉积和盐高温热解法进行气体冷凝,是大量金属分散和原子颗粒合成制备纳米合金的最常用的方法[11-13]。金属丝电爆(EEW)法[14]是现有的制备纳米合金的方法中最有效的[3]。通过 EEW,金属丝材料在高温、高压下转化为纳米颗粒。输入的能量可与金属升华焓值相提并论,足够将金属线分散为纳米颗粒。与其他方法相比,EEW 法制备的纳米合金中活性金属含量较高(85%~95%)[3]。通过改变电爆参数,可以调节颗粒尺寸和活性金属含量。钝化条件的选择为纳米合金物理化学性质的控制提供了条件[15-16]。对于 EEW 纳米合金最难且仍未解决的问题之一是其较宽的颗粒尺寸分布,有时候粉末会有三种尺寸分布模式[3]。通过 EEW 制备的纳米尺寸颗粒可以达到总颗粒数的 90%,但微米级颗粒占据大部分质量分数,其颗粒数仅占总颗粒数量的一小部分。例如,EEW 所制备的微米(1~3μm)颗粒的质量分数约为比表面积为$12m^2/g$铝粉的 68%[17]。然而,微米颗粒的数量仅占颗粒总数的 2%[17]。因此,制备窄尺寸分布纳米合金颗粒这一问题仍存在[17]。纳米合金的另一个问题是制备过程中由于液体颗粒碰撞造成的团聚和储存过程中的团聚。纳米合金团聚时的粒度分布曲线如图 3-2 所示。颗粒尺寸在 30nm 以下的活性纳米合金通常非常不稳定,容易发生氧化、烧结和团聚。这些尺寸的纳米合金在室温下甚至在惰性气氛中就容易烧结。在加热过程中,它们在化学反应媒介中的反应会伴随热爆炸发生。

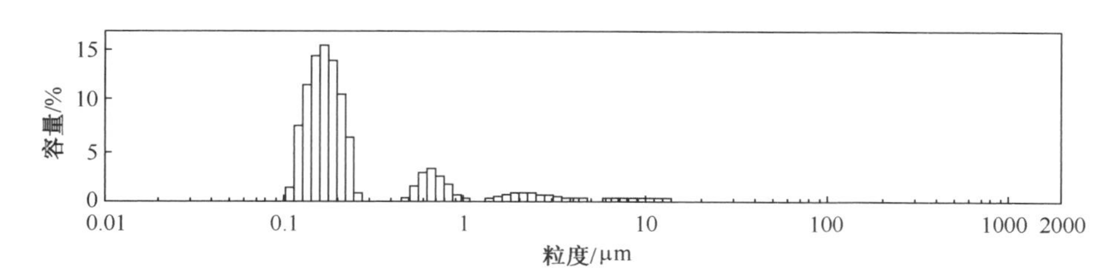

图 3-2　EEW 制备纳米(Cu-6%Ni)合金的粒度分布

通过目前已有方法在惰性气体(氩气、氩气+氢气、氩气+氮气)媒介中所获得的纳米 Al 颗粒于空气中通常是可以自燃的,因为室温下氧化反应释放的热量和释放速率足以将纳米颗粒加热到点火温度(100nm 纳米铝粉的点火温度大约为 400℃)[18]。这就是颗粒表面应该钝化层保护,隔绝反应性气体和内部金属,从而使其稳定的原因。钝化处理质量决定了纳米合金的化学稳定性和之后氧化过程的反应性。传统钝化微米铝粉(μAl)的方式是用碳氢化合物包覆。例如,

工业微米铝粉薄片颗粒用质量分数约为2%的石蜡包覆。

空气作用下纳米铝粉表面形成氧化物-钝化层,这种钝化处理的速率较慢(图3-3)。EEW 纳米 Al 颗粒在室温下储存 2~3 年后会在表面形成一层无定形氧化层,其厚度为7~8nm。如果纳米 Al 颗粒尺寸降低到 30nm,粉末中活性金属含量大量降低(30%~50%)。较小的颗粒直径造成了金属含量的降低,当颗粒尺寸约为 10nm 时,金属含量大约为 30%。用有机试剂稳定的铝粉中,活性金属平均含量为 70%~90%[19]。然而,所有的钝化途径都不能够使纳米铝粉含量达到98%,从这个角度来看, 将永远不会实现微米铝粉的最佳值(97%~99.8%)。

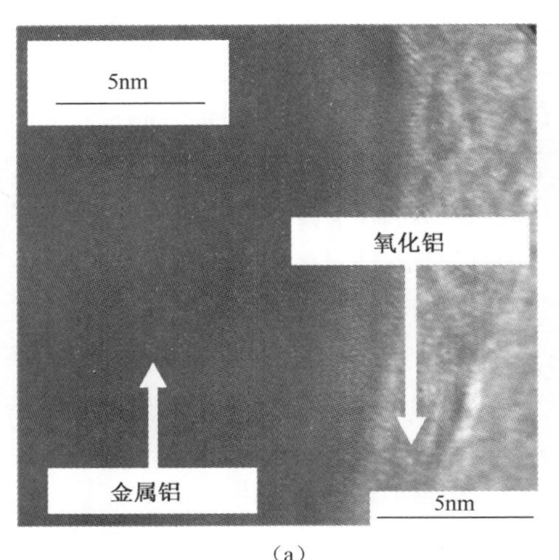

(a)

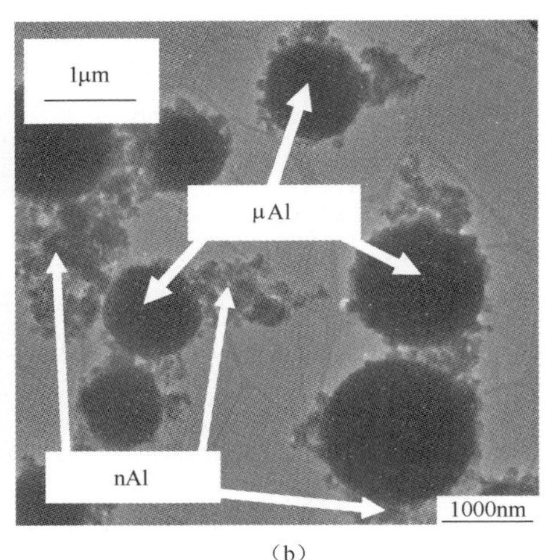

(b)

图 3-3 空气钝化纳米铝粉的 TEM 图
(a)单个颗粒;(b)纳米铝粉和微米铝粉混合物。

1. 纳米铝粉热性能表征

纳米铝粉热分解性能最方便的表征方式,是建立在非等温氧化曲线(通过时差热分析(DTA)、差示扫描量热法(DSC)、热重分析(TGA))基础上的对特定粉末的反应性的参数识别[20]。21 世纪初,许多从 20 世纪 90 年代活跃起来的小组(Ivanov 等, Il'in 等,俄罗斯;Eisenreich 等,德国;Pantoya 等,Dreizin 等,美国;Turcotte 等, 加拿大;等等)发表了关于使用 DTA/DSC/TGA 对纳米铝粉进行的热性能表征。讨论了不同颗粒直径(10~500nm)的粉末的表面特征(钝化层、涂层)和在不同升温速率(0.5~500K/min)及氧化环境(氩气+添加剂、氮气、空气、氧气)下的氧化。如果纳米铝粉在空气中低速氧化,则最终的氧化产物是纳米-α-Al_2O_3($T \geqslant 1200$℃)[21]。对于 EEW 制备的纳米铝粉,比表面积为 $450m^2/g$ 的纳米-γ-Al_2O_3 在较低的氧化速率(0.5~20.0K/min)下,在相当低的温度($T=400\sim600$℃)下就可以形成。

纳米铝粉常见的反应参数可以通过热分析曲线(DTA/DSC/TGA)确定(图3-4)[20]。

(1) 初始氧化温度 T_{on}(℃);

(2) 特定温度范围内的释热值 ΔH(J/g)(在 T_{on}(℃));

(3) 在特定温度下 $Al\rightarrow Al_2O_3$ 的氧化程度 $\alpha_{Al\rightarrow Al_2O_3}(T)=+\Delta m/(Al^\circ\cdot 0.89)$(%)①;

(4) 最大氧化速率(g/℃或g/s)。

然而,从DTA/DSC/TGA数据得到的纳米铝粉热性能由于以下三个原因往往是矛盾的:

(1) 纳米铝粉亚稳态物理化学性质;

(2) 不同的纳米铝粉制备技术和储存条件;

(3) 对纳米铝粉的不充分表征和对粉末性质掌握(颗粒尺寸和形状、尺寸分布功能、比表面积、金属含量等)的缺乏导致了对热性能数据的推测性解释。

最重要的一点,由于之前的实验结果差别非常大,导致了对这些结果进行统计分析的难度极大。例如,对于EEW制备的粒径80~380nm的不同纳米铝粉样品,从DTA/TGA数据得到的 T_{on} 分布差高达±80℃[18,22]。无论如何,在热表征中的升温速率远小于在固体推进剂和其他含能体系应用中的速率。

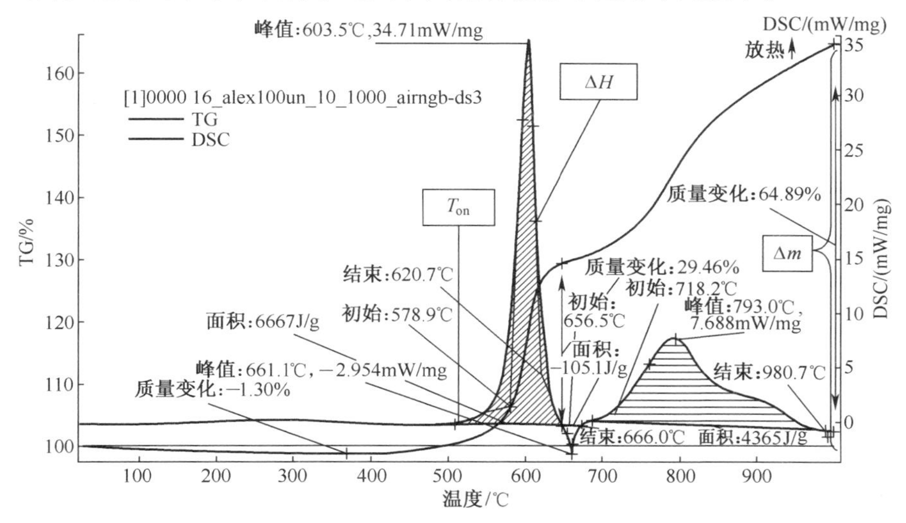

图3-4 典型纳米铝粉的DSC/TGA反应参数

T_{on}—氧化初始温度(℃);ΔH_{ox}—在Al熔化前的释热值(J/g);$+\Delta m$—质量增加(%)。

① 表示Al原料中活性Al的质量分数为89%。

2. 含能材料分解的纳米金属效应

纳米合金导致的催化效应，使许多含能材料的分解温度降低[23-24]。研究纳米合金/含能材料体系催化最简单的方法是 DSC/TGA。文献[18]研究了纳米 Al、纳米 Fe、纳米 W、纳米 Ni、纳米 Cu 和纳米 Cu-Ni 与含能材料(AP、AN 和 HMX)以及微米 Al 混合时的催化活性。在氮气氛围下加热到600℃时，纳米 Fe、纳米 W、纳米 Ni、纳米 Cu 和纳米 Cu-Ni 几乎不会被氮化。因此可以表明，对纳米合金/含能材料混合物的 DSC/TGA 的研究，反应仅仅发生在双组分体系中，可以排除组分与氮气的反应。混合物(纳米合金/50%(质量分数)含能材料)在乙醇中分散，在空气中进行干燥，然后用 DSC/TGA 进行分析。含能材料(HMX、AP 和 AN)颗粒的尺寸比纳米合金大 1000 倍(相当于大约 100μm)。

1) 纳米合金/HMX

HMX 与纳米铝粉混合物的 $T_{on}=242℃$(表 3-1)，比纯 HMX($T_d=288℃$)要低 46℃。因此，纳米铝粉促使了 HMX 在较低的温度下的分解。纳米 Fe、纳米 Cu、纳米 Cu-45%Ni 和纳米 Cu-6%Ni 同样也显著影响 HMX 的分解。对于纳米 Cu-45%Ni 和纳米 Cu-6%Ni，这种影响(温度降低，ΔT，如表 3-1 所列)是由催化过程引起的。

表 3-1 在 N_2 气氛下通过 DSC/TGA 分析纳米合金对含能材料的催化效应(+)，即 ΔT 值

序号	金属(合金)	HMX($T_d=288℃$)			AP($T_d=307℃$)			AN($T_d=166℃$)		
		T_{on}/℃	ΔT/℃	效应	T_{on}/℃	ΔT/℃	效应	T_{on}/℃	ΔT/℃	效应
1	纳米 Al	270	18		n. a.	n. a.	n. a.	n. a.	n. a.	n. a.
2	纳米 Al	242	46	+	320	13		n. a.	n. a.	n. a.
3	纳米 W	284	4		311	4		155	11	
4	纳米 Ni	283	5		291	16		149	17	
5	纳米 Fe	192	96	+	244	63	+	161	5	
6	纳米 Cu	228	60	+	146	161	+	132	34	+
7	纳米 Cu-6%Ni	193	95	+	246	61	+	84	82	+
8	纳米 Cu-45%Ni	196	92	+	277	30	+	87	79	+
注：$\Delta T=T_d-T_{on}$(℃)										

纳米 Fe 与 HMX 作用后，HMX 的分解温度降低了 96℃。纳米 Ni 和纳米 W 都不会大幅度降低 HMX 的 T_d 值。HMX 分解的主要产物(气体 CO_2 和氮氧化合物[25])出现在高于 250℃，也不能促进"固体 HMX/固体纳米合金"的反应。

2）纳米合金/AP

AP与纳米铝粉混合时,分解参数实际未发生改变。对其他纳米合金,AP影响它们的氧化条件(反过来不成立)。AP的T_d值比所有其他研究的AP和金属的混合物的T_d值都高,因为AP通过自身的分解释放氧化性气体。

3）纳米合金/AN

除了纳米Fe和纳米W,其他金属开始仅与AN的第三种晶型发生剧烈反应。纳米合金的氧化与AN的分解同时发生。只有纳米Cu和纳米Cu-Ni与AN及AP的混合物除外。

对于已经研究过的含能材料,纳米合金颗粒通过非等温加热可以大幅度降低T_{on}值:纳米Cu、纳米Cu-Ni对于AN(纳米Al、纳米Fe、纳米W和纳米Ni没有影响);纳米Cu-Ni、纳米Cu和纳米Fe对于AP(纳米Al、纳米Fe、纳米W和纳米Ni没有影响);纳米Cu-Ni、纳米Cu和纳米Fe对于HMX(纳米W和纳米Ni没有影响)。只有纳米Al与含能材料直接发生化学反应。

3.3　含纳米铝粉含能体系的点火

含能体系固定燃烧速率的量级可以通过改变含能体系中的组分来提高,尤其是改变体系中纳米铝粉的含量(质量分数)。然而,增加含能体系中铝粉含量和氧化剂颗粒尺寸可能会增加燃烧产物中Al_2O_3颗粒的团聚,从而降低含能材料的能量水平[26-29]。用纳米铝粉取代含能体系中的微米铝粉可以提高燃烧室中的声传导率[30-32]。

根据文献[8],Al颗粒表面的Al_2O_3会严重影响其燃烧过程,因为其熔点远高于铝的熔点。d_{43}为0.18μm的纳米铝粉氧化层的厚度是d_{43}为7.34μm的纳米铝粉氧化层的厚度的2/7左右。此外,在氧化环境中加热Al颗粒时,氧化层厚度会增加[33]。Al颗粒的燃烧发生在含能体系高温度梯度的燃烧表面,伴随裂痕的出现及氧化层的破裂,导致了金属的剧烈氧化。微米铝粉的燃烧在相对较低的升温速率下可以观察到扩散机理[8,34]。熔化-扩散机理[35-36]是Al_2O_3层的破裂,并在高升温速率下(高于10^6K/s)纳米Al颗粒破碎成3~20nm的颗粒。

含能体系常见的实验点火装置如下:

(1) 加热的气体或固体点火器与含能体系样品的直接接触(传导点火);

(2) 热气体或固体颗粒的热转移辐射(辐射点火);

(3) 热气体对流产生的热传导(对流点火)。

在后面将会讨论含铝含能体系的辐射点火和对流点火的点火过程的研究结果。

3.3.1 热辐射流点火

在含能体系的加热有三种不同的运作模式:点火、火焰抑制以及热爆炸。这些取决于热量释放和散失的速率。

辐射功率约为600W,发射光谱波长 λ 为0.25~1.85μm的氙灯[37]用来研究含铝含能体系的点火过程。不同的辐射流密度值可以代表含能体系的点火时间,用于研究组分的表观机理。

被测试的含能基础配方为AP、异丁橡胶(BKL)和铝粉。样品为直径10mm、高度5mm的圆柱形。点火时间 t_{ign} 为光电二极管和电离真空计所测得的火焰出现时间。

含能体系点火时间与辐射通量密度的关系如图3-5所示。用纳米铝粉取代含能体系中的微米铝粉后,在 $q=60W/cm^2$ 时点火时间减少55%,在 $q=250W/cm^2$ 时减小72%。

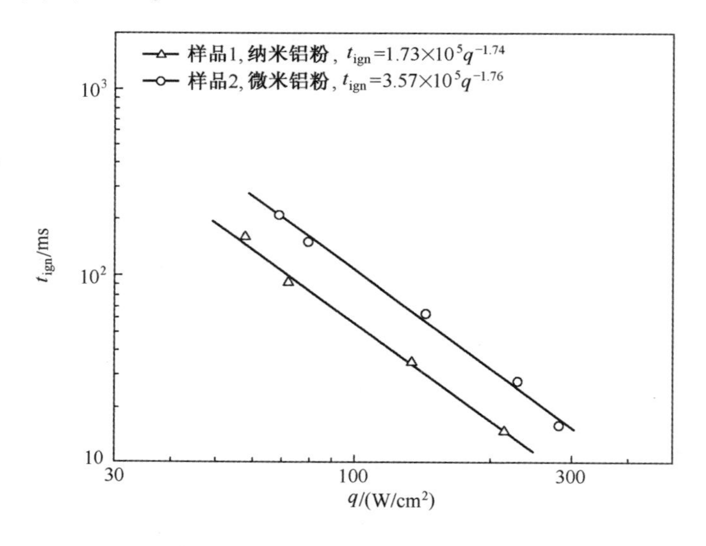

图3-5 配方为72%(质量分数)AP、18%(质量分数)BKL、10%(质量分数)铝粉含能体系点火时间与辐射流量密度的关系

纳米铝粉取代微米铝粉(表3-2)后导致了集中氧化和点火时间温度的降低(表3-3)。这是由于纳米铝粉的化学反应性强,与微米铝粉相比,纳米铝粉有更高的比表面积(表3-2)。

表 3-2　铝粉性能参数

铝粉	d_{10} /μm	d_{20} /μm	d_{30} /μm	d_{32} /μm	d_{43} /μm	粒度分布函数/μm^{-1}	C_{Al} /%	$\delta_{Al_2O_3}$ /nm	ρ_b /(g/cm³)
微米铝粉	1.47	1.98	2.67	4.85	8.05	$g(d)=0.064d^{1.21}\exp(-0.303d)$	98.7	10.8	1.06
纳米铝粉	0.11	0.12	0.13	0.15	0.17	$f(d)=28.7\times10^6 d^{4.49}\exp(-46.8d)$	86.0	3.1	0.15

注:d_{10}、d_{20}、d_{30}、d_{32}、d_{43} 为平均粒径;$g(d)$、$f(d)$ 分别为质量与统计分布函数;C_{Al} 为活性铝含量(%(质量分数));$\delta_{Al_2O_3}$ 为理论氧化层厚度;ρ_b 为粉末(松散)表观密度

表 3-3　铝粉反应活性参数

铝粉	T_{ox}/℃	α_{ox}/%	α_{ox}/%	v_{ox}/(mg/s)
微米铝粉	820	2.5(660℃)	41.8(1000℃)	0.05(970~980℃)
纳米铝粉	548	39.4(660℃)	65.0(1000℃)	0.25(541~554℃)

注:T_{ox} 为氧化反应初始温度;α_{ox} 为氧化程度;v_{ox} 为最剧烈的氧化阶段时的平均反应速率。数据来自 DTA/TGA

用波长为 10.6μm、最大功率为 100W 的 CO_2 激光辐射源对含铝含能体系进行单频点火[38]。含能体系点火时间通过光电二极管测得的火焰出现时间判定。

关于铝粉对含能体系点火性能影响的研究是基于两个含能体系基础配方进行的:第一个配方(样品 A)包括 24%(质量分数)的 MPVT-LD 含能黏结剂、56%(质量分数)的混合氧化剂(比例为 50/50 的 AN/HMX)和 20%(质量分数)的铝粉;第二个配方(样品 B)包括 12%(质量分数)的钝感黏结剂(异丁橡胶 SKDM-80)、73%(质量分数)的混合氧化剂(比例为 40/40/20 的 AN/HMX/AP)和 15%(质量分数)的铝粉。在辐射通量密度低于 150W/cm² 的情况下,用纳米铝粉取代微米铝粉减少了样品 A 和样品 B 含能体系的点火时间(图 3-6)。

使用热像仪 Jade J 530 SB 确定 CO_2 激光点火条件下含能体系反应层的表面温度。含有纳米铝粉的样品 A_3 火焰出现在约 550℃。含有微米铝粉的样品 A_1 火焰出现在约 710℃。在相同热通量密度值下,样品 A_1 的加热和点火时间明显较长。

在样品 A_2 中将部分(50%)微米铝粉换为纳米铝粉后,火焰表面反应层的平均表面温度值降低到约 660℃。

样品 B_1~B_3 表面火焰温度约为 470℃,这是由低温下氧化剂和可燃性黏结剂在气相中的分解反应决定的,并不依赖于铝的氧化和颗粒尺寸。基于钝感黏结剂 B_1 样品反应层的加热时间比基于含能黏结剂的含微米铝粉 A_1 样品的加

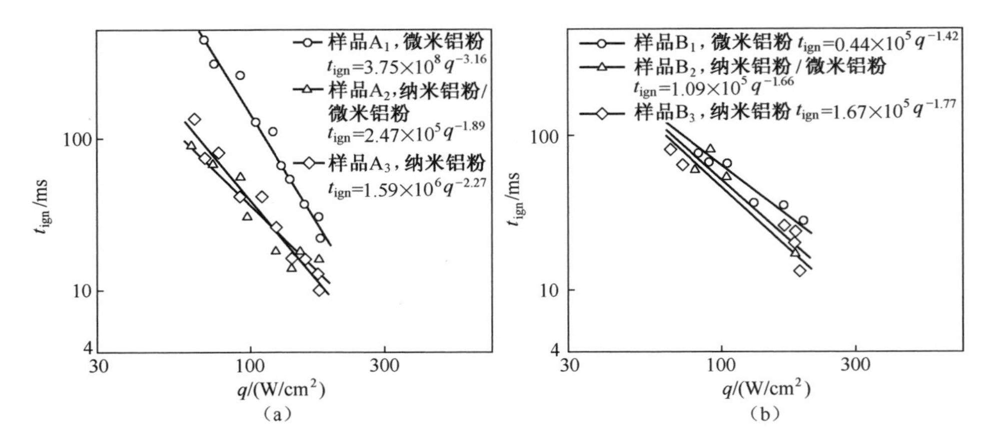

图 3-6　含能体系点火时间与激光辐射流量密度的关系

(a)样品 A:AN、HMX、MPVT-LD、微米铝粉或纳米铝粉;

(b)样品 B:AN、HMX、AP、SKDM-80、微米铝粉或纳米铝粉。

热时间要少很多。与固体阶段点火模型一致,在辐射通量为 $60\sim200\mathrm{W/cm^2}$ 的条件下,增加 Al 颗粒尺寸时[38],含能体系中组分 B 活化能计算值从 78kJ/mol 变化为 226kJ/mol。

因此,含能体系的点火时间取决于配方组成,以及黏结剂类型和在相同压力下金属颗粒的尺寸。

3.3.2　传导热流量点火

在空气中,质量为 0.1MPa 下,温度为 350~440℃时,在加热体(通过金属板进行传导加热)[39]上对样品进行点火研究,样品配方分别为 62% AP、18% HTPB、20%Al(样品 A)以及 72% AP、18% BKL、10% Al(样品 B)。目的是估计含能体系反应层的点火温度和凝聚相燃烧速率对反应的影响。

随着金属板表面温度升高,含能体系的点火时间缩短。将 50%的微米铝粉替换为纳米铝粉降低了 AP、钝感黏结剂基含能体系的点火时间(图 3-7)。当样品 A 板表面温度从 350℃上升到 400℃后,用微米铝粉取代纳米铝粉的点火时间比率从 1.2 上升到 1.8,对于 AP、BKL 基的样品 B,当温度从 390℃上升到 440℃后,其值从 1.2 上升到 1.5。

纳米铝粉对含能体系点火过程的影响机理是纳米 Al 颗粒在表面反应层剧烈氧化。在纳米 Al 颗粒氧化反应层的“爆炸点火”伴随着样品的破裂和较大的声音效应[39]。当热板温度约为 400℃时,纳米铝粉的氧化分两个阶段。低温氧

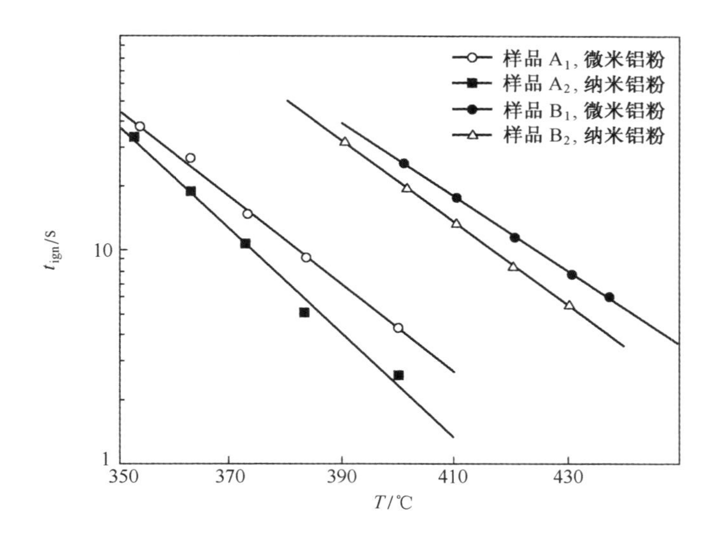

图 3-7　含能体系样品点火时间和热板温度的关系

注:样品 A 为 AP、HTPB 和微米铝粉;样品 B 为 AP、BKL、微米铝粉或纳米铝粉。

化反应与后续的迅速升温过程,温度可高达 2000℃[21]。因此,氧化剂反应活性越高、黏结剂的热阻越大,点火模型越倾向于“爆炸点火”。

3.4　固体推进剂中纳米铝粉的燃烧

纳米铝粉改善了固体推进剂(SP)的弹道性能。燃烧含铝固体推进剂后产生的凝聚相燃烧产物(CCP)可以有效地抑制火箭发动机的声振荡不稳定性,但是 CCP 会降低比冲并造成喷管的侵蚀。铝粉造成两相损失对燃烧过程有特殊的消极影响。此外,大量的 Al_2O_3 残渣会在喷管旁的燃烧室内积累。Al_2O_3 的积累会对比冲、隔热和推力矢量产生重要的影响。在静态测试中美国航天飞机固体火箭助推器产生了高达 1400kg 的 Al_2O_3 残渣[25]。

纳米铝粉的使用是改善上述含铝推进剂性能损失的一种有效方法。文献中有关含铝固体推进剂的燃烧速率如表 3-4 所列。在提出的数据总结中,纳米铝粉对燃烧速率 r_b 的影响可以通过系数 $K=r_{b,nAl}/r_{b,\mu Al}$(纳米铝粉基固体推进剂燃烧速率和相对应的微米铝粉基固体推进剂燃烧速率的比率)来估计。后者的参数由燃烧室压力 $p=3.0$MPa 时确定。对于尺寸为 20~363nm 的颗粒,在不同的黏结剂和纳米铝粉含量下,r_b 相对于基准值的提升值为25%~421%(表 3-4)。

表 3-4 纳米铝粉基固体推进剂燃烧性能

纳米铝粉的粒径 d/nm	纳米铝粉（制备方法/钝化或包覆）	固体推进剂配方（AP/Al/黏结剂）/%（质量分数）	K(压强为 3.0MPa)	参考文献
145~154	EEW④/Al_2O_3	68/15/17(HTPB)	1.73~1.76③	[40]
363	PC③/碳氢化合物	—	1.25③	—
100①	EEW/Al_2O_3	71/18/11(PBAN)	5.21	[41]
145~154	EEW/Al_2O_3	68/15/17(HTPB)	1.80~1.77	[42]
20~80①	n. a.	51/15/34(HTPB)	1.60②	[43]
30~100①	—	—	1.42②	—
202	EEW/Al_2O_3	68/14/18(HTPB)	1.78~1.52	[44]
202	EEW/1%HTPB	—	2.03	—
127~136	EEW/Al_2O_3	68/15/17(HTPB)	2.08~1.83	[45]
363	PC/碳氢化合物	—	1.68	—

①由生产商提供；
②微米 Al 球形颗粒基准配方(d=34μm)；
③微米 Al 片状颗粒基准配方(d=50μm)；
④等离子体压缩

弹道数据的散布可能是由纳米铝粉在高聚物中的悬浮性较差和使用了不同组分引起的。实验室级别的尺寸过小也可能是错误的原因所在。往标准微米铝粉基固体推进剂中添加微量(2.5%~5.0%(质量分数))纳米铝粉可以使燃烧速率增加 10%~360%[46]。

EEW 纳米合金添加剂对固体推进剂配方的催化效率可以通过 $K_{cat}=r_{b,cat}/r_{b,0}$来估计[47]。结果如表 3-5 所列。实验条件为空气氛围，压强为 0.1MPa。配方以 10%(质量分数)、粒径为 10μm 的铝粉作为金属燃料。由于金属添加剂的作用，含催化剂配方的燃烧速率增加了 10%~47%。

表 3-5 标准大气压下空气氛围下金属化催化燃烧速率效率 K_{cat}

SP 中催化剂的含量	K_{cat}
0(无催化剂)	1.00
1%nFe	1.15
1%nCu	1.47
1%nNi	0.10
4%nFe	1.24
4%nFe	1.11

3.5　铝热剂中纳米铝粉的使用

DSC 和激光点火测试表明,由于反应活性的提高,与传统微米尺寸组分相比,纳米铝热剂的点火时间缩短[48]。在氩气中对含有两种不同颗粒尺寸铝粉的 Al/MoO_3 铝热剂体系的非等温加热进行了 DSC 表征[48]。粒径 10~14μm 的铝粉熔化后,在 $T=959$℃时发生放热反应。粒径 40nm 的纳米铝粉在 $T=476$℃时表现出明显的放热峰。向微米铝粉中添加纳米铝粉可以缩短铝热剂配方的点火时间[49]。铝热剂配方的性能取决于若干因素,如试剂颗粒尺寸、当量比、燃料/氧化剂颗粒尺寸分布和实际密度(松装粉末或压缩实心球)。

无论在什么氧化环境下(O_2、CO_2、H_2O),富燃配方的点火时间都短、燃烧速率都高[50-51]。文献[51]叙述了在大气压和真空条件(大约 3.3Pa)下低密度纳米 Al/MoO_3 样品的燃烧测试。这表明,环境中的氧化剂并不影响铝热剂的燃烧。对于纳米 Al/MoO_3 或纳米 Al/CuO 体系,最大燃烧速率通常与富燃条件相关[50]。

3.6　炸药中的铝粉

炸药中添加铝粉可以提高空中爆轰,增加反应温度,并且在水下武器中增加气泡能。在炸药和固体组分推进剂中,通常假设微米铝粉颗粒的燃烧发生在反应面后、气体膨胀过程中。颗粒作为钝感组分,在反应区不会被氧化[24]。纳米铝粉在炸药和推进剂组分中比微米铝粉反应快,纳米铝粉非常小,可以参与爆轰反应。文献[52]首次探究了 EEW 纳米铝粉在炸药中的使用。纳米铝粉/ADN 混合物爆速提升了 2 倍[53]。纳米铝粉在炸药中的反应机理至今尚不清晰,需要进一步研究和探索。

3.7　结　　论

本章分析了几种纳米铝粉基含能体系。许多关于新型含能体系,如纳米铝粉/冰[54],纳米合金作为催化剂的固体推进剂[39,47]都需要加强研究和十分详细的结果分析。可以明确的是,纳米铝粉的老化[55]和团聚/结块问题仍较难解决。因为这与亚稳态纳米产物的物理化学状态有关。限制纳米铝粉在固体推进剂技术中效率的关键因素是纳米 Al 颗粒表面黏结剂的黏附。然而,对于固体(混合)燃料纳米铝粉/黏结剂的黏附并不重要,因此纳米铝粉基含能体系最有应用前景。此类含能体系大部分使用钝感黏结剂(HTPB、石蜡等),因此,活性铝的含量不受储存影响。为了理解和控制纳米合金在炸药和活性黏结剂(快速反应)体系固体推进剂中的影响,仍需要进行许多研究活动。因此,纳米铝粉应用最基本的问题,如何最大效率使用纳米铝粉的高比表面积值,仍需要进一步讨论。

致谢

此项目由 Alexander-von-Humboldt 基金(德国)、俄罗斯教育科学部资助(托木斯克技术大学,联合目标计划合同 RFMEFI58114X001)。

参 考 文 献

[1] D. Vollath, Nanomaterials, second ed., Wiley-VCH, Weinheim, 2014.
[2] J. H. Seo, I. Jo, A. L. Moore, L. Lindsay, Z. H. Aitken, M. T. Pettes, X. Li, Z. Yao, R. Huang, D. Broido, N. Mingo, R. S. Ruoff, L. Shi, Two-dimensional phonon transport in supported graphene, Science 328 (5975) (2010) 213-216.
[3] A. Gromov, U. Teipel (Eds.), Metal Nanopowders: Production, Characterization, and Energetic Applications, Wiley-VCH, Weinheim, 2014.
[4] B. S. Bockmon, M. L. Pantoya, S. F. Son, B. W. Asay, Burn rate measurements in nanocomposite thermites, in: Proc. of Am. Inst. Aeronaut. Astronaut. Aerosp. Sci. Meeting, 2003. Paper No. AIAA-2003-0241.
[5] I. D. Morokhov, L. I. Trusov, S. P. Chizhik, Ultradispersed Metal Medium, Atomizdat, Moscow, 1977.
[6] H. Gleiter, Nanocrystalline materials, Progr. Mater. Sci. 33 (4) (1989) 223-315.
[7] K. A. Gilzin, Rocket Engines, Oborongiz, Moscow, 1950.
[8] P. F. Pokhil, A. F. Belyaev, YuV. Frolov, V. S. Logachev, A. I. Korotkov, Combustion of Powdered Metals in Active Media, Science, Moscow, 1972.
[9] M. Summerfield (Ed.), Solid Propellant Rocket Research, Academic Press, New York, 1960.
[10] Y. B. Zeldovich, O. I. Leipunsky, V. B. Librovich, Theory of Non-stationary Combustion of Powders, Science, Moscow, 1975.
[11] A. A. Rempel, A. I. Gusev, Nanocrystalline Materials, International Science Publishing, Cambridge, 2004.
[12] G. B. Sergeev, Nanochemistry, Elsevier, Amsterdam, 2006.
[13] M. Suryanarayana, Mechanical alloying and ball milling, Progr. Mater. Sci. 46 (2001) 1-184.
[14] W. G. Chase, H. K. Moore (Eds.), Exploding Wires, Plenum, New York, 1962.
[15] Y. S. Kwon, A. A. Gromov, A. P. Ilyin, G. H. Rim, Passivation process for superfine aluminum powders obtained by electrical explosion of wires, Appl. Surf. Sci. 211 (2003) 57-67.

[16] Y. S. Kwon, A. A. Gromov, A. P. Ilyin, A. A. Ditts, J. S. Kim, S. H. Park, M. H. Hong, Features of passivation, oxidation and combustion of tungsten nanopowders by air, Int. J. Refract. Metal. Hard Mat. 22 (6) (2004) 235-241.

[17] A. V. Korshunov, Influence of dispersion aluminum powders on the regularities of their interaction with nitrogen, Rus. J. Phys. Chem. A 85 (7) (2011) 1202-1210.

[18] A. Gromov, Y. Strokova, A. Kabardin, A. Vorozhtsov, Experimental study of the effect of metal nanopowders on the decomposition of HMX, AP and AN, Propell. Explos. Pyrotech. 34(2009) 506-512.

[19] A. Sossi, E. Duranti, M. Manzoni, C. Paravan, L. T. DeLuca, A. B. Vorozhtsov, M. I. Lerner, N. G. Rodkevich, A. A. Gromov, N. Savin, Combustion of HTPB-based solid fuels loaded with coated nanoaluminum, Comb. Sci. Tech. 185 (1) (2013) 17-36.

[20] A. P. Il'in, A. A. Gromov, G. V. Yablunovskii, Reactivity of aluminum powders, Combust. Explos. Shock Waves 37 (4) (2001) 418-422.

[21] A. A. Gromov, A. P. Il'in, U. Foerter-Barth, U. Teipel, Effect of the passivating coating type, particle size, and storage time on oxidation and nitridation of aluminum powders, Combust. Explos. Shock Waves 42 (2) (2006) 177-184.

[22] Y. S. Kwon, A. A. Gromov, A. P. Ilyin, Reactivity of superfine aluminum powders stabilized by aluminum diboride, Comb. Flame 131 (2002) 349-352.

[23] L. Liu, F. Li, T. Linghua, M. Li, Y. Yang, Effects of nanometer Ni, Cu, Al and NiCu powders on the Thermal decomposition of ammonium perchlorate, Propell. Explos. Pyrotech. 29 (2004) 34-38.

[24] N. Kubota, Propellants and Explosives: Thermochemical Aspects of Combustion, Wiley - VCH, Weinheim, 2001.

[25] J. Duterque, Experimental studies of aluminum agglomeration in solid rocket motors, Int. J. Energ. Mat. Chem. Propuls. 4 (1997) 693-705.

[26] O. G. Glotov, V. E. Zarko, V. N. Simonenko, D. A. Yagodnikov, V. S. Vorob'ev, Ignition, combustion, and agglomeration of encapsulated aluminum particles in a composite solid propellant. II. Experimental studies of agglomeration, Combust. Explos. Shock Waves 43 (3) (2007) 320-333.

[27] V. Babuk, I. Dolotkazin, A. Gamsov, A. Glebov, L. T. DeLuca, L. Galfetti, Nanoaluminum as a solid propellant fuel, J. Propul. Power 25 (2) (2009) 482-489.

[28] G. V. Sakovich, V. A. Arkhipov, A. B. Vorozhtsov, A. G. Korotkikh, B. V. Pevchenko, N. I. Popok, L. A. Savel'eva, Burning rate control of metal nanopowder-based high-energy materials, in: Proc. Of IV Internat. Workshop "High Energy Materials: Demilitarization, Antiterrorism and Civil Application ≪HEMs-2008", Biysk, Russia, FSUE FR&PC ALTAI, 2008, pp. 130-131.

[29] G. V. Sakovich, V. A. Arkhipov, A. B. Vorozhtsov, A. G. Korotkikh, Solid propellants on basis of double oxidizer containing aluminum ultra-fine powder, Bull. Tomsk Polytechnic Univ. 314 (3) (2009) 18-22.

[30] V. A. Arkhipov, S. S. Bondarchuk, A. G. Korotkikh, V. T. Kuznetsov, A. A. Gromov, S. A. Volkov, L. N. Revyagin, Influence of aluminum particle size on ignition and nonstationary combustion of heterogeneous condensed systems, Combust. Explos. Shock Waves 48 (5) (2012) 625-635.

[31] V. A. Arkhipov, S. S. Bondarchuk, A. G. Korotkikh, Comparative analysis of methods for measuring the transient burning rate. II. Research results, Combust. Explos. Shock Waves 46 (5) (2010) 570-577.

[32] V. A. Arkhipov, S. S. Bondarchuk, A. G. Korotkikh, A. B. Vorozhtsov, A. Bandera, L. Galfetti, L. T.

DeLuca, G. Colombo, Nonsteady effects of the combustion of high-energy nanocomposites, Russ. Phys. J. 50 (9/2) (2007) 3-12.

[33] V. V. Pomerantsev, Fundamentals of Practical Combustion Theory, Energoatomizdat, Leningrad, 1986.

[34] T. Bazyn, H. Krier, N. Glumac, Evidence for the transition from the diffusion-limit in aluminum particle combustion, Proc. Comb. Inst. 31 (2) (2007) 2021-2028.

[35] V. I. Levitas, Burn time of aluminum nanoparticles: strong effect of the heating rate and melt-dispersion mechanism, Comb. Flame 156 (2) (2009) 543-546.

[36] Y. Ohkura, P. M. Rao, X. Zheng, Flash ignition of Al nanoparticles: mechanism and application, Comb. Flame 158 (12) (2011) 2544-2548.

[37] A. G. Korotkikh, V. T. Kuznetsov, V. A. Arkhipov, I. A. Evseenko, The influence of radiation spectral composition on the ignition characteristics of composite solid propellants, Khimicheskaya Fizika i mezoskopiya 14 (2) (2012) 186-192.

[38] V. A. Arkhipov, A. G. Korotkikh, The influence of aluminum powder dispersity on composite solid propellants ignitability by laser radiation, Comb. Flame 159 (1) (2012) 409-415.

[39] V. A. Arkhipov, A. G. Korotkikh, V. T. Kuznetsov, E. S. Sinogina, Influence of metal powders dispersity on the characteristics of conductive and radiant ignition of mixed compositions, Khim. Fiz. 26 (6) (2007) 58-67.

[40] L. T. DeLuca, L. Galfetti, G. Colombo, F. Maggi, A. Bandera, V. A. Babuk, V. P. Sindistkii, Microstructure effects in aluminized solid rocket propellants, J. Propul. Power 26 (4) (2010) 724-732.

[41] Dokhan, E. W. Price, J. M. Seitzman, R. K. Sigman, The effects of bimodal aluminum with ultrafine aluminum on the burning rates of solid propellants, Proc. Comb. Inst. 29 (2) (2002) 2939-2946.

[42] L. T. DeLuca, L. Galfetti, F. Severini, L. Meda, G. Marra, A. B. Vorozhtsov, V. S. Sedoi, V. A. Babuk, Burning of nano-aluminized composite rocket propellants, Combust. Explos. Shock Waves 41 (6) (2005) 680-692.

[43] K. Jayaraman, K. V. Anand, S. R. Chakravarty, R. Sarathi, Effect of nano-aluminium in plateau-burning and catalyzed composite solid propellant combustion, Combust. Flame 156 (8) (2009) 1662-1673.

[44] A. Reina, Nano-metal Fuels for Hybrid and Solid Propulsion (Ph. D. thesis), Politecnico di Milano, 2013.

[45] A. Conti, Steady Burning and Ignition Properties of Aluminized Solid Rocket Propellants, Politecnico di Milano, 2007 (M. Sc. thesis).

[46] E. M. Popenko, A. A. Gromov, Y. Y. Shamina, A. P. Il'in, A. V. Sergienko, N. I. Popok, Effect of the addition of ultrafine aluminum powders on the rheological properties and burning rate of energetic condensed systems, Combust. Explos. Shock Waves 43 (1) (2007) 46-50.

[47] V. A. Arkhipov, A. G. Korotkikh, V. T. Kuznetsov, L. A. Savel'eva, Influence of dispersivity of metal additions on combustion rate of mixture compositions, Khimicheskaya Fizika 23 (9) (2004) 18-22.

[48] M. L. Pantoya, J. J. Granier, Combustion behavior of highly energetic thermites: nano versus micron composites, Propell. Explos. Pyrotech. 30 (1) (2005) 53-62.

[49] K. Moore, M. L. Pantoya, S. F. Son, Combustion behaviors resulting from bimodal aluminum size distributions in thermites, J. Propul. Power 23 (1) (2007) 181-185.

[50] V. E. Sanders, B. W. Asay, T. J. Foley, B. C. Tappan, A. N. Pacheco, S. F. Son, Reaction propagation

of four nanoscale energetic composites (Al/MoO_3, Al/WO_3, Al/CuO, and Bi_2O_3), J. Propul. Power 23 (4) (2007) 707-714.

[51] B. W. Asay, S. F. Son, J. R. Busse, B. S. Jorgensen, B. Bockman, M. L. Pantoya, Ignition characteristics of metastable intermolecular composites, Propell. Explos. Pyrotech 29 (4) (2004) 216-219.

[52] A. A. Reshetov, V. B. Shneider, N. A. Yassvorovsky, Ultra Dispersed Aluminum's Influence on the Speed of Detonation of Hexogen, in: First All-Union Symposium on Macroscopic Kinetic and Chemical Gas-Dynamics, vol. 1, 1984.

[53] P. J. Miller, C. D. Bedford, J. J. Davis, Effect of metal particle size on the detonation properties of various metallized explosives, in: Eleventh International Symposium on Detonation, 1998, pp. 214-220.

[54] D. S. Sundaram, V. Yang, T. L. Connell Jr., G. A. Risha, R. A. Yetter, Flame propagation of nano/micron-sized aluminum particles and ice (ALICE) mixtures, Proc. Comb. Inst. 34 (2) (2013) 2221-2228.

[55] S. Cerri, M. A. Bohn, K. Menke, L. Galfetti, Ageing behaviour of HTPB rocket propellant formulation, Centr. Eur. J. Energ. Mater. 6 (2009) 149-165.

第 4 章 纳米含能材料的能量释放路径机理与微观物理学

M. R. Zachariah, G. C. Egan

4.1 概 述

与其他任何的新材料一样,深入了解其变化过程中所涉及的物理和化学现象,是实现对材料优化和控制必不可少的一个关键环节,有助于建立一个能够推动和引导这些系统进一步发展的模型。然而,对于纳米含能材料,至今仍然存在着一些实验方面的困难,限制着研究者们对于控制反应与传播的基本物理过程的理解。传统含能材料向纳米尺寸转化后,在体现优势的同时,也直接造成了诸多方面的困难。比如,一方面,高反应速率使得这些材料具有令人满意的性能,另一方面,又要求所使用的检测工具能够快速响应,同时具有很高的时间分辨率。此外,使用更小的颗粒能够增大比表面积,并能够减少可燃剂与氧化剂之间的接触距离,从而提高反应活性;但这也限制了研究者对在这一尺度上所发生的反应进行直接探索的能力。在合成和处理的过程中,这些材料的过小尺寸还会导致不规则团聚物的生成,如图 4-1 所示。这些复杂的形态会加剧材料的聚结与烧结,而且会在与反应时间尺度相当或更短的时间内迅速降低材料的表面积并破坏纳米结构[1-3]。此外,金属基含能材料的优势之一,在氧化过程中产生的高温,燃烧中造成多相态和产生非平衡环境,而这将使得人们对结果的讨论变得更加复杂。

常用金属可燃剂的反应活性给人们带来了更多的挑战,比较典型的是铝,它会在纳米颗粒表面形成一层厚度 2~5nm 的壳,而这个壳层会成为反应发生的一种障碍[4-5]。纳米铝粉的燃烧特性所表现出的对于升温速率的高度依赖性,一个可能的影响原因是这一壳层的存在[6-7]。要重现燃烧过程中极高的升温速率(10^5~10^8K/s)[3,7],这种依赖性对实验技术提出了进一步的要求。虽然当前存在有效的慢速升温技术(如 DSC、TGA),但是任何与机理特性相关的理论都需

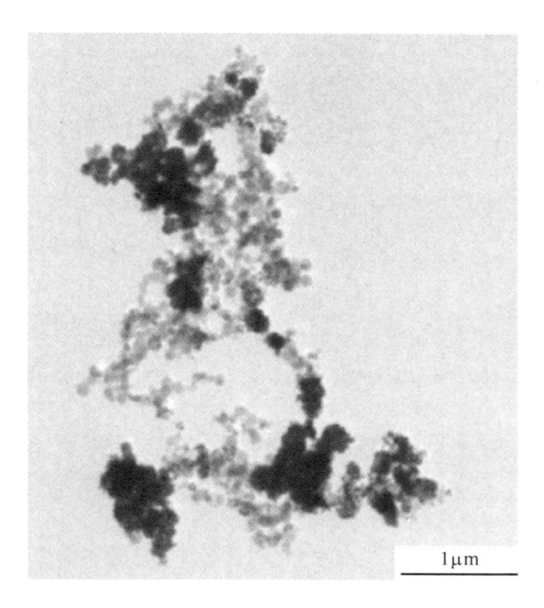

图 4-1　纳米材料中产生的复杂结构示例
(在乙醇中超声波分散后的 Al/CuO 纳米铝热剂的透射电镜图)
注:明亮的球形材料为 Al,深色的不规则材料为 CuO。

要经过重现这些快速升温条件的实验的验证[8]。

在这些挑战的综合影响下,难以得到统一的理论,将控制纳米含能材料反应的机理衔接起来。事实上,目前关于基本机理的理论之间仍存在诸多异议[3,5,9-11]。以纳米含能材料中最普遍的实验之一燃烧管(图 4-2)为例[12],这些实验是将含能材料装填于一个燃烧管中,从一端点火,并用高速摄影机观察发光阵面的传播和/或用一系列的压力传感器观测压力波以确定火焰传播速率[12-13]。这类实验是高速测量的典型事例,能够描述自由燃烧中的高升温速率,因此它们的实验结果常用作许多纳米含能材料的燃烧理论与燃烧模型的基础[5,14-15]。然而由于纳米材料的自身性质所带来的挑战,使得即使是简单的、极其普遍的测试(火焰传播速率)也变得相当的复杂。Densmore 等阐述了对于这一广泛应用的技术仍有多少未知之处[16]。长期以来,发光阵面一直被认为是反应阵面,而 Densmore 的研究发现,发光阵面在未填充的管中反而传播地更快。这表明,发光阵面并不代表有新的材料被点燃,而是正在燃烧的材料在管中被向前推动。此外,在发光阵面通过之后,材料仍然长时间的保持灼热和明亮。这表明,仍存在相当一部分未反应的材料,并在远离初始发光阵面的通道处继续燃烧。正是这些原因,尽管火焰传播速率是纳米含能材料领域建立的最普遍的

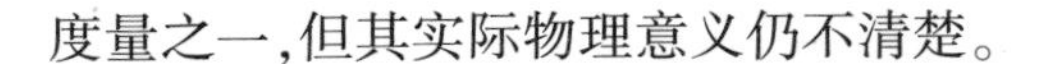
度量之一,但其实际物理意义仍不清楚。

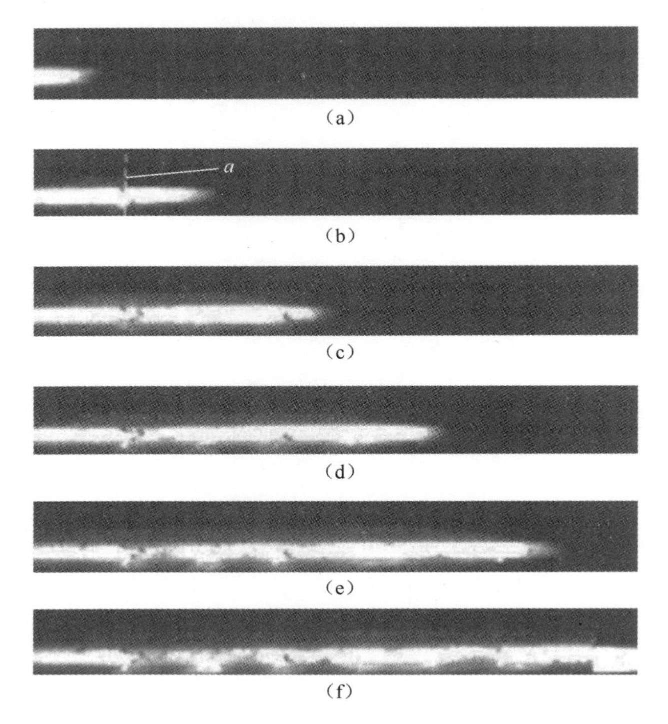

图 4-2　含 Al/MoO_3 的燃烧管实验事例[12](Copyright© 2005,AIP Pubilishing LLC)

(a)~(f)部分展示了高速摄影机以约 20μs 间隔拍摄的连续图。

图(f)发生在图(a)100μs 之后。*a* 点为传感器安装的位置。

即使存在这些难题与挑战,在使用了新的实验设备和先进的诊断方法后,我们在对铝基纳米含能材料机理的理解上仍然取得了显著的进步。本章综述了关于控制纳米含能材料燃烧的微观物理学的最新及最合理的解释,重点关注的是纳米铝热剂和亚稳态分子间复合物(MIC)的铝基纳米复合材料。反应传播的全过程可分为热传递过程和反应过程两个部分。热传递机理总体上比反应机理更好理解,但是仍然包含一些比热传导、热对流或热辐射的简单类型更复杂的过程,这些都是本章要讨论的首要话题。在讨论反应机理之前,还需要进行一些关于氧化层钝化效应的讨论。氧化层对于反应来说是一种障碍,在燃烧之前或燃烧过程中必须要克服这一障碍。这可以通过反应物离子在障碍间的简单扩散,或者通过压裂或软化造成壳体的物理损坏来实现。本章中将讨论这些不同过程中的物理现象和相关依据,以及它们对于反应机理可能造成的影响。

纵观相关文献,对于可能的反应机理,将对目前已提出并研究的三种主流说法进行讨论,分别为凝聚相-气相的多相反应机理、凝聚相界面反应机理以及熔融-分散机理(MDM)。凝聚相-气相的多相反应机理包含固体氧化剂分解产生气态氧,及其后续与固态或熔融的可燃剂发生不同反应的两步过程。凝聚相界面反应机理包含反应物质穿过凝聚相以及各组分之间界面的运输过程[1,3,10]。熔融-分散机理为快速升温条件下的纳米Al颗粒提供了理论依据——铝核熔融,使得壳内压力升高,导致氧化壳层急剧破裂,熔融的铝核碎裂为无数小液滴,进而极速燃烧[7,11,17]。整个反应过程中,可能有多个反应途径参与,其中一个在整个过程中占据主导地位,但是占据主导的反应途径也可能会随着燃烧条件的变化而发生变化。

4.2　热传递

通过燃烧管实验,可以确定纳米含能材料反应中可以生成能够迅速传播的高温物质[16]。高温物质的波与高压力波一致或稍微提前,甚至在预计不会产生大量气体的材料中也是如此[13,18]。许多的研究[13-14,19-20]表明,热交换主要是对流的过程。这些研究中得到的关键证据是,测得最高火焰传播速率的实验条件均是低实装密度、高产气量、低初始压力以及低约束状态,这些都是对气体和物质的传播有利的条件。相比之下,这些参数对凝聚相传导的影响则恰恰相反,或是毫无影响。纳米颗粒本身所具有的高比表面积和小尺寸也有助于对流,使得热弛豫时间较短,这意味着在高温的气体环境中,它们会很快地达到温度的平衡[21]。

除了实验之外,基于一些简单的数量级精度的计算进行排除后,也可以得出对流机理为主导的结论[22]。为了使这些计算更简单,使用了与文献[13]中相似的实验装置,将Al/CuO以理论最大密度6%的装填密度装入一根内径3.2mm的燃烧管中[13]。在热传递方面,关键参数是在室温下将反应物加热至着火点所需的能量。使用1300K作为着火点的温度,这是Al发生明显变化的温度点,而且与高升温速率下Al/CuO着火的温度相近[2,23]。假设在达到这一着火点温度之前没有发生放热反应,考虑到所讨论的问题中较小的时间尺度(≪1ms),这个假设是合理的。从上述参数可知,这个燃烧管中装填部分每毫米包含2.4mg的Al/CuO。根据来自NIST Webbook的焓数据计算可知,将燃烧管中每毫米的材料加热至1300K约需要2J的能量。为便于对照,所有上述参数列于表4-1中。后续的具体计算过程可以参见文献[22]。

表 4-1 计算和估算使用的参数

材料体系	Al/CuO
管内径/mm	3.2
装填密度	6% TMD
假定着火点/K	1300
材料质量/(mg/mm)	2.4
反应物达到着火点需要的能量/(J/mm)	2
注:黑体数据根据文献[13]中的实验而设定,其他参数则是根据实验参数计算得到	

除了上述参数,还考虑粉末介质之间的热传递。目前,燃烧管中的温度梯度仍无法很好地表征,Asay 等基于压力上升时间和火焰传播速率估计出点火阵面的厚度约为 10mm,这一数值与近期文献温度测量值比较一致[16,20]。其他用高温测定法得到的数值表明,温度上升区域可能更厚,约为 40mm[24]。由于估算传热速率的上限,因此在计算中使用更小的反应区域厚度。使用金属 Al 的热导率(237W/(m·K))作为粉末的热导率,并假设在 10mm 的长度上温度梯度为 3000~300K,通过傅里叶定律计算出热通量为 $6.4\times10^7 W/m^2$。基于管内径参数,计算出热流量为 510W。假设所有的热量全部传递到上述 1mm 的反应物中,那么将需 0.004s 才能升到 1300K。将上述长度除以时间,可以算得火焰传播速率仅为 0.25m/s,比燃烧管和开放托盘实验中的测得的速度小若干个数量级[25]。需要注意的是,上述计算中还严重高估了材料的热导率,因为在整个系统中热导率最高的是铝,而且计算还是基于完全致密的材料。实际上,一个多孔纳米颗粒层的有效热导率要比块材低若干个数量级[26-27]。

对于辐射热传递,可以进行类似的处理。因为纳米颗粒具有很大的比表面积,能够加强辐射过程。然而,在燃烧管中,能够将热量传递到未反应材料中的唯一辐射途径是通过管的圆截面。基于这一点,可以将诸多颗粒的贡献视为整体,并将系统简化为两个圆柱黑体材料,一个热的(3000K)和一个冷的(300K),辐射热传递从圆柱体的尾端开始发生。由斯忒藩-玻耳兹曼定律可知,$\dot{Q}_{rad}=\sigma A(T_1^4-T_2^4)$,其中,$\sigma$ 为斯忒藩-玻耳兹曼常数,A 为管的截面积。经计算,得出辐射热流量为 36W,比前面中热传导的热流量小了 1 个数量级,而对应的火焰传播速率仅为 0.018m/s。同前面一样,如此计算过高地估计了热流量,尤其在实际中,局部温差绝不会如此大。

通过排除热传导和热辐射,最后只剩下基于高温物质流动的热传递过程。尽管在相关文献中对热传导占据主要地位的问题已经达成一致,关于这个过程的物理现象仍然有许多未知之处。目前的关键问题:究竟是何种物质和材料在向未反应区域流动传输?纳米铝热剂中发现的高压力波和快速的热弛豫时间似乎表明,在热量的传递过程中,高温气体会占据一个重要的地位。然而,在这些体系中呈现出的气体量不太可能达到所需的热量,这可以通过一些简单的计算进行说明。

在Al/CuO燃烧管的实验中,实验结果显示,温度约为3000K,压强约为1900psi①[13,16]。使用内径3.2mm的燃烧管,取管中长度1mm的部分,在上述温度和压强下,根据理想气体定律,这个体积中只能存在大约4×10^{-6}mol的气体。假设气体的流动是热量传递的原因,理想的情况和热量传递的上限是将反应产生的高温气体中的热量100%转移至等体积的未反应物质。这些气体将通过自身冷却和加热反应物的方式来使材料达到平衡。然而,通过对理想气体($C_p=5/2R$)从3000~1300K的计算,可以知道冷却过程只会对反应物增加0.15J的能量,或者说点燃1mm的反应物仅仅用到2J能量的7%。

还可以假设气体中有些是汽化的金属,可以在凝结后释放出额外的能量,但是,即使这样也不可能产生足够的能量。对于处于平衡状态下的Al/CuO,预计每千克反应物中气态铜的量为4mol,因此对于假设的2.4 mg反应物中也就是有9.6×10^{-6}mol的铜蒸气[13]。铜的汽化热为300kJ/mol,因此这些铜凝结所释放的能量为2.9J,是达到着火点所需能量的145%。然而,尽管理论上可提供足够的能量,但由于如下原因,这种机理不太可能在热交换中占据重要部分。

首先,气态铜的浓度是在1atm(1atm=1.013×10^5Pa)恒压条件下进行计算得到的,并不能很好地代表实验条件。很多实验结果表明,纳米铝热剂燃烧过程会产生高压,这意味着反应产生气体的速度比它们扩散的速度更快[13,28]。因此,采用定容的方法进行近似计算会更准确。在这种情况下,有限的体积会产生更大的压力(正如实验中观察到的),同时,当达到铜的蒸气压时,铜的蒸发就会被抑制。根据Cheetah Equilibrium Code计算,对于10%TMD的Al/CuO,每千克反应物只能产生0.18mol的铜蒸气,其凝结过程只会释放出点火所需能量的6.5%。

其次,铜的蒸发(沸点约为2840K)是反应过程中的最后一步,而且起到散热器的作用,限制火焰的温度。这意味着,只有当反应接近100%时,才可能有4mol/kg的气态铜存在。因此,只有当反应速度比热传输快得多的时候,这些气体才能参与到热传递的过程中。然而,纳米铝热剂的燃烧时间为0.1~3ms,而与此同时,最慢的火焰传播速率也达到了约10m/s。这意味着,火焰在0.1ms内就会覆盖1mm的长度[25,28-29]。1000m/s的火焰在1μs内就能够覆盖这个长度。这表明,热传递的速度快于整个反应时间尺度,或至少与其相当,意味着大部分的气态铜不会参与到这个过程中。

① 1psi=6.89×10^3Pa。

最后,还必须考虑非封闭的情形。在这种情况下,大部分气体会逸出到环境中,不会对传热过程产生贡献。不逸散远离而沿着传播方向前进的气体的精确百分比取决于实验条件,并且也不容易定义,即有 30%、4mol/kg 的气态铜逸出,都不会有足够的能量以达到点火阈值。基于这些原因,可以得出结论:在传播过程中,气态铜的运动和凝结可能不是热量传递的全部原因。

虽然用的材料会有所不同,但这些计算还是会得到相似的结果,因为 Al/CuO已经是铝热剂中产生摩尔气体率最多的一种[30]。如果气体的运动不能主导热量的传递,那么必然存在大量的高温凝聚相材料向未反应区域流动并传递热量。考虑在这些体系中发现的高流速、高压力梯度,以及较低的纳米颗粒质量等导致材料烟雾化的条件,这样的物理过程并不令人惊讶[29]。从大量燃烧实验的高速视频中可以确定,气体的快速释放导致了高温物质被迅速抛出。图 4-3 展示了贫氧 Al/CuO 被金属丝快速加热点燃的情景[23]。从图中可以清楚地看到灼热的、发光的物质,由于反应,以很快的速度离开了金属丝。在纳米铝热剂未约束一端的燃烧中观察到了这种现象的大尺度影响,即高温物质会被向前推动,并导致反应阵面出现了不连续的跳跃[25]。文献[31]中将这一现象作为压力积聚和卸载模型的一部分进行了详细解释。假设高温物质被抛出后会熔融,那么一旦接触到未反应的物质,就会迅速地转移热量,从而成为一种迅速的、复杂的热传递形式。这种对流行为也可以通过熔融-分散机理来解释,因为熔融的铝液滴会被高速地推进,它们一旦接触到氧化剂,就会立刻发生反应[11,17]。

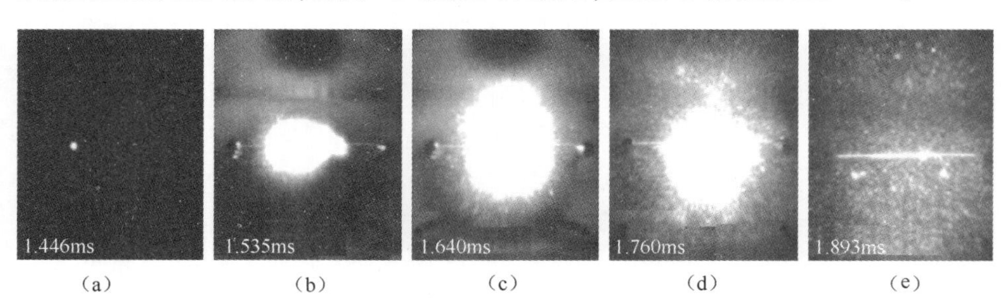

(a) (b) (c) (d) (e)

图 4-3 贫氧 Al/CuO 燃烧的高速摄影图像[23](Copyright © 2012,美国化学学会)

注:采用 T-Jump 的金属丝实验,以约 5×10^5K/s 的速度将 Al/CuO 点燃。一开始所有的材料都在金属丝上,但在反应开始后,生成的气体以很高的速率将大量物质抛出金属丝之外。尺寸方面,图(e)中明亮的金属丝的完整长度为 10mm。

4.3 氧化壳的物理响应

对于很多活性金属样品,在暴露于空气的情况下,预计会在其表面形成一层厚 2~5nm 的氧化壳(图 4-4)[4,9,32]。由于纳米材料的尺寸小,这一薄层可能就占据了质量的很大一部分,却无活性。对于铝来说,它的氧化层(Al_2O_3)的熔点为 2345K,比常用的铝基纳米含能材料的点火温度高得多[19,33-34]。因此,在点火以及大部分的反应过程中,外壳将成为反应的障碍。

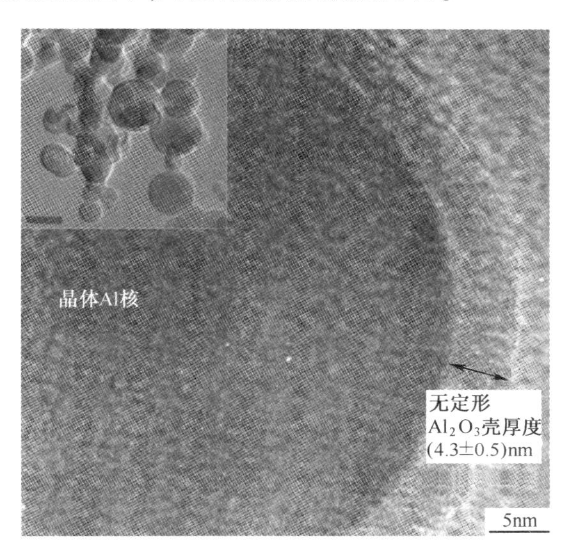

图 4-4 Al-NP 以及其非晶态氧化物外壳的高分辨率透射电子显微镜图像(HR-TEM)
(Copyright © 2012,美国化学学会)
注:插图是同一颗粒在低放大倍率下的图像(标长度为 100nm)。

反应是如何在外壳存在的情况下发生的,最简单的答案是扩散模型,即 Al^+ 扩散出去,O^-扩散进来。如果氧扩散得比铝快,这就会产生"核收缩"的现象,壳层的厚度会向内增加,从而导致金属核越来越小[35-37]。另外,如果金属离子向外扩散更快,就会产生一层厚厚的、中空的氧化物结构[38]。然而,发生这一现象的障碍在于 Al_2O_3 材料的自扩散系数太低,以至于在燃烧实验测量的时间尺度内几乎无法扩散[17]。例如,在约 2000K 的条件下,文献[39]给出了 Al_2O_3 中 Al 和 O 的扩散速度分别约为 $10^{-15}m^2/s$ 和 $10^{-17}m^2/s$。所以即使是 2nm 的氧化层,得出的特征扩散时间$\frac{l^2}{D}$也达到了 4s,这比已知的 Al-NP 和纳米铝热剂燃烧的时间尺度要慢得多,后者的时间尺度为 10~50μs。这表明,只有在缓慢升温的条件下,跨屏障扩散才是可行的[17,28,40]。然而,这一过程的速度可以通过其他机理来大大增加,如在分子动力学(MD)模拟以及其他模型中所显示的Cabrera-Mott 扩散增强机理,即内在电场增强扩散的机理[41-42]。还有一种可能是,在点火过程中发生了初始扩散,从而产生了高温和其他的反应路径。这就可以解释为何在一些系统中观察到了点火延迟现象[9]。

扩散过程的另一种可能机理涉及氧化壳的结构损坏。这使得熔融的铝核迅速地从裂缝中扩散出去,或者在较大的压力积聚下,如同 MDM 预测的那样,剧烈地碎裂,形成熔化的液滴[17,43]。将壳体在整个物理过程中的影响减弱或移除,有几种不同的方法。例如,在达到铝的熔点之前,氧化壳层会从最初的无定形态转化为结晶态,从而导致壳层的密度变化。基于这一状态变化建立壳层的破裂模型[4],如图 4-5 所示。在原位透射电子显微镜实验中,也在氧化物壳层中观察到了非均匀结晶和局部破裂的现象[32]。然而,这两种观测结果都是在慢速加热实验中(<40K/min)得到的,因此尚不清楚前面讨论的升温速率相关性是否影响燃烧过程中更高的升温速率下对其动力学的观测。还有一种机理是,大量的 MD 模拟实验已经表明,在金属核和氧化壳层之间的相互扩散会导致氧化壳经历一段软化过程,在这个过程中,会产生一种亚稳态低熔点铝的低价态氧化物[44-47]。文献[32]中也观察到同样的现象,即在没有氧化环境的情况下,氧化物发生膨胀。此外,一些高升温速率(约 5×10^5K/s)条件下的质谱分析表明,壳层的熔化温度有所降低[23]。最后一种可能机理是,由于铝核在 933K 的温度下熔化而产生的应力,导致氧化壳层破碎和裂开。在熔化的过程中,Al 的体积将会膨胀约 6%,而氧化壳层的体积则会保持相对地稳定[17,43]。对于纳米颗粒来说,这可能会导致压力的积聚,从而导致壳层破裂。

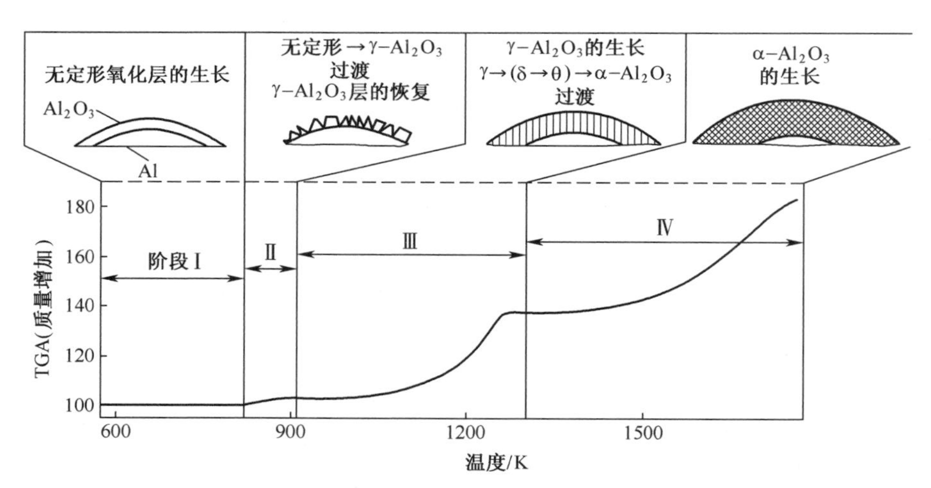

图 4-5 基于氧化层结晶化的铝氧化过程的机理[4](Copyright © 2006, Taylor&Francis)

通过实验一一验证这些可能的机理是一项非常具有挑战性的任务,因为这些行为发生在纳米尺寸下,而且必然会产生很高的升温速率。其中,一种方法是在非原位状态下以很高的升温速率加热 Al-NP,并在进行 TEM 表征之后对其进行分析。在惰性环境中,Al-NP 的闪速加热和 T-Jump 金属丝加热实验都显示,有空心氧化物结构的产生,这意味着有铝从氧化壳层中逸出,但并非每一种纳米颗粒都与此一致[23,48]。最近,原位电子显微镜领域的进展使得对形态变化过程的直接成像成为可能。对具有很高升温速率(约 10^6K/s)的加热阶段的研究表明,将纳米 Al 颗粒加热到其熔点以上并不是导致氧化壳分解的必要条件,如图 4-6 所示。图 4-6(a)和(b)颗粒在加热到铝的熔点以上,并没有明显的破裂或形态变化,除了在圆圈标注的地方可能发生了一小处破裂以外。然而,对比前后两幅图像的变化表明,此时发生了熔化。相比之下,在加热到 1300K 以上时(图4-6(c)和(d)),纳米颗粒表现出了显著的形态变化。值得注意的是,在这一颗粒聚结过程中,没有发生任何像前面讨论的非原位实验中出现空心壳的

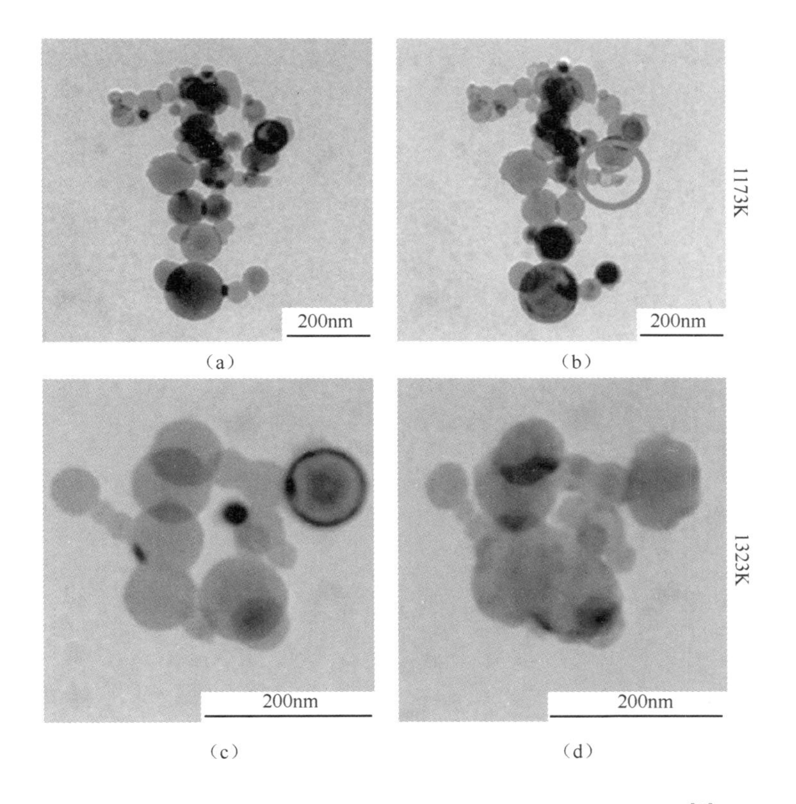

(a)　(b)
(c)　(d)

图 4-6　在约 10^6K/s 升温速率下 Al-NP 的原位 TEM 图像[2]

(Copyright © 2014, AIP Publishing LLC)

(a),(c)加热到 1173K 和 1323K 之前发生聚结的图像;(b),(d)温度达到 1173K 和 1323K 之后的图像。

破裂现象,也没有发生像 MDM 预测的那种剧烈的破裂现象。相反,氧化物外壳似乎是在随着熔化的铝核一起流动,这表明要么是发生了如 MD 模拟中的壳层软化行为,要么是壳体碎裂成了小到足以被熔融 Al 携带的碎片。后一种过程可能是在壳体结晶化的辅助下而实现的[4,32]。另有研究者进行了类似的研究,他们采用了原位激光加热来实现更高的升温速率(10^{11}K/s)和更高的温度,而这种方法也允许在加热过程中采用动态透射电子显微镜(DTEM)对纳米颗粒进行以纳秒尺度为时间分辨率的成像[2]。从图 4-6 的示例中可以看出,在这种加热条件下,Al-NP 也具有类似的物理响应,即在聚结过程中,Al 颗粒的表面可以不受约束地流动。在激光加热脉冲(图 4-7(d))的过程中所得到的时间分辨率图像显示,这个过程能够在约 15ns 的量级内发生。这一聚结现象之所以重要,有两个原因:首先,它必须克服 Al_2O_3 壳的障碍,因此,在能够发生聚结的温度和条件下,反应能够在比前面讨论的有约束的跨屏障扩散更快的时间尺度内进行,图 4-7 中所观察到的很短的扩散时间也可以证明;其次,聚结现象的发生,意味着纳米材料在应用时会损失一些核心优势,如表面积和纳米结构等,这一点将在后面进行更详细的讨论。

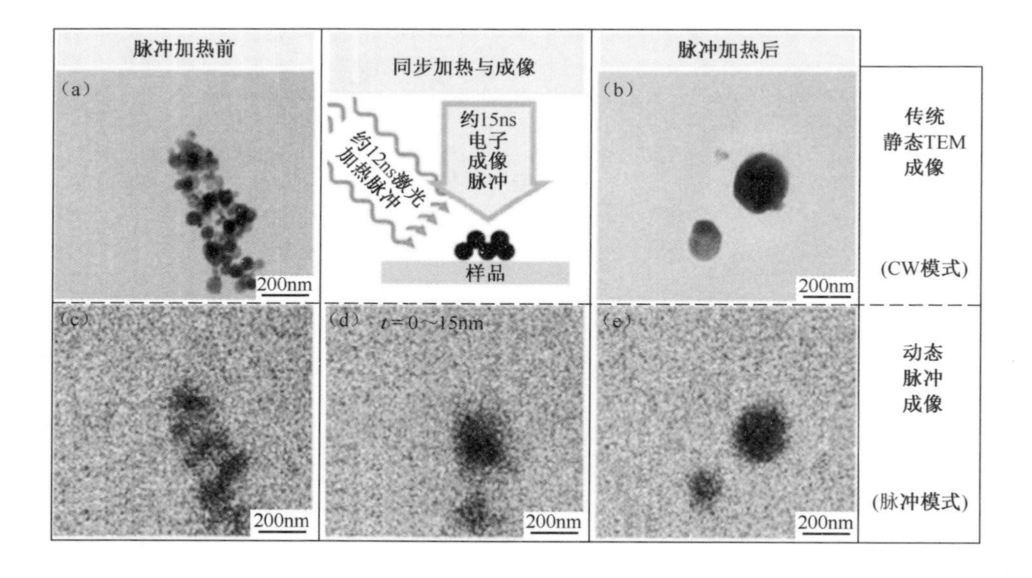

图 4-7 Al-NP 的动态透射电子显微镜实验结果[2]

(Copyright © 2014, AIP Publishing LLC)

(a)和(b)均是采取传统的 TEM 方式得到的图像,分别是样品在被波长 1064nm 的脉冲加热 12ns 之前与之后的图片;(c)~(e)是采用电子脉冲拍摄的,时间分辨率约为 15ns。

从本节讨论的所有结果中可以得出结论,纳米含能材料燃烧过程中的一个重要步骤是钝化的金属氧化物层的分解。然而,跨屏障扩散仍然可能是导致点火延迟的一个决定性因素,或者是导致氧化壳变弱的一种机理。对于跨越钝化壳层这一屏障的确切机理目前还不明确,但在各种各样的实验中均已经观察到这种现象。通过下面讨论的机理可知,氧化层分解过程中会释放出单质铝,从而能够很容易地发生反应。

4.4　反应机理

与热传递不同的是,在纳米含能材料的反应机理研究上,目前几乎仍未达成共识。正如前面所讨论的,可能的机理可以分为三大类:第一类是气相-凝聚相的多相反应机理,第二类是凝聚相界面反应机理,第三类是熔融-分散机理。

4.4.1　气相-凝聚相的多相反应

许多纳米含能材料中的氧化剂纳米颗粒会在高温下分解释放出氧气,该机理就是根据这一现象发展起来的[28,33,49]。这个分解通常包括一个产生稳定的还原相的还原反应,如 $CuO \rightarrow Cu_2O$、$Fe_2O_3 \rightarrow Fe_3O_4$、$Co_3O_4 \rightarrow CoO$、$WO_3 \rightarrow WO_2$。对这些氧化物和相应的铝热剂进行高速加热质谱分析,结果表明,这种还原过程通常发生在与点火温度相当的温度条件下,而且在反应过程中有大量的气态氧存在[33,49]。这都与气相-凝聚相的多相反应机理一致,即氧化剂分解产生高压氧环境,可燃剂在这一环境中燃烧。这种机理吸引人的地方在于它相对简单,几乎可以看作是一个单相系统。反应的限制步骤要么是氧化物还原产生氧气的反应,要么是可燃剂与气体的反应。由于这两个反应过程可能具有截然不同的动力学参数,因此整体的反应速率由二者中速率较低的反应来决定。从化学反应层面上来说,可燃剂球状颗粒在气体中的燃烧问题长期以来已经得到了较为透彻的研究[50]。因此,即使考虑外壳的作用或纳米结构的潜在损失,这种机理也有助于构建一个相对简单的模型。此外,它还有一个优点,可以在不同的实验中直接对在氧化环境中纳米金属颗粒的燃烧进行研究[51-53]。这些研究能够提供一套重要的评判标准,用于评估气相-凝聚相反应机理的可行性,因为这两种燃烧方式能够在时间尺度上进行比较。

为了进行这一比较,为纳米铝热剂的燃烧建立一个时间量程是很重要的,这并不是一项简单的任务。文献[20]在燃烧管实验中,测到了约 1km/s 的燃烧速率,以及宽度为 10mm 的反应阵面,意味着反应的特征时间约为 10μs。但是正如前面所讨论的，我们尚未很好地理解这个阵面的确切性质。利用恒容测压仪对燃烧速率最快的纳米复合材料进行测试，得到了两种截然不同的时间尺度。如图 4-8 所示，压力信号在约 10μs 时达到峰值，这与燃烧管实验相对应；光信号在约 100μs 才达到最大值，并且半峰宽（FWHM）的时间值是其 2 倍以上。这一时间尺度上数量级的差异表明，这是一个两步反应的过程，即初始反应会加热并还原金属氧化物，释放出 O_2，随后在 O_2 中发生多相燃烧反应[28]。对于图 4-3 中被金属丝点燃的材料，也是在 400μs 以上才拍摄到燃烧现象，与上述实验中测压仪的光信号时间相当。解释这些时间尺度的难点在于，目前尚不清楚如何将这些测量值与纳米材料的整体反应过程相关联。

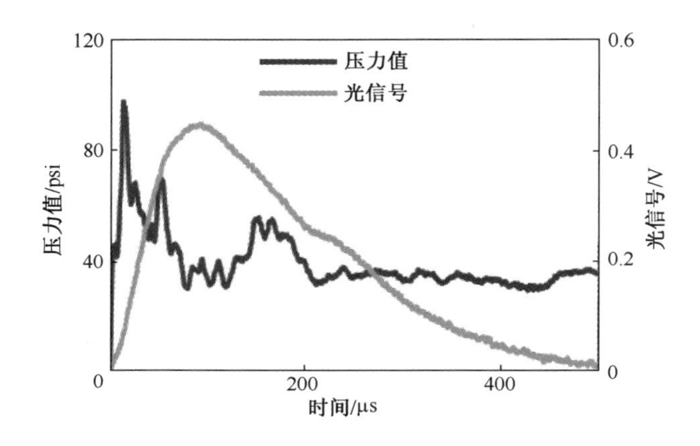

图 4-8　Al/CuO 纳米铝热剂在恒容测压仪中燃烧的实验结果
（25mg 的反应物在 $13cm^3$ 的燃烧室中）
注：光学和压力信号的峰值时间之间有很大的不同。具体实验设置可参见文献[26]。

对于 Al-NP 在氧化性环境中的燃烧，关键的测量参数是燃烧时间。其中一个能够用来进行测量的实验是本森伯纳式实验，在这个实验中，将雾化的 Al 燃烧，通过观测燃烧产生的火焰来测量燃烧时间[53,54]。对小于 100nm 的颗粒，其燃烧时间从 10ms 下降至 200μs，下降的幅度主要取决于温度和氧化环境。在这些时间尺度中，最短的燃烧时间与纳米复合材料中较长的燃烧时间相当。在激波管实验中利用反射的冲击在不同温度下点燃材料并提高压力，获得了更短的燃烧时间[37,40,52]，发现 Al-NP 的燃烧时间为 50~500μs。虽然其中较小的数值比较接近纳米铝热剂的较短燃烧时间，但根据观察到的趋势发现，即使在极端压力（32atm）和温度（>2000K）的情况下，50μs 仍是燃烧时间的下限[40]。因此，气相-凝聚相的多相反应似乎不太可能对应于约 10μs 的时间尺度，但有可能对应于快速初始反应之后速度较慢的燃烧过程。

这一机理在决定反应速率方面不太可能发挥主导作用的另一个原因是，氧化剂的分解特性并不是一个良好的性能指标。关于点火，图4-9展示了一些氧化剂（如 CuO、Fe_2O_3、$AgIO_3$）中 O_2 的释放温度与 Al 的点火温度之间的关系[49]。但是，更多的氧化剂并没有显示出类似的趋势。事实上，研究证实，Bi_2O_3、WO_3、MO_3 和 SnO_2 均是在没有任何氧气的情况下被点燃的。这表明，在许多情况下，气相-凝聚相的多相反应并不是点火的原因。

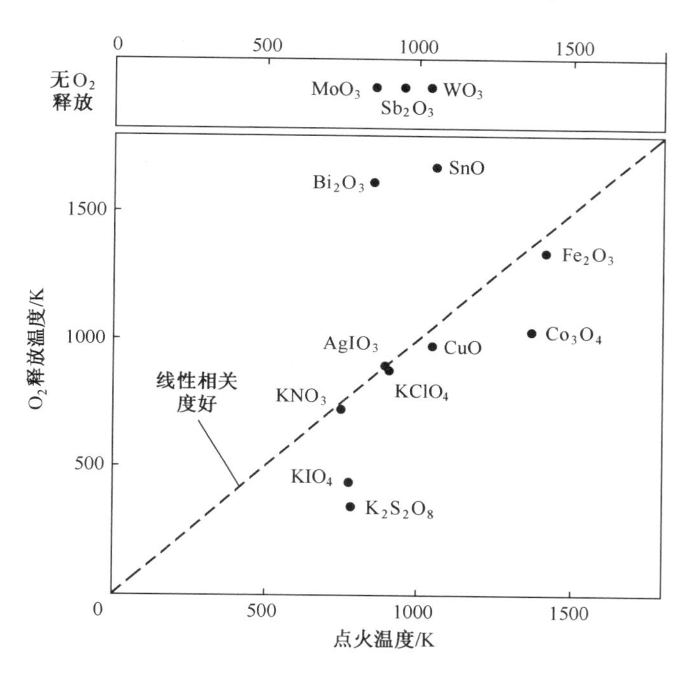

图4-9 高升温速率（约5×10^5K/s）条件下的 T-Jump TOF-MS 实验数据[47]

注：图中显示了在单独加热氧化剂时首次观察到 O_2 的温度（y 轴）与按照当量比混合的 Al-NP 氧化剂的点火温度（x 轴）之间的关系。在实验极限（1700K）以下没有发现释放氧气的氧化剂单独绘制于图的顶部。

此外，如果气态氧对反应至关重要，它就会遵循这样的规律：释放少量氧气或只能在高温下分解的物质，其性能将远低于容易产生 O_2 的物质。但是，通过比较图4-10和表4-2，发现事实并非如此。图4-10显示了在约5×10^5K/s的加热脉冲下加热3ms期间各种氧化剂释放氧气的情况。很明显，CuO 产生的氧最多且最早，其次是 Fe_2O_3，Bi_2O_3，然后是 SnO_2。注意，O_2 信号首次上升的时间与图4-9中绘制的 O_2 释放的温度成正比。如果气态氧的存在对整个反应过程很重要，那么与 Fe_2O_3、Bi_2O_3 和 SnO_2 相比，CuO 应当在燃烧测试中表现出最好的效果，而事实上 Fe_2O_3 是三者中最好的。通过对表 4-2 的观察，也发现情况并非如此。增压速率上，CuO、Bi_2O_3 和 SnO_2 三者的增压速率相似，而增压速率与燃烧管中的火焰传播速率相关，并且是整体燃烧性能的指标[55]。只有 Fe_2O_3 的表现要差得多，它的增压速率慢了 2 个数量级。类似的，MoO_3 在 1700K 以下不会释放 O_2，而在 TOF-MS 实验中，它会在未检测到 O_2 的情况下就与铝发生反应[33]。因此，如前所述，如果气态氧对反应机理至关重要，那么 MoO_3 将会表现出糟糕的性能。但是，燃烧管实验研究表明，它是性能最好的氧化剂之一[13]。

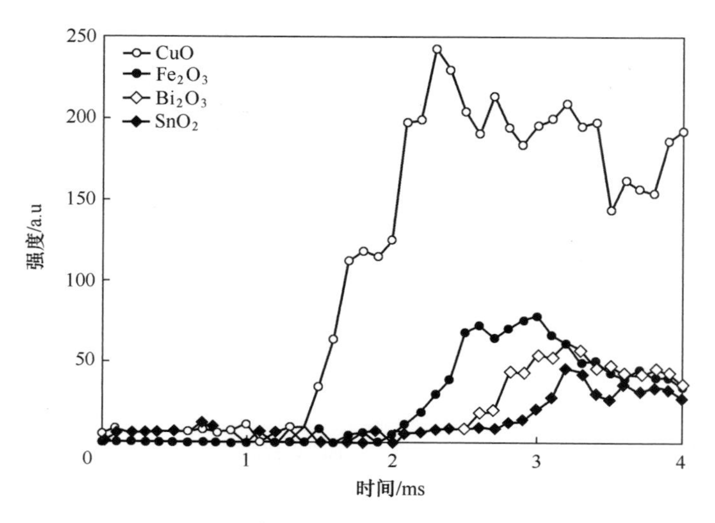

图 4-10　T-Jump TOF-MS 实验中从各种氧化剂中释放出的氧气的测量值

注：每一个样品都用约 5×10^5K/s 的加热脉冲加热 3ms。

图中曲线将数据点进行了平滑处理，便于观察。

表 4-2　不同铝热剂的测压仪实验结果[26]

铝热剂	峰值压力/psi	增压速率/(psi/μs)	FWHM 燃烧时间/μs
Al/SnO_2	80	7.7	210
Al/Bi_2O_3	123	12	193
Al/CuO	108	11	185
Al/Fe_2O_3	13	0.017	936

4.4.2　凝聚相界面反应和纳米结构的损失

作为前面所讨论的另一种可能的机理，凝聚相界面反应的假设认为氧化反应是直接发生在凝聚相（固体或熔融）可燃剂和凝聚相氧化剂之间。虽然通常认为这是纳米含能材料反应的一个可能和可行的途径,但其基本属性和反应过程没有得到很好的研究与发展。这在一定程度上是因为,与颗粒在气体中燃烧相比,凝聚相界面反应的概念化与模型的建立是一项更具挑战性的难题,尤其是考虑到如同图 4-1 中所示的纳米颗粒复杂的团聚形态。在这种情况下,凝聚相的反应必须在材料的界面之间进行,但是在初始结构中,界面面积仅仅来自于不同组分的相邻纳米颗粒之间的接触点。这种界面面积十分有限,会严重限制反应物间的流动,并导致反应速度非常缓慢。然而,如果可燃剂或氧化剂具有一定程度的流动性,不同组分之间就可以互相聚结,从而增加接触面积。增加的界面面积会增加反应速率,从而产生热量,这将导致进一步的聚结,从而形成良性循环。这一总过程称为活性烧结,如图 4-11 所示[3]。

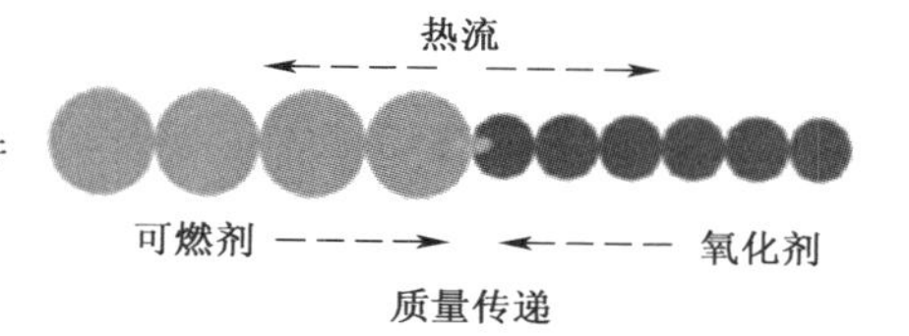

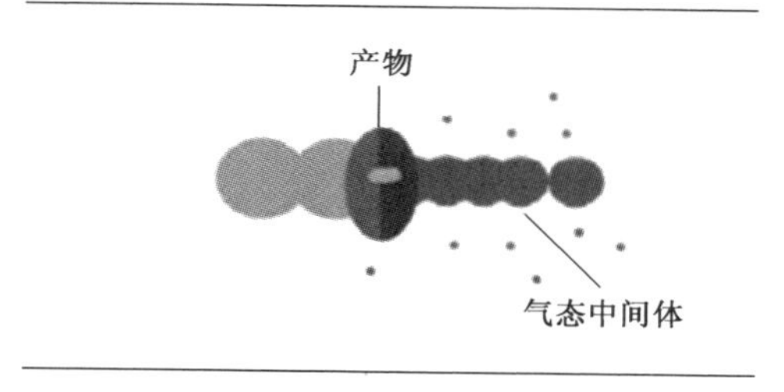

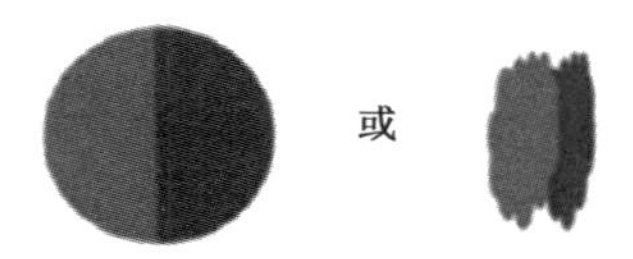

图 4-11　活性烧结过程[3](Copyright © 2012, Elsevier)

即便有了这种机理的整体概念,推导模型所需要的细节和信息还远远不够清晰。例如,这个过程依赖于初始纳米结构的损耗,这意味着在大量的反应之前,初始结构和形态已经不复存在。那么,长度尺度和总的界面面积是如何变化的呢？而且如果真是如此,那么这个过程是否与初始结构有关系呢？在深入研究这些复杂的过程之前,先评估这个机理的可行性。

为了做到这一点,首先考虑将这个反应问题大大简化,将其视为一维扩散问题。活性多层膜或纳米叠层是由可燃剂层和氧化剂层交替组成的完全致密的平面结构(图 4-12),或是将两种金属结合成为一个金属间相[56-59]。一般来说,它们是通过物理气相沉积法来制备的。完全致密结构会限制对凝聚相的反应,同时,平面结构意味着人们可以方便地对界面和扩散距离进行定义。对于 Al/CuO 纳米叠层来说,测量得到的燃烧速率达到了约 80m/s,这与纳米铝热剂在开放条件的实验中测到的数值相当[19,25,58]。这表明,如果有足够的界面面积,凝聚相的反应速度能够快到足以解释纳米铝热剂的高反应速率。为了评估这种接触面积是否合理,假设约 80m/s 的速度是在厚 150nm,并包含 18%(质量分数)铝的纳米双叠层中实现的。对于单个的纳米双叠层,组分之间会只有一个单独的界面,并且单位质量上的界面面积可以由下式计算:

$$\frac{A}{At_{\mathrm{b}}\rho}=\frac{1}{t_{\mathrm{b}}\rho}$$

式中:A 为界面面积(膜的宽度乘以长度);t_{b} 为纳米双叠层厚度;ρ 为平均密度。

因此,对于 80m/s 的情况,其界面面积为 $1.3\mathrm{m}^2/\mathrm{g}$。当将纳米双叠层进行叠加的时候,在两个纳米双叠层之间会有一个额外的界面,因此,当纳米双叠层的个数有无穷多的时候,每一个双叠层都将有两个界面,也就是说会有平均为 $2.6\mathrm{m}^2/\mathrm{g}$ 的界面面积。考虑纳米铝热剂中通常使用的纳米颗粒具有更高数量级的比表面积(80nm 的球形 Al-NP 比表面积为 $27.7\mathrm{m}^2/\mathrm{g}$),因此即使考虑在纳米结构的损失之后,这一界面面积似乎也是相当合理的[13]。

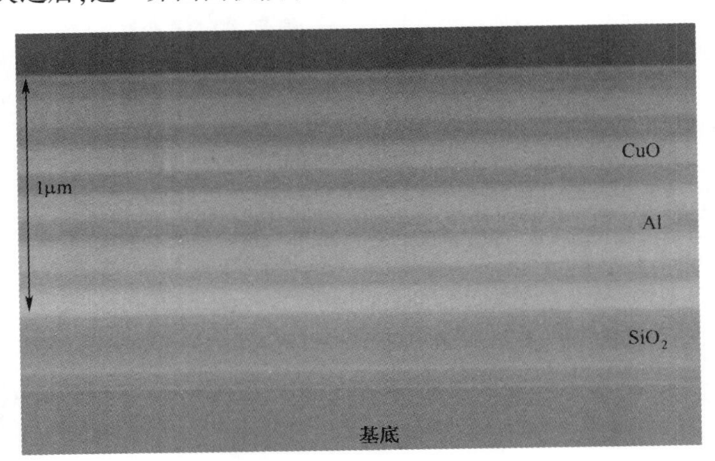

图 4-12 溅射沉积到氧化硅基片上的 Al/CuO 活性多层膜

(经 M. Petrantoni, C. Rossi, L. Salvagnac, V. Conedera, A. Esteve, C. Tenailleau, P. Alphonse, Y. J. Chabal, J. Appl. Phys. 108 (2010)许可,同意引用,Copyright © 2010,AIP Publishing LLC)

还有一种可限制反应的凝聚相铝热剂制备方法是活性抑制研磨(ARM)

法[36,60-63]。这一过程通常是用研磨法将粉体包裹进完全致密的微米材料中,材料中包含了纳米级的可燃剂和氧化剂,如图4-13所示。与纳米铝热剂一样,材料完全致密的性质限制了任何基于气体的反应机理的作用,尽管这里的几何结构与模型相对来说不简单,而且界面面积也不容易计算。然而,仍然可以发现,这些材料燃烧速率很快,通过静电冲击和飞片引发的反应显示,其燃烧时间小于100μs[61]。这与上节中讨论的纳米铝热剂松装粉末的时间尺度非常接近,这再次表明,凝聚相反应动力学的速度是足够快的,能够解释燃烧机理。

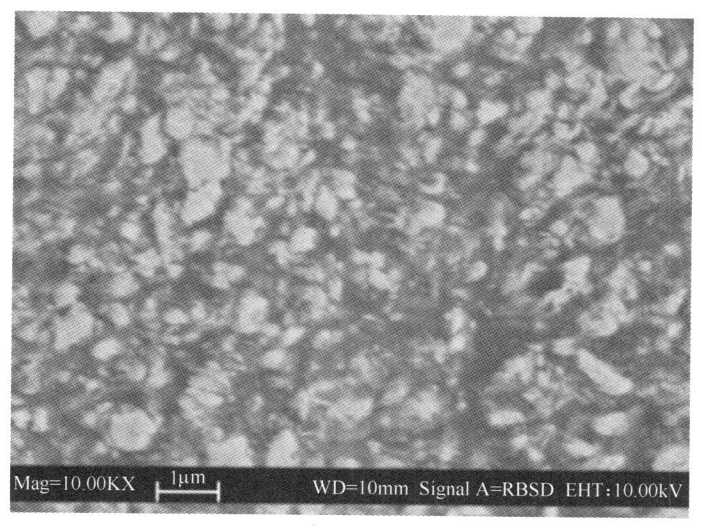

图4-13 ARM法生成的一种完全致密的Al/CuO纳米复合材料的截面图[60]
(Copyright © 2011,Elsevier)

近年来,电子显微镜在时间分辨率上有了很大的发展,已经能够在时间尺度上满足对这一机理进行实验验证的要求,从而也能够更好地研究纳米铝热剂松装粉末的燃烧过程。录像式动态透射电子显微镜(MM-DTEM)能够在纳秒的时间分辨率上观察到纳米级的形态变化[1,64-66]。这种技术使用的是强度足够高的短时电子脉冲(约15ns),每脉冲一次可以拍摄一张图像。为了确定材料随时间变化的历程,研究中使用了与激光升温速率相匹配的成像脉冲(约12ns的脉冲,对应10^{11}K/s的升温速率)。这种技术的更多细节可参见文献[65,67-68]。鉴于DTEM实验是在真空中进行,且样品尺寸很小,任何气相的影响都将大大减弱,这使得该技术成为探索凝聚相反应过程的理想方法。

以Al/CuO为例,DTEM的结果显示了材料的形态变化过程,与前面描述的凝聚相反应一致,先熔融,后聚结,使得各组分之间的接触界面逐渐增大。这种现象发生在数百纳秒时,如图4-14所示。DTEM的最终形态结果表明,产物中各相一直处于分离的状态,而 EDS 线扫则证实了反应完成后,所有的 O 元素都转移到了铝相中[1]。研究中还发现了进一步的相互作用,反应过程中还形成了一些 Al_xCu_y 的合金相。根据观测到的团聚物的大小不同,反应的完成时间也长短不一,通常是为 0.5~5μs。这与前面讨论的纳米含能材料快速燃烧的定义值(约 10μs)相一致。

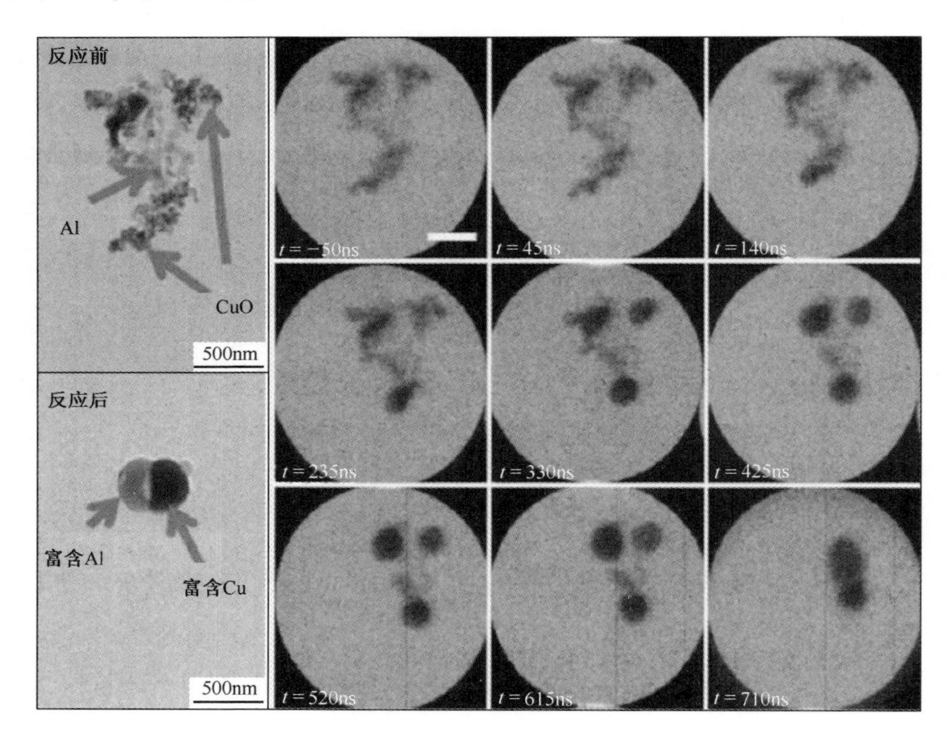

图 4-14　Al/CuO 纳米铝热剂的 MM-DTEM 实验结果[1]

注:左边图像是用传统的 TEM 成像技术拍摄的,显示了反应前后的团聚物。右边的 9 个图像是用间隔为 95ns 的电子脉冲拍摄的;列出的时间分别对应于 12ns 的加热脉冲的峰值。

考虑这个凝聚相的反应速度看起来足够快,下一步确定它是否真的在燃烧过程中发生了。目前为止所讨论的凝聚相反应机理的一个决定性特征是纳米结构的损失和颗粒尺寸的增长。因此,这种反应所产生的产物与最初的纳米级反应物相比具有明显的界面和较大的尺寸,很容易辨别出。事实上,目前已经有一些不同的研究中采用不同的实验装置,捕捉到了纳米含能材料的这种产物[10,25,69-70]。这些产物在形态上均超过 1μm,且每个颗粒中都包含了可燃剂和氧化物中的元素,要么是以合金的形式,要么是以多相的形式,如图 4-15(a)

所示。Jacob 等采用的实验装置,能够测量从点火开始到收集到产物的时间。从这个过程中,他们确定这些产物不可能是由蒸气相形成的,因为没有足够的时间来形成尺寸如此之大的产物。因此,这些大尺寸的产物一定是在凝聚相中直接形成的。同时还注意到,在图 4-15(b)中,有大量的纳米级产物附着在微米级的颗粒上。这些纳米颗粒平均粒径为 50nm,很像是从气相的均匀成核过程得到的。然而,体积分析表明,这种纳米材料在产物总质量中仅占据了不到 15%[10]。

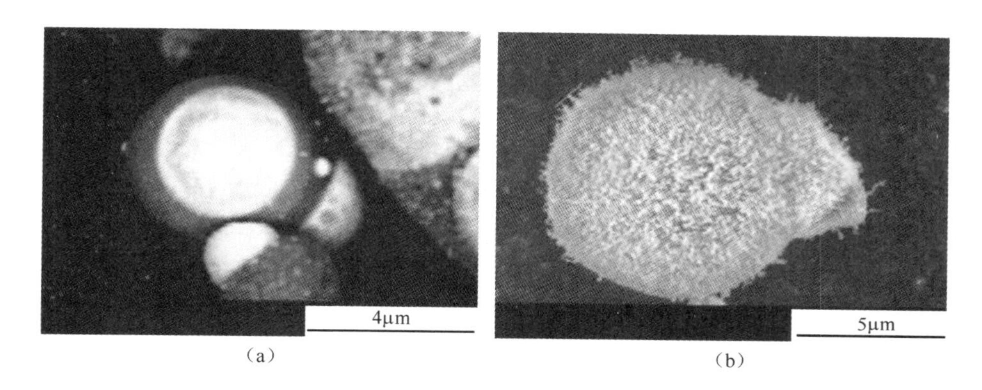

图 4-15　从 Al/CuO 纳米铝热剂的 T-Jump 点火实验中捕捉的产物(与图 4-3 中的一幅相似)[10](Copyright © 2015, Elsevier)

(a)中的材料是在点火 90μs 后捕捉的,并采用反向散射电子(BSE)法进行成像,这会使较重的元素(Cu)看起来更加明亮;(b)中的材料是在 350μs 后捕捉的,并且未采用 BSE 法。

这些研究结果充分支持了凝聚相反应的发生,并且是纳米铝热剂燃烧的主要机理。在大颗粒的形成过程中,损失了大量的纳米结构,有效地排除了气相-凝聚相非均相反应的可能性,因为这种机理的动力学是高度依赖于尺寸的[53]。此外,这些产物在总产物质量中占据了很大的百分比,表明它们是热量产生的最主要原因。然而,在理所当然地认定这种机理之前,必须先解决在一些结果之间存在的不一致的问题。特别是,在文献[10,69]对 Al/Bi_2O_3 的研究中,两组的研究结果都显示,微米级颗粒是通过聚结形成的,但二者在组成上却存在着差异。Jacob 等的颗粒中主要包含了 Al 和 Bi,而 Poda 等的颗粒中却主要是 Bi, Al 则主要是以纳米 Al_2O_3 的形式存在的。目前还不清楚为什么两种不同的燃烧技术(金属丝加热和密闭燃烧罐)会产生这样的差别。另外,还有一些研究结果呈现了完全相反的趋势,即最终产物的形态变得相当小[11,48]。在这些情况下,观察到的颗粒可能是来自于前面中讨论的蒸气相,也可能是采样技术限制了大颗粒的捕获。因此,虽然有重要的证据表明凝聚相反应是一种重要的反应机理,但对于这些问题仍然需要进一步研究。

凝聚相反应的一般过程还会引出一个更深层的问题,即纳米尺寸的特性对反应的影响是怎样的。特别是,如果在燃烧前和燃烧过程中损失了如此多的纳米结构,那么使用纳米材料究竟有什么优势呢?这是在对纳米含能材料进行讨论的过程中涉及的一个基本问题。将从以下三个方面来讨论:

第一,一些研究表明,在纳米体系中,随着纳米颗粒尺寸的减小,颗粒性能也随之降低。以图 4-16 中的数据为例,该数据显示燃烧管的火焰传播速率与可燃剂颗粒的尺寸有关[21]。当尺寸大于 3.5μm 时,燃烧速率随着可燃剂尺寸的减小而增大;当尺寸小于 3.5μm 时,燃烧速率出现明显差异,纳米颗粒的燃烧速率数据也与总体趋势差异很大。另一个例子是 Al-NP 在气态氧化剂中的燃烧时间,在动力学控制的燃烧下,它本应与粒径呈现出线性关系[50]。然而,研究表明,燃烧时间与粒径的关系较弱,反而与 $d^{0.3}$更相关[53]。在以上两个例子中,尺寸的减小反而造成了性能的下降,这是因为,小的初始颗粒聚结成为大的颗粒,导致了纳米结构的损失。如果这个过程是在剧烈燃烧前发生的,材料就会表现出大颗粒的动力学特性。最近的研究结果表明,聚结和烧结的时间尺度比燃烧的时间尺度要快得多。这些结果有一部分是通过分子动力学模拟得到的,图 4-17 就是这样一个例子。图中,8nm 的颗粒 0.7ns 的时间内就发生了聚结。这一数值在根据 Frenkel 定律修正后,可以外推至更大尺寸颗粒组成的更复杂的团聚体[71]。这样就可以得出,100 个颗粒组成的直径50nm的团聚体的聚结时间为 50ns。这一数值与图 4-7 中所示的 Al-NP 的 DTEM 结果吻合得非常好[2]。这个时间的数量级比前面讨论的所有铝基纳米含能材料的反应都要更快,其中最短时间为 10μs。

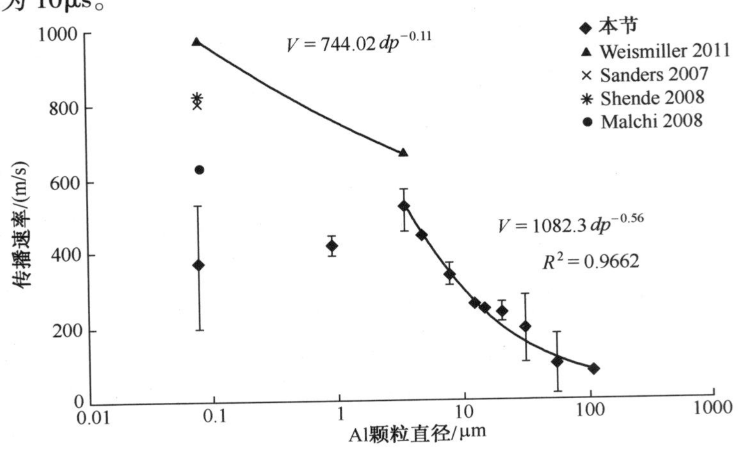

图 4-16 燃烧管实验中可燃剂颗粒尺寸对燃烧性能的影响[21]

(Copyright © 2014, John Wiley and Sons)

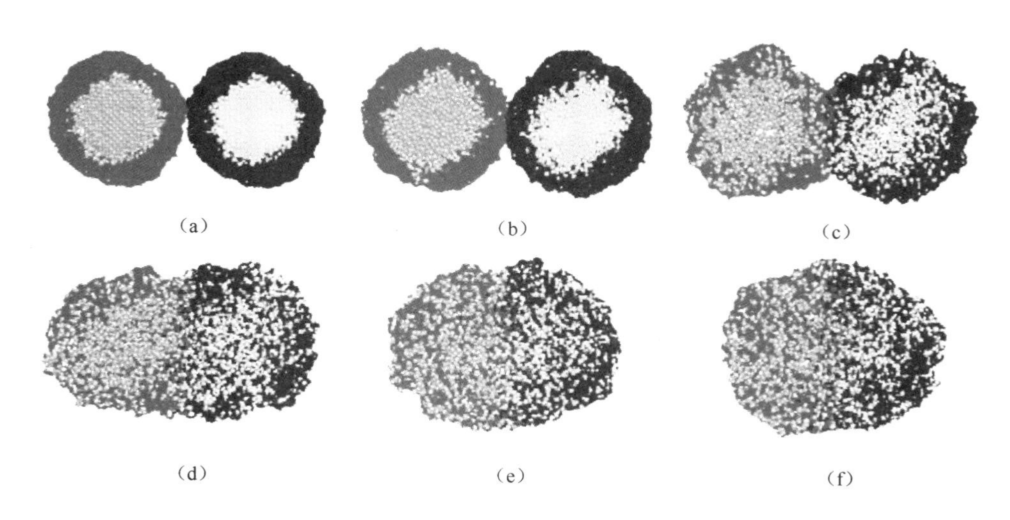

图 4-17　两个 8nm 的带有氧化壳的 Al-NP 被迅速加热(0~15ps)到 2000K,
并保持在这个温度的分子动力学模拟[45]
(a)0ps;(b)15ps;(c)100ps;(d)200ps;(e)400ps;(f)600ps。
注:系统以两个不同的颗粒(图(a))开始,在 600ps 内聚集
成一个单独的颗粒,如图(c)~(f)的顺序所示。

第二,即使失去了大部分的纳米结构,使用纳米颗粒仍然可以获得其他的潜在优势。比如,与尺寸更大的复合材料相比,纳米材料可以使可燃剂和氧化剂更紧密地混合在一起。虽然已经证明,材料的初始结构很快就会失去,但是在反应的早期阶段,组分之间的界面面积仍然依赖于组分的偏析度和接触距离。事实上研究已经证明,纳米铝热剂对组分之间混匀的程度相当敏感,尽管目前还未很好地表征出这与不同组分接触距离之间的量化关系[72-74]。初始的纳米结构也可能有助于热传递,因为在温度达到点火温度之前,不会发生纳米结构的损失。因此,大部分的加热过程都是在聚结发生之前进行的,此时材料还保持着自身很小的热质和很短的热弛豫时间。此外,纳米尺寸在氧化壳层的分解中扮演着重要角色,因为随着金属核的熔化,可能导致压力升高,这一过程与颗粒尺寸相关[17,43]。另外,纳米颗粒额外的表面能也会促进颗粒的聚结,使得熔融铝溢出壳层,并向反应界面移动。在这种情况下,纳米结构的损失在一定程度上是有益的。

第三,我们确实会因为这种凝聚相机理固有的聚结现象而失去纳米结构的大量优势,那么可以通过材料设计方法来解决,并将这一影响最小化。这将在最后一节进一步讨论。

作为本讨论的最后一点,主要讨论的是,若充分理解凝聚相机理,未来还需要做哪些工作。关于这个过程,以及如何将其与反应的传播过程联系在一起,仍有很多未知之处。随着颗粒尺寸的增长,两个组分之间界面的性质变化是特别值得关注的。研究证明,许多产物的颗粒中含有来自可燃剂和氧化剂两者中的元素,那么在这种情况下,如何定义接触面呢?这种合金化能够改善反应的动力学特性吗?这些都是必须要解决的问题。一旦理解这些问题之后,就能建立一个模型,它能够捕捉到适当的物理现象,并将其与反应速率关联起来。然而,这一过程中所固有的复杂的、动态的形态变化,使其成为一个重大的挑战。从目前的工作来看,捕捉纳米结构损失的过程将是未来发展的关键一步。可以预计,基于修正的 Frenkel 定律[47,71,75]来进行部分建模。这样就可以得到反应过程中总的界面面积,再将其与从纳米铝热剂研究中得到的动力学相耦合。

4.4.3 熔融-分散机理

本节讨论的一种可能的反应机理是熔融-分散机理(MDM)[11,17,43]。正如前面简要描述过的,这个反应途径的前提是包裹着 Al-NP 的氧化物外壳发生剧烈破裂,如图 4-18 所示。据推断,这种情况是由于金属核在熔化后发生体积膨胀而造成的,因为这造成对固体氧化物外壳的作用力增强。因此,在高加热率的条件下,足够的压力将会导致金属核和外壳的破裂,将材料向前推进,这样 Al 就可以很容易地发生反应,从而产生很高的传播速率。为了支持这一理论,研究者们做了大量的计算和实验分析,其中大部分可以在文献[76]中找到,而且文献[43]也对这一机理进行了总结,其中包括一种模型,它能够计算核内有多少金属熔化才能打破氧化壳层,该模型可用于预测实验中的火焰传播速率。考虑到已有的资料足够丰富,本节中对这一理论就不再进行过多深入的讨论。

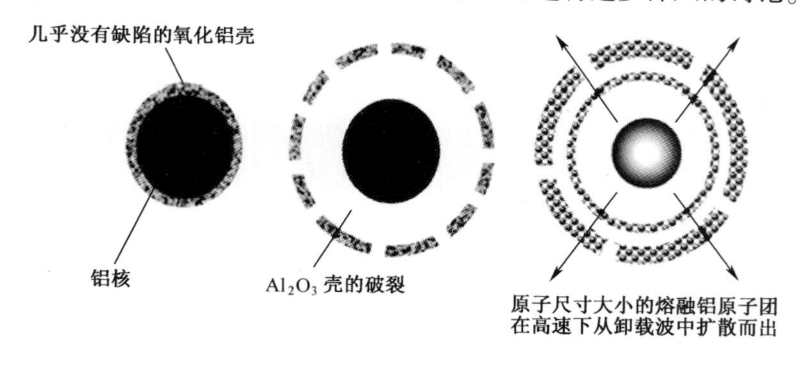

图 4-18 熔融-分散机理[7](Copyright © 2009, Elsevier)

虽然,这个机理与凝聚相反应机理不同,但两者并非是相互矛盾的。MDM 可能会在满足某一组实验参数的条件下发生,而凝聚相机理则在其他实验条件下发生。或者,两者可以同时发生,但是只会有一个在整个过程中占据主导地位。例如,在 Jacob 等的样品采集实验中,产物有两种不同尺寸的结构[10]。微米级颗粒可能是凝聚相界面反应的结果,而较小的纳米级产物则是由 MDM 产生的。即使这些小颗粒仅仅占据了整个燃烧过程的一小部分,但是由于 MDM 理论所提出的高燃烧速率,它们仍然具有重要的意义。然而,Al-NP 和 Al/CuO 纳米复合材料的 DTEM 实验表明,在没有 MDM 的情况下,聚结和凝聚相反应的速度都非常快。在前一节中观察到并进行讨论的快速动力学特性是很重要的,因为在某种程度上,发展 MDM 理论的主要原因是解释无法与氧化壳层之间的简单扩散相匹配的高火焰传播速率[1-2,43]。此外,尽管在 DTEM 实验中有很高的升温速率,但没有证据表明纳米颗粒发生了破裂。由于上述原因,以及诸多实验结果都支持凝聚相界面反应机理,我们认为,反应传播的主导者更可能是凝聚相界面反应机理而非 MDM。

最后,若要确定 MDM 在纳米含能材料的整体反应中起到的作用,还需要进行更多的研究。通过燃烧管实验,已经研究了反应的动力学特性,但还未得到充分的理解[16]。希望除燃烧管以外,今后还能看到更多的实验。这个理论主要关注可燃剂的行为,希望能够看到更多的对于其他因素影响的研究,如氧化剂材料的选择和尺寸对火焰速率方面的影响。

4.5　结论与发展趋势

本章中不断地提到纳米含能材料的反应和机理是那么复杂,以及限制人们对它们理解的许多实验方面的挑战。尽管如此,含能材料领域已经能够建立一个坚实的知识基础,这在一定程度上归功于新的高速测试方法和新的实验装置。因此,虽然仍要做许多工作,但纳米铝基含能材料的反应和传播机理已经能够得到合理的解释。在前面讨论的基础上,可以对燃烧的全过程进行如下描述:热量是通过在材料中由高压积聚驱动的对流过程传递的。这种压力将高温固体和熔融物质推进到未反应区域。加热的金属通过壳体的破裂或软化从而逃逸出来,开始与周围的颗粒结合,与氧化剂形成一个界面;然后在这个界面上发生反应,而潜在的合金化和共混化会加速反应。在整个反应过程中,气体从这些大颗粒的表面产生,从而推动更多的物质向前从而传播反应。在这个阵面的后方,随着之前氧化剂还原过程产生的 O_2,反应继续进行。这一步骤很可能对应于一些在纳米复合材料中所发现的较慢的、次要的时间尺度。

从这个燃烧过程的粗略框架中可以预测,未来的纳米含能材料主要成分。例如,凝聚相反应中发生的纳米结构的损失是急需克服的一个问题。在一定程度上,通过聚结而增加内部组分之间的界面面积是肯定的,但它会达到一个临界点,此时增大的尺寸和减少的表面积会对材料的动力学特性产生负面影响。在反应过程中保持聚结体尽可能小,可以将这种效果最小化,这可以由含有产气剂的微米材料来实现[70]。Wang 等通过静电喷雾将 Al/CuO 纳米铝热剂与硝化纤维素(NC)组装为微米球体(约 5μm),这样复合材料会在低温下迅速反应产生气体。Wang 发现,这种介观尺度的颗粒的表现要明显优于传统的物理混合的 Al/CuO 和 Al/CuO/NC。我们发现,提升的性能与明显更小的产物有关,如图 4-19所示。由此得出结论,组装和产气剂的共同作用会避免 Al/CuO 纳米颗粒变得过于聚集。结果表明,这种材料在其聚结的过程中保留了更多的比表面积,从而增加了整体的反应速率。这一策略也用在了推进剂中,并显示出了广阔的应用前景,进一步表明了它在未来的应用潜力[77]。

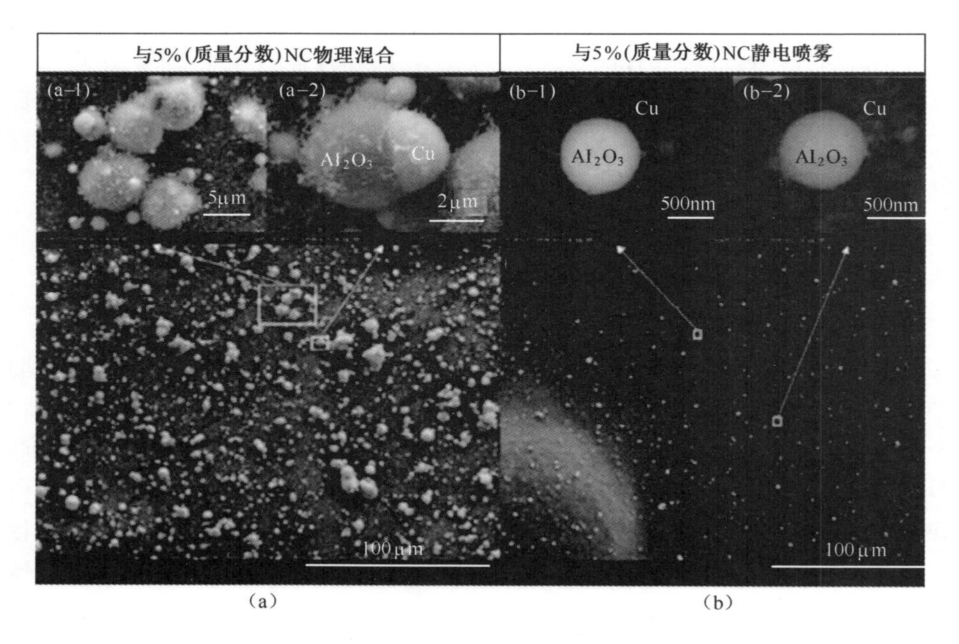

图 4-19 Al/CuO/NC 纳米含能材料的燃烧产物[10](Copyright © 2014,Elsevier)

注:图(a)中的材料是用传统的纳米混合技术(超声波处理)制备的;
图(b)中静电喷雾制备的介观颗粒可以提高材料的整体性能,并形成更小的产物。

未来还有另一种可能的方法,就是设计可以改善和控制能量传递的微米结构。研究发现,这一种方法对多孔硅基含能材料很有效,将制备的硅柱作为反应通道[78],使得火焰传播速率增长了 2 个数量级,同时也为纳米铝热剂中类似的结构提供了基础。美国劳伦斯·利弗莫尔国家实验室的研究人员利用 3D 打印技术制备出了一种特殊结构的银作为电极,然后用电泳沉积法将铝热剂镀在银电极上[25,79]。我们的目标是利用这个工具,创建一种设计精巧的结构,能够更好地引导反应能量来增强活性,就像微尺度约束的效果一样[80],这样的设计可以利用对流热传递的特性。正因为如此,类似于柱状的结构也可以作为纳米铝热剂的一个好的选择。在这样的体系结构中,负责大部分能量传递的高温物质可以从一个柱体上被向前抛出,然后被另一个柱体捕获。

为了支持这些新结构和新材料的设计,新模型的发展将至关重要。因此,尽管下一代纳米含能材料的确切性质尚不清楚,但可以确信,本章讨论的几种机理必将会得到进一步理解。

参 考 文 献

[1] G. C. Egan, T. LaGrange, M. R. Zachariah, Time resolved nanosecond imaging of nanoscale condensed phase reaction, J. Phys. Chem. C 119 (5) (2015) 2792-2797.

[2] G. C. Egan, K. T. Sullivan, T. LaGrange, B. W. Reed, M. R. Zachariah, In situ imaging of ultra-fast loss of nanostructure in nanoparticle aggregates, J. Appl. Phys. 115 (8) (2014).

[3] K. T. Sullivan, N. W. Piekiel, C. Wu, S. Chowdhury, S. T. Kelly, T. C. Hufnagel, K. Fezzaa, M. R. Zachariah, Reactive sintering: an important component in the combustion of nanocomposite thermites, Combust. Flame 159 (1) (2012) 2-15.

[4] M. A. Trunov, M. Schoenitz, E. L. Dreizin, Effect of polymorphic phase transformations in alumina layer on ignition of aluminium particles, Combust. Theory Model. 10 (4) (2006) 603-623.

[5] V. I. Levitas, M. L. Pantoya, B. Dikici, Melt dispersion versus diffusive oxidation mechanism for aluminum nanoparticles: critical experiments and controlling parameters, Appl. Phys. Lett. 92 (1) (2008).

[6] M. L. Pantoya, J. J. Granier, The effect of slow heating rates on the reaction mechanisms of nano and micron composite thermite reactions, J. Thermal Anal. Calorim. 85 (1) (2006) 37-43.

[7] V. I. Levitas, Burn time of aluminum nanoparticles: Strong effect of the heating rate and melt-dispersion mechanism, Combust. Flame 156 (2) (2009) 543-546.

[8] E. L. Dreizin, Metal-based reactive nanomaterials, Prog. Energ. Combust. Sci. 35 (2) (2009) 141-167.

[9] S. Chowdhury, K. Sullivan, N. Piekiel, L. Zhou, M. R. Zachariah, Diffusive vs explosive reaction at the nanoscale, J. Phys. Chem. C 114 (20) (2010) 9191-9195.

[10] R. J. Jacob, G. Q. Jian, P. M. Guerieri, M. R. Zachariah, Energy release pathways in nanothermites follow through the condensed state, Combust. Flame 162 (1) (2015) 258-264.

[11] V. I. Levitas, M. L. Pantoya, S. Dean, Melt dispersion mechanism for fast reaction of aluminum nano- and micron- scale particles: flame propagation and SEM studies, Combust. Flame 161 (6) (2014)

1668-1677.

[12] B. S. Bockmon, M. L. Pantoya, S. F. Son, B. W. Asay, J. T. Mang, Combustion velocities and propagation mechanisms of metastable interstitial composites, J Appl. Phys. 98 (6) (2005).

[13] V. E. Sanders, B. W. Asay, T. J. Foley, B. C. Tappan, A. N. Pacheco, S. F. Son, Reaction propagation of four nanoscale energetic composites (Al/MoO_3, Al/WO_3, Al/CuO, and Bi_2O_3), J. Propuls. Power23 (4) (2007) 707-714.

[14] M. R. Weismiller, J. Y. Malchi, R. A. Yetter, T. J. Foley, Dependence of flame propagation on pressure and pressurizing gas for an Al/CuO nanoscale thermite, Proc. Combust. Inst. 32 (2009) 1895-1903.

[15] B. D. Shaw, M. L. Pantoya, B. Dikici, Detonation models of fast combustion waves in nanoscale Al-MoO_3 bulk powder media, Combust. Theory Model. 17 (1) (2013) 25-39.

[16] J. M. Densmore, K. T. Sullivan, A. E. Gash, J. D. Kuntz, Expansion behavior and temperature mapping of thermites in burn tubes as a function of fill length, Propell. Explos. Pyrotech. 39 (3) (2014) 416-422.

[17] V. I. Levitas, B. W. Asay, S. F. Son, M. Pantoya, Melt dispersion mechanism for fast reaction of nanothermites, Appl. Phys. Lett. 89 (7) (2006).

[18] S. W. Dean, M. L. Pantoya, A. E. Gash, S. C. Stacy, L. J. Hope-Weeks, Enhanced convective heat transfer in nongas generating nanoparticle thermites, J. Heat Transfer Trans. ASME 132 (11) (2010).

[19] M. L. Pantoya, J. J. Granier, Combustion behavior of highly energetic thermites: nano versus micron composites, Propell. Explos. Pyrotech. 30 (1) (2005) 53-62.

[20] B. W. Asay, S. E. Son, J. R. Busse, D. M. Oschwald, Ignition characteristics of metastable intermolecular composites, Propell. Explos. Pyrotech. 29 (4) (2004) 216-219.

[21] K. T. Sullivan, J. D. Kuntz, A. E. Gash, The role of fuel particle size on flame propagation velocity in thermites with a nanoscale oxidizer, Propell. Explos. Pyrotech. 39 (3) (2014) 407-415.

[22] G. C. Egan, M. R. Zachariah, Commentary on the heat transfer mechanisms controlling propagation in nanothermites, Combust. Flame 162 (7) (2015) 2959-2961.

[23] G. Jian, N. W. Piekiel, M. R. Zachariah, Time-resolved mass spectrometry of nano-Al and nano-Al/CuO thermite under rapid heating: a mechanistic study, J. Phys. Chem. C 116 (51) (2012) 26881-26887.

[24] M. R. Weismiller, J. G. Lee, R. A. Yetter, Temperature measurements of Al containing nano-thermite reactions using multi-wavelength pyrometry, Proc. Combust. Inst. 33 (2011) 1933-1940.

[25] K. T. Sullivan, J. D. Kuntz, A. E. Gash, Electrophoretic deposition and mechanistic studies of nano-Al/Cuo thermites, J. Appl. Phys. 112 (2) (2012).

[26] R. Prasher, Ultralow thermal conductivity of a packed bed of crystalline nanoparticles: a theoretical study, Phys. Rev. B 74 (16) (2006).

[27] X. J. Hu, R. Prasher, K. Lofgreen, Ultralow Thermal conductivity of nanoparticle packed bed, Appl. Phys. Lett. 91 (20) (2007).

[28] K. Sullivan, M. R. Zachariah, Simultaneous pressure and optical measurements of nanoaluminum thermites: investigating the reaction mechanism, J. Propuls. Power 26 (3) (2010) 467-472.

[29] K. T. Sullivan, O. Cervantes, J. M. Densmore, J. D. Kuntz, A. E. Gash, J. D. Molitoris, Quantifying dynamic processes in reactive materials: an extended burn tube test, Propell. Explos. Pyrotech. 40 (3)

(2015) 394-401.

[30] S. H. Fishcer, M. C. Grubelich, A survey of combustible metals, thermites, and intermetallics for pyrotechnic applications, in: 32nd AIAA/ASME/SAE/ASEE Joint Propulsion Conference, Sandia National Laboratories: Lake Buena Vista, FL, 1996.

[31] K. T. Sullivan, S. Bastea, J. D. Kuntz, A. E. Gash, A pressure-driven flow analysis of gas trapping behavior in nanocomposite thermite films, J. Appl. Phys. 114 (16) (2013).

[32] D. A. Firmansyah, K. Sullivan, K. S. Lee, Y. H. Kim, R. Zahaf, M. R. Zachariah, D. Lee, Microstructural behavior of the alumina shell and aluminum core before and after melting of aluminum nanoparticles, J. Phys. Chem. C 116 (1) (2012) 404-411.

[33] G. Jian, S. Chowdhury, K. Sullivan, M. R. Zachariah, Nanothermite reactions: is gas phase oxygen generation from the oxygen carrier an essential prerequisite to ignition? Combust. Flame 160 (2) (2013) 432-437.

[34] C. E. Aumann, G. L. Skofronick, J. A. Martin, Oxidation behavior of aluminum nanopowders, J. Vac. Sci. Technol. B 13 (3) (1995) 1178-1183.

[35] K. Park, D. Lee, A. Rai, D. Mukherjee, M. R. Zachariah, Size-resolved kinetic measurements of aluminum nanoparticle oxidation with single particle mass spectrometry, J. Phys. Chem. B 109 (15) (2005) 7290-7299.

[36] A. Ermoline, E. L. Dreizin, Equations for the Cabrera-Mott kinetics of oxidation for spherical nanoparticles, Chem. Phys. Lett. 505 (1-3) (2011) 47-50.

[37] P. Lynch, G. Fiore, H. Krier, N. Glumac, Gas-phase reaction in nanoaluminum combustion, Combust. Sci. Technol. 182 (7) (2010) 842-857.

[38] A. Rai, K. Park, L. Zhou, M. R. Zachariah, Understanding the mechanism of aluminium nanoparticle oxidation, Combust. Theory Model. 10 (5) (2006) 843-859.

[39] W. D. Kingery, H. K. Bowen, D. R. Uhlmann, Introduction to Ceramics, Wiley, 1976.

[40] T. Bazyn, H. Krier, N. Glumac, Combustion of nanoaluminum at elevated pressure and temperature behind reflected shock waves, Combust. Flame 145 (4) (2006) 703-713.

[41] B. J. Henz, T. Hawa, M. R. Zachariah, On the role of built-in electric fields on the ignition of oxide coated nanoaluminum: ion mobility versus Fickian diffusion, J. Appl. Phys. 107 (2) (2010).

[42] D. Stamatis, A. Ermoline, E. L. Dreizin, A multi-step reaction model for ignition of fully-dense Al-CuO nanocomposite powders, Combust. Theory Model. 16 (6) (2012) 1011-1028.

[43] V. I. Levitas, Mechanochemical mechanism for reaction of aluminium nano- and micrometre-scale particles, Phil. Trans. R. Soc. A-Math. Phys. Eng. Sci. 2013 (371) (2003).

[44] Y. Li, R. K. Kalia, A. Nakano, P. Vashishta, Size effect on the oxidation of aluminum nanoparticle: multimillion-atom reactive molecular dynamics simulations, J. Appl. Phys. 114 (13) (2013).

[45] W. Q. Wang, R. Clark, A. Nakano, R. K. Kalia, P. Vashishta, Fast reaction mechanism of a core (Al)-shell (Al_2O_3) nanoparticle in oxygen, Appl. Phys. Lett. 95 (26) (2009).

[46] A. Shekhar, W. Q. Wang, R. Clark, R. K. Kalia, A. Nakano, P. Vashishta, Collective oxidation behavior of aluminum nanoparticle aggregate, Appl. Phys. Lett. 102 (22) (2013).

[47] P. Chakraborty, M. R. Zachariah, Do nanoenergetic particles remain nano-sized during combustion? Combust. Flame 161 (5) (2014) 1408-1416.

[48] Y. Ohkura, P. M. Rao, X. L. Zheng, Flash ignition of Al nanoparticles: mechanism and applications, Combust. Flame 158 (12) (2011) 2544-2548.

[49] L. Zhou, N. Piekiel, S. Chowdhury, M. R. Zachariah, Time-resolved mass spectrometry of the exothermic reaction between nanoaluminum and metal oxides: the role of oxygen release, J. Phys. Chem. C 114 (33) (2010) 14269-14275.

[50] R. A. Yetter, F. L. Dryer, Metal Particle Combustion and Classification. Microgravity Combustion: Fire in Free Fall, 2001, 419-478.

[51] P. Lynch, H. Krier, N. Glumac, A correlation for burn time of aluminum particles in the transition regime, Proc. Combust. Inst. 32(2009) 1887-1893.

[52] T. Bazyn, H. Krier, N. Glumac, Evidence for the transition from the diffusion-limit in aluminum particle combustion, Proc. Combust. Inst. 31 (2007).

[53] Y. Huang, G. A. Risha, V. Yang, R. A. Yetter, Combustion of bimodal nano/micron-sized aluminum particle dust in air, Proc. Combust. Inst. 31 (2007) 2001-2009.

[54] C. Kong, Q. Yao, D. Yu, S. Li, Combustion characteristics of well-dispersed aluminum nanoparticle streams in post flame environment, Proc. Combust. Inst. 35 (2) (2014) 2479-2486.

[55] S. F. Son, J. R. Busse, B. W. Asay, P. D. Peterson, J. T. Mang, B. Bockmon, M. Pantoya, Propagation Studies of Metastable Intermolecular Composites (MIC), Los Alamos National Laboratory, 2002. No. LA-UR-02-2954.

[56] T. P. Weihs, Fabrication and characterization of reactive multilayer films and foils, in: K. Barmak, K. Coffey (Eds.), Metallic Films for Electronic, Optical and Magnetic Applications: Structure, Processing and Properties, 2014, pp. 160-243.

[57] E. J. Mily, A. oni, J. M. LeBeau, Y. Liu, H. J. Brown-Shaklee, J. F. Ihlefeld, J. P. Maria, The role of terminal oxide structure and properties in nanothermite reactions, Thin Solid Films 562 (2014) 405-410.

[58] K. J. Blobaum, M. E. Reiss, J. M. P. Lawrence, T. P. Weihs, Deposition and characterization of a self-propagating CuOx/Al thermite reaction in a multilayer foil geometry, J. Appl. Phys. 94 (5) (2003) 2915-2922.

[59] M. Bahrami, G. Taton, V. Conedera, L. Salvagnac, C. Tenailleau, P. Alphonse, C. Rossi, Magnetron sputtered Al-CuO nanolaminates: effect of stoichiometry and layers thickness on energy release and burning rate, Propell. Explos. Pyrotech. 39 (3) (2014) 365-373.

[60] A. Ermoline, M. Schoenitz, E. L. Dreizin, Reactions leading to ignition in fully dense nanocomposite Al-oxide systems, Combust. Flame 158 (6) (2011) 1076-1083.

[61] M. Schoenitz, T. S. Ward, E. L. Dreizin, Fully dense nano-composite energetic powders prepared by arrested reactive milling, Proc. Combust. Inst. 30 (2005) 2071-2078.

[62] D. Stamatis, Z. Jiang, V. K. Hoffmann, M. Schoenitz, E. L. Dreizin, Fully dense, aluminum-rich Al-CuO nanocomposite powders for energetic formulations, Combust. Sci. Technol. 181 (1) (2009) 97-116.

[63] W. L. Shaw, D. D. Dlott, R. A. Williams, E. L. Dreizin, Ignition of nanocomposite thermites by electric spark and shock wave, Propell. Explos. Pyrotech. 39 (3) (2014) 444-453.

[64] M. R. Armstrong, K. Boyden, N. D. Browning, G. H. Campbell, J. D. Colvin, W. J. DeHope, A. M. Frank, D. J. Gibson, F. Hartemann, J. S. Kim, W. E. King, T. B. LaGrange, B. J. Pyke, B. W. Reed,

R. M. Shuttlesworth, B. C. Stuart, B. R. Torralva, Practical considerations for high spatial and temporal resolution dynamic transmission electron microscopy, Ultramicroscopy 107(4-5) (2007) 356-367.

[65] M. K. Santala, B. W. Reed, T. Topuria, S. Raoux, S. Meister, Y. Cui, T. LaGrange, G. H. Campbell, N. D. Browning, Nanosecond in situ transmission electron microscope studies of the reversible $Ge_2Sb_2Te_5$ crystalline⇔amorphous phase transformation, J. Appl. Phys. 111 (2)(2012) 024309.

[66] B. W. Reed, M. R. Armstrong, N. D. Browning, G. H. Campbell, J. E. Evans, T. LaGrange, D. J. Masiel, The evolution of ultrafast electron microscope instrumentation, Microsc. Microanal. 15 (4) (2009)272-281.

[67] T. LaGrange, B. W. Reed, M. K. Santala, J. T. McKeown, A. Kulovits, J. M. K. Wiezorek, L. Nikolova, F. Rosei, B. J. Siwick, G. H. Campbell, Approaches for ultrafast imaging of transient materials processes in the transmission electron microscope, Micron 43 (11) (2012) 1108-1120.

[68] T. LaGrange, G. H. Campbell, B. Reed, M. Taheri, J. B. Pesavento, J. S. Kim, N. D. Browning, Nanosecond time-resolved investigations using the in situ of dynamic transmission electron microscope (DTEM), Ultramicroscopy 108 (11) (2008) 1441-1449.

[69] A. Poda, R. Moser, M. Cuddy, Z. Doorenbos, B. Lafferty, C. Weiss, A. Harmon, M. Chappell, J. Steevens, Nano-aluminum thermite formulations: characterizing the fate properties of a nanotechnology during use, Nanomater. Mol. Nanotechnol. 2 (1) (2013) 1000105.

[70] H. Wang, G. Jian, G. C. Egan, M. R. Zachariah, Assembly and reactive properties of Al/CuO based nanothermite microparticles, Combust. Flame 161 (8) (2014) 2203-2208.

[71] T. Hawa, M. R. Zachariah, Development of a phenomenological scaling law for fractal aggregate sintering from molecular dynamics simulation, J. Aerosol. Sci. 38 (8) (2007) 793-806.

[72] K. S. Martirosyan, L. Wang, A. Vicent, D. Luss, Synthesis and performance of bismuth trioxide nanoparticles for high energy gas generator use, Nanotechnology 20 (40) (2009).

[73] R. R. Nellums, B. C. Terry, B. C. Tappan, S. F. Son, L. J. Groven, Effect of solids loading on resonant mixed Al-Bi_2O_3 nanothermite powders, Propell. Explos. Pyrotech. 38 (5) (2013) 605-610.

[74] F. Severac, P. Alphonse, A. Esteve, A. Bancaud, C. Rossi, High-energy Al/CuO nanocomposites obtained by DNA-directed assembly, Adv. Funct. Mater. 22 (2) (2012) 323-329.

[75] S. K. Friedlander, Smoke, Dust, and Haze, vol. 198, Oxford University Press New York, 2000.

[76] V. I. Levitas, B. W. Asay, S. F. Son, M. Pantoya, Mechanochemical mechanism for fast reaction of metastable intermolecular composites based on dispersion of liquid metal, J. Appl. Phys. 101 (8)(2007).

[77] T. R. Sippel, S. F. Son, L. J. Groven, Aluminum agglomeration reduction in a composite propellant using tailored Al/PTFE particles, Combust. Flame 161 (1) (2014) 311-321.

[78] V. S. Parimi, S. A. Tadigadapa, R. A. Yetter, Control of nanoenergetics through organized microstructures, J. Micromech. Microeng. 22 (5) (2012).

[79] K. T. Sullivan, C. Zhu, D. J. Tanaka, J. D. Kuntz, E. B. Duoss, A. E. Gash, Electrophoretic deposition of thermites onto micro-engineered electrodes prepared by direct-ink writing, J. Phys. Chem. B 117 (6) (2013) 1686-1693.

[80] G. Dutro, S. Son, A. Tappan, in: The Effect of Microscale Confinement Diameter on the Combustion of an Al/MoO_3 Thermite, 44th AIAA/ASME/SAE/ASEE Joint Propulsion Conference & Exhibit, 2008.

第 5 章　纳米催化剂在固体火箭推进剂中的应用

Feng-sheng Li, Wei Jiang, Jie Liu, Xiao-de Guo, Yu-jiao Wang, Ga-zi Hao

5.1　概　　述

在现代科学技术高度发展的背景下，固体火箭应满足高性能和高可靠性的要求，这就迫切需要能够提高火箭推进剂整体性能的技术。目前，纳米技术在世界范围内得到了广泛关注，研究人员也利用纳米颗粒的特性提高推进剂的性能，并取得了许多可喜的成果。

AP 在推进剂中起到的主要作用：①在推进剂的燃烧过程中提供氧元素，以保证足够的能量释放；②作为黏结剂基体的填料，以改善推进剂的力学完整性；③通过调控 AP 的粒度来控制推进剂的燃烧速率。典型的推进剂中，AP 的含量占到 60%～90%。因此可以理解，AP 的热分解会直接影响推进剂的燃烧性能，以 AP 和 AP/HTPB 热分解的研究结果为评价基础可以预测推进剂的燃烧性能。

本章对以下方面进行了较为详细的研究：纳米金属颗粒（Ni、Cu、Al）、纳米金属氧化物颗粒（Fe_2O_3、CuO、Co_2O_3）和纳米储氢颗粒（MgH_2、Mg_2NiH_4、Mg_2CuH_3）对于 AP 热分解的影响，纳米金属颗粒和纳米储氢颗粒对 AP/HTPB 热分解的影响，以及纳米 Ni 颗粒、纳米 Cu 颗粒、纳米 Al 颗粒和纳米 Fe_2O_3 颗粒对 AP/HTPB 推进剂燃烧性能的影响。

5.2　纳米催化剂对 AP 基固体推进剂热分析的影响[1-2]

5.2.1　AP 的热分解特性

为了研究金属粉末对 AP 热分解的影响，首先要了解 AP 热分解特性。使用的 AP 平均粒径为 60μm。世界各国的专家学者们对 AP 的热分解特性进行了大量的研究[3-4]，得到了一些一致的结果。AP 主要以相对稳定的白色斜方晶系晶体形式存在，当温度高于 150℃时，它开始解离、升华和分解。在标准大气压下，AP 在温度升高时的热行为有三个阶段。第一阶段，在 240~250℃时，AP 从斜方晶系相转变为立方晶体相，这一过程是吸热的，对应的转晶热为-9622kJ/mol。第二阶段，随着温度的进一步升高，在 330~350℃时发生轻微的热分解（低温热分解），并伴有分解和升华。AP 的低温热分解是放热的。当大约 30%的 AP 发生分解后，这一过程就停止了，其余的 AP 转换成相对稳定的多孔形态。第三阶段，随着温度的持续升高，在 450~480℃时发生大量的热分解（高温热分解）。在这一阶段，AP 完全分解，释放出大量的热量。在升温速率为 20℃/min 时，AP 热分解的典型差示扫描量热（DSC）曲线如图 5-1 所示。

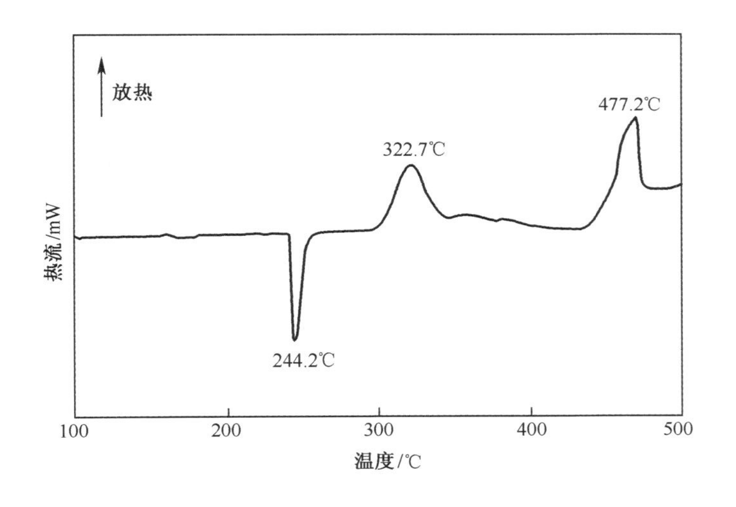

图 5-1　AP 的差示扫描量热（DSC）曲线

5.3　纳米金属颗粒对 AP 热分解的影响

5.3.1　纳米金属颗粒的特殊性能

以纳米颗粒形式制备的金属和合金，具有纳米颗粒的共同特点，如小尺度效应、表面和界面效应、量子尺寸效应等，这使得纳米金属颗粒表现出全新的物理和化学性质，具有广泛的应用前景。

1. 热性能

纳米粉体材料的熔点和结晶温度都要低得多。由于体积小、表面能量高、表面原子密度高,纳米颗粒需要较小的能量即可熔化,从而导致纳米颗粒的熔点明显降低。

2. 磁性

纳米金属颗粒可以具有独特的磁性,有时表现出超顺磁性或高矫顽力。

3. 表面活性和催化性能

对于纳米金属颗粒,其表面化学键和电子形态与宏观材料有显著的不同,大量不饱和的化学键造成表面原子的不饱和性,这些都有助于形成纳米金属颗粒的高表面活性。颗粒尺寸越小,表面原子的比例越大,比表面积就越大,催化性能就越好。此外,纳米颗粒的高吸附能力也有助于改善催化性能。

5.3.2 纳米颗粒/AP 复合材料的制备

纳米颗粒/AP 复合材料的制备方法会明显影响纳米颗粒对 AP 热分解的催化作用。通过研磨制备纳米颗粒与 AP 的复合材料,可以使纳米颗粒均匀地分散在 AP 中,具体如下:

(1) 将新制备的纳米金属颗粒在乙醚中超声分散几分钟,在玛瑙研钵中将 AP 研磨一段时间。

(2) 将分散好的纳米金属颗粒分散液倒入 AP 粉末中,然后将混合物进行手工研磨,直至大部分乙醚挥发。

(3) 将纳米金属颗粒/AP 复合材料放在真空干燥炉中,室温下干燥 30min,然后手工轻轻研磨纳米金属颗粒/AP 复合材料,以粉碎团块。

为了避免混合物爆炸,上述操作必须采取严格的保护措施。

5.3.3 纳米 Ni 颗粒的影响

根据大量的研究报告可以发现,将纳米 Ni 颗粒加入固体火箭推进剂中可以提高燃烧效率,增加燃烧速率[5-7]。本节探讨了纳米 Ni 颗粒对 AP 热分解的影响。以微米镍粉作为原料,用高频电感耦合等离子体技术制备纳米 Ni 颗粒,平均粒径为 50nm。

1. 纳米 Ni 颗粒和微米 Ni 颗粒对 AP 热分解的影响

在 20℃/min 的升温速率下,纳米 Ni/AP 和微米 Ni/AP 复合材料热分解的 DSC 曲线如图 5-2 所示。其中,曲线 1 为 AP 的 DSC 信号,曲线 2 和曲线 3 为不同粒度的微米镍粉与 AP 复合材料的 DSC 信号,曲线 4 为纳米镍粉和 AP 复合材料的 DSC 信号。所有复合材料中镍粉的含量均为 2%。表 5-1 给出了 Ni/AP 复合材料的 DSC 数据。

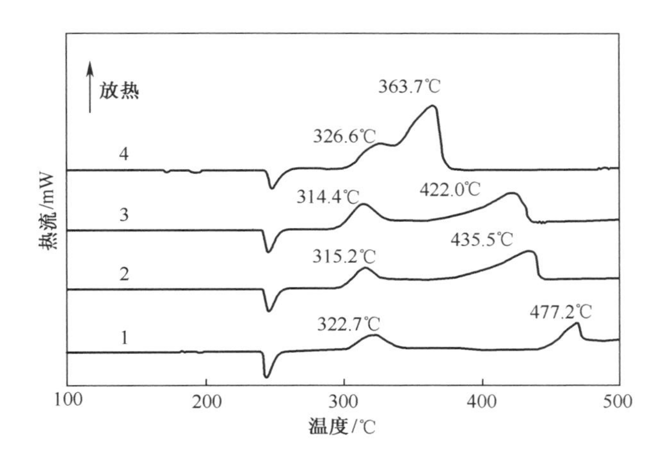

图5-2　AP与Ni/AP的DSC曲线

1—AP;2—30μm Ni/AP;3—20μm Ni/AP;4—50nm Ni/AP。

表5-1　AP与Ni/AP热分解的DSC数据

样品	T_L/℃	T_H/℃	H/(kJ/g)
AP	322.7	477.2	0.436
30μm Ni/AP	315.2	435.5	0.646
20μm Ni/AP	314.4	422.0	0.727
50nm Ni/AP	326.6	363.7	1.320

如图5-2所示,在加入镍粉之后,AP的吸热峰温度均没有变化,表明镍粉对AP晶体的相变没有影响。然而,AP的放热峰温度却显示出明显的变化:放热峰温度提前,峰形变高变宽,表明镍粉对AP的放热分解有明显的影响。

纳米镍粉显然对AP的热分解有强烈的作用。纯AP和纳米Ni/AP复合材料的高温放热峰温度T_H分别为477.2℃和363.7℃,纳米Ni使AP的T_H温度提前了113.5℃。此外,纳米镍粉还将AP的低温放热峰温度提高了约4℃,分解热H也从0.436kJ/g提高到1.320kJ/g。

表5-2列出了纯AP和Ni/AP复合材料热分解的动力学参数。当用纳米镍粉作催化剂时,AP高温分解的活化能E_{0H}从177kJ/mol降低到168kJ/mol。与此同时,AP低温分解的活化能E_{0L}从100kJ/mol增加到108kJ/mol。此外,高温分解指前因子A_H和低温分解指前因子A_L均提高了若干数量级。

表 5-2 AP 与 Ni/AP 的热分解动力学参数

样品	E_{0L}/(kJ/mol)	E_{0H}/(kJ/mol)	A_L	A_H
AP	100	177	6.92×10^{6}	2.98×10^{10}
30μm Ni/AP	100	225	8.83×10^{6}	7.01×10^{14}
20μm Ni/AP	101	175	1.23×10^{7}	2.06×10^{11}
50nm Ni/AP	108	168	5.80×10^{7}	8.07×10^{11}

2. 纳米镍粉含量的影响

表 5-3 列出了纳米 Ni/AP 复合材料的 DSC 数据。复合材料中纳米 Ni 的含量分别为 0、1%、2%、5%和 10%。如表 5-3 所列,随着纳米 Ni 的含量从 0 增加到 10%,相应的 T_H 值从 477.2℃下降到 350.5℃。纳米 Ni 含量为 1%时,纳米 Ni/AP 复合材料的低温分解放热峰温度为 317.5℃,略低于纯 AP,表明纳米 Ni 对 AP 的低温分解催化作用较弱。然而,当纳米 Ni 含量达到或超过 2%时,纳米 Ni/AP 复合材料的低温分解放热峰温度开始略高于纯 AP。当纳米 Ni 含量达到 10%时,AP 的高温分解和低温分解放热峰合并为一个大的放热峰,峰温度为 350.5℃;与此同时,纳米 Ni/AP 复合材料的放热量 H 也从 0.436kJ/g 提高到了 1.470kJ/g。

表 5-3 不同纳米 Ni 含量下 Ni/AP 热分解的 DSC 数据

含量/%	T_L/℃	T_H/℃	H/(kJ/g)
0	322.7	477.2	0.436
1	317.5	388.0	1.230
2	326.6	363.7	1.320
5	328.6	361.3	1.380
10	350.5	350.5	1.470

上述结果表明,50nm 的纳米镍粉对 AP 的热分解具有显著的影响,明显高于微米镍粉的影响。当纳米镍粉加入到 AP 中时,其高温分解的放热峰温度会提前。纳米镍粉含量越高,放热峰温度越低,放热量 H 也越大。

5.3.4 纳米 Cu 颗粒的影响

本节详细讨论了纳米 Cu 颗粒对 AP 热分解的影响[8-10]。以微米 Cu 颗粒(平均粒径为 26μm)作为原料,用高频电感耦合等离子体技术制备纳米 Cu 颗粒,平均粒径为 20nm。

1. 纳米 Cu 颗粒和微米 Cu 颗粒对 AP 热分解的影响

在 20℃/min 的升温速率下，Cu/AP 复合材料热分解的 DSC 曲线如图 5-3 所示，并在表 5-4 中给出了相应的数据。复合材料中微米铜粉和纳米铜粉的含量均为 5%。

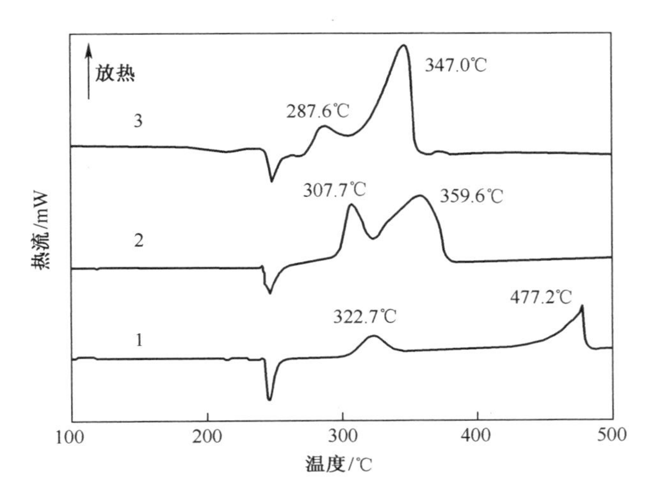

图 5-3　AP 与 Cu/AP 的 DSC 曲线

1—AP；2—26μm Cu/AP；3—20nm Cu/AP。

表 5-4　AP 与 Cu/AP 热分解的 DSC 数据

样品	T_L/℃	T_H/℃	H/(kJ/g)
AP	322.7	477.2	0.436
26μm Cu/AP	307.7	359.6	1.290
20nm Cu/AP	287.6	347.0	1.300

如图 5-3 和表 5-4 所示，微米铜粉或纳米铜粉的加入对 AP 的转晶过程没有影响，但对 AP 高温分解的放热峰温度有明显的影响，表现在其显著地增强了放热峰。

纳米 Cu/AP 复合材料的低温分解和高温分解放热峰温度分别为 287.6℃和 347.0℃，与纯 AP 相比分别降低了 35.1℃和 130.2℃。与微米铜粉相比，纳米铜粉对于 AP 的低温分解和高温分解均有较强的催化作用。此外，纳米 Cu 颗粒添加到 AP 中时，将其分解热显著地从 0.436kJ/g 提高至 1.300kJ/g。

如表 5-5 所列，在 AP 中加入纳米铜粉时，AP 的高温分解和低温分解的活化能分别降低了 7kJ/mol 和 22kJ/mol，E_{0L}和 E_{0H}的降低幅度均比微米 Cu/AP 复合物降低的幅度要大。结果表明,纳米铜粉对 AP 的低温热分解反应具有很强的催化作用。微米铜粉或纳米铜粉加入 AP,对其低温热分解的指前因子几乎没有影响,然而高温热分解的指前因子却几乎提高了 1 个数量级。

表 5-5　AP 与 Cu/AP 的热分解动力学参数

样品	E_{0L}/(kJ/mol)	E_{0H}/(kJ/mol)	A_L	A_H
AP	100	177	6.92×10^6	2.98×10^{10}
26μm Cu/AP	98	160	7.60×10^6	2.61×10^{11}
20nm Cu/AP	93	155	5.65×10^6	1.85×10^{11}

2. 纳米铜粉含量的影响

表 5-6 列出了不同铜含量时纳米 Cu/AP 复合材料的 DSC 数据。AP 中的纳米铜粉含量分别为 0、1%、5%和 10%。如表 5-6 所列,当纳米铜粉的含量逐步增加时,相应的低温放热峰温度分别为 322.7℃、293.4℃、287.6℃和 303.4℃,呈现出先降低后升高的趋势。然而,纳米铜/AP 复合材料的低温放热峰温度明显均低于纯 AP,这表明纳米铜粉对 AP 低温热分解的影响显著。另外,随着纳米铜粉的增加,高温放热峰温度逐渐降低。当纳米铜粉含量增加到 10%时,T_H 值下降到 342.7℃,提前了 134.5℃。此外,随着纳米铜粉含量的增加到 5%,复合材料的分解热也明显增加。纳米铜粉含量高于 5%后,分解热则保持不变。

表 5-6　不同纳米铜粉含量下 Cu/AP 热分解的 DSC 数据

含量/%	T_L/℃	T_H/℃	H/(kJ/g)
0	322.7	477.2	0.436
1	293.4	367.1	1.170
5	287.6	347.0	1.300
10	303.4	342.7	1.300

因此,纳米铜粉(20nm)比微米铜粉(26μm)对于 AP 的热分解具有更好的催化效果。纳米铜粉的含量越高,T_H 越低,H 越大。

5.3.5　纳米 Al 颗粒的影响[5,11]

铝粉具有高热值,作为高能添加剂,广泛应用于固体推进剂、弹药工业以及不同含能材料中[12]。通常来说,推进剂中的 Al 颗粒粒径约为 30μm。Al 颗粒应具有较大的比表面积和较小的颗粒尺寸,以增强固体推进剂的活性。纳米 Al

颗粒具有很大的比表面积,因此可以作为固体推进剂的催化剂。本节探讨了纳米Al颗粒对AP热分解的影响。以微米Al颗粒(平均粒径为25μm)作为原料,用高频电感耦合等离子体技术制备纳米Al颗粒,平均粒径为30nm。

1. 纳米Al颗粒和微米Al颗粒对AP热分解的影响

在20℃/min的升温速率下,Al/AP复合物的DSC曲线如图5-4所示,相应的DSC数据在表5-7中列出。两种复合材料中铝的含量均为5%。纳米Al/AP复合材料的T_H温度比纯AP低51.8℃,这意味着在AP的高温热分解过程中纳米铝粉表现出了优良的催化性能。然而,纳米Al/AP复合材料的低温分解放热峰温度比纯AP高了5.9℃。当使用微米铝粉时,AP的T_L和T_H温度峰值分别降低了3.8℃和7.7℃。与此同时,在AP中加入纳米铝粉时,分解热H显著增加了0.903kJ/g,从0.436kJ/g增加至1.339kJ/g。

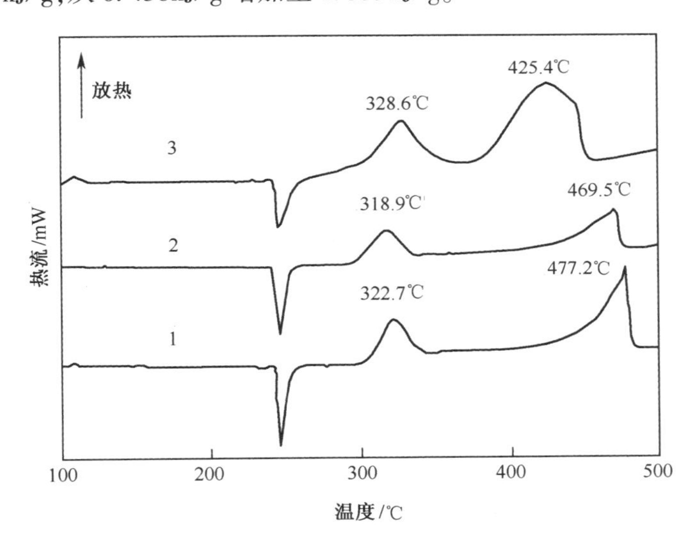

图5-4 AP与5%(质量分数)Al/AP的DSC曲线

1—AP;2—25μm Al/AP;3—30nm Al/AP。

表5-7 AP与Al/AP热分解的DSC数据

样品	T_L/℃	T_H/℃	H/(kJ/g)
AP	322.7	477.2	0.436
25μm Al/AP	318.9	469.5	0.738
30nm Al/AP	328.6	425.4	1.339

2. 纳米铝粉含量的影响

表5-8列出了不同纳米Al含量时对应的纳米Al/AP复合材料的DSC数

据。纳米铝粉的含量分别为0、1%、5%和10%。可以看到,AP的高温放热峰温度随纳米铝粉含量的增加而逐渐降低。当纳米铝粉含量为1%时,低温放热峰温度低于纯AP,分解热增加了0.501kJ/g,低于纳米铝粉含量为5%的纳米Al/AP和含量为10%的纳米Al/AP的分解热。

表5-8 不同纳米Al含量下Al/AP热分解的DSC数据

含量/%	T_L/℃	T_H/℃	H/(kJ/g)
0	322.7	477.2	0.436
1	317.1	439.4	0.937
5	328.6	425.4	1.339
10	329.6	420.7	1.436

根据上述结果可知,对于AP的热分解,纳米铝粉(30nm)比微米铝粉(25μm)的催化效果更为显著,明显提高了H值,降低了T_H值。

AP与纳米金属复合后的热分解共同特征为,低金属含量下T_L降低,然后随着金属含量的增加,T_L有所升高,然而整体仍然低于纯AP的T_L。三种金属都能够使AP的T_H降低,放热量H增大。

对于上述三种纳米金属颗粒,纳米铜粉(20nm)对AP的高温热分解表现出最佳的催化效应,其次是纳米镍粉(50nm)和纳米铝粉(30nm)。然而,纳米Ni/AP复合物则产生了最大的分解热,其次是纳米Al/AP和纳米Cu/AP。

5.4 纳米金属氧化物颗粒对AP热分解的影响

20世纪50年代以来,世界上若干所大学和研究机构对固体推进剂中纳米氧化物的催化作用进行了广泛的研究。结果表明,固体推进剂中使用的金属氧化物可以提高推进剂的燃烧性能。本节讨论了纳米Fe_2O_3、纳米CuO和纳米Co_2O_3对AP热分解的影响[13-14]。

以微米Fe_2O_3颗粒、微米CuO颗粒、微米Co_2O_3颗粒为原料分别制备相应的金属氧化物纳米颗粒。

5.4.1 纳米Fe_2O_3颗粒的影响

表5-9给出不同纳米Fe_2O_3含量下,12nm的纳米Fe_2O_3颗粒对AP高温热分解的影响。

如表 5-9 所列，纳米 Fe_2O_3 含量对 AP 高温热分解的影响是明显的。随着纳米 Fe_2O_3 的含量增加，T_H 逐渐提前。当纳米 Fe_2O_3 含量为 5%时，AP 的 T_H 值由 477.2℃下降到了 406.6℃。

表 5-9　不同纳米 Fe_2O_3 含量下 AP 热分解的 DSC 数据

样　品	T_H/℃
AP	477.2
1%纳米 Fe_2O_3/AP	439.0
2%纳米 Fe_2O_3/AP	435.1
2.5%纳米 Fe_2O_3/AP	420.8
5%纳米 Fe_2O_3/AP	406.6

5.4.2　纳米 CuO 颗粒的影响[15]

表 5-10 给出不同含量时，15nm 的纳米 CuO 颗粒对 AP 热分解的显著影响。当纳米 CuO 添加量为 1%时，高温放热峰温度从 477.2℃下降到 381.4℃，下降了 95.8℃。随着催化剂含量的增加，高温分解温度持续下降。

表 5-10　不同纳米 CuO 含量下 AP 热分解的 DSC 数据

样　品	T_H/℃
AP	477.2
1%纳米 CuO/AP	381.4
2%纳米 CuO/AP	378.2
2.5%纳米 CuO/AP	376.9
5%纳米 CuO/AP	376.1

5.4.3　纳米 Co_2O_3 颗粒的影响

表 5-11 给出，不同纳米 Co_2O_3 含量时，10nm 的纳米 Co_2O_3 颗粒对 AP 热分解的显著影响。当添加了 1%的纳米 Co_2O_3 时，高温分解温度从 477.2℃下降到 347.1℃。当催化剂含量增加时，高温分解温度逐渐降低。当添加了 4%的纳米 Co_2O_3 时，T_H 值降低了 147.1℃，这表明 Co_2O_3 纳米颗粒对 AP 的热分解具有很强的催化作用。

表 5-11 不同纳米 Co_2O_3 含量下 AP 热分解的 DSC 数据

样　　品	T_H/℃
AP	477.2
1%纳米 Co_2O_3/AP	347.1
1.5%纳米 Co_2O_3/AP	344.4
4%纳米 Co_2O_3/AP	330.1

从表 5-9～表 5-11 的数据来看，在研究的三种金属氧化物纳米颗粒中，纳米 Co_2O_3(10nm) 对 AP 的高温热分解具有最强的催化作用，其次是纳米 CuO(15nm)和纳米 Fe_2O_3(12nm)。随着这些金属氧化物纳米颗粒的含量不断增加，T_H值也呈逐渐下降趋势。

5.5 纳米氢化物对 AP 热分解的影响

氢是一种新型的清洁能源，具有较高的能量密度，正日益受到研究领域的关注。中国科学研究院金属研究所生产了很多微米尺寸的氢储存材料，如 LiH、MgH_2、Mg_2NiH_4 和 Mg_2CuH_3 等，这些微米尺寸的材料可用作原料来制备纳米颗粒。本节综述了纳米氢化物颗粒，如 LiH、MgH_2、Mg_2NiH_4 和 Mg_2CuH_3 等对 AP 热分解的作用。

5.5.1 纳米 LiH 颗粒的影响

LiH 是一种重要的含锂储氢化合物，在核化学和国家经济领域中起着非常重要的作用。在 LiH 中，氢含量为 12.6%。它具有最好的储氢能力，且比其他储氢材料更稳定。在新能源开发领域中，LiH 是一种很有前景的材料。

LiH 是由 Li 和 H 直接反应制备的，通常以晶体的形式存在，白色或浅灰色。在室温下，它与氧气、氯和氯化物均不会发生反应。当与水接触时，它可以迅速分解为 LiOH 和 H_2。由于 LiH 很高的氢含量，其是火箭推进剂中的理想燃料。

25nm 的纳米 LiH 颗粒与 AP 复合，不同 LiH 含量下，复合材料的 DSC 数据如表 5-12 所列。当纳米 LiH 的含量分别为 2%、5%和 10%时，AP 的高温放热峰分别降低了 72.0℃、75.7℃和 107.5℃。此外，纳米 LiH/AP 的分解热比纯 AP 高，放热量 H 随着纳米 LiH 含量的增加而提高。当添加 10%(质量分数)纳米 LiH 时，H 增加了 0.749kJ/g。

表5-12 不同纳米LiH含量下AP热分解的DSC数据

含量/%	T_H/℃	H/(kJ/g)
0	477.2	0.436
2	405.2	0.819
5	401.5	1.102
10	369.7	1.185

5.5.2 纳米MgH_2颗粒的影响

30nm的纳米MgH_2纳米颗粒与AP复合,不同MgH_2含量下,复合材料的DSC数据如表5-13所列。研究表明,纳米MgH_2在高温热分解过程中具有明显的催化作用,当纳米MgH_2含量为2%时,AP的T_H值下降了88.7℃,从477.2℃下降至388.5℃。当纳米MgH_2含量为5%时,T_H值进一步降低到366.1℃。然而,当纳米MgH_2的含量增加到10%时,T_H的含量只比含量为5%的纳米MgH_2/AP复合物低一点。AP复合颗粒的H逐渐随纳米MgH_2的含量而增加。当纳米MgH_2含量增加到10%时,H增加了0.893kJ/g,从0.436kJ/g增加到1.329kJ/g。

表5-13 不同纳米MgH_2含量下AP热分解的DSC数据

含量/%	T_H/℃	H/(kJ/g)
0	477.2	0.436
2	388.5	1.111
5	366.1	1.232
10	361.8	1.329

5.5.3 纳米Mg_2NiH_4颗粒的影响[16-18]

20nm的纳米Mg_2NiH_4颗粒与AP复合,不同Mg_2NiH_4含量下,复合材料的DSC数据如表5-14所列。可以看出,纳米Mg_2NiH_4与纳米MgH_2对AP高温热分解的效果相似,当在AP中加入2%的纳米Mg_2NiH_4时,T_H值下降了84.2℃,降至393.0℃,H从0.436kJ/g增加到1.174kJ/g。随着纳米Mg_2NiH_4含量的进一步增加,含量达到10%时,T_H值降至366.6℃,H增加到1.379kJ/g。

表 5-14　不同纳米 Mg_2NiH_4 含量下 AP 热分解的 DSC 数据

含量/%	T_H/℃	H/(kJ/g)
0	477.2	0.436
2	393.0	1.174
5	392.8	1.269
10	366.6	1.379

5.5.4　纳米 Mg_2CuH_3 颗粒的影响

25nm 的纳米 Mg_2CuH_3 颗粒与 AP 复合,不同 Mg_2CuH_3 含量下,复合材料的 DSC 数据如表 5-15 所列。当纳米 Mg_2CuH_3 添加量为 2%时,T_H 值急剧下降 108.5℃,降至 368.7℃;H 显著增加了 0.928kJ/g,升至 1.364kJ/g。随着纳米 Mg_2CuH_3 的进一步增加,T_H 逐渐减少,而 H 则略有增加。这些结果表明,Mg_2CuH_3 对 AP 热分解的影响并不显著。

表 5-15　不同纳米 Mg_2CuH_3 含量下 AP 热分解的 DSC 数据

含量/%	T_H/℃	H/(kJ/g)
0	477.2	0.436
2	368.7	1.364
5	363.4	1.391
10	361.4	1.405

在上述四种储氢纳米颗粒中,25nm 的纳米 Mg_2CuH_3 对 AP 的高温热分解具有最佳催化作用,其次是 30nm 的纳米 MgH_2、20nm 的纳米 Mg_2NiH_4 和 25nm 的纳米 LiH。纳米 Mg_2CuH_3/AP 复合物会产生最大的分解热,其次是纳米 Mg_2NiH_4/AP、纳米 MgH_2/AP 和纳米 LiH/AP。

本节总结发现,金属氧化物纳米颗粒对 AP 高温热分解峰的催化效果要强于纳米金属颗粒和储氢纳米颗粒的催化效果。而对于 AP 热分解的放热量来说,纳米金属颗粒的效果要优于储氢纳米颗粒和金属氧化物纳米颗粒的作用。

5.6　纳米催化剂对 AP/HTPB 推进剂热分解的影响

5.6.1　AP/HTPB 的热分解特性

以 HTPB 为基的固体推进剂具有优良的工艺性能和力学性能,是在世界范围内都有着良好发展基础的推进剂。

在研究纳米金属颗粒对固体推进剂热分解的影响之前，应先研究推进剂自身的热分解特性。图 5-5 显示了 AP/HTPB 推进剂（包含 75% AP 和 25% HTPB）的 DSC 曲线，升温速率为 20℃/min。

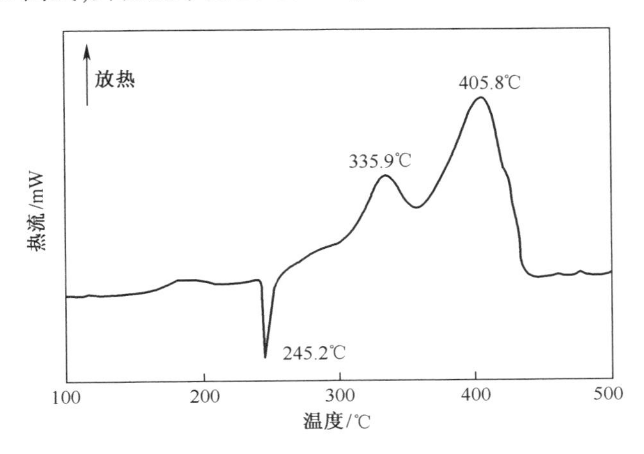

图 5-5　AP（75%）/HTPB（25%）推进剂的 DSC 曲线

由于 AP 较高的质量分数（75%），AP/HTPB 推进剂的热分解特性主要受 AP 的影响。从图 5-5 可以看到，DSC 曲线有一个吸热峰和两个放热峰，分别对应于 AP 的转晶过程和两步热分解。

（1）推进剂的吸热温度峰值几乎与 AP 一样，该部分的热效应主要是由转晶过程引起的。

（2）AP/HTPB 推进剂的第一个放热峰温度为 335.9℃，略高于纯 AP（322.7℃）。这是由于 HTPB 黏结剂在 AP 的低温分解放热过程中开始熔化，从而延缓了 AP/HTPB 推进剂第一个放热峰的峰温度。

（3）AP/HTPB 推进剂的第二个放热峰温度为 405.8℃，比纯 AP 低（477.2℃）。在这一阶段，HTPB 黏结剂随着 AP 的高温分解而分解。HTPB 的高温分解产物与 AP 的分解产物发生反应，这些反应的热效应又加速了 AP 的分解。这就是 AP/HTPB 推进剂分解的第二个放热峰温度显著下降的原因。

本节中，当在 AP/HTPB 中加入纳米催化剂时，样品由 75% AP、20% HTPB 和 5%纳米催化剂组成。

5.7　纳米金属颗粒对 AP/HTPB 热分解的影响[19]

5.7.1　纳米 Ni 颗粒的影响

图 5-6 和表 5-16 分别给出了 AP/HTPB 和纳米 Ni-AP/HPTB 的 DSC 曲线

和数据。可以看到,当添加 50nm 的纳米镍粉时,推进剂的两个放热峰合并,形成的单一放热峰的,峰形更窄、更高。这表明,纳米镍粉对 AP/HTPB 的热分解具有明显的催化作用。热分解峰温度为 382.3℃,分解热大大增加了1.43kJ/g,从 1.94kJ/g 增加到 3.37kJ/g。

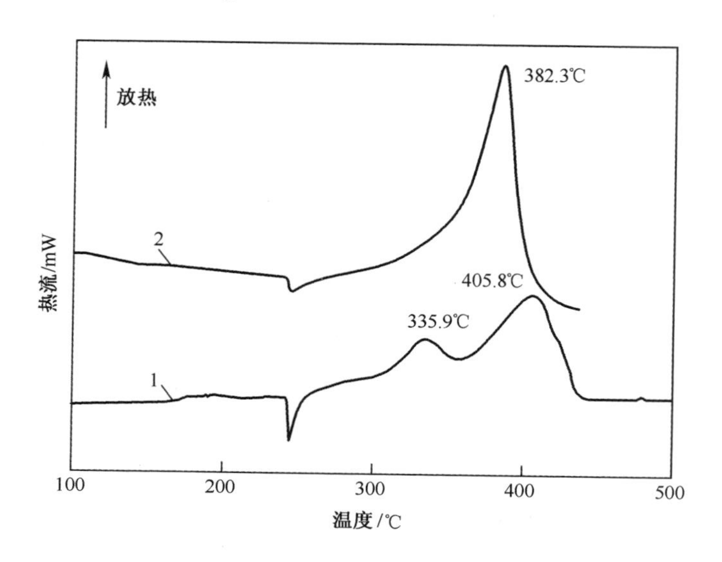

图 5-6 AP/HTPB 和 5%纳米 Ni-AP/HTPB 的 DSC 曲线
1—AP/HTPB;2—5%纳米 Ni-AP/HTPB。

表 5-16 AP/HTPB 和 5%纳米 Ni-AP/HTPB 的 DSC 数据

样品	T_L/℃	T_H/℃	H/(kJ/g)
AP/HTPB	335.9	405.8	1.94
5%纳米 Ni-AP/HTPB	—	382.3	3.37

5.7.2 纳米 Cu 颗粒的影响

图 5-7 和表 5-17 分别给出了 AP/HTPB 和纳米 Cu-AP/HTPB 的 DSC 曲线与数据,升温速率为 20℃/min。结果表明,当加入 20nm 的纳米铜粉时,推进剂的主放热峰变得更窄更高,表明纳米铜粉对 AP/HTPB 的热分解具有明显的催化作用。T_L 和 T_H 分别为 284.3℃ 和 372.2℃,分别比 AP/HTPB 低 51.6℃ 和 33.6℃。分解热明显增加了 1.21kJ/g,从 1.94kJ/g 增加到 3.15kJ/g。

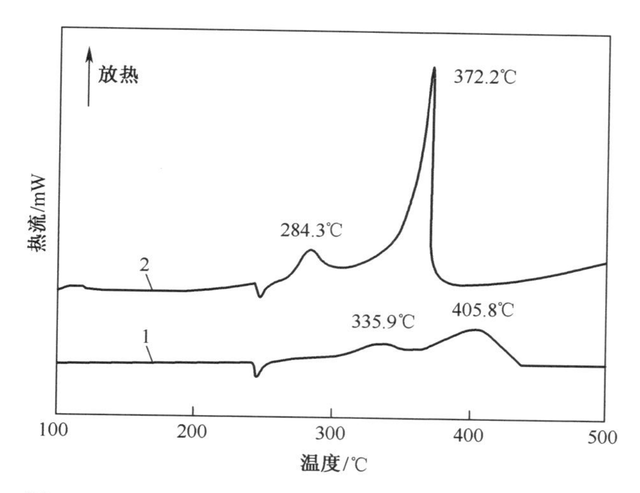

图5-7 AP/HTPB和5%纳米Cu-AP/HTPB的DSC曲线
1—AP/HTPB;2—5%纳米Cu-AP/HTPB。

表5-17 AP/HTPB和5%纳米Cu-AP/HTPB的DSC数据

样品	T_L/℃	T_H/℃	H/(kJ/g)
AP/HTPB	335.9	405.8	1.94
5%纳米Cu-AP/HTPB	284.3	372.2	3.15

5.7.3 纳米Al颗粒的影响

图5-8和表5-18分别给出了AP/HTPB和纳米Al-AP/HTPB的DSC曲

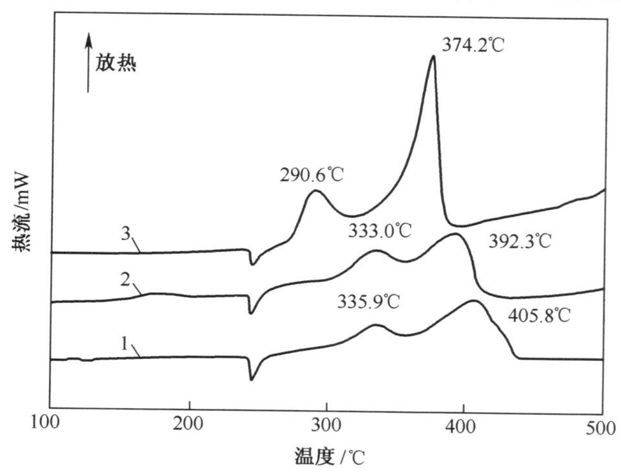

图5-8 AP/HTPB和5%Al-AP/HTPB的DSC曲线
1—AP/HTPB;2—5%微米Al-AP/HTPB;3—5%纳米Al-AP/HTPB。

线和数据。如图 5-8 和表 5-18 所示，当在 AP/HTPB 中添加微米 Al 颗粒(25μm)时，两个放热峰的温度会稍微降低(分别为 2.9℃和 13.5℃)，分解热则增加 0.74kJ/g。

表 5-18 AP/HTPB 和 5%Al-AP/HTPB 的 DSC 数据

样品	T_L/℃	T_H/℃	H/(kJ/g)
AP/HTPB	335.9	405.8	1.94
5%微米 Al-AP/HTPB	333.0	392.3	2.68
5%纳米 Al-AP/HTPB	290.6	374.2	3.39

当在 AP/HTPB 中加入 30nm 的纳米铝粉时，高温放热峰变得更高更窄，两个放热峰的温度分别下降 45.3℃和 31.6℃。此外，分解热实际上增加了 1.45kJ/g，从 1.94kJ/g 增加到 3.39kJ/g。结果表明，纳米铝粉在推进剂的热分解过程中具有良好的催化作用。

对上述三种纳米金属颗粒进行的研究结果表明：对推进剂高温热分解具有最佳催化效果的是 20nm 的纳米铜粉。30nm 的纳米铝粉和 50nm 的纳米镍粉表现出了相似的催化效果。纳米铜粉和纳米铝粉添加剂对 AP/HTPB 热分解行为的影响与二者对纯 AP 热分解影响的结果相似。在纳米镍粉的例子中，低温和高温分解峰合并，这意味着在此添加剂存在时，AP/HTPB 分解中黏结剂的变化起到了特殊作用。在分解热方面，以纳米铝粉为催化剂时，推进剂产生了最大的分解热，纳米镍粉对分解热的影响与 Al 相似，而纳米铜粉的作用则较弱。

5.8 纳米氢化物对 AP/HTPB 热分解的影响

5.8.1 纳米 LiH 颗粒的影响

图 5-9 和表 5-19 分别给出了 AP/HTPB 和纳米 LiH-AP/HTPB 的 DSC 曲线与数据，升温速率为 20℃/min。可以看到，当添加 25nm 的纳米 LiH 时，推进剂两个放热峰都有明显的改变。T_L 和 T_H 分别降低了 13.1℃和 24.5℃，分别为 322.8℃和 381.3℃。此外，分解热明显增加了 1.89kJ/g，从 1.94kJ/g 增加到 3.83kJ/g。

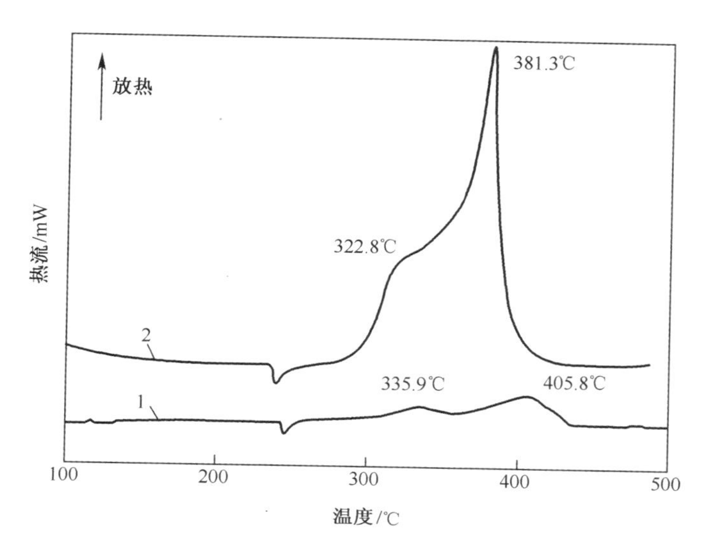

图 5-9　AP/HTPB 和 5%纳米 LiH-AP/HTPB 的 DSC 曲线
1—AP/HTPB;2—5%纳米 LiH-AP/HTPB。

表 5-19　AP/HTPB 和 5%纳米 LiH-AP/HTPB 的 DSC 数据

样品	T_L/℃	T_H/℃	H/(kJ/g)
AP/HTPB	335.9	405.8	1.94
5%纳米 LiH-AP/HTPB	322.8	381.3	3.83

5.8.2　纳米 MgH_2 颗粒的影响

图 5-10 和表 5-20 分别给出了 AP/HTPB 和纳米 MgH_2-AP/HTPB 的 DSC 曲线与数据,升温速率为 20℃/min。从曲线中可以看到,加入 30nm 的纳米 MgH_2 后,推进剂的两个放热峰合并成为一个高而宽的峰。在此基础上,其分解放热量从 1.94kJ/g 增加到了 4.28kJ/g,绝对值增加了 2.34kJ/g。

5.8.3　纳米 Mg_2NiH_4 颗粒的影响

图 5-11 和表 5-21 分别给出了 AP/HTPB 和纳米 Mg_2NiH_4-AP/HTPB 的 DSC 曲线与数据,升温速率为 20℃/min。从曲线上可以看出,加入 20nm 的纳米 Mg_2NiH_4 后,推进剂的两个放热的峰值合并到了一起,成为一个宽而高的峰。此外,分解热明显增加了 1.92kJ/g,从 1.94kJ/g 增加到 3.86kJ/g。

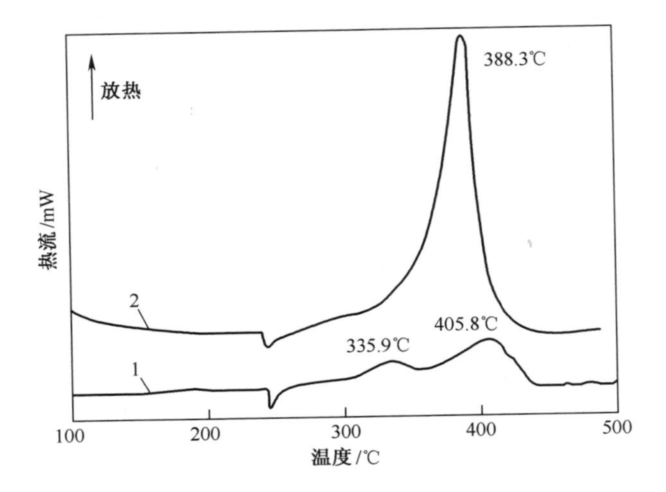

图 5-10 AP/HTPB 和 5%纳米 MgH_2-AP/HTPB 的 DSC 曲线

1—AP/HTPB;2—5%纳米 MgH_2-AP/HTPB。

表 5-20 AP/HTPB 和 5%纳米 MgH_2-AP/HTPB 的 DSC 数据

样品	T_L/℃	T_H/℃	H/(kJ/g)
AP/HTPB	335. 9	405. 8	1. 94
5%纳米 MgH_2-AP/HTPB	—	388. 3	4. 28

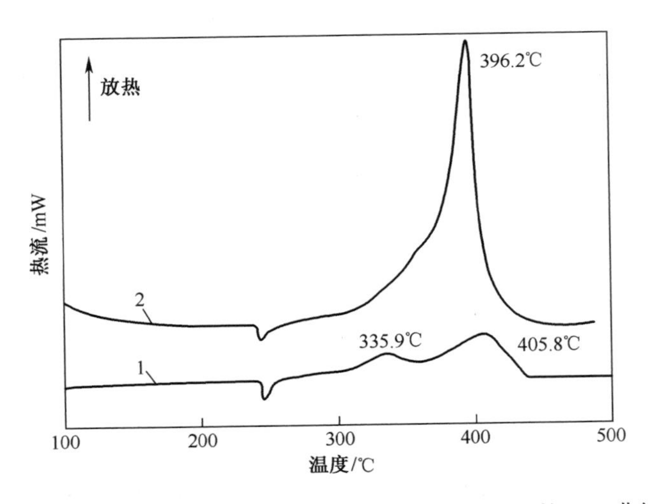

图 5-11 AP/HTPB 和 5%纳米 Mg_2NiH_4-AP/HTPB 的 DSC 曲线

1—AP/HTPB;2—5%纳米 Mg_2NiH_4-AP/HTPB。

表 5-21 AP/HTPB 和 5%纳米 Mg_2NiH_4-AP/HTPB 的 DSC 数据

样品	T_L/℃	T_H/℃	H/(kJ/g)
AP/HTPB	335.9	405.8	1.94
5%纳米 Mg_2NiH_4-AP/HTPB	—	396.2	3.86

5.8.4 纳米 Mg_2CuH_3 颗粒的影响

图 5-12 和表 5-22 分别给出了 AP/HTPB 和纳米 Mg_2CuH_3-AP/HTPB 的 DSC 曲线与数据,升温速率为 20℃/min。从曲线可以看出,加入 25nm 的纳米 Mg_2CuH_3 后,T_L 和 T_H 分别降低了 6.5℃ 和 41.7℃。此外,分解热明显增加了 1.60kJ/g,从 1.94kJ/g 增加到 3.54kJ/g。

上述四种储氢纳米颗粒中,对 AP/HTPB 的高温热分解具有最佳催化效应的是纳米 Mg_2CuH_3(25nm)其次是纳米 LiH(25nm)、纳米 MgH_2(30nm)和纳米 Mg_2NiH_4(20nm)。最大的分解热是由纳米 MgH_2-AP/HTPB 混合物分解产生的,其次是纳米 Mg_2NiH_4-AP/HTPB、纳米 LiH-AP/HTPB 和纳米 Mg_2CuH_3-AP/HTPB。

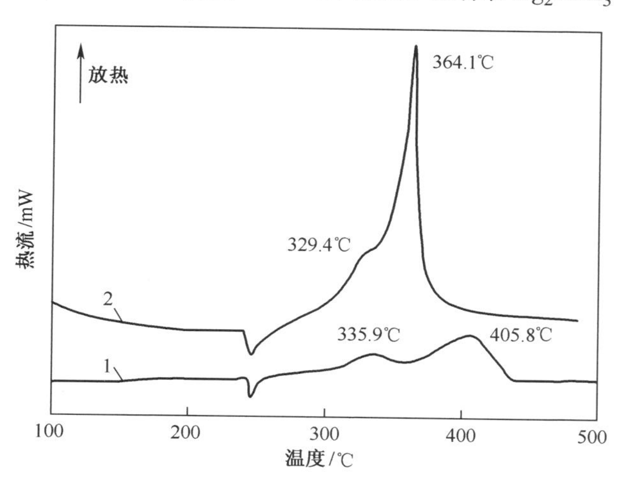

图 5-12 AP/HTPB 和 5%纳米 Mg_2CuH_3-AP/HTPB 的 DSC 曲线

1—AP/HTPB;2—5%纳米 Mg_2CuH_3-AP/HTPB。

表 5-22 AP/HTPB 和 5%纳米 Mg_2CuH_3-AP/HTPB 的 DSC 数据

样品	T_L/℃	T_H/℃	H/(kJ/g)
AP/HTPB	335.9	405.8	1.94
5%纳米 Mg_2CuH_3-AP/HTPB	329.4	364.1	3.54

综上所述,金属和储氢纳米颗粒对 AP/HTPB 推进剂的高温热分解峰值均有影响,且催化效应遵循以下顺序:纳米 Mg_2CuH_3>纳米铜粉>纳米铝粉>纳米 LiH>纳米镍粉>纳米 MgH_2>纳米 Mg_2NiH_4。对分解热的影响,纳米颗粒的影响遵循以下顺序:纳米 MgH_2>纳米 Mg_2NiH_4>纳米 LiH>纳米 Mg_2CuH_3>纳米铝粉>纳米镍粉>纳米铜粉。

5.9 纳米催化剂对 AP/HTPB 推进剂燃烧性能的影响

5.9.1 纳米 Ni 颗粒的影响

测试推进剂的燃烧速率时,所用样品由 75%AP、20%HTPB 和 5%纳米镍粉组成。

如表 5-23 所列,在 AP/HTPB 中加入微米镍粉时,其燃烧速率从 8mm/s 增加到 20mm/s,在 4~20MPa 范围内,压强指数从 0.58 下降到 0.49。在 AP/HTPB 中加入纳米镍粉时,在 9.8MPa 下,其燃烧速率显著提高到 30mm/s,而在 4~20MPa 范围内,压强指数则降至 0.41。也就是说,燃烧速率增加了大约 270%,压强指数也相应降低了 29%。结果表明,Ni 颗粒,尤其是纳米 Ni 颗粒,能显著提高 AP/HTPB 的燃烧性能。

表 5-23 添加镍粉的推进剂燃烧速率和压强指数

推进剂样品	燃烧速率(9.8MPa)/(mm/s)	压强指数(4~20MPa)
AP/HTPB	8	0.58
30μm Ni-AP/HTPB	20	0.49
50nm Ni-AP/HTPB	30	0.41

5.9.2 纳米 Cu 颗粒的影响

测试推进剂的燃烧速率时,所用样品由 75%AP、20%HTPB 和 5%纳米铜粉组成。

如表 5-24 所列,在 AP/HTPB 中加入纳米铜粉时,在 9.8MPa 下,其燃烧速率显著提高到 33mm/s,而在 4~20MPa 范围内,压强指数则降至 0.32。也就是说,燃烧速率增加了约 310%,压强指数也相应降低了 45%,这些结果清楚地证明了纳米 Cu 颗粒对 AP/HTPB 燃烧性能有显著影响。

表 5-24　添加铜粉的推进剂燃烧速率和压强指数

推进剂样品	燃烧速率(9.8MPa)/(mm/s)	压强指数(4~20MPa)
AP/HTPB	8	0.58
26μm Cu-AP/HTPB	25	0.45
20nm Cu-AP/HTPB	33	0.32

5.9.3　纳米 Al 颗粒的影响

测试推进剂的燃烧速率时,所用样品由 75%AP、20%HTPB 和 5%纳米铝粉组成。

如表 5-25 所列,在 AP/HTPB 中加入纳米铝粉时,在 9.8MPa 下,其燃烧速率提高到 23mm/s,而在 4~20MPa 范围内,压强指数则降至 0.49。因此,燃烧速率增加了大约 100%,压强指数也相应减少了 16%左右。结果表明,纳米 Al 颗粒对 AP/HTPB 推进剂燃烧速率的影响较为温和。

表 5-25　添加铝粉的推进剂燃烧速率和压强指数

推进剂样品	燃烧速率(9.8MPa)/(mm/s)	压强指数(4~20MPa)
AP/HTPB	8	0.58
25μm Al-AP/HTPB	16	0.55
30nm Al-AP/HTPB	23	0.49

5.9.4　纳米 Fe_2O_3 颗粒的影响

测试推进剂的燃烧速率时,所用样品由 75% AP、22% HTPB 和 3% 纳米 Fe_2O_3 组成。

如表 5-26 所列,在 AP/HTPB 中加入纳米 Fe_2O_3 粉时,在 9.8MPa 下,其燃烧速率仅提高到 15mm/s,而在 4~20MPa 范围内,压强指数则降至 0.29。也就是说,燃烧速率仅增加了 87%,但压强指数明显减少了 50%左右。

表 5-26　添加 Fe_2O_3 的推进剂燃烧速率和压强指数

推进剂样品	燃烧速率(9.8MPa)/(mm/s)	压强指数(4~20MPa)
AP/HTPB	8	0.58
30nm Fe_2O_3-AP/HTPB	15	0.29

根据上述结果，当AP/HTPB推进剂中纳米金属颗粒的含量为5%时，纳米铜粉-AP/HTPB推进剂具有最高的燃烧速率和最低的压强指数；而纳米铝粉-AP/HTPB推进剂则具有最低的燃烧速率和最高的压强指数。当AP/HTPB推进剂中加入3%的纳米Fe_2O_3时，压强指数(0.29)比上述所有纳米金属粉-AP/HTPB推进剂都要低得多。然而，纳米Fe_2O_3-AP/HTPB推进剂的燃烧速率远低于纳米金属粉-AP/HTPB推进剂。

5.10 结　　论

纳米催化剂，如纳米金属颗粒、纳米金属氧化物颗粒和纳米储氢颗粒，对AP和AP/HTPB的热分解有明显的影响，且均高于相应的微米催化剂。在AP和AP/HTPB中加入纳米催化剂时，其高温热分解峰温T_H明显降低，分解热H显著增加。纳米催化剂的含量越高，T_H和H的变化越大。由于本章使用的纳米颗粒的特征尺寸在12~50nm的范围内变化，因此对于不同纳米颗粒催化效果的比较可能不很精确。但是，可以根据已获得的数据对其进行粗略估计。

纳米催化剂对AP的高温热分解峰值均有影响，并遵循以下顺序：纳米Co_2O_3>纳米Cu>纳米Ni>纳米Mg_2CuH_3>纳米MgH_2>纳米CuO>纳米Mg_2NiH_4>纳米LiH>纳米Fe_2O_3>纳米Al。对AP分解热的影响遵循以下顺序：纳米Ni>纳米Mg_2CuH_3>纳米Al>纳米Cu>纳米Mg_2NiH_4>纳米MgH_2>纳米LiH>纳米金属氧化物。

纳米催化剂对AP/HTPB的高温热分解峰值的影响遵循以下顺序：纳米Mg_2CuH_3>纳米Cu>纳米Al>纳米LiH>纳米Ni>纳米MgH_2>纳米Mg_2NiH_4。纳米储氢颗粒-AP/HTPB的分解热相对要大于纳米金属颗粒-AP/HTPB的分解热。纳米催化剂对AP/HTPB的分解热的影响遵循以下顺序：纳米MgH_2>纳米Mg_2NiH_4>纳米LiH >纳米Mg_2CuH_3>纳米Al >纳米Ni>纳米Cu。

当纳米催化剂应用于AP/HTPB基推进剂时，其燃烧速率有了实质的提升，且压强指数也显著下降，这清楚地表明了上述纳米颗粒显著地改善了AP/HTPB的燃烧性能。当AP/HTPB推进剂中纳米金属颗粒的含量为5%时，纳米铜粉-AP/HTPB推进剂的燃烧速率最高，压强指数最低；而纳米铝粉-AP/HTPB推进剂的燃烧速率最低，压强指数最高。3%的纳米Fe_2O_3添加到AP/HTPB推进剂后，使其压强指数降至0.29，比纳米金属颗粒-AP/HTPB推进剂的压强指数要低得多；然而，这种推进剂的燃烧速率很低，几乎只有其他纳米金属颗粒-AP/HTPB推进剂的1/2。

在今后的研究中，对于纳米金属颗粒、纳米金属氧化物颗粒以及纳米储氢颗粒对燃烧速率和压强指数等推进剂燃烧性能的影响都需要进行详细研究，尤其是研究燃烧的内在机理，特别是对燃烧波中的温度和物质浓度进行测量。这些研究结果将进一步推进纳米催化剂在固体推进剂中的应用。

参考文献

[1] F. S. Li, Superfine Powder Technology, National Defense Industry Press, Beijing, 2000.

[2] F. S. Li, Y. Yang, Nano/Micron Composite Technology and Applications, National Defense Industry Press, Beijing, 2002.

[3] Z. R. Liu, C. M. Yin, Y. H. Kong, F. Q. Zhao, Y. Luo, H. Xiang, The thermal decomposition of ammonium perchlorate, Chin. J. Energ. Mater. 8 (2000) 75-79.

[4] R. P. Fitzgerald, M. Q. Brewster, Flame and surface structure of laminate propellants with coarse and fine ammonium perchlorate, Combustion Flame 136 (2004) 313-326.

[5] L. L. Liu, F. S. Li, L. H. Tan, M. Li, Y. Yi, Effects of nanometer Ni, Cu, Al and NiCu powders on the thermal decomposition of ammonium perchlorate, Propellants Explosives Pyrotechnics 29 (2004) 34-38.

[6] L. H. Tan, Q. H. Li, Y. Yang, F. S. Li, L. L. Liu, M. Li, Study on the preparation and catalytic characteristics of nano-nickel powder, J. Solid Rocket Technol. 27 (2004), 198-200, 232.

[7] T. A. Andrzejak, E. Shafirovich, A. Varma, Ignition mechanism of nickel-coated aluminum particles, Combustion Flame 150 (2007) 60-70.

[8] F. Q. Zhao, P. Chen, D. Yang, S. W. Li, C. M. Yin, Effects of nanometer metal powders on thermal decomposition characteristics of RDX, J. Nanjing Univ. Sci. Technol. 25 (2001) 420-423.

[9] Z. Jiang, F. S. Li, F. Q. Zhao, P. Chen, C. M. Yin, S. W. Li, Effect of nano metal powder on the thermal decomposition characteristics of HMX, J. Propuls. Technol. 23 (2002) 258-261.

[10] L. L. Liu, F. S. Li, Y. Yang, L. H. Tan, Q. S. Zhang, Effect of nanometer Cu powder on thermal decomposition of ammonium perchlorate, Chin. J. Inorg. Chem. 21 (2005) 1525-1530.

[11] Z. Y. Ma, F. S. Li, A. S. Chen, H. C. Song, Preparation and characterization of composite particles of Al/ammonium perchlorate, J. Propuls. Technol. 25 (2004) 373-376.

[12] A. Gromov, Y. Strokova, A. Kabardin, A. Vorozhtsov, U. Teipel, Experimental study of the effect of metal nanopowders on the decomposition of HMX, AP and AN, Propellants Explosives Pyrotechnics 34 (2009) 506-512.

[13] Y. Yang, H. Y. Liu, F. S. Li, X. Y. Zhang, J. X. Liu, Nanometer transition metal oxide and rare earth oxide catalysis on AP thermal decomposition, J. Propuls. Technol. 27 (2006) 92-96.

[14] Z. Y. Ma, F. S. Li, A. S. Chen, H. P. Bai, Preparation and thermal decomposition behavior of Fe_2O_3/ammonium perchlorate composite nanoparticles, Acta Chimica Sinica 62 (2004) 1252-1255.

[15] A. S. Chen, F. S. Li, Z. Y. Ma, H. Y. Liu, Research on the preparation and catalytic function of nano-CuO/AP composite particles, J. Solid Rocket Technol. 27 (2004), 123-125, 140.

[16] L. L. Liu, F. S. Li, C. L. Zhi, H. C. Song, Y. Yang, Synthesis of magnesium-copper hydrogen storage alloy

and its effect on the thermal decomposition of ammonium perchlorate, Acta Chimica Sinica 66(2008)1424-1428.

[17] L. L. Liu, F. S. Li, C. L. Zhi, L. H. Tan, Y. Yang, Q. S. Zhang, Effect of Mg_2NiH_4 on the thermal decomposition of ammonium perchlorate, Chem. J. Chin. Univ. 28 (2007) 1420-1423.

[18] C. L. Zhi, H. C. Song, F. S. Li, L. L. Liu, H. Y. Liu, L. H. Tan, Preparation of Mg_2NiH_4 and its catalytic characteristics of thermal decomposition of ammonium perchlorate, J. Industrial Eng. Chem. 58 (2007) 2793-2797.

[19] L. L. Liu, F. S. Li, L. H. Tan, M. Li, Y. Yang, Effects of metal and composite metal nanopowders on the thermal decomposition of ammonium perchlorate (AP) and the ammonium perchlorate/hydroxyterminated polybutadiene (AP/HTPB) composite solid propellant, Chin. J. Chem. Eng. 12 (2004) 595-598.

第 6 章　含能金属的活化纳米包覆

Valery Rosenband, Alon Gany

6.1 概　　述

由于具有很高的燃烧热及能量密度,金属粉常作为可燃剂用于固体推进剂中。目前,主要是铝粉在火箭发动机中得到了广泛应用。然而,铝的添加也造成一些缺点,在很大程度上影响了推进剂的燃烧特性。颗粒团聚是含铝固体推进剂燃烧过程中发生的一种特征现象。Al 颗粒倾向于在推进剂燃烧面上或燃烧面附近聚集。当燃烧产物通过火箭喷嘴加速时,Al 颗粒的团聚会导致燃烧效率的降低、熔渣的积累,以及较高的两相流损失。火箭发动机研究表明,通过提高铝粉的燃烧效率,可以显著提升发动机的性能。

前人的研究[1-2]表明,导致 Al 颗粒聚集的主要原因之一是,Al 颗粒熔融过程中,内部体积增加了大约 6%,外层的保护性 Al_2O_3 壳在膨胀压力下发生破裂,内部的液态金属从 Al_2O_3 壳的裂缝中喷射而出,不仅会形成大液滴,还造成相邻的 Al 颗粒彼此黏连。为了防止团聚,可以使用薄层的 Ni 或 Fe 包覆在 Al 颗粒表面。在此种情况下,由于 Ni 或 Fe 比 Al_2O_3 的弹性模量较小,可能对 Al 颗粒的弹性或塑性变形有所改善,因此可以通过对 Al 颗粒点火性能的改善,抑制推进剂燃烧面上的铝粉团聚[3]。

本章研究了一种利用 Ni 或 Fe 在 Al 颗粒表面上化学沉积来对铝粉进行铁层或镍层包覆的方法。利用该方法制备的铝粉,其表面包覆的 Fe 或 Ni 的含量、厚度等都可以调控。对铝粉进行包覆时,不必去除 Al 颗粒表面原有的 Al_2O_3 壳。

6.2 Ni 包覆 Al 颗粒

本节制备了由薄层 Ni 包覆的 Al 颗粒样品。本实验中所有使用的雾化铝粉,均由印度 Madurai 金属粉有限公司制备。Ni 包覆铝粉中 Ni 的含量为 1%~16%。

表 6-1 给出了粉末中 Ni 的理论含量和 Al 颗粒表面 Ni 包覆层的平均厚度。Rosenband 和 Gany[4] 也曾研究过 Al 颗粒表面包覆的 Ni 的数据。表 6-1 中也给出了由原子吸收光谱法测定的 Ni 的含量。可以看出,Ni 含量的理论值和测量值吻合很好。

表 6-1 Al 颗粒表面包覆的 Ni 含量

理论值/%	测量值/%	Ni 层厚度计算值/nm
0.99	0.93	16
1.96	1.87	33
2.91	3.11	50
4.76	4.33	81
9.09	9.10	162

表 6-2 列出了未包覆铝粉(未处理)和 Ni 包覆铝粉(Ni 含量为 5%)的体积粒度分布,通过激光衍射 LS 230 库尔特粒度分析仪测得。该表中还列出了粉料的比表面积,通过库特 SA 3100 BET 分析仪测得。

未包覆铝粉和包覆铝粉的粒度大小基本一致,表明铝粉并未由于 Ni 的包覆造成明显的团聚。

Ni 含量为 1%时 Ni 包覆层的平均厚度为 16nm,Ni 含量为 9%时平均厚度达到 160nm。另外,如表 6-2 所列,Ni 包覆的 Al 颗粒比表面积显著增加了(超过 4 倍)。普通铝粉和 Ni 包覆铝粉的扫描电子显微镜图像(图 6-1)可以给出合理的解释,显示了原料铝粉(普通)和 Ni 包覆铝粉(Ni 含量 5%)的颗粒及其表面的结构细节。

表 6-2 未包覆与 Ni 包覆铝粉的体积粒度分布

样品	D_{10}/μm	D_{25}/μm	D_{50}/μm	D_{75}/μm	D_{90}/μm	比表面积/(m^2/g)
铝粉	10.88	18.39	29.16	41.00	53.55	0.29
Ni 包覆铝粉	9.41	18.08	29.42	42.00	54.87	1.33

从图 6-1 可以看出,普通 Al 颗粒的表面相对光滑,而 Ni 包覆 Al 颗粒的表面覆盖着大量 Ni 的小鼓包(100~200nm),这些小鼓包构成了包覆层,导致了表面积的增加(图 6-2)。

图 6-3 为包覆了 Ni 层的 Al 颗粒(5%(质量分数))的俄歇光谱分析结果。结果显示,Ni 主要存在于厚度几十纳米的表面层中,该数据与理论计算的 Ni 平

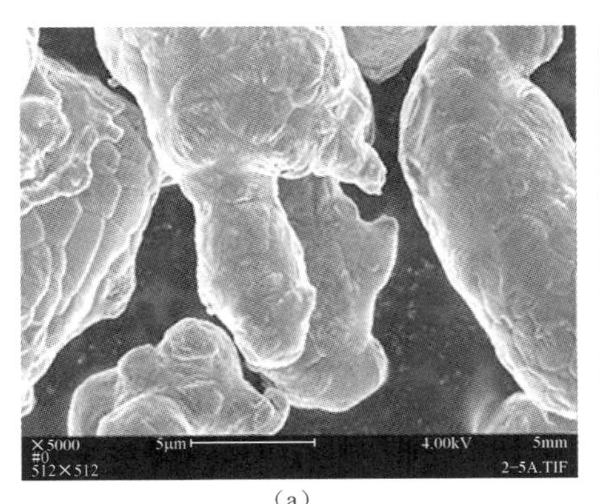

(a)

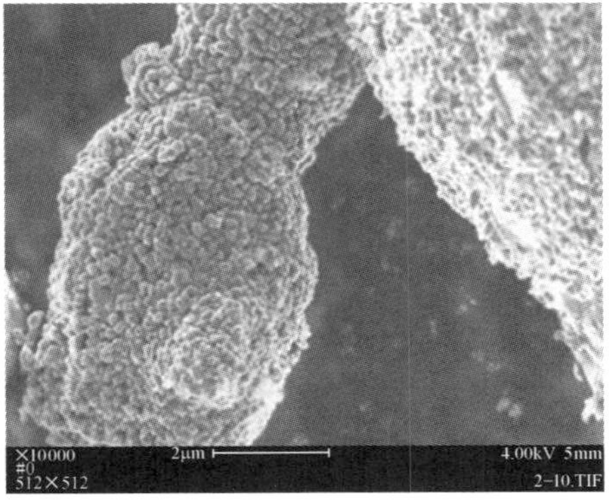

(b)

图6-1　普通Al颗粒与5% Ni包覆Al颗粒的SEM图像[4]

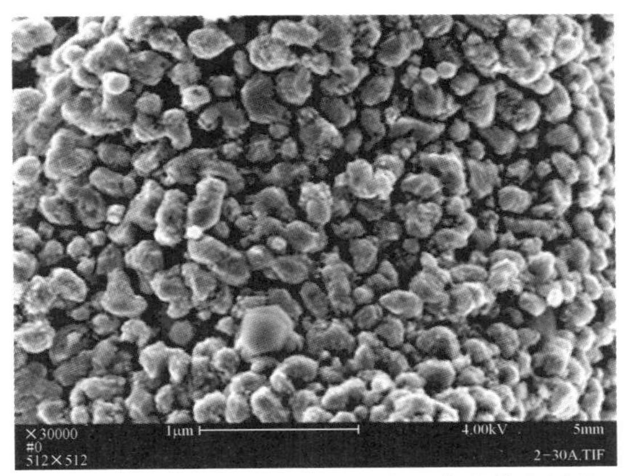

图6-2　单颗Ni包覆Al颗粒表面高分辨率图像

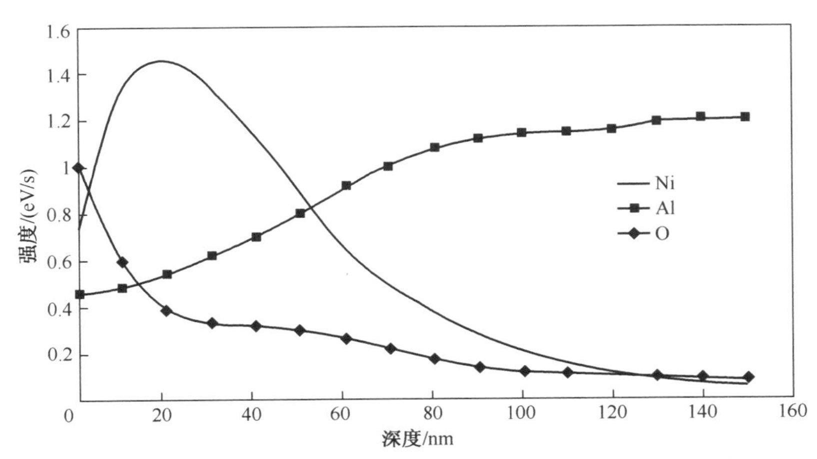

图6-3　平均粒径为30μm的Ni包覆Al颗粒深度俄歇谱图[4]

均包覆厚度一致。

将 Ni 包覆的 Al 颗粒在空气中加热到 800℃。在铝粉冷却后,发现并无颗粒聚集或团聚的现象。结果表明,尽管 Al 颗粒表面仅包覆了很薄的 Ni 层(理论厚度为 16nm,1%(质量分数)),但已经成功抑制了 Al 颗粒的聚集或团聚。而普通铝粉在经历加热/冷却阶段后,熔融金属以大颗液滴的形式团聚在一起(图6-4)。

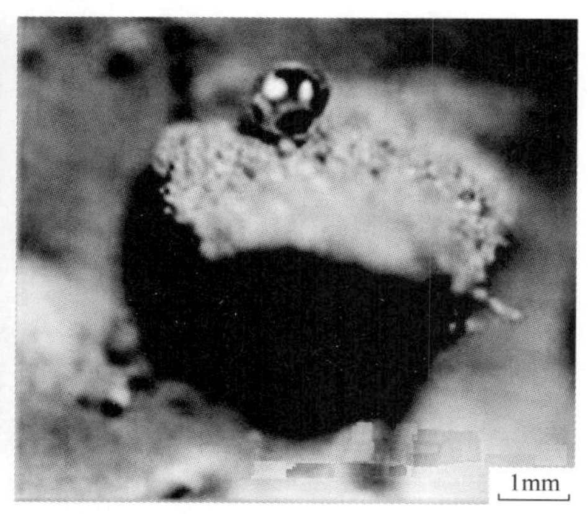

图 6-4 850℃时样品表面大颗的熔融铝液滴,以及液滴快速冷却后 Al_2O_3 壳的弯曲与褶皱[2]

因此,在降低铝粉的团聚方面,采用 Ni 包覆 Al 颗粒是一种很有前途的手段。

6.3 热分析测试

利用耐驰 STA 449C 同步 TG-DSC 热分析仪器,研究加热过程中原料铝粉(普通)与包覆铝粉的热行为。将铝粉以 10℃/min 的升温速率在氮气和空气气氛中分别加热至 1200℃。主要目的是研究上述 Ni 包覆是如何影响 Al 颗粒的燃烧性能。

图 6-5 显示,在测试条件下,普通 Al 颗粒不与 N_2 发生反应,然而同样的 Al 颗粒在用 Ni 包覆(5%(质量分数))后则表现出了快速的反应,初始反应温度意味着点火温度。不同 Ni 含量的 Ni 包覆 Al 颗粒发生氮化反应的结果如图 6-6 所示。可以看出,由于氮化反应造成了大量的增重(通常为 40%~50%,当铝与氮气完全反应后理论上能够增重 51%),在测试温度范围内,Ni 含量的变化(1%~16%)对增重造成的影响相对较小。然而,Ni 含量对于点火温度的影响却较为明显,Ni 含量越高,点火温度越低(例如,Ni 含量为 1%时点火温度为 1100℃,而 Ni 含量为 10%时点火温度仅为 850℃)。热分析结果明确显示,用 Ni

包覆 Al 颗粒能够提高铝粉在氮气中的燃烧性能。

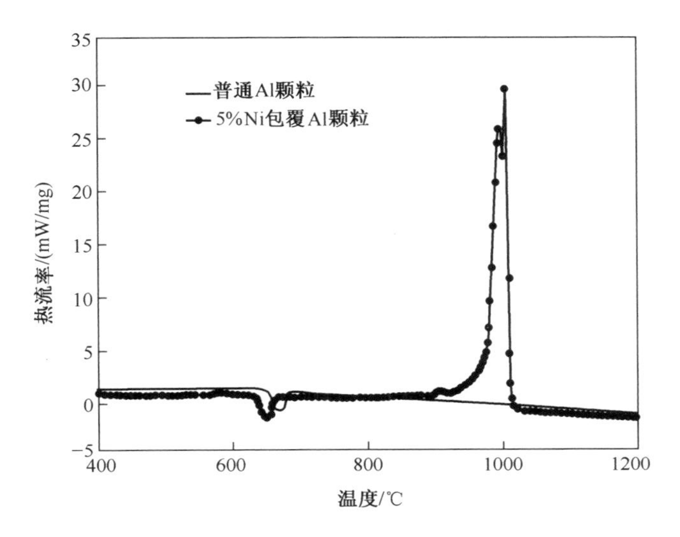

图 6-5　普通 Al 颗粒与 5%Ni 包覆 Al 颗粒在氮气中加热

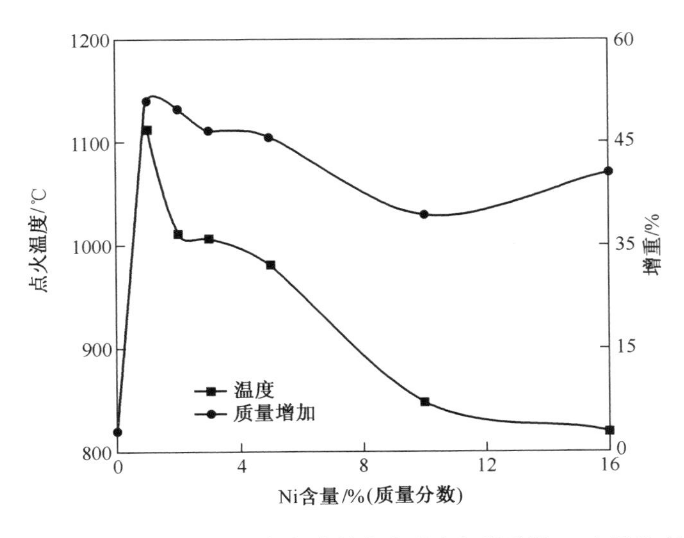

图 6-6　Ni 包覆 Al 颗粒在氮气中的点火温度与增重随 Ni 含量的变化

在空气气氛下(图 6-7),对普通铝粉和 Ni 包覆铝粉的氧化分析研究也得到与氮气中类似的结果。可以看出,在铝粉氧化的反应热方面,相对于普通铝粉,Ni 包覆铝粉的反应热要高得多。综上所述:通过 Ni 的包覆,可以增加铝粉在氮气和空气中的反应活性。

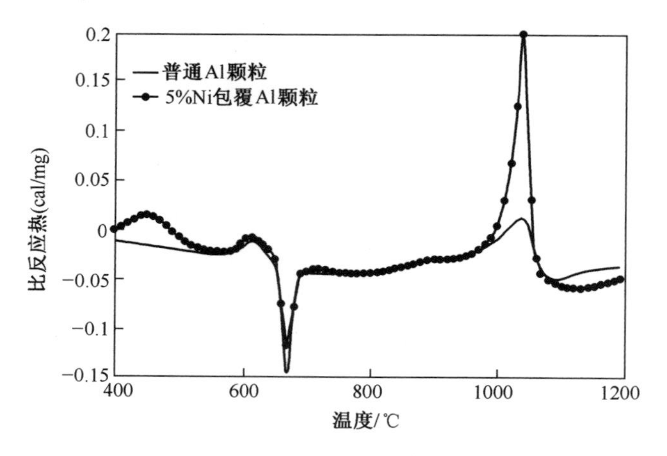

图 6-7　普通 Al 颗粒与 5%Ni 包覆 Al 颗粒在空气中加热

6.4　点火测试

Rosenband 与 Gany[5]将铝粉放于丝花式电阻丝上在空气中加热,通过埋入粉末中的热电偶测量粉末温度。实验表明,普通铝粉直到加热到该装置的极限温度(约 1200℃)也不会被点燃,而 Ni 包覆(5%(质量分数))的铝粉在 800~1000℃的温度范围内即可点燃(图 6-8)。

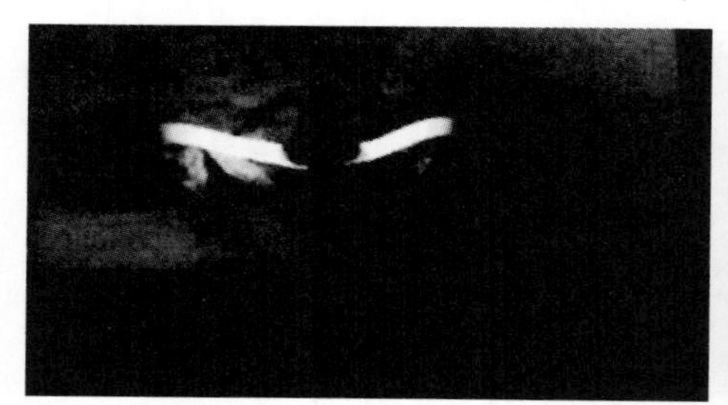

图 6-8　普通铝粉和 Ni 包覆铝粉在空气中加热的现象[5]

注:普通铝粉不会发生点火,Ni 包覆铝粉发生点火并剧烈燃烧。

图 6-9 显示了在电热丝实验中,普通铝粉和 Ni 包覆铝粉加热过程中的温度变化。可以看出,在特定测试条件下,普通铝粉的最高温度仅达到 800℃(电加热结果),而 Ni 包覆铝粉的温度达到 1200℃,这是其氧化反应过程的高放热性所致。

实验研究中使用的铝粉不仅包括球形或近球形的 Al 颗粒,还包括不同种类的铝片。铝片为扁平状或层状,其厚度与长、宽等尺寸相比较小(图 6-10)。本

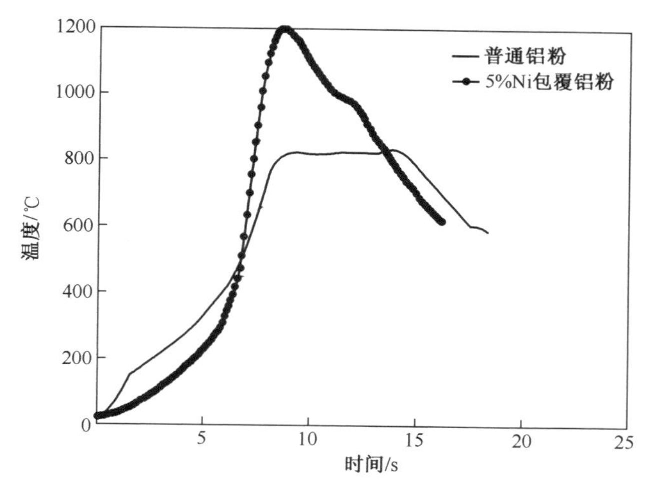

图6-9　普通铝粉与5%Ni包覆铝粉在热条实验中的温度变化

实验中采用两种片状铝,其比表面积分别为4.02m²/g和6.4m²/g。为研究普通片状铝以及Ni包覆片状铝(Ni含量为5%)的点火延迟,采用电热丝实验,通过控制电热丝的电压,以不同的升温速率将粉体在空气中加热。实验显示,相比于直接购买的片状铝,Ni包覆的片状铝的点火温度有明显的提前。

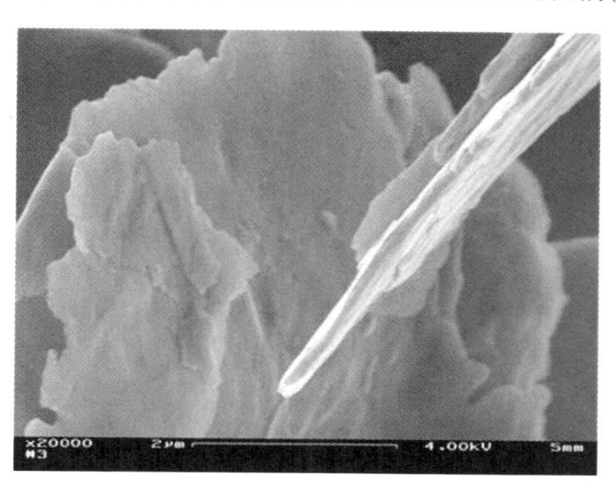

图6-10　片状铝的SEM图

普通片状铝(比表面积为6.46m²/g)与Ni包覆片状铝的点火时间与加热带电压的关系如图6-11所示。实验记录到的Ni包覆片状铝的点火发生在很低的加热电压下,几乎只有普通片状铝点火电压的1/2。

对于Al颗粒,实验中测得的Ni包覆片状铝温度远远高于普通片状铝(图6-12),意味着在前者中存在放热的氧化反应或Ni-Al金属间反应,而在

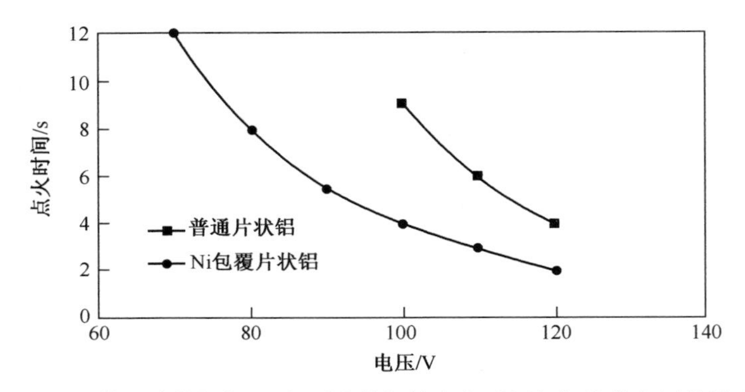

图 6-11　普通片状铝与 Ni 包覆片状铝的点火时间与加热带电压的关系

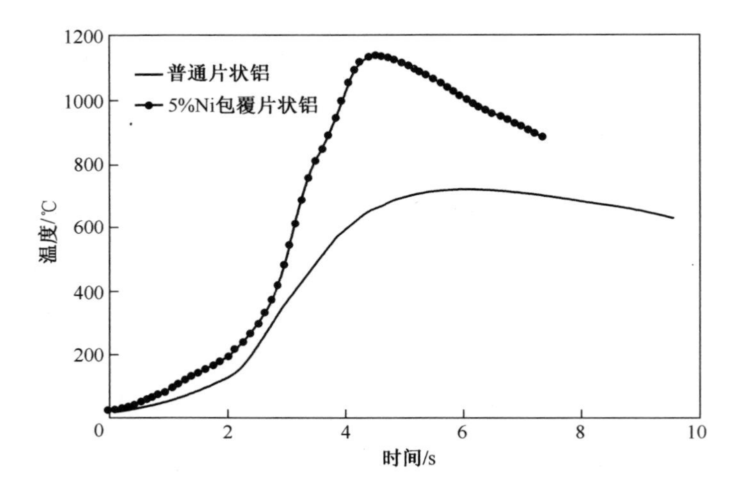

图 6-12　普通片状铝与 5%Ni 包覆片状铝在热条实验中的温度变化

后者中则不存在此类反应。

这一通过用 Ni 包覆 Al 颗粒来使其点火性能得到改善的方法来自 Shafirovich 等[6]的研究，他们在激光加热颗粒悬浮实验中发现，Ni 包覆后的 Al 颗粒点火延迟时间减少了 80%（图 6-13）。

利用 9.2 L 的爆炸装置（CVE）研究 Ni 包覆铝粉与纯铝粉的燃烧特点[7]。在充满空气的球形容器中制备粉尘云，然后利用容器中心的电热钨丝将粉尘云点燃。用于点火的总电能约为 30J。将铝粉从空气罐通过螺旋阀吹送进爆炸容器，实现样品的进样。

火焰传播产生的压力脉冲通过压力传感器来记录。本实验中获得的最大压力与燃烧释放的总能量成正比，因此用压力升高的速率来表示反应速率。CVE 实验同样适用于不同材料燃烧特性的比较。在本研究中，比较了包覆与未包覆

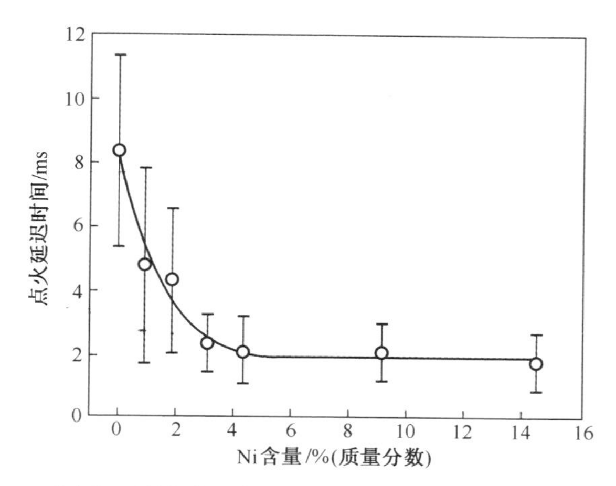

图 6-13　Ni 包覆 Al 颗粒在空气中的点火延迟时间随 Ni 含量变化规律[6]

注:点火能量源为 50W 的 CO_2 激光束。

铝粉的燃烧行为。

图 6-14 中是 Ni 包覆铝粉与纯铝粉在定容容器中燃烧时记录的特征压力曲线。两种粉末点燃与燃烧产生的最大压力近似,其压力升高速率也大体相近。因此,在定容爆炸实验中,包覆与未包覆铝粉燃烧所释放的总能量的差别可以忽略不计。两种材料燃烧的主要不同之处在于诱发时期,该时期在点火开始之后,直到出现明显的压力升高之前。二者的诱发期有明显不同(在粉尘浓度一样的情况下),Ni 包覆铝粉要比纯铝粉短了 75%。因此,Ni 包覆铝粉的点火温度明显低于未包覆铝粉。

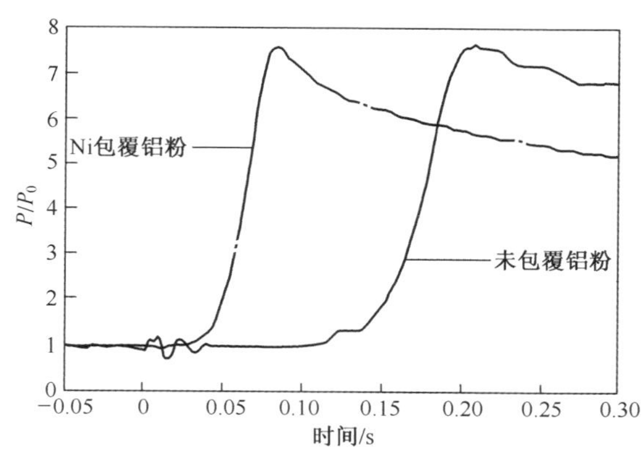

图 6-14　Ni 包覆铝粉与纯铝粉在定容爆炸实验中的压力随时间变化的曲线(在燃烧容器的实测压力与初始压力的比值)[7]

可以推断,铝粉点火性能提升的原因是 Ni 的包覆。在较高温度下,Ni 与 Al 之间特殊的金属间反应以及(合金)相的生成似乎对于 Al 颗粒的点火过程有所影响(图 6-15)[8]。

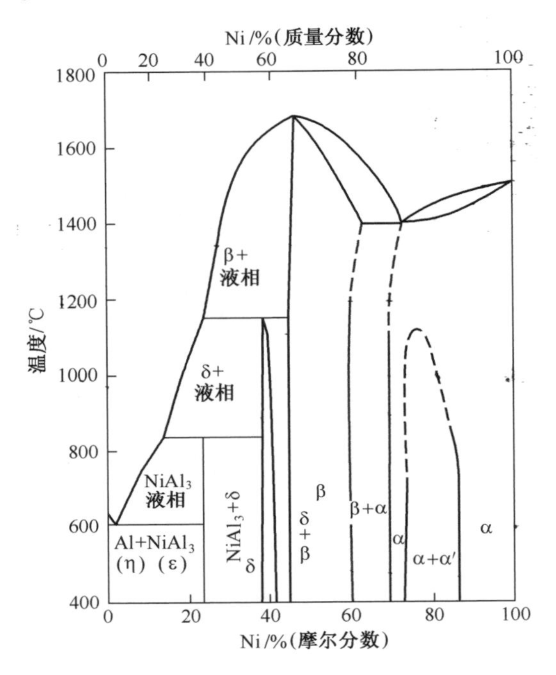

图 6-15 Al-Ni 二元体系相图[8]

Al 与 Ni 能够发生放热的金属间反应,提高颗粒的放热速率。一般认为初始的放热反应发生在温度接近铝的熔点时(660℃),接着温度快速升高。根据 Al-Ni 体系[8]的相图可知,这是由于该放热反应生成了金属间的 Al_3Ni 相。因此,颗粒表面包覆了一层固态的该金属间化合物。然而,继续加热到 854℃,会发生包晶反应,Al_3Ni ══液相+ Al_3Ni_2,接下来便会有液相生成。表面出现的液态包覆会导致更密集的氧扩散到金属表面。于是,铝的氧化反应会迅速发生,放出大量的热,紧接着颗粒被点燃。

结果表明[9],通过改进 Al 颗粒的点火特性,缩短点火时间,可以降低铝粉的团聚。因为与普通铝粉相比,Ni 包覆铝粉的点火温度和点火时间显著降低,有望通过将 Ni 包覆铝粉用于固体推进剂中,以降低团聚。

为了检测 Ni 包覆对于铝粉在固体推进剂中燃烧团聚现象的影响,研究者做了一些特殊的实验。实验制备了推进剂样品模型,其中包含 15%Al、55%~65% AP 和 20%~30%HTPB。所用的 Al 颗粒平均粒径为 6μm 和 25μm,AP 颗粒则为

20μm 或 200μm。推进剂中分别含有普通铝粉(未处理)或 Ni 包覆铝粉,用于比较。

推进剂的成分、制备时间、制备条件均相同。实验在空气中进行,压力环境分别在增压环境(可达 32atm)及标准大气压下。实验中,将两个几乎完全一样的推进剂药柱利用环氧树脂黏合在仪器上,如图 6-16 所示。二者的区别仅在于铝组分的不同,分别为普通铝粉或 Ni 包覆铝粉。为了更好地观察与记录 Ni 包覆的效果,将黏合的两块推进剂药柱同时点燃。

图 6-16　双服推进剂样品的三维视图(前面和上表面可见)[10]

注:暗色药柱(右边)为含 Ni 包覆铝粉的推进剂。

推进剂药柱的燃烧现象显示,使用 Ni 包覆铝粉会降低喷溅出的铝团聚物的大小。图 6-17 完整地记录了这一现象,图中显示从含普通铝粉的推进剂(图 6-17(a))中喷溅出的团聚体更大,含有 Ni 包覆铝粉的推进剂(图 6-17(b))则以较大的流量喷溅出更小的颗粒。

在每项实验中,研究人员都计算了喷溅颗粒的中位粒径,其中一半推进剂燃烧产生的颗粒的体积集中在较大的粒度上,另一半则集中于较小的粒度。研究发现,Ni 包覆铝粉推进剂所产生的团聚物直径大约是普通铝粉推进剂产生的团聚物直径的 60%,压力对于团聚物粒径的比例几乎没有影响。该发现很重要,从质量的角度考虑,“减小”的团聚物约占“普通”团聚物质量的 20%。这种“减小”有望使得固体火箭发动机中的 Al 颗粒燃烧更完全,同时减少熔渣的积累。

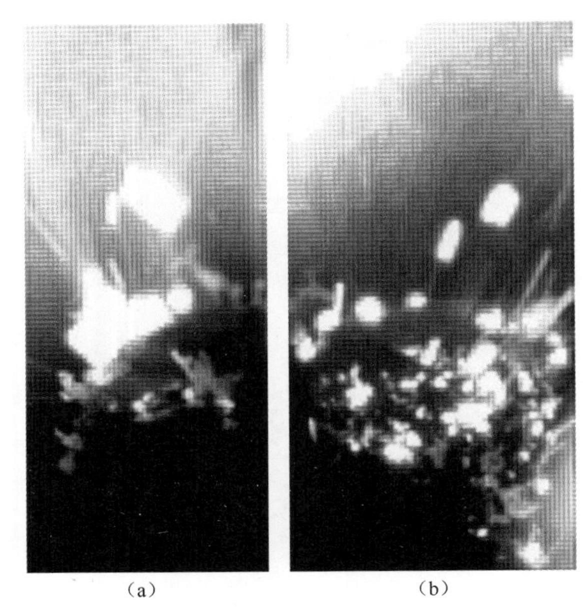

(a) (b)

图 6-17 含普通铝粉的推进剂喷溅出大颗团聚物,以及含有 Ni 包覆铝粉的推进剂剧烈地喷溅出小颗粒

6.5 Fe 包覆 Al 颗粒

为了改善铝粉的点火性能和燃烧性能,Rosenband 和 Gany[11]将 Al 颗粒用纳米厚度的铁层包覆,并进行了研究。在此之前,Yagodnikov 及 Voronetskij[12]、Babuk 等[13]也进行了类似的研究。

为了研究 Fe 包覆 Al 颗粒,Rosenband 与 Gany[11]制备了由薄层 Fe 包覆的 Al 颗粒样品并表征。铁的质量分数与铁层的平均厚度可通过实验调控。实验中所用的雾化铝粉平均粒径为 25μm。图 6-18 中为制得的 Fe 包覆 Al 颗粒的扫描电镜图(SEM)。从图中可以看到,Fe 包覆的 Al 颗粒表面覆盖着大量铁或氧化铁的小鼓包(100~200nm)。

为研究 Fe 包覆铝粉的氧化反应,进行了热分析实验,实验气氛为空气,升温速率为 20K/min。图 6-19 中显示的是 Fe 包覆铝粉、Ni 包覆铝粉以及普通铝粉的 DTA 曲线。

从图 6-19 中可以看出,与 Ni 包覆铝粉相似,Fe 包覆 Al 颗粒在空气中的氧化比普通铝粉的氧化反应释放更多的热量。因此可以得出结论,利用 Fe 包覆 Al 颗粒能够提高其在空气中的反应活性。同时,Fe 包覆铝粉发生氧化反应的温度低于 Ni 包覆铝粉发生氧化反应的温度,且反应速率也更高。

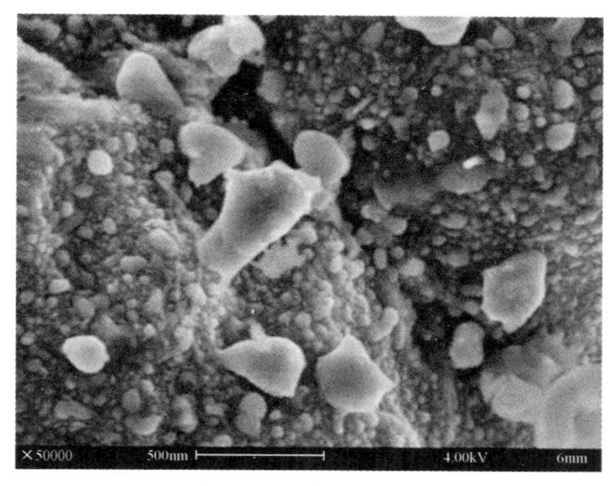

图 6-18　Fe 包覆(5%(质量分数))Al 颗粒的 SEM 图

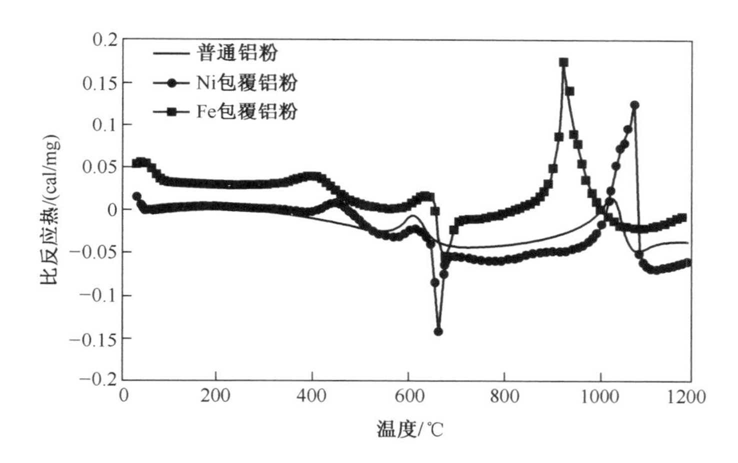

图 6-19　普通铝粉、Ni 包覆(5%(质量分数))铝粉及 Fe 包覆(5%(质量分数))铝粉在空气中加热的热行为

Fe 包覆 Al 颗粒与 Ni 包覆 Al 颗粒在加热时的热行为有一个明显的不同。对于 Ni 包覆,金属间的反应不会显著影响升温速率,直到 854℃时 $NiAl_3$ 熔融,发生包晶反应,因此,该温度对于颗粒的点火至关重要。而对于 Fe 包覆 Al 颗粒,可以从图 6-20 的 Al-Fe 相图中[8]看出,鉴于 Al 在 660℃熔融,Fe-Al 的金属间反应对于升温速率的贡献很明显。相比于 Ni 包覆 Al 颗粒,Fe-Al 金属间的反应在较低温度时提供了热量,这就可以解释为何 Fe 包覆对于改善点火性能有更好的效果,且在推进剂燃烧时能更好地抑制 Al 颗粒的团聚,这与文献[3]中观察到的结果一致。

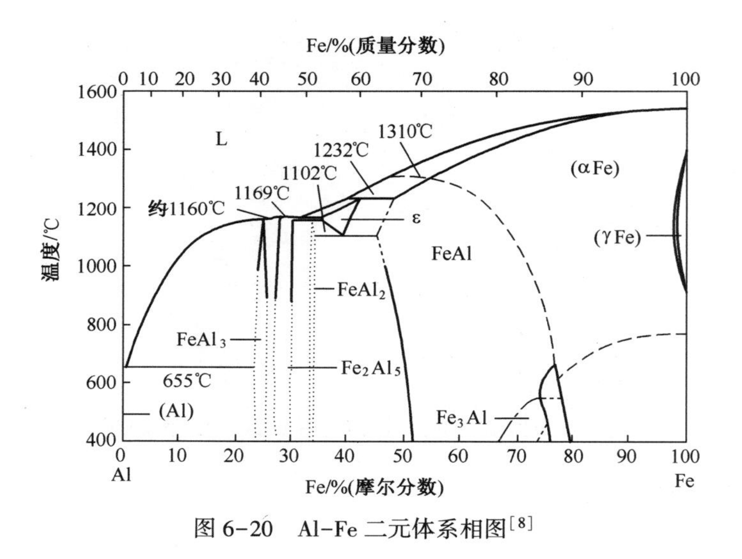

图 6-20　Al-Fe 二元体系相图[8]

6.6　结　　论

本章研究并测试了一种通过在颗粒表面包覆薄层(纳米尺寸)的 Fe 或 Ni 来将 Al 颗粒活化的方法。热分析与点火实验的结果显示,相比于普通 Al 颗粒,Ni 包覆 Al 颗粒与 Fe 包覆 Al 颗粒在点火性能上有很大改善。包覆了 Ni 和 Fe 的 Al 颗粒,点火时间缩短,可能是由于镍和铁的铝化物能在较低温下生成液相(相比于 Al_2O_3),且 Ni-Al 和 Fe-Al 的能发生金属间的放热反应,或是由于 Al 与 Ni 和 Fe 的氧化物间发生了铝热反应。

研究还表明,金属包覆的 Al 颗粒在含金属的固体推进剂燃烧时生成的团聚物尺寸更小。点火时间缩短,在点火前推进剂表面上铝的聚集就会减少,从而减少团聚现象,使喷溅出的团聚物更小。

参 考 文 献

[1] V. Rosenband, A. Gany, Testing of metal powders behavior in a hot stage microscope, Int. J. Energ. Mater. Chem. Propuls. 5 (Issue 1-6) (2002) 377-383.

[2] V. Rosenband, A. Gany, A microscopic and analytic study of aluminum particles agglomeration, Combust. Sci. Technol. 166 (2001) 91-108.

[3] A. L. Breiter, V. M. Mal'tsev, E. I. Popov, Means of modifying metallic fuel in condensed systems, Combust. Explos. Shock Waves 26 (1988) 86-92.

[4] V. Rosenband, A. Gany, Agglomeration and ignition of aluminum particles coated by nickel, Int. J. Energ. Mater. Chem. Propuls. 6 (Issue 2)(2007)143-152.

[5] V. Rosenband, A. Gany, Activated metal powders as potential energetic materials, Int. J. Energ. Mater. Chem. Propuls. 8 (Issue 4)(2009)291-307.

[6] E. Shafirovich, P. E. Bocanegra, C. Chanvean, I. Gokalp, U. Goldshleger, V. Rosenband, A. Gany, Ignition of single nickel-coated aluminum particles, Proc. Combust. Inst. 30 (2005)2055-2062.

[7] S. L. Vummidi, Y. Aly, M. Schoenitz, E. L. Dreizin, Characterization of fine nickel-coated aluminum powder as potential fuel additive, J. Propuls. Power 26 (3)(2010)454-460.

[8] T. B. Massalski (Editor-in-Chief), Binary Alloy Phase Diagrams, American Society for Metals, MetalPark, OH, 1992.

[9] A. Gany, L. H. Caveny, Agglomeration and ignition mechanism of aluminum particles in solid propellants, in: Proc. of the 17th Symposium (International) on Combustion, The Combustion Institute, 1978, pp. 1453-1461.

[10] Y. Yavor, V. Rosenband, A. Gany, Reduced agglomeration resulting from nickel coating of aluminum particles in solid propellants, Int. J. Energ. Mater. Chem. Propuls. 9 (6)(2010)477-492.

[11] V. Rosenband, A. Gany, High reactivity aluminum powders, Int. J. Energ. Mater. Chem. Propuls. 10(1)(2011)19-32.

[12] D. A. Yagodnikov, A. V. Voronetskij, Experimental and theoretical study of the ignition and combustion of an aerosol of encapsulated aluminum particles, Combust. Explos. Shock Waves 33 (1)(1997)49-55.

[13] V. A. Babuk, V. A. Vassiliev, V. V. Sviridov, Propellant formulation factors and metal agglomeration in combustion of aluminized solid rocket propellant, Combust. Sci. Technol. 163 (1)(2001)261-289.

第7章 纳米结构含能材料与含能芯片

Ruiqi Shen, Yinghua Ye, Peng Zhu, Yan Hu, Lizhi Wu, Zhao Qin

7.1 概　述

纳米结构含能材料(NSEM)是至少有一个维度处于纳米级尺寸的物质,如沉积了氧化剂的碳纳米管(一维)、铝/氧化铜多层薄膜(二维)以及沉积了氧化剂的多孔硅或多孔铜(三维)。NSEM在放热量和化学反应速率等方面都与微米结构含能材料具有很大的不同。临界直径小,反应速率高和放热量高,这些特性使得NSEM十分适用于含能芯片中(或含能微芯片、含能MEMS芯片)。在实际应用中,含能微芯片和含能点火桥十分适合用来进行点火;它们甚至可以直接引发高能炸药。由于微尺寸效应的存在,10多年来NSEM和含能微芯片一直是研究热点。由于化学合成技术的巨大进步,含能微芯片的制造,以及带有纳米结构含能材料的含能点火桥的应用均已实现。本章将分析与总结南京理工大学(NUST)的相关研究人员在合成、制备含能芯片以及NSEM爆炸性能方面的研究进展。

7.2 一维纳米含能材料和含能芯片

我们研究了碳纳米管(CNT)、CuO纳米线、Co_3O_4纳米线以及Ni纳米棒等具有一维结构的纳米材料,用于制备含能芯片。

7.2.1 含能碳纳米管

研究含能碳纳米管的目的是找到一种能够获得具有纳米临界直径的含能材料的方法。研究发现,当把负载有硝酸钾的碳纳米管(KNO_3@CNT)沉积在传统结构点火桥时能够成功实现点火[1-2]。

KNO_3@CNT的制备方法:首先将碳纳米管试样悬浮在浓硝酸和硝酸钾的饱

和溶液上，然后在 140℃ 的条件下搅拌 24h。当样品冷却到室温后，将得到的黑色渣状物用去离子水充分清洗，然后放入烘箱中在 60℃ 条件下干燥 12h。得到的 KNO_3@CNT 样品利用透射电子显微镜（TEM）、X 射线衍射（XRD）、差示扫描量热同步热重分析（DSC/TGA）法进行分析表征，分析结果如图 7-1 和图 7-2 所示。

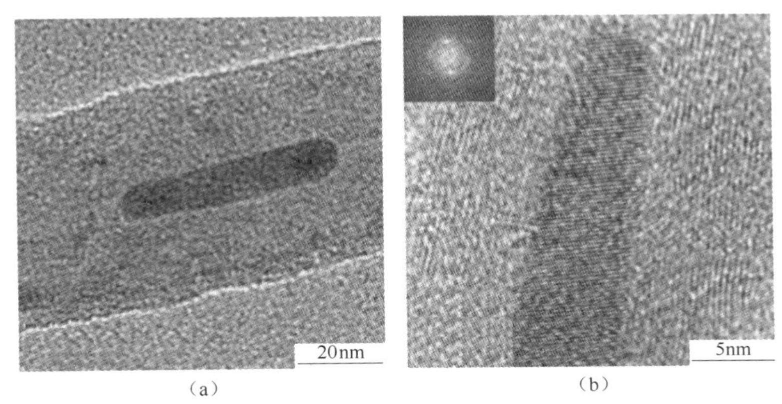

（a）　　（b）

图 7-1　KNO_3@CNT 的 TEM 图像

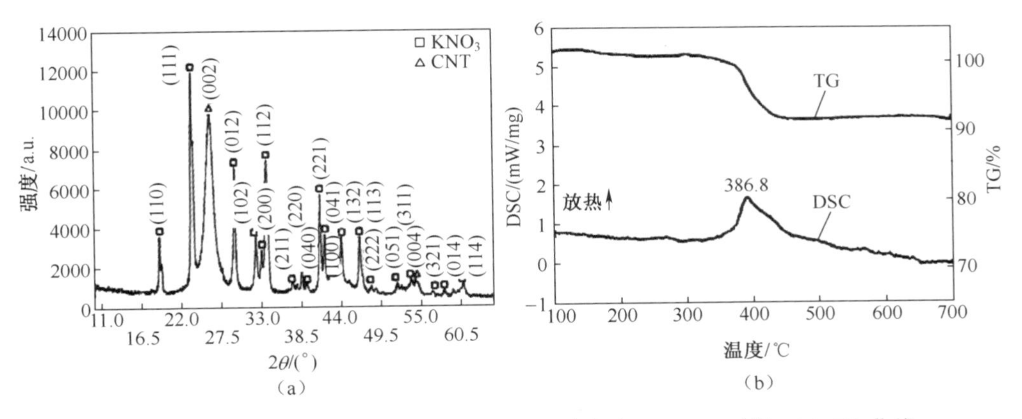

（a）　　（b）

图 7-2　KNO_3@CNT 的 XRD 谱图以及升温速率为 5℃/min 时的 DSC/TG 曲线

如图 7-1 所示，TEM 的分析结果表明，只有部分硝酸钾成功吸附在了碳纳米管上。如图 7-2 所示，XRD 的分析结果表明，碳纳米管上有硝酸钾晶体存在。DSC/TG 分析结果表明，KNO_3@CNT 样品只有一个分解放热峰。当升温速率为 5℃/min 时，放热量为 876.1J/g，对应分解峰温为 386.8℃。在温度由 373.3℃ 提高到 429.8℃ 的过程中，样品质量损失了 8.6%。KNO_3@CNT 含能芯片的制备利用了电泳技术。制备过程如图 7-3 所示。将 KNO_3@CNT 沉积在 Cu 桥膜上，Cu 桥膜厚度控制在大约 0.7μm，KNO_3@CNT 膜厚度控制在大约 1.45μm，如图7-4所示。

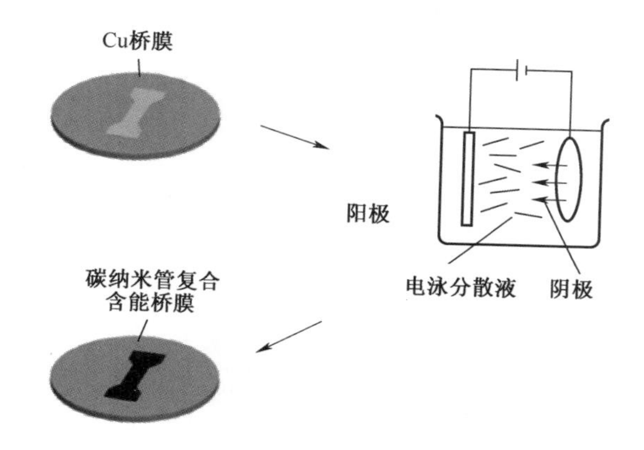

图 7-3　KNO_3/CNT 含能芯片的制备流程

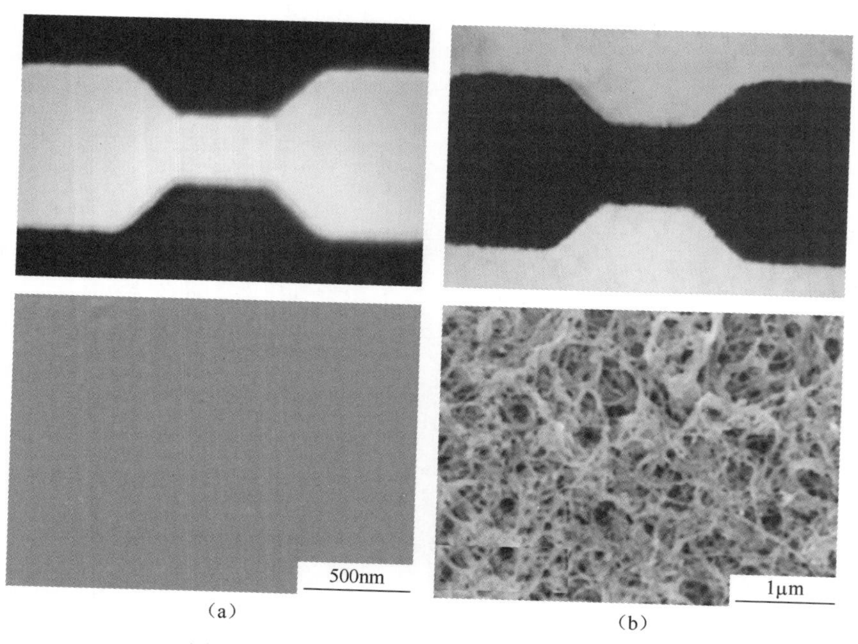

(a)　(b)

图 7-4　Cu 桥膜以及碳纳米管复合含能桥膜

在 100μF 电容放电的条件下，对 KNO_3/CNT 含能芯片和单一铜点火桥进行了点火实验，它们的爆炸温度如图 7-5 和图 7-6 所示。

当沉积上 KNO_3@CNT 后，铜点火桥变成了一种含能芯片。对高速摄影结果的分析表明，Cu 桥膜的电爆与含能芯片的电爆分别发生在 0.45ms 和 0.7ms。

比起单一 Cu 桥膜点火桥,含能芯片的电爆现象更剧烈,持续时间更长。这表明,含能芯片的电爆过程中包含了化学反应,放出了更高的热量[1]。

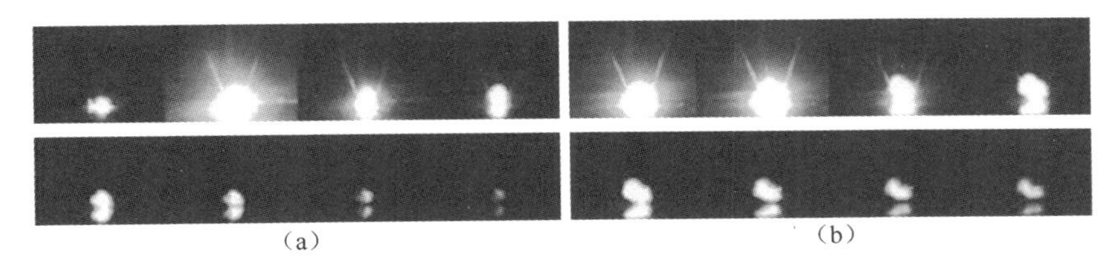

图 7-5 Cu 桥与 KNO_3/CNT-Cu 桥的电爆现象(快门 20000 帧/s)

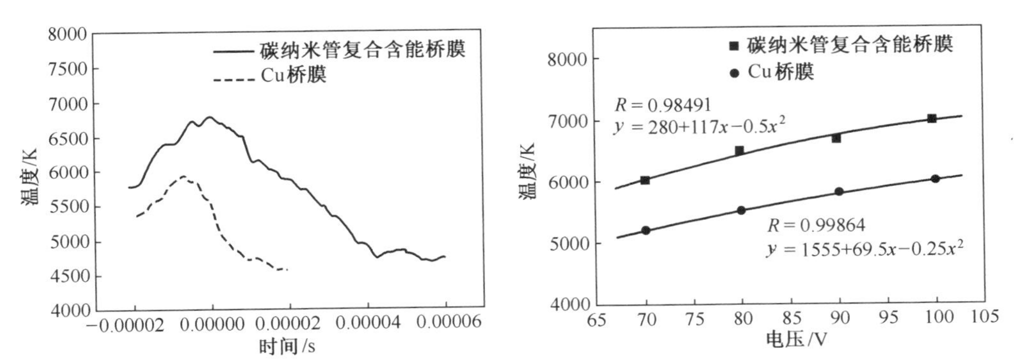

图 7-6 KNO_3/CNT 桥与 Cu 桥在 100μF 电容放电下点火的爆炸温度

7.2.2 Al/CuO 纳米线

Zhang 等在早前就制备出了 Al/CuO 纳米线,并利用其制作了相应的含能芯片,这种芯片是将微型 Cu 桥膜利用真空热蒸发技术沉积在硅基底上[3-4]。CuO 纳米线薄膜的制备过程如图 7-7 所示。Ti 桥膜作为中间层,是利用磁控溅射技术沉积在硅基底上,防止 Cu 桥膜在受热氧化过程中发生破裂[5]。

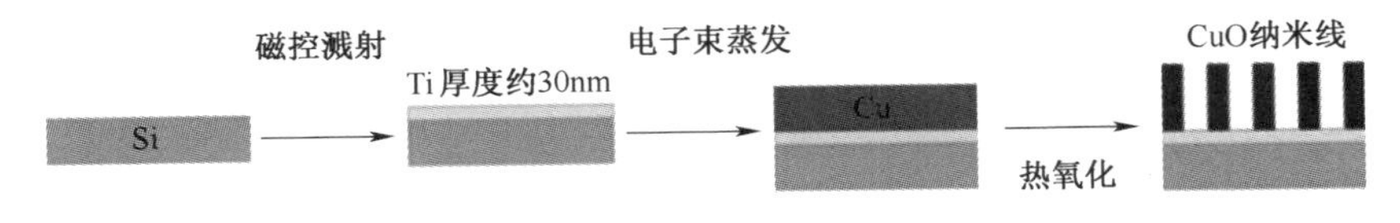

图 7-7 CuO 纳米线的制备流程

在 400℃条件下将 Cu 桥膜加热 4h 并在过程中控制反应状态来合成 CuO 纳米线,过程如图 7-8 所示。

对得到样品的选区电子衍射(SAED)和 XRD 分析结果如图 7-9 所示。制备出的纳米线中包含氧化铜和氧化亚铜。

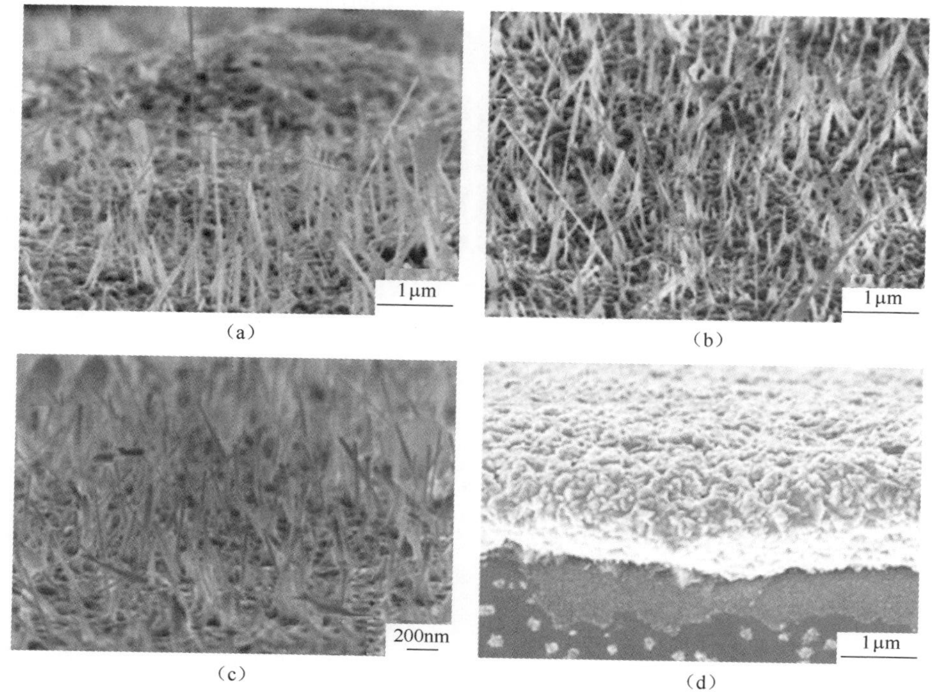

(a) (b) (c) (d)

图 7-8 在 400℃空气中退火厚 1μm 的 Cu 桥膜截面 SEM 图

(a)退火时间 2h;(b)退火时间 4h;(c)退火时间 5h;(d)退火时间 6h。

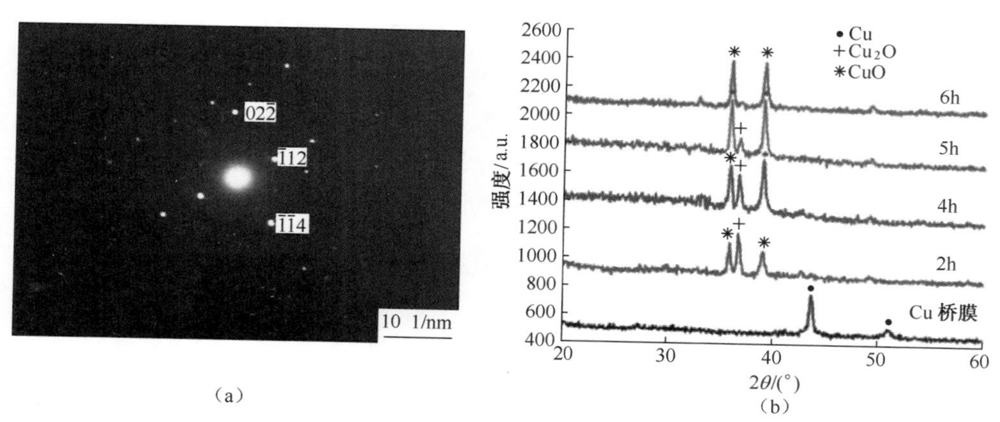

(a) (b)

图 7-9 单根纳米线的 SAED 图及 XRD 分析结果

注:在 400℃的空气中退火的 Cu 桥膜,退火时间分别为 2h、4h、5h、6h。

具有核/壳结构的 Al/CuO 纳米含能线通过将铝溅射在氧化铜上所制得的,将 Cu 桥膜在 400~500℃条件下在空气中加热制得 CuO 纳米线,如图 7-10 所示。DCS 表明，CuO/Al 纳米线的热分解放热量为 1263J/g，相应的分解放热反应从 450℃ 开始，这一温度低于铝的熔融温度（660℃）。

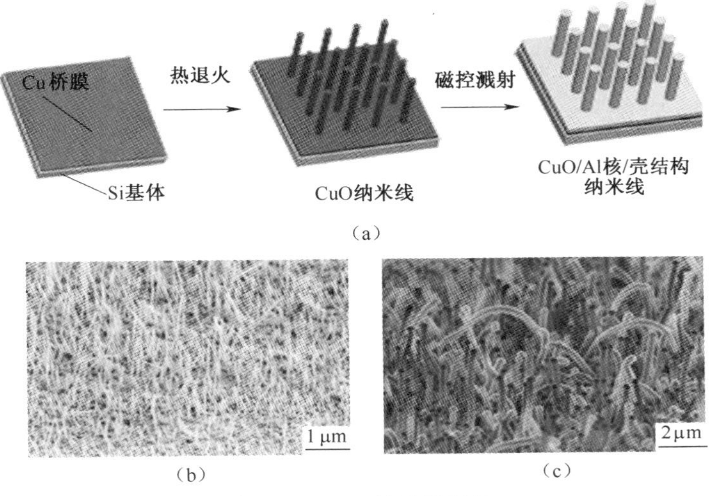

图 7-10　CuO 纳米线制备

(a) CuO 纳米线的制备流程；(b) CuO 纳米线的 SEM 图像；(c) CuO/Al 核壳结构纳米线的 SEM 图像。

7.2.3　Al/Ni 纳米棒

由于较大的接触面积和较为坚固的基底材料，可以通过在没有硅片作为基底的情况下，将 Al 溅射 Ni 纳米棒上，从而制备 Al/Ni 纳米棒[6]。Ni 纳米棒是利用阳极氧化、电化学沉积以及多孔氧化铝膜（PAM）工艺制得。Al/Ni 纳米棒的制备过程如图 7-11 所示。Ni 纳米棒和 Al/Ni 纳米棒的微观结构如图 7-12 所示。

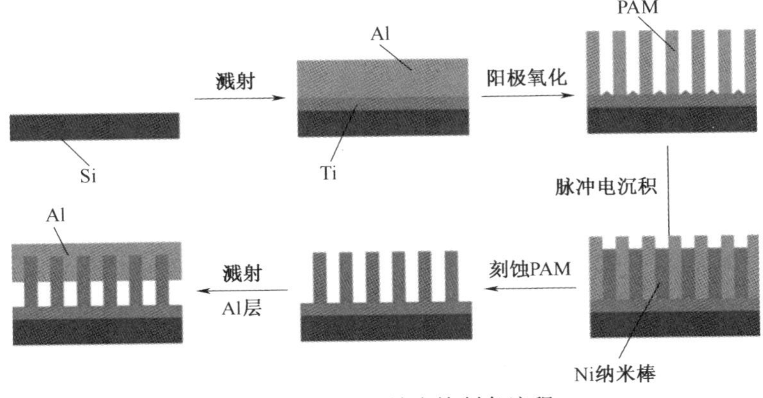

图 7-11　Al/Ni 纳米棒制备流程

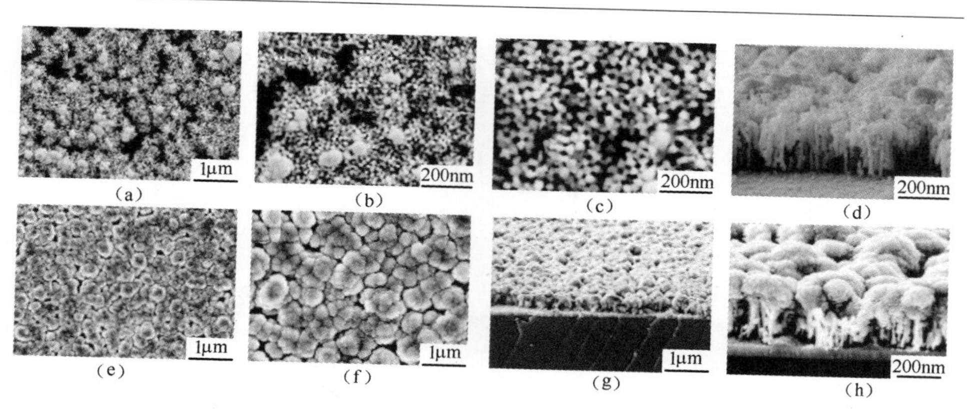

图 7-12 Ni 纳米棒与 Al/Ni 纳米棒的 SEM 图像

(a)~(c)Ni 纳米棒表面,放大倍数分别为 5000、10000 与 20000;(d)Ni 纳米棒的 90°视角图;
(e)、(f)Al/Ni 纳米棒的表面结构,放大倍数分别为 20000 与 50000;
(g)、(h)Al/Ni 纳米棒的 90°视角图,放大倍数分别为 20000 与 50000。

DSC 分析显示 Al/Ni 纳米棒在大约 600℃的位置开始出现一个放热峰,如图 7-13 所示。放热量与 Al 的包覆量和溅射时间有关。随着 Al 溅射的时间由

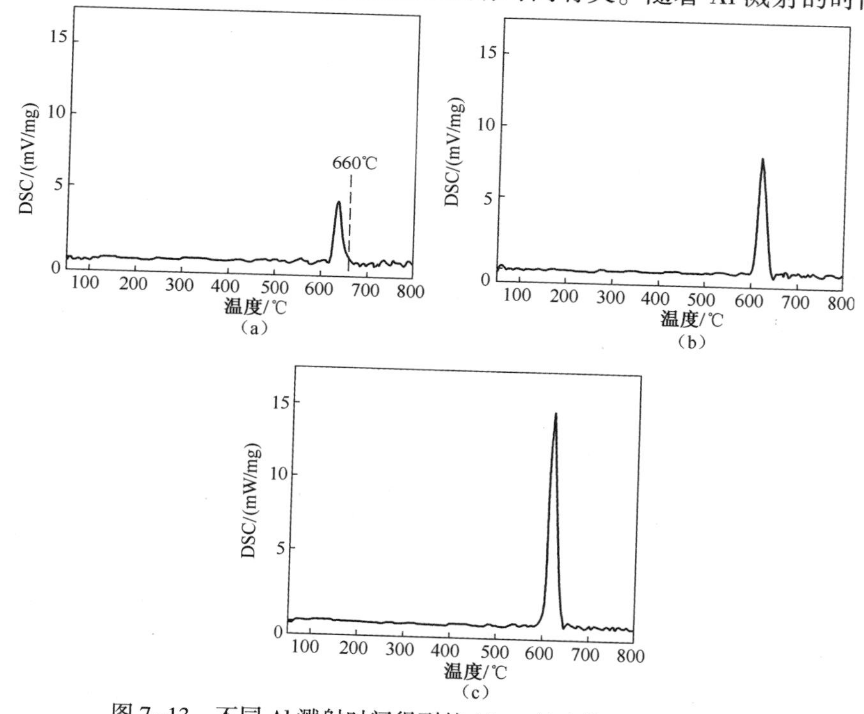

图 7-13 不同 Al 溅射时间得到的 Al/Ni 纳米棒的 DSC 曲线

(a)溅射时间 30min;(b)溅射时间 45min;(c)溅射时间 60min。

30min、45min，最终提高到 60min，Al/Ni 纳米棒的放热量也提高到了 350.7J/g（溅射时间为 60min），这远低于理论值 1381.4J/g。实验值和理论值之间的差异大体可归于两点原因：一是由于沉积过程的复杂性，几乎不可能制备出严格按照化学计量比的多层薄膜；二是由于反应物的预反应使得多层薄膜的边界层呈现出化学惰性。

7.2.4　Al/Co_3O_4纳米线

Co_3O_4 纳米线可以通过氨气蒸发诱导法来制备（用 $Co(NO_3)_2$ 和 NH_3 反应）；这是一个水热反应过程。Co_3O_4是用于制备 Al/Co_3O_4复合含能材料的基体材料，Al/Co_3O_4 是将纳米铝粉通过磁控溅射法包覆在 Co_3O_4 纳米棒上来制备[7]。Al/Co_3O_4纳米线的制备步骤如图 7-14 所示。

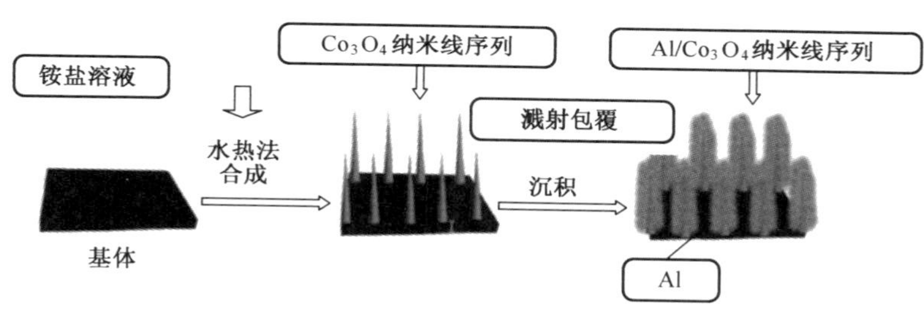

图 7-14　Al/Co_3O_4纳米线的制备流程

基体材料样品和复合物样品的性能通过场发射扫描电子显微镜（FESEM）、XRD 和傅里叶变换红外光谱仪（FTIR）来进行分析表征。FESEM 的分析结果表明，在硅基体表面分布着均匀、直立的纳米线，直径约为 400nm，如图 7-15 所示。Al 均匀包覆在 Co_3O_4纳米线周围，形成了一种具有核/壳纳米结构的纳米含能材料。XRD 分析结果表明，只有 Al（JCPDS-652869）和 Co_3O_4（JCPDS-431003）的衍射峰出现，并没有出现 Co 的衍射峰，如图 7-16（a）所示。这表明，Al 和 Co_3O_4 在高真空蒸发器内并没有发生很多反应，这主要是由于 Al 蒸发过程中衬底温度较低。Al 和 Co_3O_4之间的反应具有很高的理论反应热，达到 4232J/g。对样品的 DSC 分析结果表明，具有 3μm、4μm、5μm、6μm 和 7μm 厚度的 Al 层复合物的反应热分别为 1198.2J/g、1274.1J/g、2254.6J/g、1489.9J/g 和 1326.5J/g。这些结果由对主放热峰的积分所得到，如图 7-16（b）所示。当 Al 含量较低时，反应不完全；当 Al 含量较高时，出现了 Al 的熔融吸热峰，这同时带来了较低的放热量。因此，5μm 厚度的 Al 层更适合于 Al/Co_3O_4含能复合物。

比起 Au 的表面，Co_3O_4纳米线更适合于生长在硅的表面上，因此 Co_3O_4更适合于制备 Al/Co_3O_4活性半导体桥（Al/Co_3O_4-RSCB），如图 7-17 所示。

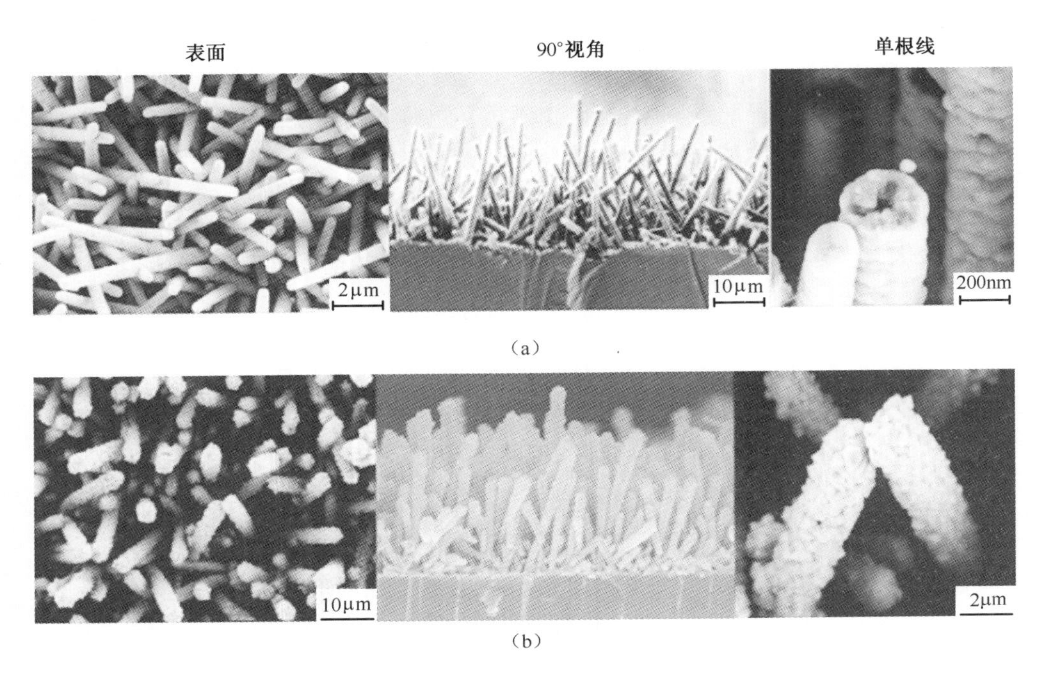

图 7-15 Co_3O_4纳米线和 Al/Co_3O_4纳米线的 FESEM 图像

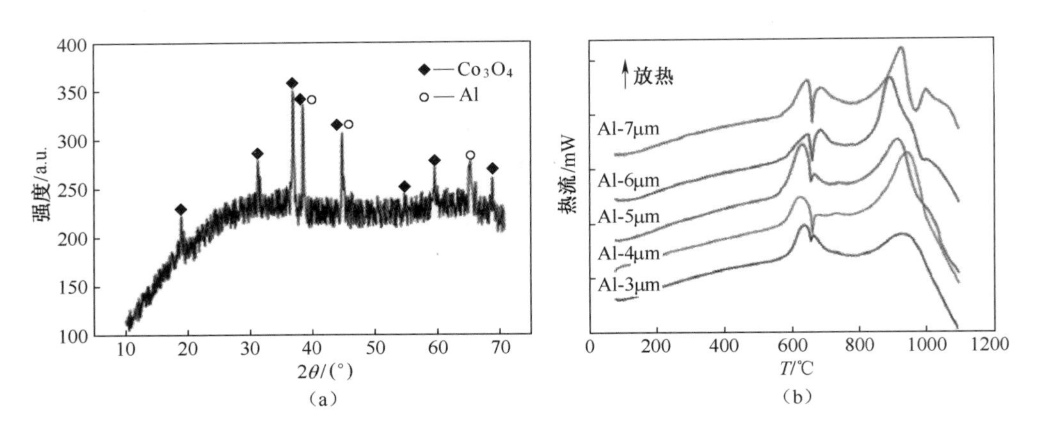

图 7-16 Al/Co_3O_4纳米线的 XRD 谱图以及不同厚度 Al 的纳米线的 DSC 曲线

在 47μF 电容放电的条件下对 Al/Co_3O_4-RSCB 进行了电爆性能研究，如图 7-18所示。放电电压越高，点火延迟时间越短。临界点火能量为 8.75～9.10mJ，Al/Co_3O_4-RSCB 电爆时的火焰长度和火焰持续时间都要高于传统的半导体桥(SCB)。

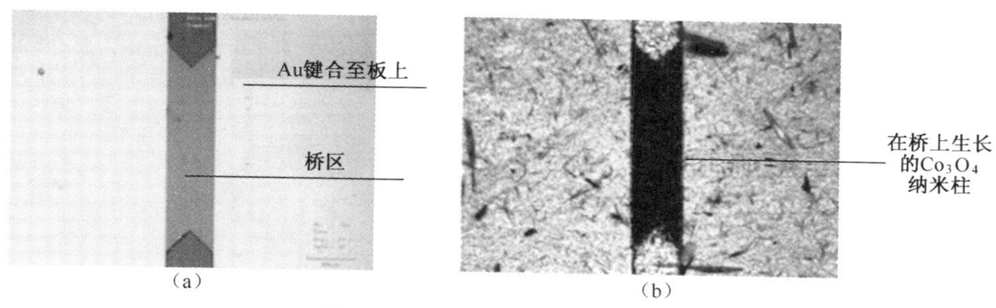

图7-17　Al/Co_3O_4活性半导体桥

(a)SCB;(b)含能SCB。

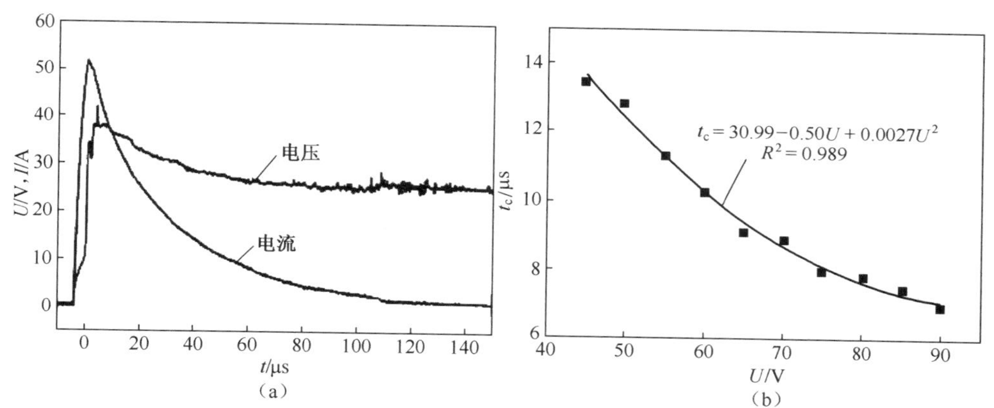

图7-18　47μF电容放电条件下的Al/Co_3O_4-RSCB电压-电流特性曲线及爆炸上升时间

7.3　二维NSEM和含能芯片

有很多的纳米结构反应体系都能够释放出高的反应热。表7-1列出了不同反应体系下的计算反应热量。反应体系中的反应物能够通过交替溅射形成多层复合膜的方式来得到二维NSEM(2D NSEM),将其沉积在金属或半导体桥上即可制得含能芯片或含能点火桥。

表7-1　纳米含能材料的反应参数

材料组成	比反应热/(cal/g)	材料组成	比反应热/(cal/g)
$2Al+3CuO$	974	$8Al+3Co_3O_4$	1012
$2Al+MoO_3$	1124	$4Mg+Fe_3O_4$	1033
$2Al+3MnO_2$	1159	$3Mg+Fe_2O_3$	1110

（续）

材料组成	比反应热/(cal/g)	材料组成	比反应热/(cal/g)
$2Al+Ni_2O_3$	1292	$2Mg+MnO_2$	256
2B+Ti	1320	3Si+5Ti	1322
2B+Al	742	B+V	536
2B+V	650	Al+Ni	330
2Si+V	700	Al+Ti	314

7.3.1 Al/Ti 多层复合膜

Al/Ti 多层复合膜的总厚度约为 2μm，通过溅射上 75nm 厚的 Al 膜和 25nm 厚的 Ti 膜形成双层膜结构的层层堆叠而得到（复合膜的厚度比为 3∶1）。薄膜的结构如图 7-19(a)所示。DSC 分析结果表明，Al/Ti 多层复合膜具有三个热分解放热峰（340~430℃，620~700℃，780~930℃，如图 7-19(b)所示），总的放热量为 918.36J/g，约为理论值的 80.7%。

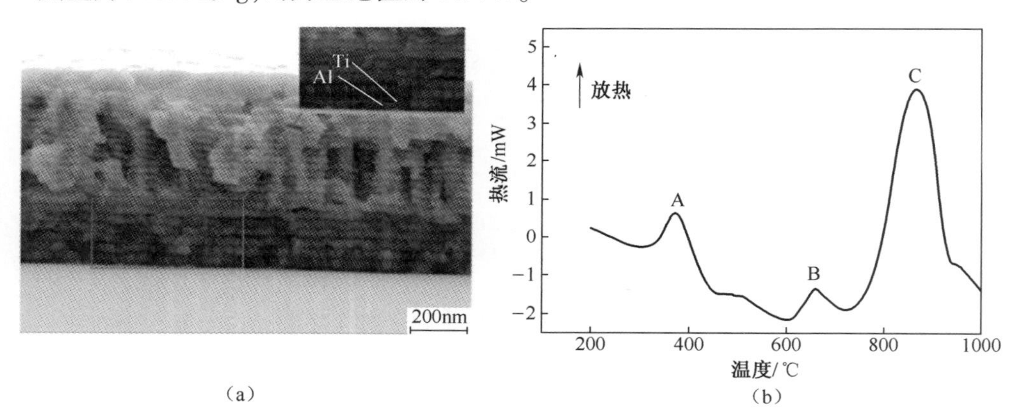

(a)　　(b)

图 7-19　Al/Ti 多层复合膜的截面图与 DSC 曲线

Al/Ti 多层复合膜的反应放热量取决于膜厚和膜中反应物的数量。总放热量低于理论值，较薄层的放热量低于较厚层的放热量，这是由于在接触层上发生的预扩散反应[8]，如表 7-2 所列。

表 7-2　不同厚度的 Al/Ti 多层复合膜释放的热量

Al 单层厚度/nm	Ti 单层厚度/nm	双层厚度/nm	多层复合膜总厚度/μm	总放热量/(J/g)
25	25	50	2	458.0
50	50	100	2	493.4
100	100	200	2	696.8

对于反应前和反应后的 Al/Ti 纳米含能多层复合膜(nEMF)的 XRD 分析结果如图 7-20所示。

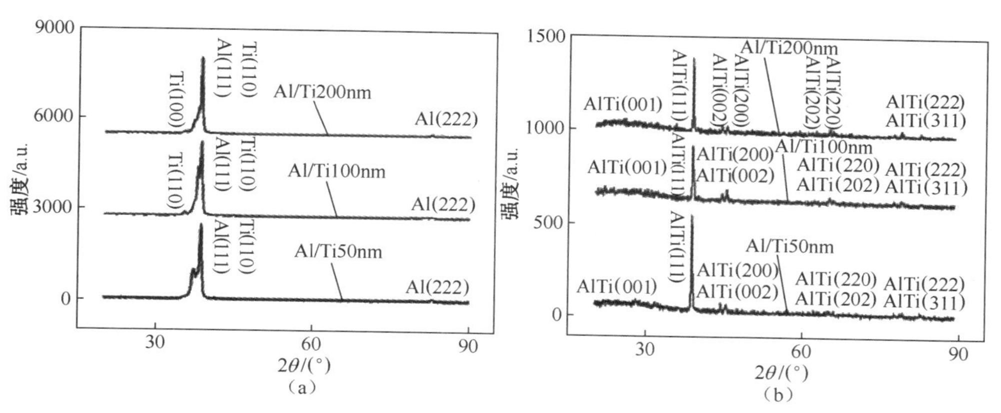

图 7-20 不同厚度的 Al/Ti nEMF 的初始及反应后的 XRD 谱图

反应前 AlTi nEMF 的 XRD 峰对应于 Al(111)、Al(222)、Ti(100)、Ti(110)和 AlTi(111)。反应后的 Al/Ti nEMF 的 XRD 峰对应于 AlTi(001)、AlTi(111)、AlTi(002)、AlTi(200)、AlTi(202)、AlTi(220)、AlTi(311)和 AlTi(222),其中 AlTi(111)是主要的反应产物。

采用 Al/Ti 多层复合膜制备长和宽均为 1mm 的含能桥,在 100μF 和 140V 放电条件下发火,如图 7-21 所示。

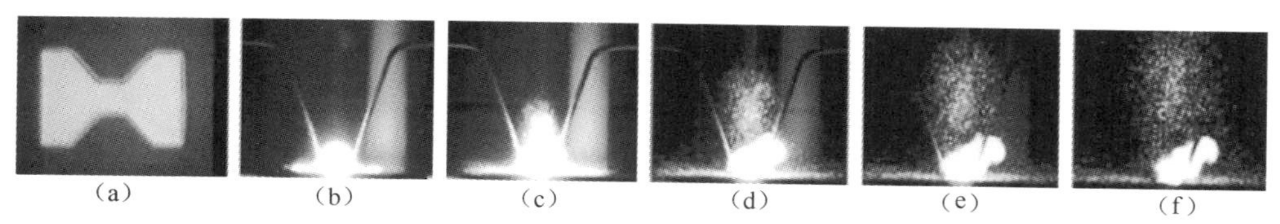

图 7-21 Al/Ti 多层复合膜桥及其在 100μF 和 140V 放电条件下电爆图

7.3.2 Al/Ni 多层复合膜

利用射频磁控溅射法制备厚度分别为 50nm、100nm 和 200nm 的 Al/Ni 双层膜。每一双层膜结构中,Al 和 Ni 膜的厚度比都保持在 3 : 2[9]。Al/Ni 多层复合膜的横截面结构由厚 60nm 的 Al 层和厚 40nm 的 Ni 层组成,如图 7-22(a)所示。对样品的 DSC 分析结果显示,Al/Ni 多层复合膜具有三个放热峰(230~250℃,280~370℃,380~460℃),如图 7-22(b)所示。DSC 曲线显示厚度为 50nm、100nm 和 200nm 的 Al/Ni 双层膜的分解热分别为 389.4J/g、396.7J/g 和 409.9J/g。不同沉积厚度的 Al/Ni 双层膜的分解热数据列在表 7-3 中。

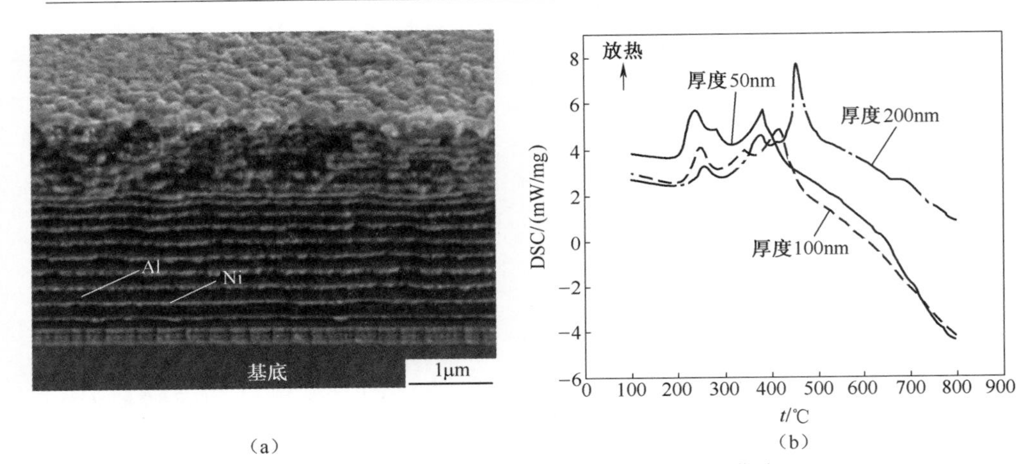

（a）（b）

图 7-22 Al/Ni 多层复合膜的截面图与 DSC 曲线

表 7-3 不同厚度的 Al/Ni 多层复合膜释放的热量

Al 单层厚度/nm	Ni 单层厚度/nm	双层厚度/nm	多层复合膜总厚度/μm	总放热量/(J/g)
30	20	50	2	389.4
60	40	100	2	396.7
120	80	200	2	409.9

反应前和反应后的 Al/Ni 纳米含能多层复合膜的 XRD 结果如图 7-23 所示。

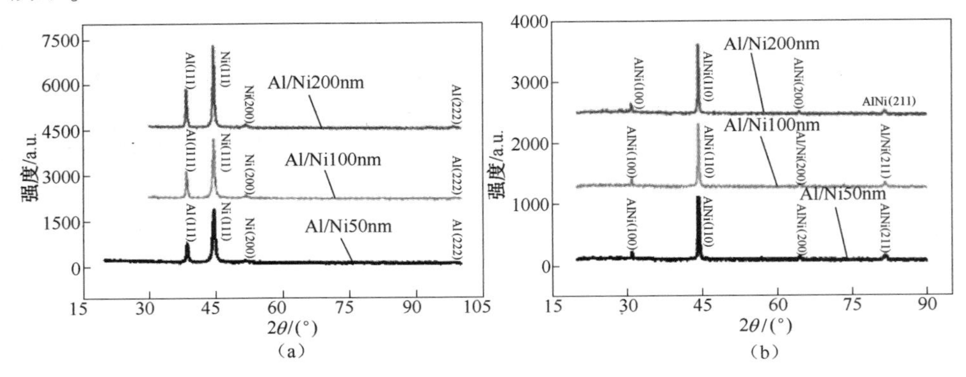

（a）（b）

图 7-23 不同厚度的 Al/Ni nEMF 的初始及反应后的 XRD 谱图

在反应前，Al/Ni nEMF 的 XRD 图谱由 Al(111)、Al(222)、Ni(111)和 Ni(200)衍射峰组成，但是由于与 Ni(111)衍射峰发生重叠，因此 Al_xNi_y(AlNi(110))的衍射峰不能得到确认。而反应后的 XRD 图谱由 AlNi(100)、AlNi(110)、AlNi(200)和 AlNi(211)衍射峰组成。

将 Al/Ni 多层复合膜制作长和宽均为 1mm 的含能桥。发火放电电容值与

Al/Ti 多层复合膜的相同。爆炸温度结果显示，不仅 Al/Ni 多层复合膜的爆炸温度高于纯 Al 桥或纯 Ni 的爆炸温度，约达到 2000K，而且爆炸区域的尺寸也要大于纯 Al 桥或纯 Ni 桥，如图 7-24 所示。

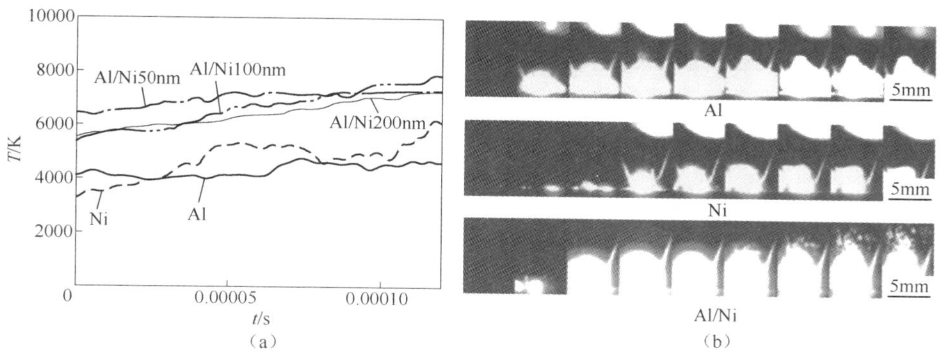

图 7-24　爆炸温度曲线及爆炸区域

将 Al/Ni 多层复合膜沉积于传统半导体桥上制作成活性半导体桥（Al/Ni-RSCB），如图 7-25 所示[10]。

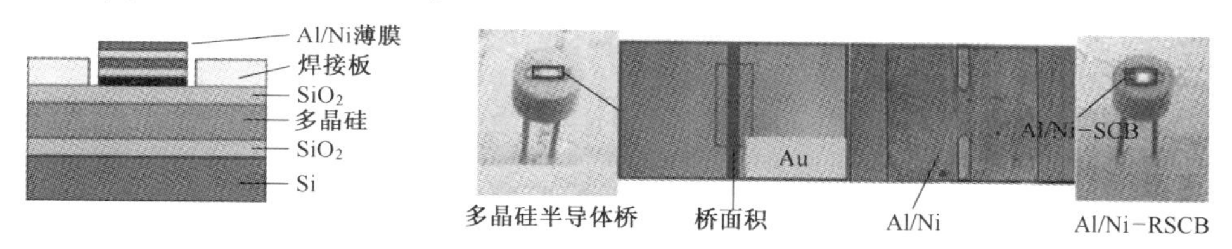

图 7-25　Al/Ni 活性半导体桥的结构与样本

Al/Ni-RSCB 的电爆性能在放电电容为 47μF 的条件下进行测试，如图 7-26 所示。放电电压越高，点火延迟时间越短。关键发火能量为 4.0~4.7mJ，而 Al/Ni-RSCB 的火焰尺寸和火焰持续时间高于普通 SCB 的，如图 7-27 所示。

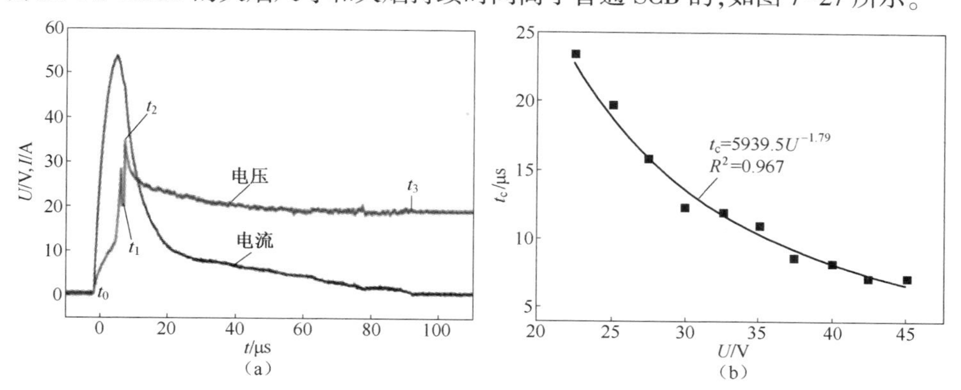

图 7-26　47μF 电容放电条件下的 Al/Ni-RSCB 电压-电流特性曲线及爆炸上升时间

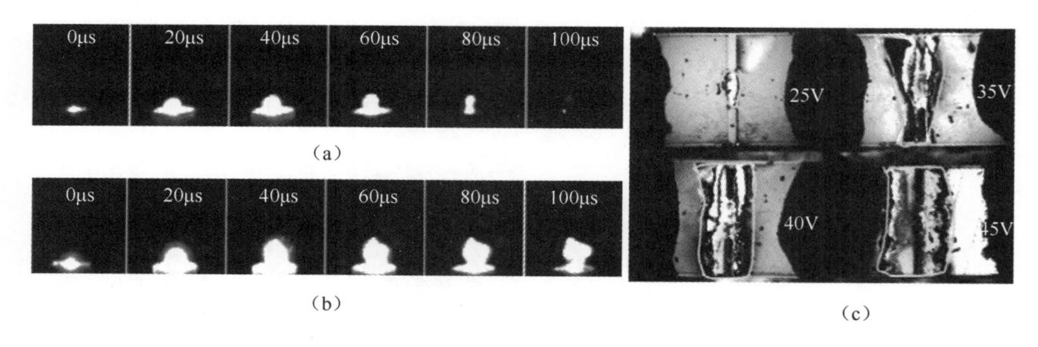

图 7-27 普通 SCB 和 Al/Ni-RSCB 的电爆图像(快门为 20000 帧/s),以及在不同电压下点燃的 Al/Ni-RSCB 的桥区
(a)SCB(47μF,35V);(b)Al/Ni-RSCB(47μF,35V);(c)桥区。

Al/Ni 多层复合膜放出的能量能够通过燃烧区域的尺寸来计算,放热量能够通过 DSC 分析进行测算。Al/Ni-RSCB 在 47μF、35V 的放电条件下放出的能量为 15.94mJ,这一值约为点火过程对其输入能量的 4 倍(4.48mJ)。

7.3.3 Al/CuO 多层复合膜

Al/CuO 多层复合膜由于能量密度高,易于制作成含能微芯片,且与许多材料和 MEMS 工艺具有良好的相容性,使其成为最优良的 NSEM,多年来一直是研究的重要对象。Al/CuO 多层复合膜及其通过溅射工艺制得的含能芯片的横截面结构及其 XRD 结果如图 7-28 所示。

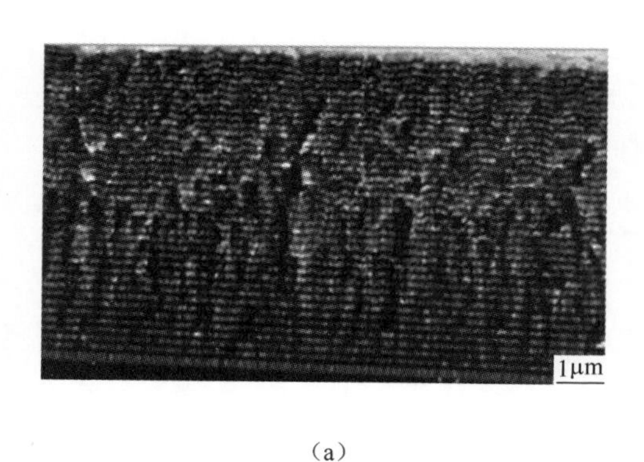

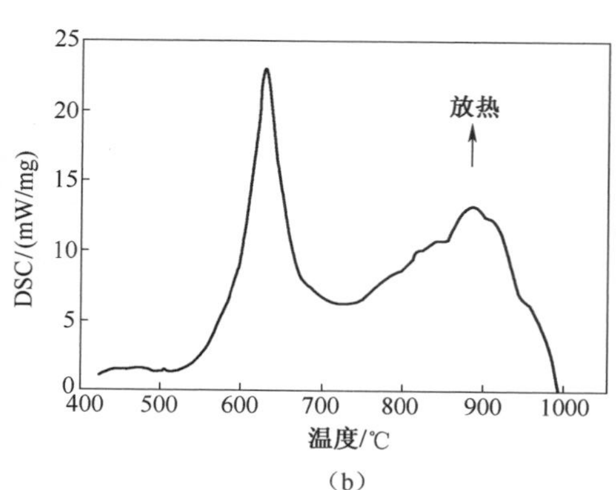

图 7-28 Al/CuO 多层复合膜的横截面结构及其 DSC 曲线

Al 和 CuO 薄膜的厚度控制在 20~40nm。对样品的 XRD 分析结果显示样品有两个放热峰,初始温度分别为 550℃ 和 750℃。测得的放热量约为 2024J/g。由

于氧化铜层和铝层之间的预反应,使得这一放热量低于理论放热值(4079J/g)。

我们研究了不同结构的 Al/CuO 活性半导体桥。通过将 Al/CuO 多层复合膜沉积在金属桥或半导体桥上,用来制备 Al/CuO 多层复合膜的活性半导体桥。典型的活性半导体桥结构如图 7-29 所示。

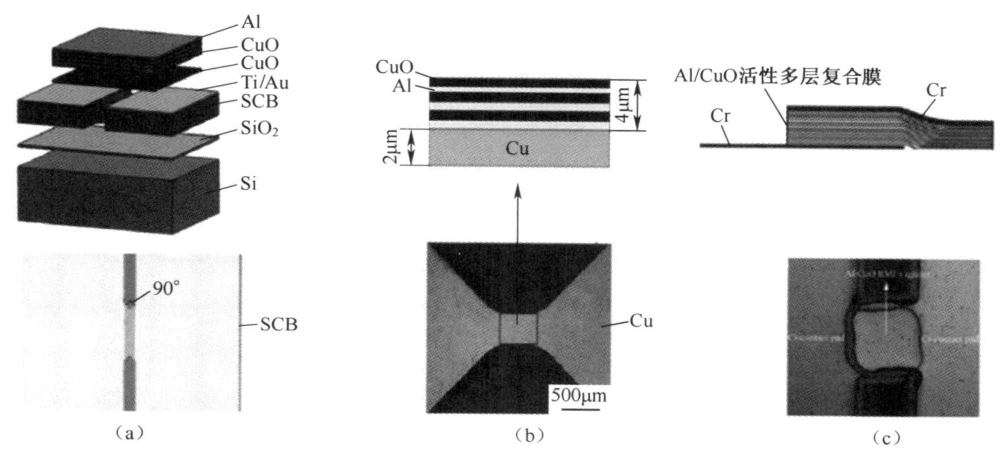

图 7-29 Al/CuO 活性多层复合膜

(a) Al/CuO-SCB;(b) Al/CuO-Cu 桥;(c) Al/CuO-绝缘桥。

用于测试的 Al/CuO 活性半导体桥(图 7-29(a))有两个 V 形角(角度为 90°),宽 380μm、长 80μm、厚 2.5μm。而 Al/CuO 多层复合膜的尺寸为宽 1mm、长 1mm、厚 3μm,半导体桥的电阻为 1.3Ω。当 Al/CuO 活性半导体桥在电容放电条件下(47μF,30V)发火时,其爆炸温度比传统半导体桥的爆炸温度高出大约 40%,达到大约 7000K(爆炸温度通过原子发射双谱线法测得)[11]。爆炸过程中的电压-电流(U-I)特性与传统半导体桥的非常类似,如图 7-30 所示[12]。

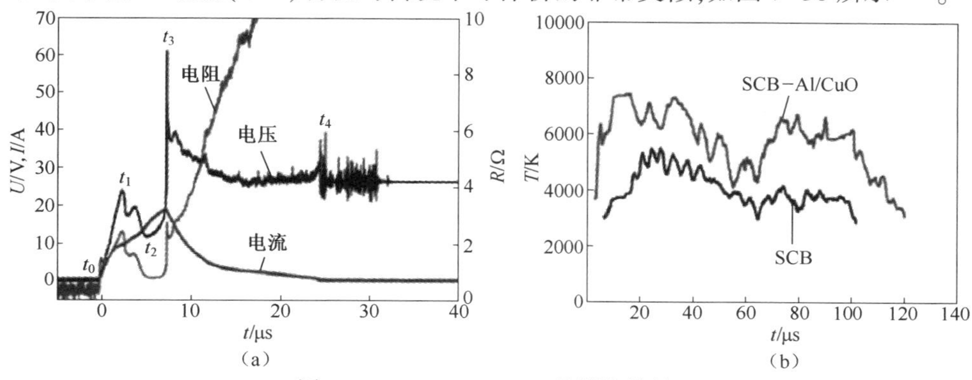

图 7-30 Al/CuO-RSCB 的爆炸特性

(a)爆炸电压-电流电阻曲线;(b)爆炸温度。

用于测试的 Al/CuO-铜基芯片(图 7-29(b))包括了具有长和宽均为 0.45mm 桥区,电阻值为 200~250mΩ 的铜金属桥,以及厚 4μm 的 Al/CuO 多层复合膜(由厚 150nm 的双层膜组成)。在 0.22μF 和 600V 放电条件下,铜金属桥和 Al/CuO-铜基复合桥的爆炸温度分别约为 7000K 和 9000K,如图 7-31 所示[13]。

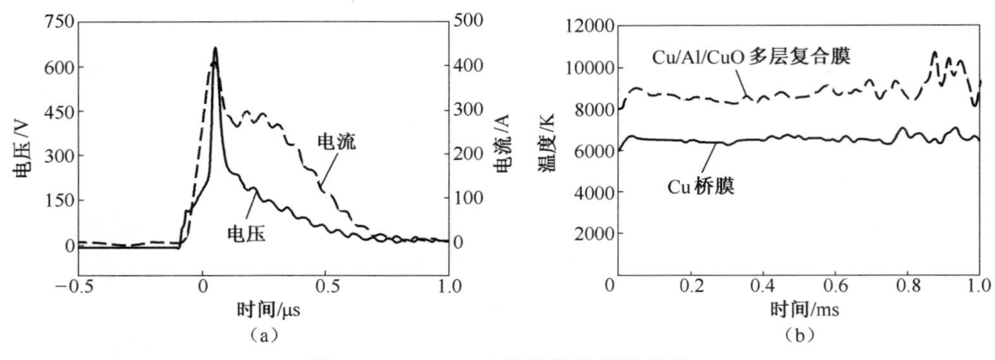

图 7-31 Al/CuO-绝缘桥的爆炸特性

(a)爆炸电压-电流曲线;(b)爆炸温度。

用于测试的 Al/CuO 绝缘体桥(图 7-29(a))包括三层:最上层和最底层均为尺寸为 1000μm×1000μm×2μm 的铬接触层,中间则为尺寸为 1000μm×1000μm×7.2μm 的 Al/CuO 多层复合膜。其中 Al/CuO 多层复合膜由六个双层膜所组成,每一个 Al/CuO 双层膜的厚度为 1.2μm(其中 Al 层的厚度为 0.38μm,CuO 层的厚度为 0.82μm)。当 Al/CuO 绝缘桥发火时,Al/CuO 多层复合膜在电场作用下发生破裂,电流由一层铬层传递到另一层。通过 40V 直流电源放电而发火的 Al/CuO 绝缘桥的爆炸温度约为 3773K(通过原子发射双谱线法测得),如图 7-32 所示[14]。

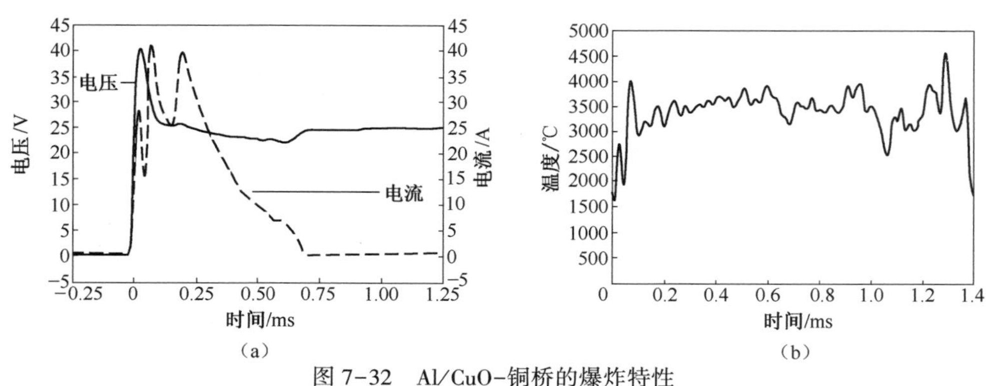

图 7-32 Al/CuO-铜桥的爆炸特性

(a)爆炸电压-电流曲线;(b)爆炸温度。

7.4 三维 NSEM 和含能芯片

我们研究了很多具有优良应用前景的三维结构材料，比如多孔铜、多孔硅和三维 Fe_2O_3 等，并用它们制备了含能芯片[15]。当通过原位反应，将金属可燃剂或氧化剂沉积于多孔铜、多孔硅和三维 Fe_2O_3 等，即可制备出一系列的含能材料。

7.4.1 含能多孔铜

通过在气态叠氮酸条件下进行的原位叠氮反应或将氧化剂沉积在多孔铜中，能够制备含能多孔铜样品。其中，多孔铜材料能够采用 $CuSO_4$(0.2mol/L)/H_2SO_4(1.0mol/L)/NH_4Cl(10.0mol/L)溶液体系，通过电沉积法来进行制备[16]。多孔铜结构如图 7-33(a)和(b)所示。$NaClO_4$-多孔铜是通过将多孔铜浸渍于 $NaClO_4$的乙醇溶液中，经过吸附、干燥后制得的，如图 7-33(c)所示。

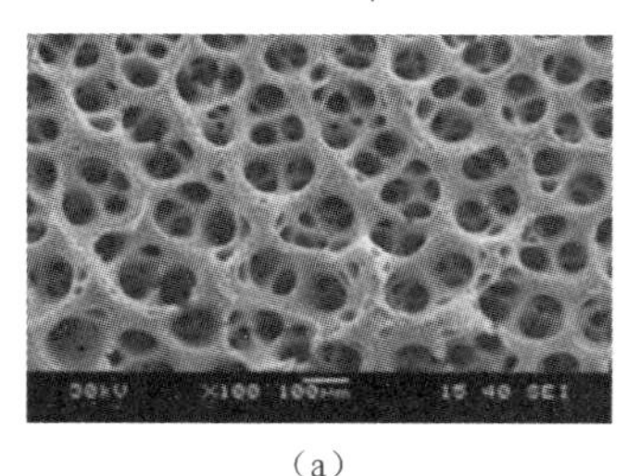

(a)

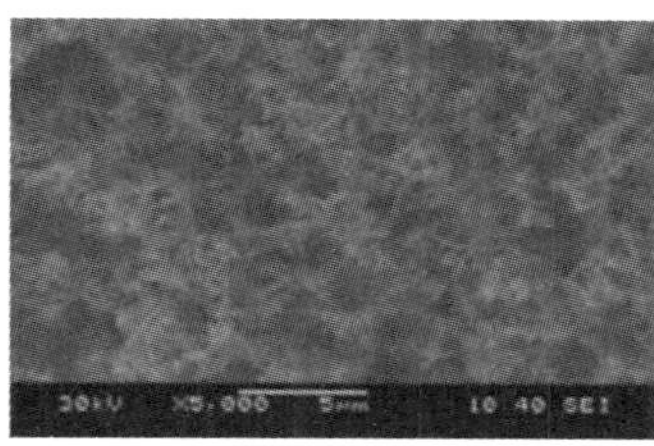

(b)

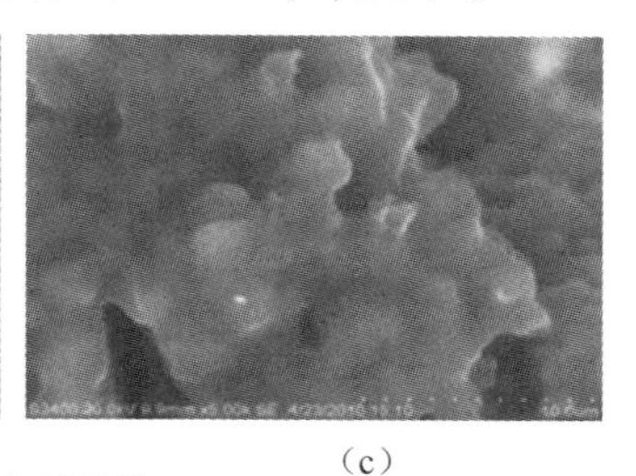

(c)

图 7-33 多孔铜以及负载 $NaClO_4$后的微观结构

(a)填充前(100 倍)；(b)填充前(5000 倍)；(c)填充后(5000 倍)。

如图 7-34 所示，由 DSC 分析结果曲线上可以看到，由于 $NaClO_4$的存在，样品具有两个分解放热峰，分别在低温阶段和高温阶段，这些放热峰的参数均列于

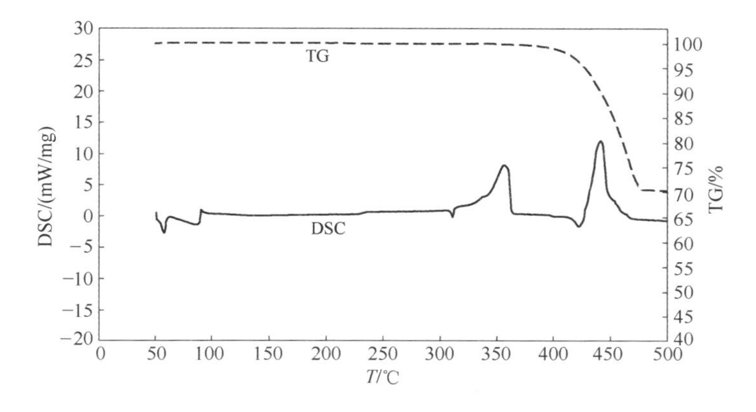

图 7-34 $NaClO_4$浸渍多孔铜的 DSC 和 TG 曲线

表7-4中。热重分析曲线表明,在第二个放热峰附近有一个快速的质量损失(图7-34)。应注意,随着升温速率的增加,放热峰的初始温度与放热量也在增加。

表7-4 $NaClO_4$-多孔铜放热峰的初始温度和放热量

升温速率/(℃/min)	低温峰初始分解温度/℃	低温峰放热量/(J/g)	高温峰初始分解温度/℃	高温峰放热量/(J/g)
5	319	100.6	423	213.0
10	333	107.0	433	221.0
15	343	108.2	439	212.7
20	350	101.9	442	293.9

分析结果显示了两个放热反应,其中第一步反应是多孔铜与$NaClO_4$间的固相反应($4Cu + NaClO_4 \longrightarrow NaCl + 4CuO$),第二步反应是$NaClO_4$的分解反应($NaClO_4 \longrightarrow NaCl + 2O_2\uparrow$)。

7.4.2 含能多孔硅

多孔硅材料广泛用于制备含能芯片[17-18]。通过将多孔硅浸渍在氧化剂的丙酮溶液中,并进行超声处理,能够将氧化剂嵌入多孔硅结构中。多孔硅材料可通过在30%~35%浓度的HF溶液中,0.1~0.5A条件下采用电化学刻蚀工艺制得。

多孔硅材料及其所制得的含能芯片如图7-35所示。多孔硅含能芯片的制作步骤:通过光刻工艺和电化学腐蚀工艺在硅晶圆上制备排列好的多个多孔硅芯片,并在这些多孔硅芯片序列上制备Cr金属桥,并将氧化剂嵌于多孔硅芯片序列中。

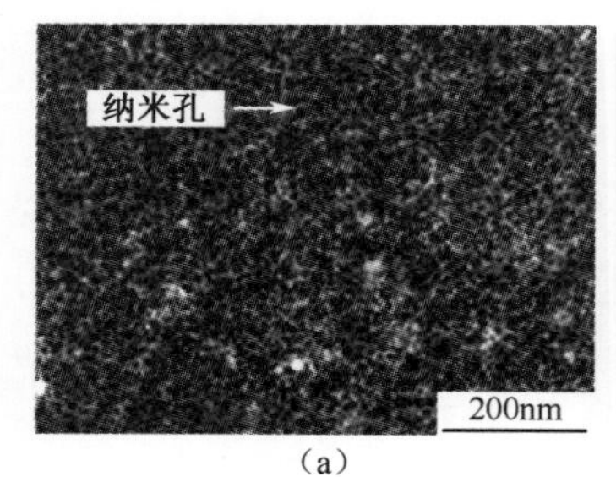

(a)

(b)

(c)

图7-35 多孔硅材料及其所制得的含能芯片

(a)多孔硅的微观结构;(b)多孔硅芯片序列;(c)含能多孔硅芯片序列。

NH_4ClO_4-多孔硅和 $NaClO_4$-多孔硅样品的DSC和TG分析结果显示，材料的分解过程中均只有一个放热峰(图7-36)。$NaClO_4$-多孔硅的初始分解温度为309.8℃，峰顶所对应温度为393.3℃，放热量为488.1J/g。NH_4ClO_4-多孔硅的初始分解温度为305.0℃，峰顶所对应温度为387.7℃，放热量为1046.3J/g。$NaClO_4$-多孔硅和 NH_4ClO_4-多孔硅的热失重分别为4.51%和24.76%；这可能是由于硅中氧化剂的充填程度不同或由于含能材料的不完全分解所致。根据两种材料的放热量，NH_4ClO_4-多孔硅的利用效率比 $NaClO_4$ 的利用效率更高。

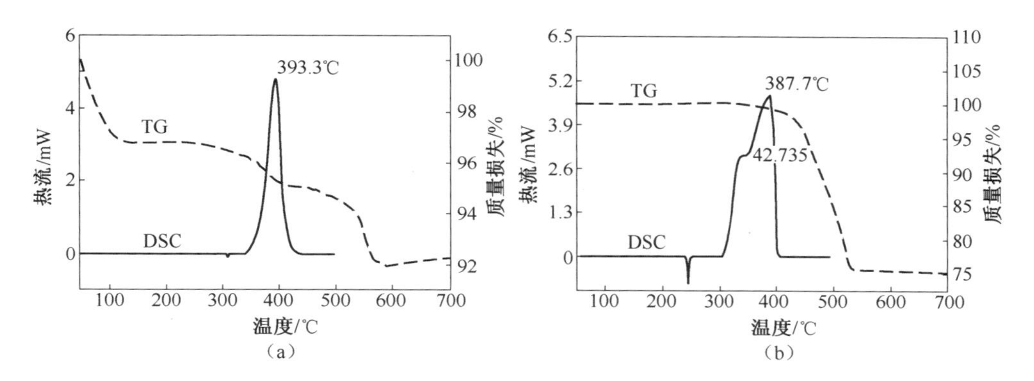

图7-36 $NaClO_4$-多孔硅与 NH_4ClO_4-多孔硅的DSC与TG曲线

在电容放电(100μF)的条件下研究了多孔硅含能芯片的点火特性。在不同放电电压条件下 NH_4ClO_4-多孔硅含能芯片的点火性能列于表7-5中。在多孔硅基体之上制备宽0.5mm、长1.0mm的铬金属微桥。NH_4ClO_4-多孔硅含能芯片发火过程的高速摄影图像如图7-37所示。

表7-5 NH_4ClO_4-多孔硅含能芯片的爆炸参数

点火电压/V	点火能量/mJ	爆炸持续时间/s	
		Cr微桥	NH_4ClO_4-多孔硅
80	0.240	8.9×10^{-5}	1.1×10^{-4}
90	0.153	2.4×10^{-5}	8.0×10^{-5}
140	0.286	2.7×10^{-6}	8.0×10^{-5}

研究结果表明，在高压放电作用下由于能够激励出等离子体，使得高压条件下更容易将 NH_4ClO_4-多孔硅含能芯片发火，而且140V放电条件下含能芯片的点火延迟时间比20V条件下的更短。在放电电压为110V条件下桥区的电爆温

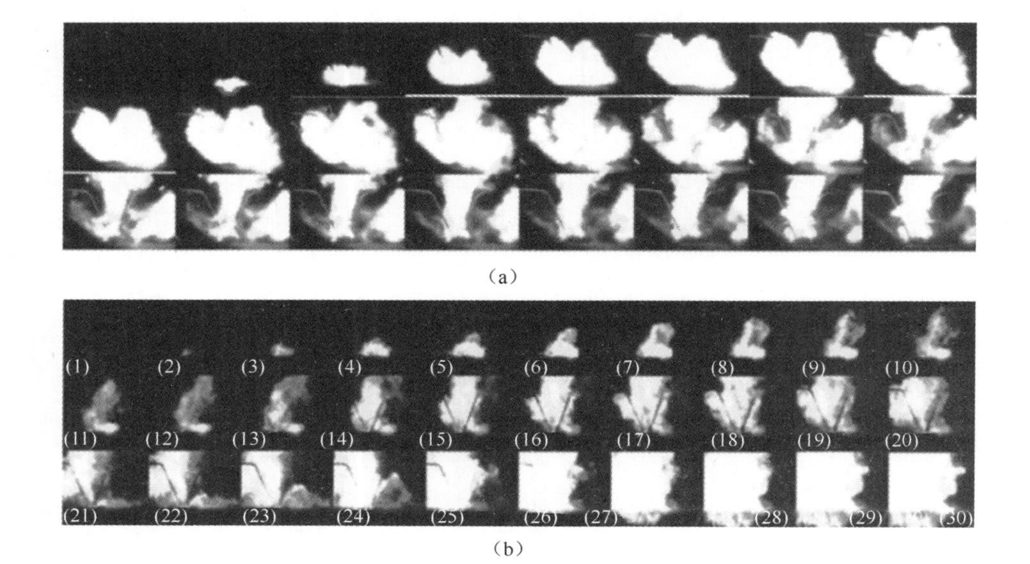

图 7-37　NH_4ClO_4-多孔硅芯片的点火过程

(a)多孔硅芯片在 140V 下的点火过程(快门 20000 帧/s);

(b)多孔硅芯片在 20V 下的点火过程(快门 20000 帧/s)。

度约为 7500℃。

7.4.3　三维结构 Fe_2O_3 纳米含能材料

通过模板法和溅射过程,合成了一种新的纳米结构材料 Fe_2O_3/Al[19]。三维结构 Fe_2O_3/Al 的制作步骤如图 7-38 所示。在基底上将聚苯乙烯球组装成聚苯乙烯球模板。将 $Fe(NO_3)_3$ 溶液浸入聚苯乙烯胶质模板中,然后通过煅烧将聚苯乙烯球模板去除,就能够制得三维结构 Fe_2O_3 薄膜。三维结构 Fe_2O_3/Al 薄膜是通过将 Al 溅射在三维 Fe_2O_3 薄膜上得到的。制作过程中不同阶段样品如图 7-39 所示。三维结构 Fe_2O_3/Al 样品的 DSC 分析结果和样品的热爆炸过程如图 7-40 所示。对样品的 DSC 分析是在 100~900℃ 的温度范围,以 20℃/min的升温速率,在 30mL/min 的 N_2气氛中进行的。第一个放热过程的放热速度较慢,放热峰的峰顶温度为 548℃。这说明在铝的熔点(660℃)之前,纳米尺寸的 Fe_2O_3/Al 薄膜反应较为温和。第二个放热过程放热速度更快,放热峰的峰顶温度为 770℃。这表明当铝熔融后,Fe_2O_3/Al 薄膜具有更高的热量释放速率。

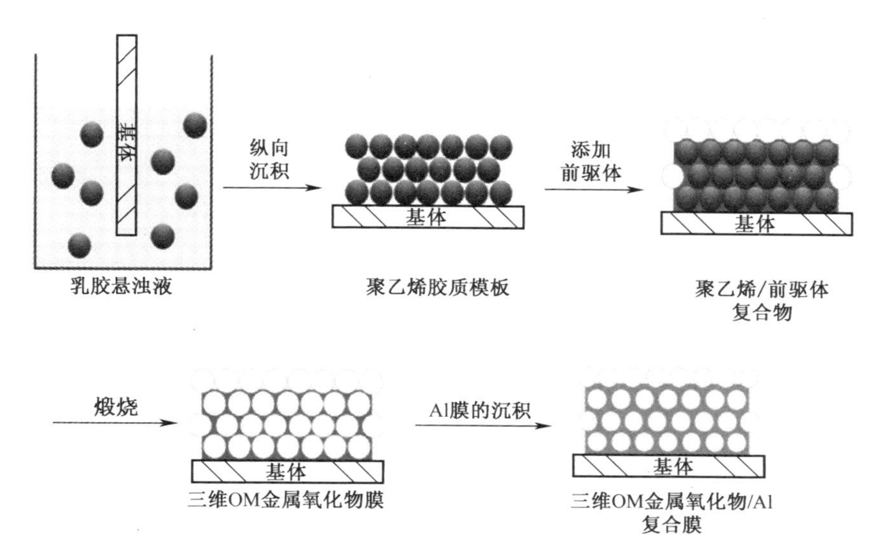

图 7-38　三维纳米铝热剂薄膜的制备流程

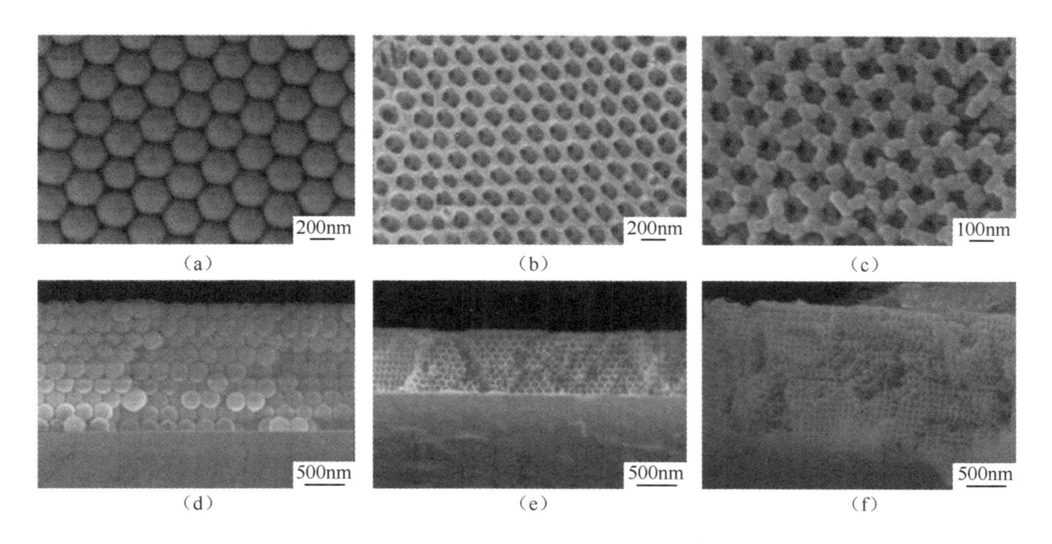

图 7-39　不同阶段样品的 SEM 图像

(a)、(b)聚乙烯球模板;(c)、(d)三维 α-Fe_2O_3 薄膜;

(e)、(f)Al 沉积后的 Fe_2O_3/Al 薄膜。

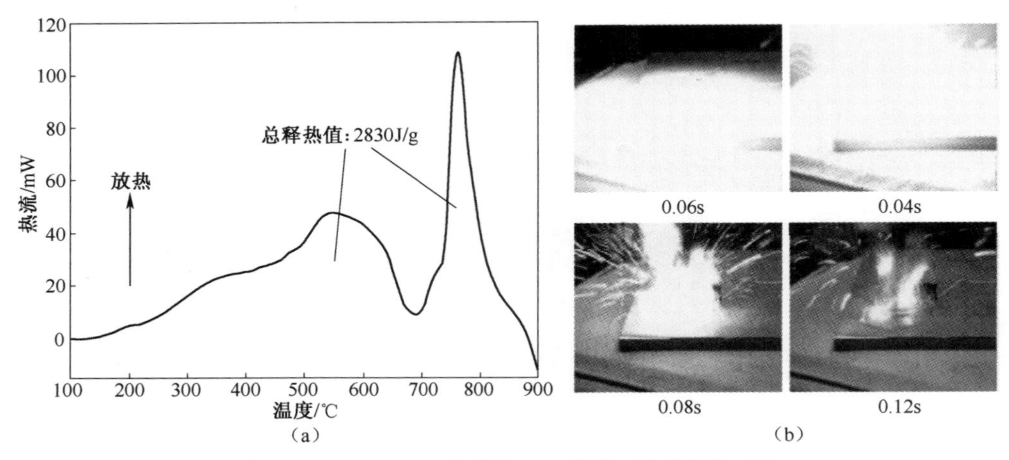

图 7-40 Fe_2O_3/Al 薄膜的 DSC 曲线以及热爆炸现象

7.5 结 论

NSEM 是一类非常重要的新型含能材料,由于它们具有纳米尺寸的结构,因此能够更快地释放化学反应的热量,有望取代传统的含能材料。对材料的热分析结果表明,NSEM 的反应具有尺寸效应,尽管放热量低于理论值,但是随着尺寸减小,反应速度变得更高。

因为制备工艺可以和 MEMS 制作工艺兼容,NSEM 适用于制备含能芯片或含能点火桥、微推进剂、微爆炸序列以及微芯片的封装。将 NSEM 组装在传统点火桥(如铬金属桥和半导体桥)上可以制备出含能点火桥,或者直接利用 NSEM 来制备点火桥(如 Al/Ni 点火桥或 Al/CuO 点火桥)。对于含能点火桥的测试结果表明,比起传统点火桥,含能点火桥能够放出更高的能量,具有更好的点火能力。当点火开始后,含能点火桥能够比传统点火桥产生更高的温度,获得持续时间更长的火焰。

由于广阔的市场应用前景,NSEM 长期以来一致是学术领域重要的研究对象。而对于 NSEM 的合成制备,性能表征和应用正是基于目前对于 NSEM 方面的基础理论研究。但是对于 NSEM 的界面反应和小尺寸效应的详细机理目前尚不清楚,因此,未来对于 NSEM 的基础研究将集中在这些领域。

致谢

感谢香港城市大学的 Kaili Zhang 教授,对我们的研究提供了大量帮助。感谢课题组的研究生们,他们的创造力和努力的工作使得我们的研究进展迅速。感谢 Wei Zhang 教授对本章内容的仔细审阅。

参 考 文 献

[1] R. Guo,Y. Hu,R. Shen,Y. Ye,L. Wu,A micro initiator realized by integrating KNO_3@ CNTs nanoenergetic materials with a Cu microbridge,Chem. Eng. J. 211-212 (2012)31-36.

[2] Y. Hu,R. Guo,Y. Ye,R. Shen,L. Wu,P. Zhu,Fabrication and electro-explosive performance of carbon nanotube energetic Igniter,Sci. Technol. Energ. Mater. 73 (4)(2012)115-122.

[3] K. Zhang,C. Rossi,G. Rodriguez,et al. ,Development of a nano-Al/CuO based energetic material on silicon substrate,Appl. Phys. Lett. 91 (11)(2007)113117.

[4] K. Zhang,C. Rossi,M. Petrantoni,N. Mauran,A nano initiator realized by integrating Al/ CuO-based nanoenergetic materials with a Au/Pt/Cr microheater,J. Microelectromech. Syst. 17 (4)(2008)832.

[5] Y. Wang,R. Shen,X. Jin,P. Zhu,Y. Ye,Y. Hu,Formation of CuO nanowires by thermal annealing copper film deposited on Ti/Si substrate,Appl. Surf. Sci. 258 (1)(2011)201-206.

[6] X. Jin,Y. Hu,Y. Wang,R. Shen,Y. Ye,L. Wu,S. Wang,Template-based synthesis of Ni nanorods on silicon substrate,Appl. Surf. Sci. 258 (7)(2012)2977-2981.

[7] D. Xu,Y. Yang,H. Cheng,et al. ,Integration of nano-Al with Co_3O_4 nanorods to realize high-exothermic core-shell nanoenergetic materials on a silicon substrate,Combust. Flame 159 (6)(2012)2202-2209.

[8] D. Li,P. Zhu,S. Fu,R. Shen,Y. Ye,T. Hua,Fabrication and characterization of Al/Ni and Al/Ti multilayer nanofilms,Chin. J. Energ. Mater. 21 (6)(2014)749-753.

[9] C. Yang,Y. Hu,R. Shen,Y. Ye,S. Wang,T. Hua,Fabrication and performance characterization of Al/Ni multilayer energetic films,Appl. Phys. A 114 (2)(2014)459-464.

[10] P. Zhu,D. Li,S. Fu,B. Hu,R. Shen,Y. Ye,Improving reliability of SCB initiator based on Al/Ni multilayer nanofilms,Eur. Phys. J. Appl. Phys. 63 (1)(2013)10302.

[11] P. Zhu,R. Shen,Y. Ye,S. Fu,D. Li,Characterization of Al/CuO nanoenergetic multilayer films integrated with semiconductor bridge for initiator applications,J. Appl. Phys. 113 (18)(2013)184505.

[12] P. Zhu,R. Shen,Y. Ye,X. Zhou,Y. Hu,L. Wu,Fabrication and electrical explosion of igniters based on Al/CuO reactive multilayer films,Sci. Technol. Energ. Mater. 73 (5)(2012)127-131.

[13] X. Zhou,R. Shen,Y. Ye,P. Zhu,Y. Hu,Influence of Al/CuO reactive multilayer films additives on exploding foil initiator,J. Appl. Phys. 110 (9)(2011)095505.

[14] P. Zhu,R. Shen,Y. Ye,X. Zhou,Y. Hu,Energetic igniters realized by integrating Al/CuO reactive multilayer films with Cr films,J. Appl. Phys. 110 (7)(2011)074513.

[15] H. Zhang,Y. Ye,R. Shen,C. Ru,Y. Hu,Effect of bubble behavior on the morphology of foamed porous copper prepared via electrodeposition,J. Electrochem. Soc. 160 (10)(2013)D441-D445.

[16] C. Wang,H. Zhang,Y. Ye,R. Shen,Y. Hu,Effect of nanostructured foamed porous copper on the thermal decomposition of ammonium Perchlorate,Thermochim. Acta 568 (2013)161-164.

[17] S. Wang,R. Shen,Y. Ye,Y. Hu,An investigation into the fabrication and combustion performance of porous silicon nanoenergetic array chips,Nanotechnology 23 (43)(2012)435701.

[18] S. Wang, R. Shen, Y. Chen, Y. Ye, Y. Hu, X. Li, Fabrication, characterization and application in nanoenergetic materials of uncracked nano porous silicon thick films, Appl. Surf. Sci. 265 (2013) 4-9.
[19] W. Zhang, B. Yin, R. Shen, J. Ye, J. Thomas, Y. Chao, Significantly enhanced energy output from 3D ordered macroporous structured Fe_2O_3/Al nanothermite film, ACS Appl. Mater. Interfaces 5 (2) (2012) 239-242.

第8章　纳米复合含能材料的燃烧行为

Alexander S. Mukasyan, Alexander S. Rogachev

8.1　概　　述

纳米复合含能材料由纳米尺寸的燃料和氧化剂颗粒或层状结构组成,具有独特的燃烧特性,包括低点火温度和高爆轰反应前沿传播速率。这种材料可以通过使用不同的方法制备,例如传统的纳米分散粉末混合,在高能行星式球磨机中对微米分散粉末进行机械加工,溶胶-凝胶技术和其他方法。本章将主要对无气体金属-非金属或金属-金属纳米结构复合颗粒,以及类铝热剂型金属-金属氧化物纳米颗粒混合物两种纳米含能材料进行介绍。以文献分析和初始实验数据为基础,从宏观和微观角度来分析这样的系统中的燃烧波行为。与微米尺寸混合物相比,无气体纳米体系具有不寻常的低反应起始温度,然而缓慢燃烧传播速率通常小于1m/s。燃烧进程缓慢通常是由于在复合物颗粒边界的热传导速率相对较低。同时,本章也讨论了多种通过调节颗粒间边界热传导性能来控制燃烧速率的方法。另外,纳米铝热剂具有极高的点火感度和极高的燃烧速率(如≥1km/s)。目前的观点认为,如此高的速率是因为在有约束条件下热气态物质之间的对流对反应介质在反应前进行了预加热。然而,在没有形成冲击波的情况下,是什么动力学机理促使反应前沿的超声波传播尚不清晰。这个问题将通过探索文献中提及的不同反应机理来讨论。本章也讨论了纳米复合含能材料目前和将来的应用,包括固体推进剂、点火器和材料焊接。

8.2　纳米结构复合高能量密度材料

首先,通过机械加工制备含能复合材料是一种简单有效的技术途径。事实上,仅仅需要混合两种或多种相关的原始粉末(通常为1~100μm),直到组分被球磨到纳米尺寸。有许多著名的机械研磨方法可以应用,例如在高速行星球及振动磨中,混合物颗粒会受到足够的机械冲击作用力而分解为易碎组分并塑性变形为黏性颗粒[1]。尽管塑性组分(通常情况下,金属)经历了多重压扁碰撞,易碎组分则可进一步被球磨成更细的颗粒。这些效应结合形成了多层组分,随着球磨时间的延长,层厚度随之减小。由于冷焊接过程,易碎组分的小碎片通常会在塑性组分颗粒中发现。因此,这些处理方法不仅减少了反应物的颗粒尺寸,而且增加了它们之间的接触面积。这些在惰性气氛、高强度研磨条件下新增的接触面积通常是无氧的,并且会包括很多缺陷。这些缺陷会增强制备出的反应物的化学活性[2-3]。由于这个原因,高能球磨(HEBM)过程通常称为机械激活(MA)。

虽然看起来比较方便,但是可反应的混合物的高能球磨也存在许多问题。例如,球磨过程中,反应物之间发生化学反应之前反应元素可以达到什么尺寸?事实上,众所周知,高能球磨过程可以造成一种反应物在另一种中的溶解(机械掺杂或机械合金);或者混合物组分可能发生反应,造成新化合物的形成(合成)。如果混合物的组分不相溶或者由于一些动力学原因不能反应,那么高能球磨可以形成结构组分尺寸为10~100nm纳米复合物。然而,在反应系统中高能球磨的持续时间不能超过临界值,超过临界值会由于在球磨过程中撞击或摩擦引起自发反应。

图8-1展示了高能球磨作用下混合物自燃温度 T_i 和球磨时间的函数关系[4]。对这些实验数据的分析可定性概括两种不同类型的依赖关系:对于Ti-Ni、Ti-Al、Ti-Si混合物体系,Ti随着高能球磨时间的增加单调减少,在临界球磨时间后,混合物不能燃烧;Ti-BN和Ti-SiC-C混合物体系表现出了另一种行为,即随着MA时间的增加,Ti先减少再慢慢增加。有人指出:在第一种情况下,自

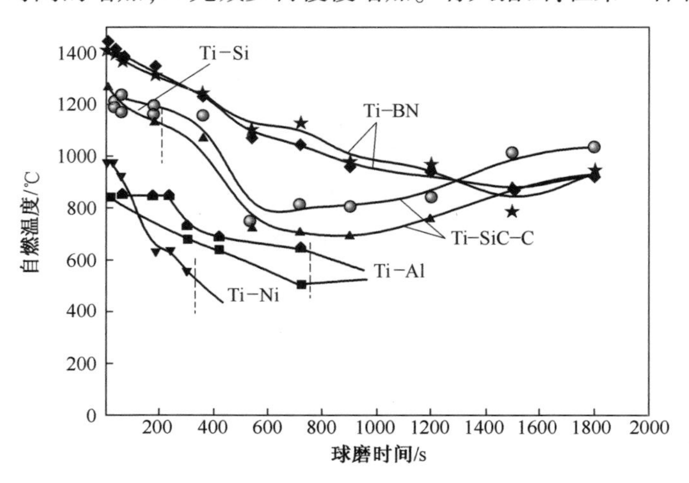

图8-1　氩气中反应混合物自燃温度与球磨时间的关系曲线

持反应在球磨过程中迅速发生;在第二种情况下,反应在混合罐中慢慢进行。这个假设通过对高能球磨得到颗粒进行 XRD 分析得到了证实。对于 Ti-Ni、Ti-Al 和 Ti-Si 体系,化学计量比相,即 TiNi、TiAl 和 TiSi 在一些临界球磨时间后部分出现,随着球磨时间的增加,它们的数量逐渐增加。第一组反应混合物的自点火温度急剧下降,并且由于其热释放速率高而在燃烧方面的应用中得到了关注。事实上,如果球磨在临界时间前停止,就可以得到具有低点火温度和完全保留反应热的反应混合物。这种方法称为反应抑制球磨法(ARM),在纳米复合含能材料制备中广泛应用[5]。

许多系统都证明了机械激活会导致自燃温度的降低。例如,经过 5~10h 研磨过程的低能激活,Ti-C 体系的自点火温度从简单混合的 1600K 降到了 770K[6];在 Ti-Si 体系中经过若干小时的激活后也发现了相应的降低,自点火温度从 1670K 降到了 870K[7]。对于 3Ti-Si-2C 体系,经过 90min 的激活后,自点火温度从 1190K 降到了 430K,但经过 106min 处理后,在大约 340K 下,自点火会直接在研磨罐中发生[8]。

高能球磨的临界时间、最低自点火温度和混合物的燃烧参数很大程度上取决于机械处理的强度。最新发表文献说明,机械激活过程的"效率"取决于很多因素,如速度、加速度、质量、尺寸、研磨体形状、磨的几何尺寸、研磨体(球)与被激活混合物的质量比、进行激活的媒介(空气、惰性气体、真空或液体)等[9]。然而,确定影响过程物理(不是工程)方面的撞击能量(球之间或球和壁之间的碰撞)、碰撞频率和激活时间三个主要参数是有可能的。根据这些参数,可以得到激活中参与的总能量。值得注意的是,并不是所有的能量都被储存在活性混合物中,因为大部分能量被转换成热量。虽然如此,这三种参数和产物可以用作比较所获结果的物理基础。就撞击能量而言,报告数据分为两种完全不同的组是十分重要的。第一组为低能激活,撞击能量为 0.1~0.2J,激活时间从几分钟到数十小时(注意:一些出版物的作者们通常说这种处理方法为高能处理,但我们说这些过程是低能激活)。这组的燃烧速率和温度与研磨时间的函数关系如图 8-2 所示[6,10-13]。第二组数据与高能激活相关,撞击能量为 1~2J 或更高,激活时间从若干秒到几分钟,这组的燃烧参数如图 8-3 所示[14-17]。

在低能激活的情况下(图 8-2),燃烧速率和混合物最高温度通常随着研磨时间的增加而增加。绝热燃烧温度的热力学计算值 T_{ad}: Ti-C 体系为 3290K,Nb-2Si 体系为 1870K,5Nb-3Si 体系为 2290K,Ti-2Si 体系为 1690K,5Ti-3Si 体系为 2400K。有一个合理的推测,反应速率的增加是由于这些组分的机械激活降低了热量损失,因此增加了在燃烧波中的转换率,进而又导致了所测最高温度的增加。在这些体系中可以看到最高燃烧温度 T_{max} 逐渐接近 T_{ad},但从来不超过计算值($T_{max}<T_{ad}$)。

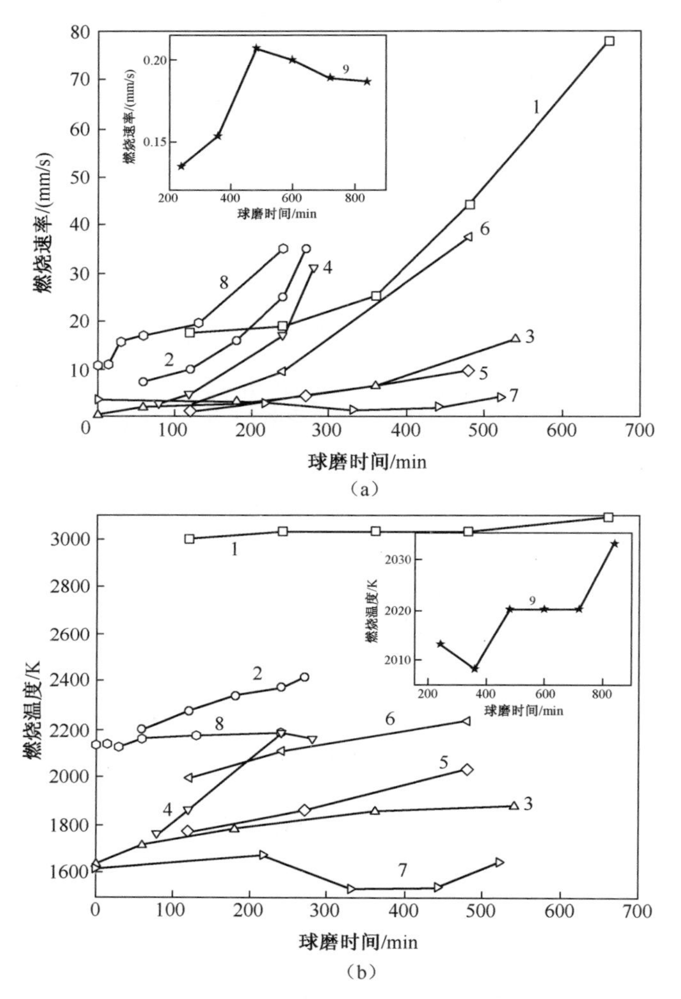

图 8-2 机械激活组分(低能机械激活)的燃烧参数

1—Ti-C[6];2—Ti-0.43C[6];3—Nb-2Si[10];4—5Nb-3Si[10];
5—Ta-Si[11];6—5Ta-3Si[11];7—Ti-Si[12];8—5Ti-3Si[12];9—Si-C[13]。

对于许多其他系统,T_{max}值往往高于热力学温度(图 8-2)。这些系统包括 Ta-2Si(T_{ad}=1794K)、5Ta-3Si(T_{ad}=1823K)、Si-C(T_{ad}=1873K)。在这些实验数据基础上可以得出结论:在机械处理的过程中,由于试剂晶格所积累的额外能量致使燃烧温度超过绝热值。在我们看来,结论是不成熟的。T_{ad}和T_{max}之间至少有三种误差来源:①高温下所考虑系统由于热力学不准确性造成的热力学计算错误;②温度测量的不准确性,尤其是高温测定法的使用[11];③媒介初始

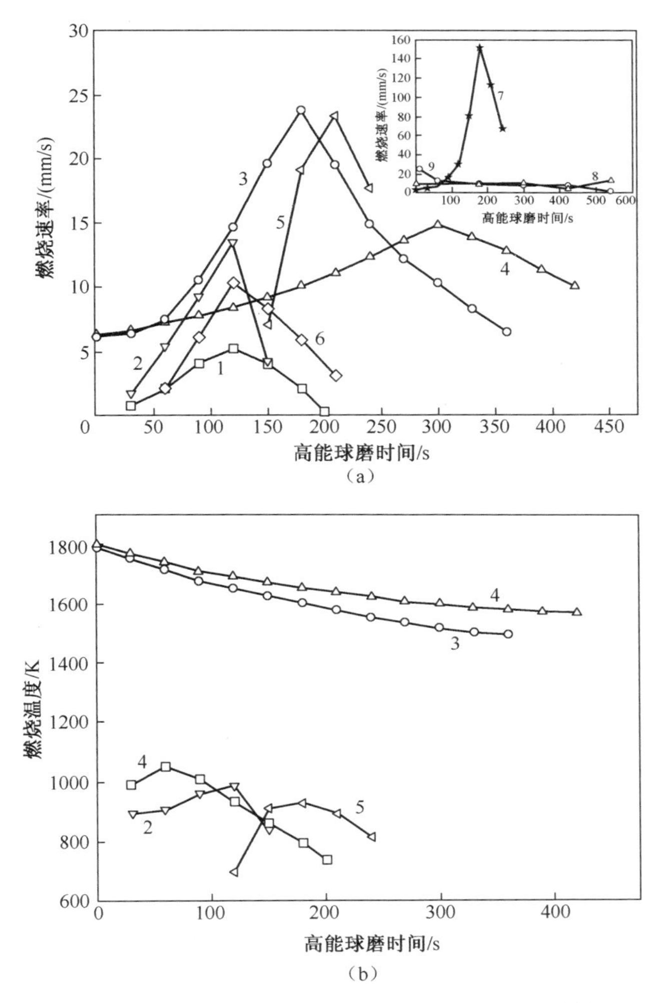

图 8-3 机械激活组分(高能激活)的燃烧参数

1—3Ni-Al[14];2—3Ni-Al[16];3—(Ti-2.1B)-60%Cu,60g[15];4—(Ti-2.1B)-60%Cu,40g[15];5—Ti-Ni[16];6—4Ni-Si[16];7—Ni-Al[16];8—Ni—Al,空气气氛[17];9—Ni-Al,氩气气氛[17]。

温度的不确定性。后面的误差出现是因为直径 8mm、高度 10mm 的圆柱形样品被位于圆柱体上表面 1mm 的热螺线点燃[11]。因为螺线和样品之间没有直接接触,表面被加热较慢,这就允许热量进入到样品中较大的深度,从而提高了初始温度。因此,需要进行额外的研究来确定球磨过程中的固体组分所储存能量对燃烧温度的影响。最后,对于在机械处理过程中逐渐出现产物的体系,随着燃烧温度的降低,自点火温度也随之降低。例如,5Ti-3Si 体系的 6h 低能机械激活会导致点火温度从 1250K 变为 1700K,伴随着燃烧温度同时从 2170K 降到 1620K[17]。

从图 8-3 可以看出,经过高能激活所获得的依赖关系是不同的。燃烧速率通常在 100~300s 的激活时间内有最大值。在之后燃烧速率的下降通常认为是由于激活阶段反应产物的形成。一些系统的温度曲线也有最大值。有趣的是,对于相同的组分,观察到 T_{max} 的研磨时间与达到最大燃烧速率的时间不同。在 Ti-B-Cu 组分中燃烧温度单调减小。在所有情况下,热电偶测量的最大燃烧温度都低于对应的绝热值。值得注意的是,具有低热效应(曲线 1~6)或低密度(曲线 7)的组分的燃烧速率有所增加。在混合物是以最佳计量比进行混合以获得高热值释放并压缩到最佳密度的情况下(插入到图 8-3:曲线 8 和曲线 9),没有观察到燃烧速率的增加[18]。弱放热组分的机械激活使增加转换率和降低最终产物中二次相的量成为可能[19]。

机械激活也应用于铝热剂型组分中。对于铝热剂型体系,大多数与机械激活相关的结果都与反应的开始有关,但在燃烧传播速率方面数据较少。文献[21-22]对多种铝热剂的机械和热激活进行了综述。铝热剂体系通常会发生燃烧剧烈,并释放大量的热量,并且不需要额外能量的激活而发生自持反应。机械激活可以应用在这些体系中来获得细颗粒(纳米晶体)产物(如 Al_3Ni-Al_2O_3 纳米复合物[23]),或者是强反应性铝热剂组分[23-27]。出于这个目的,首先,金属-金属氧化物体系自点火的临界时间在机械混合过程中可以被确定(通常为几分钟)。接下来,为了获得具有微米尺寸的小颗粒(从若干纳米开始)晶体中间产物,在接近所定义的临界时间的 1/2 时,机械激活被“抑制”。中间产物在很大程度上取决于机械激活的条件。

例如,Al-CuO 铝热剂体系的反应抑制球磨在振动器中进行,研磨钢球直径为 5mm,并用少量己烷作为过程控制剂,时间范围为 2~60min[20]。结果表明,当机械激活时间从 16min 增加到 60min 时,点火温度从 850~900℃降到了 650~750℃。点火温度的降低归因于较长研磨时间所实现的较高层次的结构细化[20]。机械激活组分的燃烧速率提高至一个相对温和的燃烧速率(Al-Fe_2O_3 的燃烧速率大约为 0.5m/s[25])。Al-MoO_3 铝热剂的点火激活能量为 150kJ/mol,Al-Fe_2O_3 的点火能量为 170kJ/mol。这些值与未激活铝热剂的活化值较为接近(如 Al-Fe_2O_3 体系的 $E_a \approx 170$kJ/mol[28])。

另一个重要的研究方向是无气孔含能材料的制备。两个过程应该区分开:①致密纳米复合粉末的制备;②将这些产物压缩为致密的宏观物质。从早期关于 SHS 混合物的高能球磨/机械激活开始,就有很多工作中都描述了金属-金属体系的致密层状颗粒的制备,如文献[23]论述了致密铝热剂型颗粒。通过高速摄影的记录可以发现,沿着复合物颗粒传播的反应速率比测得的平均宏观燃烧速率要高很多[29]。

然而,直到最近才发展出了一种巩固纳米复合物颗粒的方法,制备出了无气孔含能材料。冷气动喷雾(CGDS)法用来将反应复合颗粒致密层沉积在金属基材上[30]。颗粒通过高速气流(氦气)注射到铝基材上,并通过撞击产生的塑性变形固定在基材上。媒介的孔隙率降低到 1.0%±0.5%。致密度 99%的 Ni-Al 机械激活样品的燃烧传播速率大约为 20cm/s,比由相似组分颗粒制备的致密度为 75%的冷-压缩样品(5cm/s)高出许多。应该注意的是,初步机械激活是整个技术中一个十分重要的阶段,因为由 Ni 和铝粉末颗粒通过 CDGS 沉积的 Ni-Al 致密材料不能顺利点火[30]。文献[31]中讨论了 CGDS 过程中 Ni-Al 体系中的一些微观结构转变。

这种凝结方法也应用于 Al-CuO 铝热剂体系中,制备出了完全致密的材料[32]。然而, Al-CuO 多孔性的降低导致了燃烧传播速率从 20%密度的 140cm/s降到了 100%密度的 15cm/s。造成这种效应的原因可能是在孔隙率较高的情况下对流传导机理转变为低孔隙率下的热传导机理,这种情况下基本没有气体渗透的情况[32]。

高能球磨提高了活性复合物的感度,使一些无气体含能材料可以通过机械撞击激发[33-35]。高能球磨 Ni-Al 亚微米组分和 Ni、Al 纳米颗粒混合物之间的对比揭示了显著差异[34]。纳米粉末混合物的放热反应活化能为(230±21)kJ/mol,高能球磨组分的则为(117±8)kJ/mol。因此,由于低反应活化能,高能球磨样品对热刺激更敏感。然而,由于撞击时纳米颗粒之间的高接触应力,纳米粉末混合物对机械撞击激发更敏感。高能球磨后 Ni-Al 含能材料的撞击点火阈值从大约 500J 降到了大约 50J[35]。

总结实验结果可以得出结论,机械激活会导致以下效应:①自点火温度的降低;②扩大可燃度极限;③反应更完全;④在一些情况下,增加燃烧波传播速率;⑤使混合物对机械撞击激发更敏感。这些效应的机理通常与高能球磨/机械激发所造成的微/纳米结构变化有关。接下来简单介绍一些在文献中所讨论的这种相关性。

第一个效应与纳米尺寸的不均匀性机械诱导反应媒介的形成有关,该效应增强了这些体系的反应性。例如,大多数学者观察到了 XRD 衍射峰变宽,并将其作为晶粒尺寸减小的证据。一些作者展示了纳米结构更直接的 TEM 或 STEM 扫描结果[17,36-40]。这些结果证实了在机械处理粉末中纳米尺寸颗粒或晶体的存在。图 8-4 展示了纳米结构 Ni-Al 含能材料 STEM 扫描图片[37]。在图上可以观察到 Ni/Al 边界及交叠薄层(50~100nm),在交叠层中,Ni 纳米颗粒浸没在 Al 基体里。这种薄层的形成导致了反应活性的增强,当无气体含能系统热爆炸由单相固态反应主宰时,增强的反应活性使“固体火焰”现象的出现成为可能。

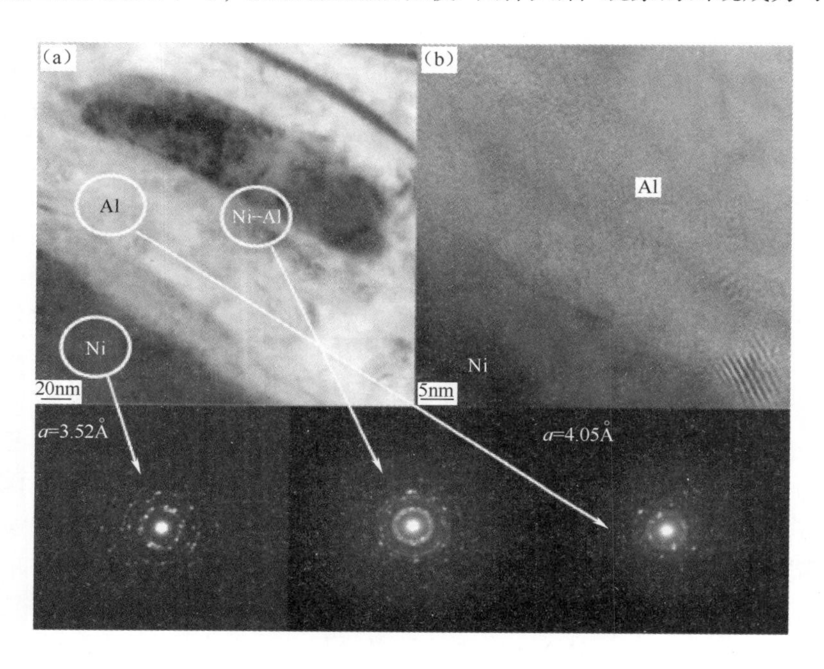

图 8-4　纳米 Ni 颗粒嵌在 Al 矩阵中界面处的 STEM 显微照片以及一些区域缺陷的缺乏[37]
注:电子衍射谱表明,Ni(a=4.52Å)、Al(a=4.05Å)、Ni 和 Al(中心)的未反应混合物。

同时,也揭示了高能球磨 Ti+C 混合物微观结构和反应活性之间的关系[38]。经过短时间的高能球磨后,自点火温度从大约 1900K 降到了大约 600K。结果证明,若干因素的结合导致了反应活性的提高,碳在高能球磨的第一个阶段发挥着重要的作用(因为其为反应物提供了高接触表面)。

第二个效应涉及不稳定固体溶液的形成。例如,Al-3Ti 反应混合物在硬脂酸($CH_3(CH_2)_{16}COOH$)中进行制备,以阻止金属颗粒的冷焊接,并且在氩气中低能机械激活[41]。经过 100h 的机械激活后,XRD 衍射分析表明有新的相出现,原因是钛在铝的 FCC 晶格中形成的过饱和固体溶液。晶体在这个相中的尺寸极小(3.8nm),可以由 Scherrer 公式得出。此外,这些溶液不能存在于平衡相图中。颗粒的 TEM 分析证实了这种不平衡溶液与纳米尺寸晶体的形成。这些颗粒反应性极高:颗粒尺寸为若干纳米的 Al_3Ti 平衡相形成后,在电流密度约为 20pA/cm^2的电子束下暴露 1s 即可使溶液自点火。机械激活可以促使含有小尺寸晶体的非平衡态过饱和溶液的形成,由于结构发生变化,复合物具有独特的反应性。在这些结果的基础之上,进一步研究了这些非平衡过饱和纳米晶体溶液在不同媒介(空气、氧气)中的点火和燃烧参数[42-45]。例如,通过球磨制备的 Mg-Al 非平衡相溶液点火温度(约为 1000K),远远低于 Al 的点火温度(约为 2300K)[42]。在 Al-Ti、Al-Li 和 Al-Zr 体系中也有相似的结果[43-45]。

许多学者指出,机械变形确保了反应物之间的干净(没有氧气)接触界面,没有氧化物和污染增强了混合物之间的反应性。这个假设需要进一步的实验验证和量化。

建立了激活混合物燃烧的数学模型,模型考虑到了以下因素:①混合物中增加了额外的能量;②增加接触表面积(反应物破碎);③化学反应活化能的变化[46]。这个模型增加了相变热后得到了完善[47]。总的来说,这些模型得出了合理的、可预测的结果,如燃烧速率的增加。微观不均匀(离散)模型成功地解释了[29]燃烧波在机械激活(结构化的)无气体体系中传播的一些特征,尤其是在微观水平下。实验结果与理论之间的差异仍太大,而不能对过程进行准确的定量模型化。需要获得关于高能球磨过程以及机械激活混合物的微观结果和性质的实验数据,作为机械制备纳米结构含能材料的充足理论基础。

8.3　纳米铝热剂

铝热剂是金属和金属氧化物粉末的均匀混合烟火药剂,可以产生放热的氧化还原反应。两个世纪以来,在铝热反应中 Al 和/或 Mg 已经作为还原剂来还原金属矿石。这些反应已用来获得包括铀在内的许多金属[48]。作为一种新型的材料制备方法,燃烧合成(CS)扩展了铝热剂体系的应用,不仅可以合成金属,而且可以合成更多复杂组分,如陶瓷、金属陶瓷和复合材料[49]。这种类型的金属合成例子之一为

$$B_2O_3^{(s)} + 3Mg^{(s)} + Ti^{(s)} \longrightarrow 3MgO^{(l)} + TiB_2^{(s,l)} + 700kJ/mol$$

式中:TiB_2是理想产物(陶瓷);MgO 可以通过在酸溶液中浸析被移除。

含有添加剂的还原-燃烧合成方法,即碱金属熔盐-辅助燃烧合成,广泛应用于金属(Ti、Ta、W)和金属碳化物(TiC、TaC、WC)纳米粉末的制备中[50]。

制备相对低成本的纳米粉末技术的进步使制备理想结构和性质的纳米含能材料的工程化成为可能。在含能材料中,纳米化的主要目的是增强反应组分之间的接触面积,从而增强反应速率并减少点火延迟时间[51]。然而,可得到纳米颗粒,如金属(Al、Ni、Cu)、非金属(B、C、Si)以及许多氧化物的粒径分布范围较

广,一篇叙述这一现象的综述性文章讨论了过去 10 年内关于纳米铝热剂和超级铝热剂的主要研究。

与微米级反应性混合物相比,纳米铝热剂的特殊性是其极高的热及机械点火感度和高反应速率。此外,对一些系统来说,还有极快的气体变化速率[52]。因此,纳米铝热剂可作为有毒物质(如铅和汞盐)的替代物用于武器中的点火器件和无铅起爆药中[53]。此外,纳米铝热剂的反应传播速率与传统起爆药相似,使其有望应用在快速脉冲微推进器中[54]。在充满空气的管中,纳米铝热剂组分可以产生马赫数高达 2.44 的冲击波[55],因此可以用于纳米材料的制备,如纳米钻石[56]。纳米铝热剂在微米和纳米机电系统与传感器领域中也有极广泛的应用前景[57]。最后,还有一些和气体发生器相关的特殊应用[58]。本章主要集中于纳米铝热剂的燃烧特性的讨论上,这对纳米在不同含能材料的应用尤为重要。

8.3.1 纳米铝热剂体系:类型和制备方法

表 8-1 总结了一些研究超级铝热剂体系反应物化学组分和颗粒尺寸的数据。参数 φ 决定了最初混合物的组成:

$$\varphi = (m_f/m_{ox})_{exp}/(m_f/m_{ox})_{st}$$

式中:$(m_f/m_{ox})_{st}$ 为燃料与氧化剂质量比;$(m_f/m_{ox})_{exp}$ 为实验中所使用的比例。

可以看出,研究主要集中在以纳米铝粉作为还原剂的纳米铝热剂体系。因此,将这些纳米颗粒的形貌和微结构作为影响因素考虑是十分重要的。

表 8-1 一些超级铝热剂的参数

体系	复合物比例 φ	铝粉粒度/nm	氧化物粒度和形貌	文献
$Al-MoO_3$	0.5~4.5	17,25,30,40,53,76,100,108,160,200	10μm/10nm,片状	[59-60]
	1.2	50,80,120	10μm~10nm	[61]
	1~1.45	44,80,120	1μm~20nm	[62]
	1	44	15.5nm	[63]
	1.2~1.4	30,45,140,170	BET=66m²/g	[64]
	0.65~1.6	80	30~200nm	[65]
$Al-WO_3$	1~1.5	80	20~100nm	[66]
$Al-Bi_2O_3$	1~1.5	80	2~25μm,管状	[66]
	1	40,100	40nm,108nm,321nm,416nm	[67]

（续）

体系	复合物比例 φ	铝粉粒度/nm	氧化物粒度和形貌	文献
Al-CuO	1~1.5	80	20~100nm	[66]
Al-Fe_2O_3	0.9~4	52	BET=50~300m^2/g	[68]

Al 颗粒表面总有一层薄的 Al_2O_3 层。纳米 Al 颗粒通常在充满氮气(99.9%(体积分数)的 N_2,50ppm O_2)的手套箱中储存,用来防止进一步的氧化和污染。在空气中不同暴露时间(0~90min)的 TEM 图(纳米铝粉)如图 8-5(a)~(d)所示[69]。可以看出,暴露在空气中之前氧化层厚度约为 1nm,暴露在空气中 30min 后氧化层厚度约达到了 4nm。

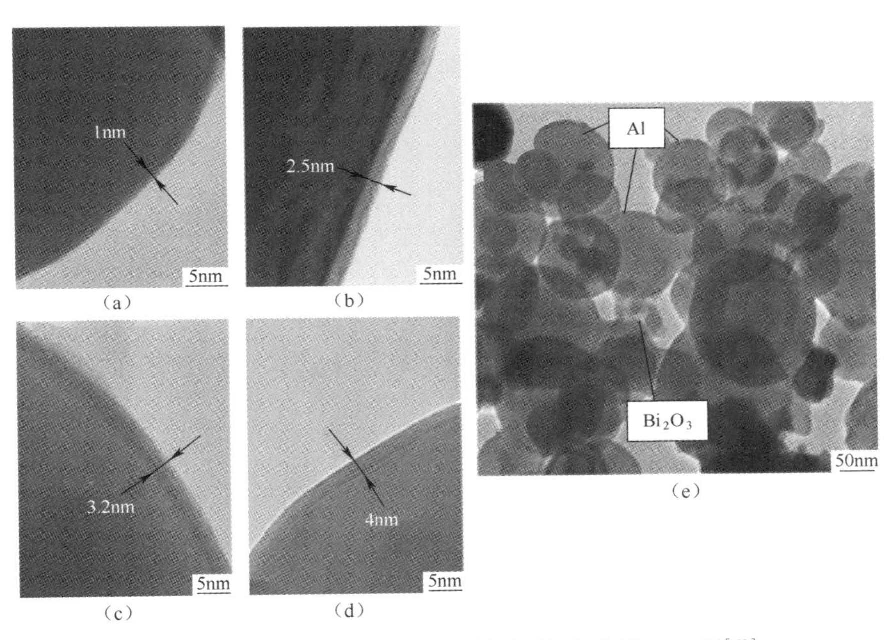

图 8-5　纳米铝粉在空气中不同暴露时间氧化层 TEM 图[69]

(a)暴露时间 0;(b)暴露时间 5min;(c)暴露时间 20min;

(d)暴露时间 90min;(e)Bi_2O_3+纳米 Al 颗粒混合物。

下一个必须考虑的问题是纳米 Al 颗粒中活性金属含量,这取决于粉末的尺寸和制备方法。Argonide 公司和 Novacentrix 公司生产的两种纳米铝粉被学者们广泛使用。Argonide 铝粉是通过电爆炸丝法制备的,通常称为 Alex 铝粉。Novacentrix 铝粉是通过使用等离子加热及惰性气体冷凝法制备的。Argonide 铝粉是由熔融得到的纳米颗粒和一些较大的微米级颗粒组成,而 Novacentrix 纳米铝粉由颗粒尺寸分布较窄的球形颗粒组成,这些粉末的性质如表 8-2 所列。从反应程度的角度来看,这些不同的性质决定了 Al 和氧化剂之间不同的最佳比例导致不同的反应速率[70]。因此,像颗粒中活性金属的含量等参数,通常在微米级体系中不被重视,而在反应性纳米混合物中材料的燃烧合成中却成为一个重要的问题。

表 8-2 纳米铝粉的一些性质

粉体	活性金属含量/%	颗粒尺寸/nm	BET/(m^2/g)	供应商
Novacentrix 铝粉	79	80	28	Novacentrix 公司
Alex 铝粉	86	100	13	Argonide 公司

纳米铝热剂体系 Al-MoO_3、Al-CuO、Al-Fe_2O_3、Al-Bi_2O_3、Al-WO_3 引起了最广泛关注,这些体系中关于 Al-CuO 和 Al-MoO_3 混合物的实验最多。纳米铝热剂体系的研究促进了反应混合物新型制备方法的发展。传统机械超声混合,高能球磨和溶胶-凝胶法等多种方法用来制备反应物之间具有高接触表面积的混合均匀的纳米粉末。然而,每种方法都有一些缺点:物理方法(如超声混合和高能球磨法)制备纳米混合物在纳米级别上会出现氧化剂和燃料颗粒的不均匀分布;溶胶-凝胶法可以更好地控制固相反应物的分布,但是会导致不理想产物的出现,如 Al_2O_3(来自溶解的 $AlCl_3$ 盐)或 SiO_2(来自所添加的硅醇盐)。为了克服这些限制,发明了一种表面活性剂自组装方法来制备分子级别混合的纳米结构反应混合物(如 Al 金属燃料和 Fe_2O_3 氧化剂)[71]。这个过程包括:①使用表面活性剂包覆 Fe_2O_3 纳米管,如在异丙醇中超声 4h 的聚乙烯吡咯烷酮(PVP);②通过反复离心移除残余表面活性剂;③在 65℃下将提取的粉末干燥 12h;④对含有纳米铝粉的 PVP 包覆纳米管进行超声处理;⑤进行表征前在 65℃下对所制备的混合物干燥 12h。通过两种不同技术,即自组装和传统物理混合,制备的混合物的形貌和微观结构如图 8-6 所示。自组装法制备的 Al-Fe_2O_3体系(图 8-6(a)、(b))实现了 Fe_2O_3 纳米管和纳米 Al 颗粒之间高接触表面。另外,在通过物理混合制备的样品中发现了团聚的 Al 团簇(图 8-6(c)、(d))。

例如,通过自组装法制备得到的 Al+Fe_2O_3 纳米铝热剂与通过简单的物理溶剂混合所制备的样品相比,在反应动力学方面表现出明显的增强[72]。通过自组装法增加了燃料和氧化剂之间的接触面积,从而显著增强了反应物之间的固相扩散。物理混合的纳米级反应物与自组装法制备的热反应性能低这一事实,表明了界面间接触面积比反应物尺寸更重要。这个结论对超级铝热剂的不同应用至关重要。

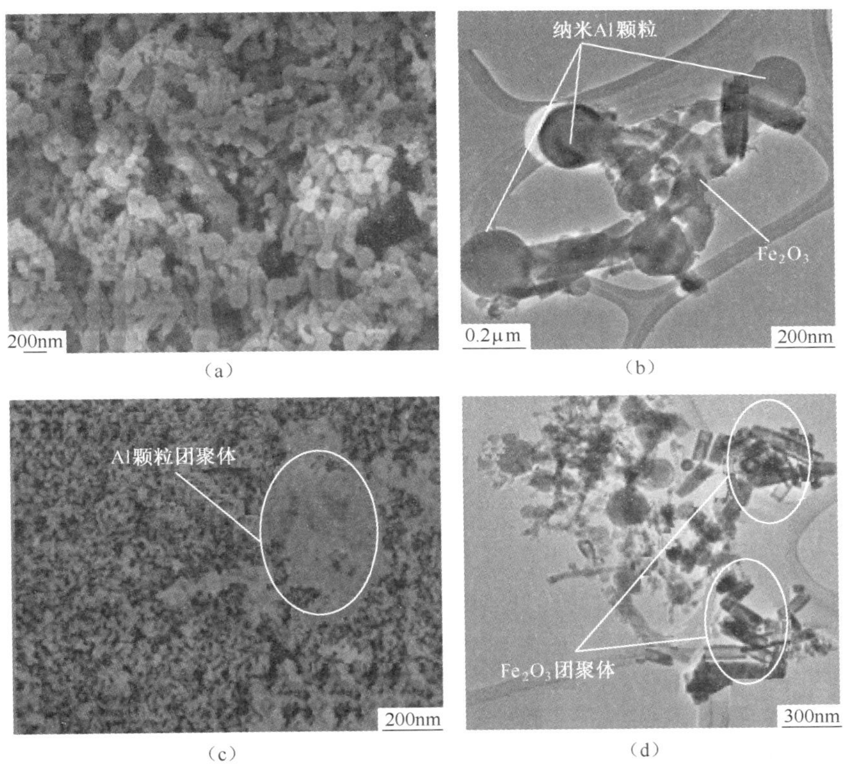

图8-6　通过自组装法(图(a)、(b))和物理溶剂混合法(图(c)、(d))制备的 Fe_2O_3-纳米Al颗粒反应混合物的FESEM图(图(a)、(c))和TEM图(图(b)、(d))

8.3.2　燃烧特性

点火参数(如点火温度和延迟时间)以及燃烧参数(如燃烧速率和温度分布)都被进行了测定。值得注意的是,燃烧速率应在三种不同实验条件下测定:①有约束的混合物,如在一端开口的管中;②松散的混合物,放置在敞开的平面中或在全部敞开的管子中;③可自行立置的压缩样品。点火和燃烧过程通常可以通过光敏二极管或高速摄影相机(如Phantom)得到。

1. 点火参数

总体来说,与组分相同的微米级混合物相比,纳米铝热剂具有较低的点火温度 T_{ig} 和较短的延迟时间 t_d。例如,在Al-MoO_3 体系中,使用激光对不同样品进行预加热,然后用热电偶测得的温度-时间关系(图8-7)证明了这一点[59]。在这些实验中,50W的 CO_2 激光聚焦在圆柱形样品端面的横梁上(直径为2mm)进行预加热。可以看到颗粒直径为17~200nm的纳米铝热剂在20ms内被点燃,然而具有相同组分但颗粒尺寸为微米量级(3.5~20μm)的铝热剂点火时间延迟1~5s。差示热分析(DTA)结果证明纳米铝热剂的反应初始温度低于微米体系的温度。例如,当Al颗粒直径为10μm时,Al-MoO_3体系的主放热峰在950℃左右,当Al颗粒直径为40nm时,主要放热峰在500℃左右[60]。值得注意的是,这些值与热电偶所测值(图8-7)不同,但是定性结论是相同的,即达到铝的熔点时,微米级铝粉反应强烈,然而纳米颗粒在固相反应中就非常活泼。Pantoya和Granier也在不同升温速率下通过DTA对这一问题进行了研究[61]。反应初始温度和反应物颗粒尺寸具有近似线性的关系,对升温速率的依赖性较弱。

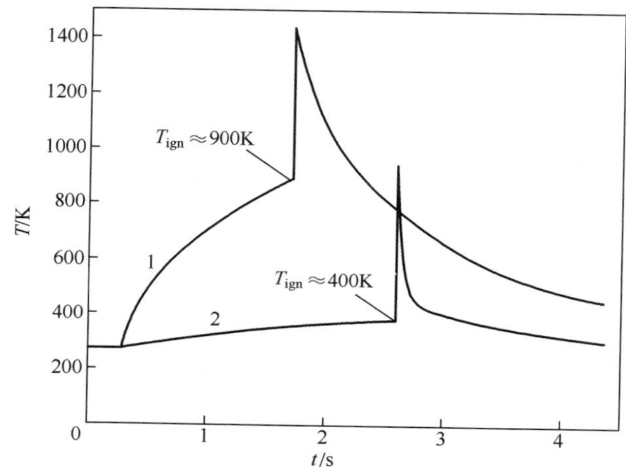

图8-7 Al-MoO_3型铝热剂的加热及点火温度曲线

1—3~4μm的铝粉;2—55nm的铝粉。

注:两种混合物的激光点火功率分别为15W和5W。

Puszinski等[67]研究了Bi_2O_3/Al纳米铝热剂体系中的激发参数。还有一些研究致力于寻找可以使Al和Bi_2O_3在水中进行混合后无明显化学组分变化的有效抑制剂。结果表明,磷酸二氢铵($NH_4H_2PO_4$)是最好的抑制剂——通过在纳米铝粉表面形成包覆,包覆层使Bi_2O_3和铝粉末可以在水中进行混合,并使混合物分布均匀。测试了超级铝热剂在静电作用下的点火感度,Bi_2O_3/Al体系是最敏感的,其点火仅需约0.1μJ的能量(Al-MoO_3和Al-Fe_2O_3体系所需能量约为50μJ和1μJ)。相同条件下将十八烯酸作为抑制剂会导致自点火所需能量的明显增加(超过1个数量级)。此研究也表明,由于超级铝热剂超高的点火感度,应该特别重视操作时安全性。

2. 燃烧速率

图8-8(a)展示了纳米铝热剂在有约束的条件下,如封闭的管道或管子中燃

烧速率的一般数据,其最大密度与松散密度相接近。虽然这些数据分布极为广泛,从数百米每秒到 1km/s,但所有值均明显高于微米尺寸颗粒所组成的均匀体系的燃烧速率。

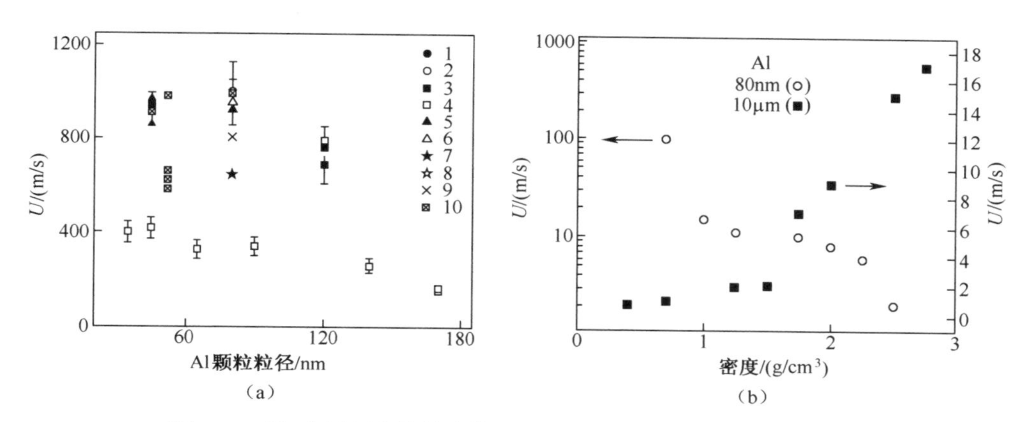

图 8-8　铝-金属氧化物纳米体系在封闭通道或管道内的燃烧速率

(a)相对低的混合物密度;(b)纳米/微米级非均相 MoO_3-Al 混合物的燃烧速率与密度的关系[59]。

注:MoO_3-Al[62](1~3),MoO_3-Al[63](4),MoO_3-Al[64](5),MoO_3-Al[66](6),Bi_2O_3-Al[66](7),WO_3-Al[66](8),CuO-Al[66](9),Fe_2O_3-Al[68](10)。

Bockmom 等[62]使用较长的样品(直径为 3mm,长度为 10cm)来研究燃烧速率和金属颗粒尺寸(铝粉粒径为 45nm、80nm 和 120nm)之间的函数关系。在所有实验中,具有松散结构(为理论密度的 5%~10%)的粉末被放置在丙烯酸管中,从封闭端点燃,另一端保持开放。燃烧速率根据高速摄影所记录的逐帧画面及管内气体压力的变化计算。实验中记录了极高的燃烧速率(600~1000m/s),超过了在文献[59-60]中相同组分所测值的数百倍。

纳米 Bi_2O_3 颗粒的燃烧速率极高,所述的 Bi_2O_3 是通过使用硝酸铋和甘氨酸进行溶液燃烧合成制备的[72-73]。反应混合物的微观结构,包括合成的纳米 Bi_2O_3 颗粒和平均直径为 100nm 的纳米 Al 颗粒,如图 8-5(e)所示。观察到此体系的发光前区传播速率可以达到 2500m/s,并且,反应器中的气体压力增加极其迅速(10μs 内)。实验证明 Al_2O_3 层的厚度明显影响反应动力学,可以再次得出结论:当纳米铝粉在铝热剂体系中作为还原剂时,应当考虑金属颗粒的微观结构特征。因此,纳米铝热剂的第二个特点为燃烧前区的传播速率极高。

3. 对反应物密度的依赖性

Pantoya 和 Granier 获得了微米和纳米级别 MoO_3-Al 体系非均相混合物燃烧速率和反应物密度的关系的比对结果,结果如图 8-8(b)所示[59-60]。结果表明,微米级颗粒的燃烧速率随着反应中间产物密度的增加而提高(与混合物热扩散性的加强有关)。在纳米混合物中出现了相反的效应——极低密度的样品的燃烧速率较高(约为1000m/s),致密样品的燃烧速率适中(约为1m/s),与微米级粉末所获数据类似。这些结果表明,超级铝热剂在细通道中的燃烧发光阵面极高传播速率是由热气体消耗宏观动力学造成的,而不是由纳米体系中化学反应动力学造成的。纳米铝热剂中随着反应物多孔性的增加,燃烧速率随之增加这一结论可以通过在不同实验条件下所获的燃烧速率支持。

4. 对实验配置的依赖性

Sanders等[66]研究了燃烧速率和Al/WO_3、Al/MoO_3、Al/Bi_2O_3和Al/CuO四种铝热剂体系反应混合物组分及密度的函数关系。所有实验都使用了粒径80nm的铝粉;但氧化物颗粒粒径不同,WO_3(100nm×20nm)和MoO_3(200nm×30nm)薄片,CuO (20nm×100nm)纳米柱和微米级(2μm)Bi_2O_3颗粒。研究了这些组分在三种不同的条件下的燃烧:在封闭反应器中(测试了压力动力学),在开放基板上(松散密度),在一端封闭的细长(约为3.5 mm)丙烯酸管中(相对密度为47%)。以上实验得到了两个主要结果:首先,在基板上所有组分的燃烧速率都比管道中的低,WO_3的燃烧速率分别为365m/s、/925m/s,MoO_3燃烧速率分别为320m/s、950m/s、CuO燃烧速率分别为525m/s、800m/s,Bi_2O_3燃烧速率分别为425m/s、645m/s。其次,丙烯酸管中压实混合物的燃烧速率远低于松散混合物。Son等[65]研究了更细微通道中的燃烧(内直径分别为0.48mm、1.01mm和1.85mm)。燃烧过程的连续帧如图8-9(a)所示。如文献[62]所述,尽管样品直径较小,测得的燃烧速率却极高(400~1000m/s)。随着通道直径的降低,燃烧速率减小(图8-9(b)),这是较高的热损失所造成的。

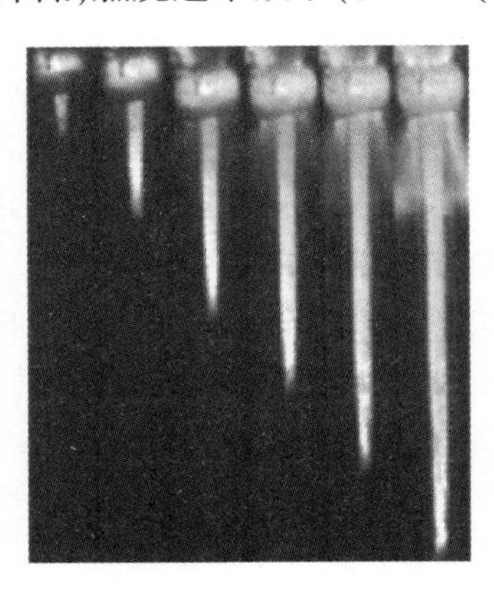

(a)

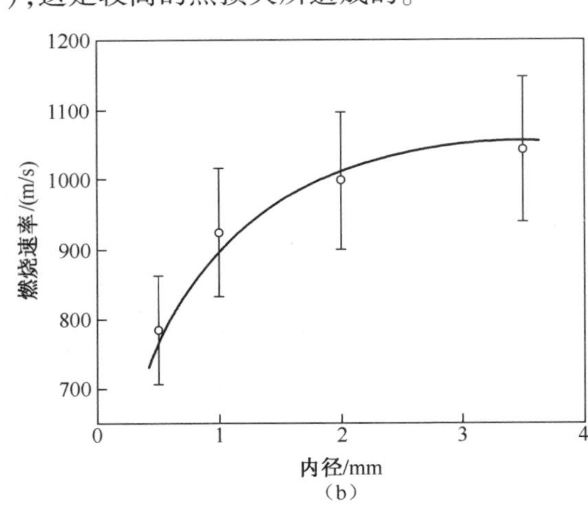

(b)

图8-9 丙烯酸管内(内径2mm)的燃烧火焰(间隔为13.8μs)以及燃烧速率与管内径的关系

最近的工作再一次证明了 Al_2O_3-Al 体系在约束条件下的燃烧速率约为960m/s,然而在开放体系中的速率仅为12m/s。其他纳米铝热剂体系也有类似定性的趋势。

5. 对反应物颗粒尺寸的依赖

文献[59]表明,$Al-MoO_3$ 的点火延迟时间与粒径17~200nm的Al颗粒无关。文献[60]也表明,燃烧速率几乎与纳米铝粉的粒径大小无关(图8-10(a))。文献[64]中观察到了在相同的体系中反应传播速率的降低(图8-10(b))。然而总体来说,文献分析表明,当铝粉粒径在20~200nm范围内变化时,燃烧速率与铝颗粒粒径几乎不相关。

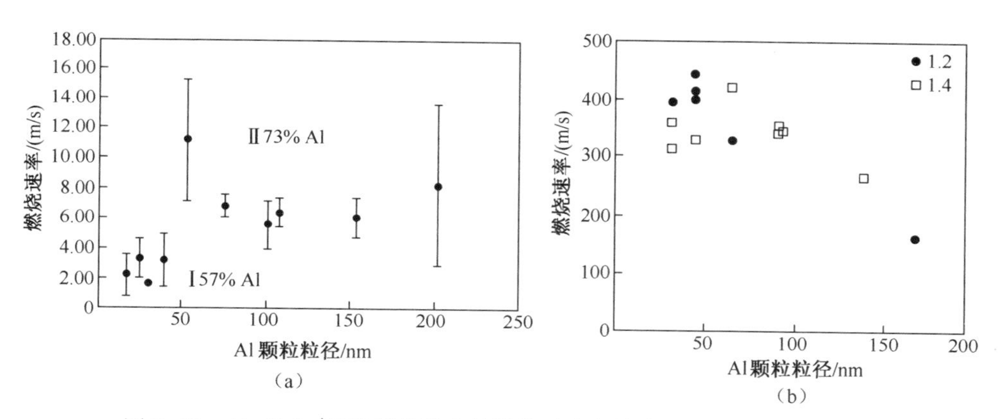

图8-10　$Al-MoO_3$ 铝热剂体系中的燃烧速率与纳米Al颗粒粒径的关系

理解这些结果,必须考虑实验设计的特点和纳米铝热剂复合物的燃烧机理。

8.3.3　反应机理

纳米铝热剂体系中燃烧速率的变化范围很广。正如以上所述,燃烧速率超过1km/s,虽然与反应物中的声速接近,却没有发生爆炸现象。这些数据仍需要进行实验验证,并且需要对所得结果进行修正。实际上,关于微米铝热剂体系[49]中燃烧速率都为1~100m/s。没有动力学模型[75]可以只通过考虑反应物的尺寸效应来预测 U_c 如此大的燃烧速率增长。此外,在纳米金属箔中观察到的最大燃烧速率[76]不超过100m/s。值得注意的是,在纳米箔中,试剂的颗粒尺寸甚至小于传统纳米铝热剂体系,并且其热导率与纳米颗粒多孔混合物的热导率相比更高。基于以上讨论,可以得出结论:纳米铝热剂体系中测得的热点传播速率与燃烧速率的经典定义无关,而是与在约束环境中高温、汽化和气体流动的相互作用有关。

为了理解燃烧过程中气相的作用，Bockmom 等[62]提出了热熔化 Al 和汽化 MoO_3 通过气流传输到未反应物冷区域的对流燃烧机理。这个机理与之前基于模型实验分析得出的结论一致[63]。实验条件：以蓝宝石盘（厚度为 0.4mm，直径为 4.4mm）为“边界”、由金属氧化物组成的“惰性”多孔塞（厚度为若干毫米），以上设置的排布方向与丙烯酸管中的 Al（44nm）和 MoO_3（15nm）松装纳米混合物粉末中的燃烧波的传播方向一致。结果表明，辐射热转换盘明显阻止了反应前区的传播，同时，反应前区只能通过惰性多孔塞“跳跃”传播。在管开放端的压力测量结果表明，发光前区约 7mm 处观察到了压力的大幅增长，压力在约 10μs 的时间跨度内达到了最大值（约 250atm），同时发光前区的速度约为 900m/s。基于这些测量的结果，推测预加热和燃烧区的总宽度为 10mm。在这种情况下，特征反应时间约为 1μs。

文献[65]中提出的机理也是建立在热气体起主导作用的机理的基础之上（在 Al_2O_3 升华的情况下），热气体将熔化的钼“推”到未反应的反应物中，导致了后者的迅速加热和反应。这个模型建立在热动力学计算的基础上，预测可以达到极高的燃烧温度（>2900K），这个温度高于 Al_2O_3 的升华温度和钼的熔化温度。

从化学动力学的角度，根据文献分析，有三种主要的机理可以描述和解释纳米 Al 颗粒在氧化性气氛中的反应，其中包括对纳米铝热剂的分析。在所有的机理中，金属 Al 颗粒表面的 Al_2O_3 层起着重要的作用。值得注意的是，纳米铝粉氧化的基本物理机理与微米金属颗粒的[77-78]极为相近，但被氧化层所包覆的金属颗粒中内应变的机理不同。应力可能导致氧化层的破裂，导致金属和氧化剂之间的直接接触并加速反应。然而，在纳米尺寸和高升温速率下这些想法还需要重新描述。接下来对这些模型的主要特征进行简要介绍。

首先需要了解在内部压力梯度下的扩散氧化机理，这个机理已经被实验验证[79]并发展成一个模型[80]。最本质的内容是在高升温速率（约 10^3K/s）下，温度高于 Al 的熔点（660℃）时，在纳米颗粒氧化层内会出现较大的压力梯度（图 8-11）。如果包覆层厚度小于 1nm，则最大的负压在氧化层的中间（图 8-11（a））。如果氧化厚度显著增加（厚度远大于 1nm），沿着氧化层会出现相对宽的压力区域（图 8-11（b）），并伴有恒定的较大负压（1～2GPa）。这种压力梯度的自然影响是原子会沿着压力降低的方向运动，这种扩散传递发生在氧化层内。因此，除了由于浓度造成的扩散外，可以认为压力效应是氧和铝离子得以对流的原因。氧气从颗粒的外表面扩散到梯度反应表面（图 8-11（b）），而铝将会从金属/金属氧化物界面扩散至反应表面，导致空心 Al_2O_3 的形成。

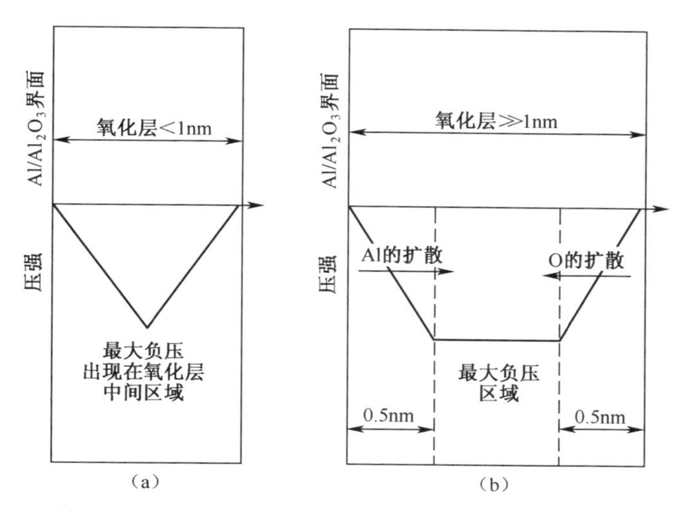

图 8-11　氧化层包覆的纳米 Al 颗粒内部的压力分布
(a)包覆层厚度小于 1nm;(b)包覆层厚度远大于 1nm。

根据模型动力学遵循的公式如下:

$$t \propto r^{1.6\pm0.1} \tag{8-1}$$

式中:t 为颗粒反应到某个转换率(如 50%)所需的时间;r 为颗粒的初始半径。

如果这个过程仅仅发生在自由分子表面区域,就应该得到一个线性关系。但是,这里物质通过 Al_2O_3 层的扩散速度是有限的,因此这个反应不是一个纯的表面过程。如果反应仅通过铝或氧气透过氧化层的扩散发生反应,而没有任何压力梯度,那么获得的规律应该是 $t \propto r^2$,并且与没有压力梯度的缩核模型一致。值得注意的是,这种快速扩散过程可以通过氧化层的破裂和变薄增强。

第二个是熔化-扩散机理(图 8-12),高升温速率下(>10^6K/s)[81-82],温度高于 Al 的熔点时,决定铝核壳体系中压力的主要几何参数是铝核半径 R 与氧化层厚度 δ 的比率,$M=R/\delta$。对于 $M<19$ 的体系,整个 Al 颗粒在氧化层破裂之前熔化[81-83]。Al 的熔化伴随着 6%的体积膨胀,导致了液体核中高动态压力(1~3GPa)。此数量级的压力造成了环向应力 σ_h,该应力超过了 Al_2O_3 的最终强度 σ_u,最终导致了壳的动态破裂和分裂。氧化物分裂后,当裸铝表面压力在 10MPa 数量级时,液体 Al 中的压力在周围气体压力和表面张力的作用下保持不变。卸荷波从颗粒表面传播至中心,并且导致了颗粒中心 3~8GPa 的拉伸应力。这种应力超过了熔化 Al 的强度(空穴限制)并且将液体铝高速(100~250m/s)扩散到了空簇中。这些簇的氧化不受通过氧化层的扩散限制。

第三种机理建立在传统热重分析所得实验结果的基础之上,扩散型氧化模型,考虑了 Al_2O_3 层中的相变[84-85]。在颗粒表面 Al_2O_3 分布范围增长的顺序如

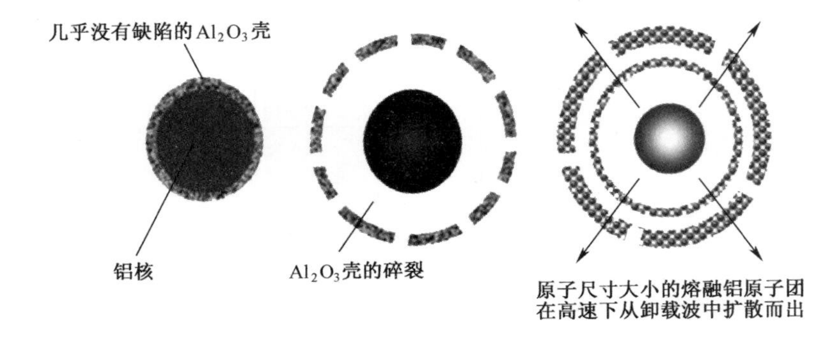

图 8-12　纳米 Al 颗粒反应的熔化-分散机理

注:铝的起始熔化造成了内核的压力,进而导致氧化外层的破裂,
外层胀裂的同时生成了冲击波,该冲击波造成了 Al 颗粒小团簇的分散。

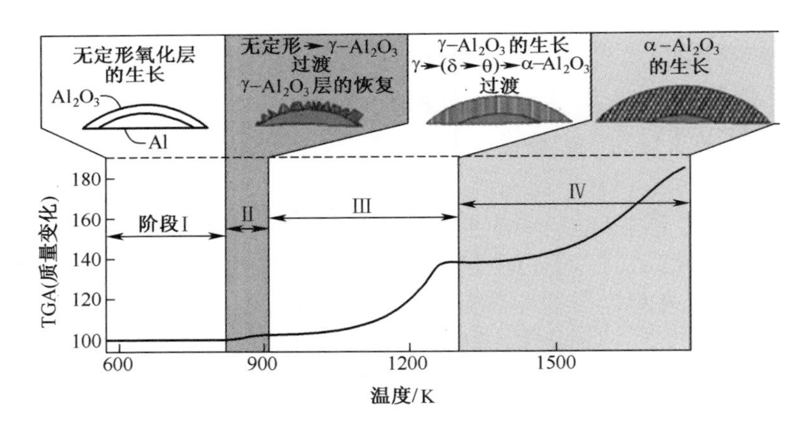

图 8-13　非等温氧化下微米铝粉的质量变化

本图介绍了氧化的不同阶段及 Al_2O_3 颗粒尺寸的增长过程[85]。

图 8-13 所示。整个氧化过程可以分为四个阶段,每个阶段的特定过程用图示进行了说明。包覆颗粒的自然无定形 Al_2O_3 层首先在低温氧化Ⅰ阶段慢慢增长。无定形氧化物在氧化物-金属界面能稳定增长到大约 5nm 的临界厚度。当 Al_2O_3 厚度接近临界厚度或温度变得足够高时,不定形氧化物转变为γ-Al_2O_3。γ-Al_2O_3 的密度超过了无定形 Al_2O_3,并且最小的 γ-Al_2O_3 晶体大小约为 5nm。因此,如果相变前无定形层的厚度小于 5nm,那么新形成的 γ-Al_2O_3 不能再连续包覆铝表面。因此,如图 8-13 所示,第Ⅱ阶段开始时氧化速率迅速加快。随着氧化物包覆层的形成,氧化速率降低。第Ⅲ阶段,γ-Al_2O_3 继续增加,这个过程

中氧化速率受氧离子的内部晶粒边界扩散。当高温破坏了 Al_2O_3 晶型的转变的稳定性，阶段Ⅲ就结束了。Ⅲ阶段结束之前形成了稳定且致密的 $\alpha-Al_2O_3$，氧化物完全转变为 $\alpha-Al_2O_3$ 后，阶段Ⅵ开始。在阶段Ⅲ结束时，当第一个 $\alpha-Al_2O_3$ 晶体开始形成，$\gamma-Al_2O_3$ 的厚度减小并且氧化速率急剧增加。晶粒边界扩散减慢，一旦大部分氧化层转换为粗糙又致密的 $\alpha-Al_2O_3$ 晶体，氧化速率迅速降低，导致了连续多晶覆盖。

在高升温速率下，$\gamma-Al_2O_3$ 层的厚度可能小于一些临界值，形成没有扩散阻力的不连续氧化层。在这种情况下，扩散速率受原有氧化层控制，例如，II 阶段的无定形或Ⅲ阶段的 γ-氧化物。然而，在受人关注的实际高升温速率下，原有的氧化物可能在连续的、新的多晶型层形成之前就消失了。也就是，在限制厚度达到铝表面厚度的一定比例之前，铝会直接暴露在氧化性气氛中。

为描述铝热剂体系中极高的燃烧速率，应用上述的所有的模型。这些模型有一些相似之处，但总体上使用的动力学法则是不同的。然而，问题是哪些能真正描述纳米级非均相反应物中的还原型燃烧？每种机理都有各自的优、缺点。事实上，第二个模型的基本概念，Al_2O_3 层的破裂比较合理的，并且在第一个模型中也提到了这种可能性。例如，它解释了纳米反应物(Al)具有较厚的氧化层的体系中的快速反应。然而，所有的模型都可以解释高温下(等于或高于铝的熔化温度(912K))的破裂机理。在这种情况下，问题是如何解释温度通常远低于 912K 体系的点火温度值？[59]另一个需要解决的问题是如果固体(或液体)纳米 Al 颗粒的无氧化“新鲜”表面暴露在氧化性气氛中，化学反应速率将会有多快？据报道，无氧钛颗粒在空气中的自点火温度与室温相等，且燃烧速率非常快[86]。

此外，正如第三个模型中所述，假设在燃烧机理中考虑相态变化是重要的。然而，对于燃烧前区极高的升温速率和极短的反应时间，这些相态变化的动力学问题便出现了。反应前区内是否有足够的时间来平衡各相？我们坚信地认为，如果不使用极高的扩散系数，就无法解释观察到的极低的初始反应温度和极大的燃烧波传播速率。而这种扩散系数只是基于层间扩散的模型得出的，并未被实验验证。文献[9]讨论了这些问题并且得出结论，为了更充分地定义纳米铝热剂反应中的特征反应时间(速率)，需要更多的原位实验。

8.4　结　　论

纳米技术领域的突破使高体积能量密度材料，即纳米结构复合物颗粒和纳米或超级铝热剂的设计和制备成为可能。在这些体系中，反应物粒径为10~100nm。这种特征尺寸的显著降低，发展出了与材料反应性相关的新特点。对于具有微米非均相的同一体系，自点火温度通常等于或高于难熔物质的熔化温度；然而对于相应的纳米体系，自点火温度可能低于这个值。更重要的是，可以通过改变体系的纳米结构来调整这个参数。对于机械复合的纳米结构颗粒物，这个效应归因于无氧层，尤其是在高能球磨过程中所导致的反应物之间的极大的接触面积。而纳米铝热剂体系的结果却不是很明确，对于低维度非均相物，现象不明显很可能与杂质存在有关，如在纳米铝粉中有纳米 Al_2O_3[87]。燃烧速率中也观察到了类似的情况，在机械制备的纳米结构复合颗粒中，沿着每个颗粒的反应传播速率相对较高，沿着反应物反应前区传播的总体速度受颗粒间热传导速率的限制。为了解释纳米铝热剂中极高的前区传播速率，必须承认热传递的对流机理，这种机理中可能包含了不同的气体种类。

考虑这些体系的不同应用，从火箭推进剂到材料科学，反应动力学的精确控制是首要的，我们必须做出更多的努力，包括实验和理论两个方面，来澄清纳米结构高能量密度材料的反应机理。

致谢

作者由衷感谢来自俄罗斯联邦教育科学部在 NUST 提升竞争力项目框架协议(No. K2-2014-001)的资金支持。研究同时得到能源部、国家核安全管理局的资金支持(基金编号为 DE-NA0002377)，来自国防威胁压制局(DTRA)资金的资助(授权编号为 HDTRA1-10-1-0119)。感谢反 WMD 基础研究项目经理苏希提 · M. 佩里斯(Suhithi M. Peiris)博士。

参 考 文 献

[1] T. F. Grigorieva, A. P. Barinova, N. Z. Lyakhov, Mechanochemical synthesis of intermetallic compounds, Usp. Khim. 70 (2001) 52-71.

[2] T. Grigorieva, M. Korchagin, N. Lyakhov, Combination of SHS and mechanochemical synthesis for nanopowder technologies, KONA Powder and Particle 20 (2002) 144-158.

[3] F. Bernard, E. Gaffet, Mechanical alloying in the SHS research, Int. J. Self Propag. High Temp. Synth. 10 (2001) 109-132.

[4] A. S. Rogachev, N. F. Shkodich, S. G. Vadchenko, F. Baras, R. Chassagnon, N. V. Sachkova, O. D. Boyarchenko, Reactivity of mechanically activated powder blends: role of micro and nano structures, Int. J. Self Propag. High Temp. Synth. 22 (2013) 210-216.

[5] E. L. Dreizin, M. Schoenitz, Nano-composite Energetic Powders Prepared by Arrested Reactive Milling, US

Patent No. 7. 524. 355 B2, 28 April, 2009.
[6] F. Maglia, U. Anselmi-Tamburini, C. Deidda, F. Delogu, G. Cocco, Z. A. Munir, Role of mechanical activation in SHS synthesis of TiC, J. Mater. Sci. 39 (2004) 5227-5230.
[7] U. Anselmi-Tamburini, F. Maglia, S. Doppiu, M. Monagheddu, G. Cocco, Z. A. Munir, Ignition mechanism of mechanically activated Me-Si (Me=Ti, Nb, Mo) mixtures, J. Mater. Res. 19 (2005) 1558-1566.
[8] D. P. Riley, E. H. Kisi, D. Phelan, SHS of Ti_3SiC_2: ignition temperature depression by mechanical activation, J. Euro. Ceram. Soc. 26 (2006) 1051-1058.
[9] A. S. Rogachev, A. S. Mukasyan, Combustion of heterogeneous nanostructural systems (Review), Combust. Explos. Shock Waves 46 (2010) 243-266.
[10] F. Maglia, C. Milanese, U. Anselmi-Tamburini, Combustion synthesis of mechanically activated powders in the Nb-Si system, J. Mater. Res. 17 (2002) 1992-1999.
[11] F. Maglia, C. Milanese, U. Anselmi-Tamburini, S. Doppiu, G. Cocco, Z. A. Munir, Combustion synthesis of mechanically activated powders in the Ta-Si system, J. Alloys Compd. 385 (2004) 269-275.
[12] F. Maglia, U. Anselmi-Tamburini, G. Cocco, M. Monagheddu, N. Bertolino, Z. A. Munir, Combustion synthesis of mechanically activated powders in the Ti-Si system, J. Mater. Res. 16 (2001) 1074-1082.
[13] Y. Yang, Z. -M. Lin, J. -T. Li, Synthesis of SiC by silicon and carbon combustion in air, J. Euro. Ceram. Soc. 29 (2009) 175-180.
[14] M. A. Korchagin, N. Z. Lyakhov, Self-propagating high-temperature synthesis in mechanoactivated compositions, Russ. J. Phys. Chem. B 2 (2008) 77-82.
[15] M. A. Korchagin, D. V. Dudina, Application of self-propagating high-temperature synthesis and mechanical activation for obtaining nanocomposites, Combust. Explos. Shock Waves 43 (2007) 176-187.
[16] M. A. Korchagin, T. F. Grigorieva, A. P. Barinova, N. Z. Lyakhov, The effect of mechanical treatment on the rate and limits of combustion in SHS processes, Int. J. Self Propag. High Temp. Synth. 9 (2000) 307-320.
[17] K. Kasraee, A. Tayebifard, S. Salahi, Investigation of pre-milling effect on synthesis of Ti_5Si_3 prepared by MASHS, SHS and MA, J. Mater. Eng. Perform. 22 (2013) 3742-3748.
[18] N. F. Shkodich, N. A. Kochetov, A. S. Rogachev, et al., Effect of mechanical activation on SHS compositions Ni-Al and Ti-Al, Izv. Vyssh. Ucheb. Zaved. Tsvet. Metallurg 5 (2006) 44-50.
[19] M. Zakeri, R. Yazdani-Rad, M. H. Enayati, M. R. Rahimipour, Synthesis of nanocrystalline $MoSi_2$ by mechanical alloying, J. Alloys Compd. 403 (2005) 258-261.
[20] S. M. Umbrajkar, M. Shoenitz, E. L. Dreizin, Exothermic reactions in Al-CuO nanocomposites, Thermochim. Acta 451 (2006) 34-43.
[21] B. S. B. Reddy, K. Das, S. Das, A review on the synthesis of in situ aluminum based composites by thermal, mechanical and mechanical-thermal activation of chemical reactions, J. Mater. Sci. 42 (2007) 9366-9378.
[22] X. Zhou, M. Torabi, J. Lu, R. Shen, K. Zhang, Nanostructured energetic composites: synthesis, ignition/combustion modeling and applications, ACS Appl. Mater. Interfaces 6 (2014) 3058-3074.
[23] M. Schoenitz, T. Ward, E. L. Dreizin, Preparation of energetic metastable nano-composite materials by arrested reactive milling, Mater. Res. Soc. Symp. Proc. 800 (2004). AA2. 6. 1.
[24] B. S. B. Reddy, K. Rajasekhar, M. Venu, et al., Mechanical activation-dassisted solid-state combustion

synthesis of in situ aluminum matrix hybrid (Al_3Ni/Al_3O_2) nanocomposites, J. Alloys Compd. 465 (2008)97-105.

[25] M. Schoenitz, T. S. Ward, E. L. Dreizin, Fully dense nano-composite energetic powders prepared by arrested reactive milling, Proc. Combust. Inst. 30 (2005)2071-2078.

[26] S. M. Umbrajkar, M. Schoenitz, E. L. Dreizin, Control of structural refinement and composition in Al-MoO_3 Nanocomposites prepared by arrested reactive milling, Propell. Explos. Pyrotech. 31 (2006) 382-389.

[27] S. M. Umbrajkar, S. Seshadri, M. Schoenitz, V. K. Hoffmann, E. L. Dreizin, Aluminum-rich Al-MoO_3 nanocomposite powders prepared by arrested reactive milling, J. Propuls. Power 24 (2008)192-198.

[28] E. I. Maksimov, A. G. Merzhanov, V. M. Shkiro, Spontaneous ignition of thermite compositions, Russ. J. Phys. Chem. 40 (1966)251-253.

[29] A. S. Rogachev, N. A. Kochetov, V. V. Kurbatkina, E. A. Levashov, P. S. Grinchuk, O. S. Rabinovich, N. V. Sachkova, F. Bernard, Microstructural aspects of gasless combustion of mechanically activated mixtures. I. High-speed microvideorecording of the Ni- Al composition, Combust. Explos. Shock Waves 42 (2006)421-429.

[30] A. Bacciochini, M. I. Radulescu, Y. Charron-Tousignant, J. Van Dyke, M. Nganbe, M. Yandouzi, J. J. Lee, B. Jodoin, Enhanced reactivity of mechanically-activated nano-scale gasless reactive materials consolidated by coldspray, Surf. Coat. Technol. 206 (2012)4343-4348.

[31] A. Bacciochini, S. Bourdon-Lafleur, C. Poupart, M. Radulescu, B. Jodoin, Ni-Al nanoscale energetic materials: phenomena involved during the manufacturing of bulk samples by cold spray, J. Ther. Spray Technol. 23 (2014)1142-1148.

[32] A. Bacciochini, M. I. Radulescu, M. Yandouzi, G. Maines, J. J. Lee, B. Jodoin, Reactive structural materials consolidated by cold spray: Al-CuO thermite, Surf. Coat. Technol. 226 (2013)60-67.

[33] I. V. Saikov, L. B. Pervukhin, O. L. Pervukhina, A. V. Poletaev, A. S. Rogachev, H. E. Grigoryan, Initiation of SHS reaction by shock wave. Book of abstracts, X International Symposium on Self-propagating High-temperatureSynthesis, Tsakhkadzor, 6-11 July, 2009, Armenia, p. 221.

[34] R. V. Reeves, A. S. Mukasyan, S. F. Son, Thermal and impact initiation in Ni/Al heterogeneous reactive systems, J. Phys. Chem. C 114 (2010)14772-14780.

[35] D. F. Mason, L. J. Groven, S. F. Son, The role of microstructure refinement on the impact ignition and combustion behavior of mechanically activated Ni/Al reactive composites, J. Appl. Phys. 114 (2013), 113501 (1-7).

[36] G. Cabouro, S. Chevalier, E. Gaffet, Yu Grin, F. Bernard, Reactive sintering of molybdenum disilicide by spark plasma sintering from mechanically activated powder mixtures: processing parameters and properties, J. Alloys Compd. 465 (2008)344-355.

[37] A. S. Mukasyan, B. B. Khina, R. V. Reeves, S. F. Son, Mechanical activation and gasless explosion: nanostructural aspects, Chem. Eng. J. 174 (2011)677-686.

[38] K. V. Manukyan, Y. -C. Lin, S. Rouvimov, P. J. McGinn, Microstructure-reactivity relationship of Ti+C reactive nanomaterials, J. Appl. Phys. 113 (2013), 024302 (1-10).

[39] A. S. Rogachev, S. G. Vadchenko, F. Baras, O. Politano, S. Rouvimov, N. V. Sachkova, A. S. Mukasyan, Structure evolution and reaction mechanism in the Ni/Al reactive multilayer nanofoils, Acta Mater. 66

(2014)86–96.

[40] A. S. Rogachev, N. F. Shkodich, S. G. Vadchenko, F. Baras, D. YuKovalev, S. Rouvimov, A. A. Nepapushev, A. S. Mukasyan, Influence of the high energy ball milling on structure and reactivity of the Ni + Al powder mixture, J. Alloys Compd. 577 (2013)600–605.

[41] C. E. Wen, K. Kobayashi, A. Sugiyama, T. Nishio, A. Matsumoto, Synthesis of nanocrystallite by mechanical alloying and in situ observation of their combustion phase transformation in Al_3Ti, J. Mat. Sci. 35 (2000)2099–2105.

[42] Y. Shoshin, R. Mudryy, E. Dreizin, Preparation and characterization of energetic Al–Mg mechanical alloy powders, Combust. Flame 128 (2002)259–269.

[43] M. Schoenitz, E. Dreizin, E. Shtessel, Constant volume explosions of aerosols of metallic mechanical alloys and powder blends, J. Propuls. Power 19 (2003)405–412.

[44] Y. Shoshin, E. Dreizin, Laminar lifted flame speed measurements for aerosols of metals and mechanical alloys, AIAA J. 42 (2004)1416–1426.

[45] M. Schoenitz, X. Zhu, E. L. Dreizin, Mechanical alloys in the Al–rich part of the Al–Ti binary system, J. Metast. Nanocryst. Mater. 20–21 (2004)455–461.

[46] V. K. Smolyakov, Combustion of mechanically activated heterogeneous systems, Combust. Explos. Shock Waves 41 (2005)319–325.

[47] L. G. Abdulkarimova, T. A. Ketegenov, Z. A. Mansurov, O. V. Lapshin, V. G. Prokofiev, V. K. Smolyakov, Effect of phase transformation on nonisothermal synthesis in mechanically activated heterogeneous systems, Combust. Explos. Shock Waves 45 (2009)48–58.

[48] H. Frank Spedding, A. Harley Wilhelm, H. WayneKeller, Production of Uranium, US Patent No. 2830894, April 15, 1958.

[49] A. Varma, A. S. Rogachev, A. S. Mukasyan, S. Hwang, Combustion synthesis of advanced materials: principles and applications, in: J. Wei (Ed.), Advances in Chemical Engineering, vol. 24, Academic Press, New York, 1998, pp. 79–226.

[50] S. T. Aruna, A. S. Mukasyan, Combustion synthesis and nonmaterials, Curr. Opin. Solid State Mater. Sci. 12 (2008)44–50.

[51] C. Rossi, Two decades of research on nano–energetic materials, Propell. Explos. Pyrotech. 39 (2014)323–327.

[52] A. S. Rogachev, A. S. Mukasyan, Combustion of heterogeneous nanostructural systems, Combust. Explos. Shock Waves 46 (2010)21–28.

[53] K. T. Higa, Journal of energetic nanocomposite lead–free electric primers, J. Propuls. Power 23 (2007) 722–727.

[54] S. J. Apperson, A. V. Bezmelnitsyn, R. Thiruvengadathan, K. Gangopadhyay, S. Gangopadhyay, W. A. Balas, P. E. Anderson, S. M. Nicolich, Characterization of nanothermite material for solid – fuel microthruster applications, J. Propuls. Power 25 (2009)1086–1091.

[55] S. Apperson, R. Shende, S. Subramanian, D. Tappmeyer, S. Gangopadhyay, Z. Chen, et al., Generation of fast propagating combustion and shock waves with copper oxide/aluminum nanothermite composites, Appl. Phys. Lett. 91 (2007)243109.

[56] C. Rossi, K. Zhang, D. Esteve, P. Alphonse, P. Tailhades, C. J. Vahlas, Nanoenergetic materials for MEMS: a review, Microelectromech. Syst. 16 (2007)919–931.

[57] V. Pichot, M. Comet, E. Fousson, C. Baras, A. Senger, F. Le Normand, D. Spitzer, An efficient purification method for detonation nanodiamonds, Diam. Relat. Mater. 17 (2008) 13-22.

[58] K. S. Martirosyan, L. Wang, A. Vicent, D. Luss, Nanoenergetic gas-generators: design and performance, Propell. Explos. Pyrotech. 34 (2009) 532-538.

[59] J. J. Granier, M. L. Pantoya, Laser ignition of nanocomposite thermites, Combust. Flame 138 (2004) 373-383.

[60] M. L. Pantoya, J. J. Granier, Combustion behavior of highly energetic thermites: nano versus micron composites, Propell. Explos. Pyrotech. 30 (2005) 53-62.

[61] M. L. Pantoya, J. J. Granier, The effect of slow heating rates on the reaction mechanism of nano and micro composite thermite reactions, J. Therm. Anal. Calorim. 85 (2006) 37-43.

[62] B. S. Bockmom, M. L. Pantoya, S. F. Son, et al., Combustion velocities and propagation mechanisms of metastable interstitial composites, Appl. Phys. 98 (2005) 064903.

[63] B. W. Asay, S. F. Son, J. R. Busse, D. M. Oschwald, Ignition characteristics of metastable intermolecular composites, Propell. Explos. Pyrotech. 29 (2004) 216-219.

[64] K. C. Walter, D. R. Pesiri, D. E. Wilson, Manufacturing and performance of nanometric Al/MoO_3 energetic materials, J. Propuls. Power 23 (2007) 645-650.

[65] S. F. Son, B. W. Asay, T. J. Foley, et al., Combustion of nanoscale Al/MoO_3 thermite in microchannels, J. Propul. Power 23 (2007) 715-721.

[66] V. E. Sanders, B. W. Asay, T. J. Foley, et al., Reaction propagation in four nanoscale energetic composites (Al/MoO_3, Al/WO_3, Al/CuO, and Bi_2O_3), J. Propul. Power 23 (2007) 707-714.

[67] J. A. Puszinski, C. J. Bulian, J. J. Swiatkiewicz, Processing and ignition characteristics of aluminum-bismuth trioxide nanothermic system, J. Propul. Power 23 (2007) 698-706.

[68] K. B. Plantier, M. L. Pantoya, A. E. Gash, Combustion wave speeds of nanocomposite Al/Fe_2O_3: the effect of Fe_2O_3 particle synthesis technique, Combust. Flame 140 (2005) 299-309.

[69] L. Wang, D. Luss, K. S. Martirosyan, The behavior of nanothermite reaction based on Bi_2O_3/Al, J. Appl. Phys. 110 (2011) 074311.

[70] C. D. Yarrington, S. F. Son, T. J. Foley, S. J. Obrey, A. N. Pacheco, Nano aluminum energetics: the effect of synthesis method on morphology and combustion performance, Propell. Explos. Pyrotech. 36 (2011) 551-557.

[71] J. L. Cheng, H. H. Hng, H. Y. Ng, P. C. Soon, Y. W. Lee, Synthesis and characterization of self-assembled nanoenergetic $Al-Fe_2O_3$ thermite system, J. Phys. Chem. Solids 71 (2) (2010) 90-94.

[72] J. L. Cheng, H. H. Hng, Y. W. Lee, S. W. Du, N. N. Thadhani, Kinetic study of thermal- and impact-initiated reactions in $Al-Fe_2O_3$ nanothermite, Combust. Flame 157 (2010) 2241-2249.

[73] K. S. Martirosyan, L. Wang, A. Vicent, D. Luss, Synthesis and performance of bismuth trioxide nanoparticles for high energy gas generator use, Nanotechnology 20 (2009) 405609.

[74] V. I. Levitas, M. L. Pantoya, S. Dean, Melt dispersion mechanism for fast reaction of aluminum nano- and micron-scale particles: flame propagation and SEM studies, Combust. Flame 161 (2014) 1668-1677.

[75] A. S. Rogachev, A. S. Mukasyan, Discrete reaction waves: gasless combustion of solid powder mixtures, J. Prog. Energ. Combust. Sci. 34 (2008) 377-416.

[76] A. S. Rogachev, Exothermic reaction waves in multilayer nanofilms, Russ. Chem. Rev. 77 (2008) 21-37.

[77] V. I. Rozenband, N. I. Vaganova, A strength model of heterogeneous ignition of metal particles, Combust. Flame 88 (1992) 113-118.

[78] V. I. Rosenband, Thermo-mechanical aspects of the heterogeneous ignition of metals, Combust. Flame 137 (2004) 366-375.

[79] K. Park, D. Lee, A. Rai, D. Mukherjee, M. R. Zachariah, Size-resolved kinetic measurements of aluminum nanoparticle oxidation with single particle mass spectrometry, J. Phys. Chem. B 109 (2005) 7290-7299.

[80] A. Rai, K. Park, L. Zhou, M. R. Zachariah, Understanding the mechanism of aluminium nanoparticle oxidation, Combust. Theory Model. 10 (2006) 843-859.

[81] V. I. Levitas, B. W. Asay, S. F. Son, M. L. Pantoya, Mechanochemical mechanism for fast reaction of metastable intermolecular composites based on dispersion of liquid metal, J. Appl. Phys. 101 (2007) 083524.

[82] V. I. Levitas, M. L. Pantoya, K. W. Watson, Melt-dispersion mechanism for fast reaction of aluminum particles: extension for micron scale particles and fluorination, Appl. Phys. Lett. 92 (2008) 201917.

[83] K. W. Watson, M. L. Pantoya, V. I. Levitas, Fast reactions with nano- and micrometer aluminum: a study on oxidation versus fluorination, Combust. Flame 155 (2008) 619-634.

[84] M. A. Trunov, M. Schoenitz, E. L. Dreizin, Effect of polymorphic phase transformations in alumina layer on ignition of aluminium particles, Combust. Theory Model. 10 (2006) 603-623.

[85] M. A. Trunov, S. M. Umbrajkar, M. Schoenitz, J. T. Mang, E. L. Dreizin, Oxidation and melting of aluminum nanopowders, J. Phys. Chem. B 110 (2006) 13094-13099.

[86] A. S. Mukasyan, V. A. Shugaev, N. B. Kiryakov, The influence of gaseous fluid phase on combustion of titanium in air, Combust. Explos. Shock Waves 29 (1993) 7-11.

[87] A. A. Gromov, Y. I. Pautova, A. M. Lider, A. G. Korokikh, U. Teipel, E. V. Chaplina, Interaction of powdery Al, Zr and Ti with atmospheric nitrogen and subsequent nitride formation under the metal powder combustion in air, Powder Technol. 214 (2011) 229-236.

第9章 HMX分解与燃烧的催化:缺陷化学方法

Alla N. Pivkina, Nikita V. Muravyev, Konstantin A. Monogarov,
Igor V. Fomenkov, J. Schoonman

9.1 概述

HMX具有很高的密度和热稳定性,是典型的硝胺类炸药。然而,HMX基混合炸药都有一些严重的缺陷,其中一个缺陷是燃烧速率相对较低,压强指数相对较高(对于HMX单基推进剂和有大量硝胺组分的体系来说,$v \approx 0.8$[1]),一般来说,理想的压强指数应为0.2~0.6[2]。另一个缺点是,很多催化剂在其他配方中通常很有效,而HMX对这些催化剂不敏感。

有多种方法可以控制凝聚态含能体系的燃烧,最有用的方法是改变颗粒粒度、对其表面包覆以及添加催化剂。改变氧化剂粒度能够非常有效地改变AP基配方的燃烧速率,但对于不含AP,或者HMX含量高的配方几乎没有任何作用[3-4]。氧化剂表面包覆的主要目的是降低分解温度,增加HMX和黏结剂之间的黏附性,降低对外界刺激的敏感度。HMX的包覆材料主要有四亚硝基二并哌嗪[5]、四甲基异氰酸酯[6]、高氯酸铵[7]、三氨基三硝基苯(TATB)[5-6]和2,4,6-三硝基甲苯(TNT)[8]。

尽管在建模和实验技术上取得了很大进步,但在理论方面目前仍然没有可靠的机理能够预测某种给定化合物对于整个配方的燃烧和分解的影响。在目前的实践中,大多还是使用早前较为常用的技术,例如,在双基推进剂体系中添加含铅或含铜的化合物,在AP基的含能体系中则添加含铁的化合物。

将双基推进剂中常用的催化剂添加至HMX/活性黏结剂配方中可以提高燃烧速率。然而,随着HMX含量的增加,或将含能黏结剂替换为惰性黏结剂时,催化效果便会消失,这证明催化剂只对活性黏结剂有催化效果[9]。

将氧化还原能力较强的化合物(ZnO_2、I_2O_5)加入到HMX中,能够大幅度提高 HMX 的分解速率[10]。锂和镁的高氯酸盐能够显著降低硝胺炸药的放热峰温;硝基胍的作用则较小,但也能够降低热分解的峰温[10]。Brill 等研究了在高升温速率下,气氛对 HMX 热分解的影响。研究发现,在 H_2、CO、O_2 或 NO 气氛下,HMX 的主要分解产物没有变化,而在 NH_3 气氛中观察到了明显的变化[11]。事实上,添加能够产生 NH_3 的化合物,如尿素、胍、氨基胍硝酸酯等均降低了 HMX 的分解峰温[9]。然而,在添加同样能够分解出 NH_3 的铵盐后,HMX 的热分解实验却得到了互相矛盾的结果:NH_4Cl 和 NH_4Br 降低了 HMX 的分解温度,但$(NH_4)_2CO_3$ 和$(NH_4)_2CrO_4$这两种铵盐分别在 170℃、200℃就已经自行分解了,因此对于 HMX 的热分解没有任何影响。研究最终发现,实验中测试的所有盐对于 HMX 单基推进剂的燃烧速率都没有任何影响[12]。金属的铜茨盐($Me(C_6H_5N_2O_2)_x$)、甲酸盐($Me(HCOO)_x$)、草酸盐($Me_xC_2O_4$)与丙腈硝胺盐($Me(NCCH_2CH_2NNO_2)_x$)会降低 HMX 的分解温度[13-16]。上述盐类分解时还会产生水蒸气,这对 HMX 的热分解过程有抑制作用[13]。

热分解过程和燃烧过程的区别在于升温速率,二者相差了多个数量级。这种差异对催化性能有着很大的影响,某些添加剂能够催化 HMX 的热分解,但对于这种硝胺炸药的燃烧没有任何作用[17-18]。利用低熔点的化合物(乙酰胺、蒽、二苯砜、硫化氢)对 HMX 的催化剂进行包覆,但对于 HMX 的燃烧速率仍未起到任何作用[19]。

目前,有一些催化性的添加剂能够影响 HMX 的燃烧。例如,硼氢化物($NaBH_4$、$LiBH_4$等[20-21])能够缩短 HMX 基配方的点火延迟时间,并降低其燃烧速率,有些则能够将其压强指数从 0.9 降低到 0.6($NaBH_4$、甲胺硼烷[22])。然而,硼氢化物有很多缺点,如具有很高的吸湿性,在潮湿环境下不稳定,还与活性黏结剂不相容,对静电作用很敏感[20,22]。将硬脂酸铅($C_{36}H_{70}O_4Pb$)添加至 HMX/聚醚黏结剂配方中,将柠檬酸铅($C_{12}H_{10}O_{14}Pb_3$)添加至 HMX /活性黏结剂配方中,均能起到提高燃烧速率的作用[12,23]。然而,含铅化合物的高毒性限制了它们的应用[24]。

研究证明,纳米金属氧化物对 AP[25]、CL-20[26]和氨基硝基苯并二氧化呋咱[27]的燃烧和热分解具有催化作用。加入纳米钙钛矿结构的粉末后,HMX 的分解初始温度有所降低[28-29]。能够观察到这一作用的原因是:①HMX 分子中的氢被夺走;②典型的钙钛矿催化作用,影响了 CO 与 NO_x 间的相互作用[30]。添加大量的纳米金属粉末(高达 40%~50%(质量分数))能够降低 HMX 的分解温度,同时能够大幅度提高凝聚相分解反应所释放的热量[31-32]。据观察,纳米铜和纳米铜镍合金具有最好的催化效果,主要原因:①金属与 HMX 中的硝基作用，生成了络合物，从而削弱了 N—N 键的强度；②产物中的 NO 被铜还原；③形成了“热点”。

结果表明，微米级的二氧化钛对于 HMX 基体系的燃烧和热分解没有任何影响[19]，但降低了临界压力，在该压力下，燃烧速率-压力的相关性会发生变化[33]。微米二氧化钛的添加使得 $U_b(P)$ 曲线上出现了一个稳定阶段[34]，并且降低了代表燃烧速率与温度相关性的温度系数[35]。在我们之前的研究中，发现纳米结构的 TiO_2 对 HMX 具有很强的催化作用，能够降低其分解温度，提高其燃烧速率，降低其压强指数[36]。研究发现，这些效应是纳米 TiO_2 才具有的性质，并且随着粒径的减小，催化效应增强；而当颗粒尺寸增大至微米时，这些效应消失。

本研究旨在从若干种微米及纳米结构的氧化物中，如 TiO_2、Fe_2O_3、Al_2O_3 和 SiO_2 等，寻找出有效的催化剂，从而改善 HMX 基配方的燃烧性能。若不了解纳米材料的总体性能和表面性质，就不能够有效地对它们进行对比。本章采用了多种不同的技术对纳米粉末进行表征，如低温气体吸附、激光衍射仪、扫描电子显微镜、原子力显微镜，X 射线光电子能谱、X 射线衍射技术以及傅里叶变换红外光谱技术（FTIR）；采用差示扫描量热以及热重分析法，结合同步分析气体产物的质谱仪，研究了纳米材料的热行为。

包含凝聚相中主要反应的燃烧模型可以很好地解释 HMX 的燃烧过程，因此，找到一种能够影响 HMX 热分解的化合物，对于控制 HMX 基复合物的弹道参数至关重要[37]。在理论计算和上述文献资料的基础上，可以将影响 HMX 热分解的方式分为两种：一是通过对氢原子的夺取以及后续杂环的断裂；二是通过在硝胺分解过程中影响活性组分（如 NO_2）的性能。

在能够夺取 H 原子的物质中，羟基自由基是活性最强的一种（如 $ROH + \cdot OH \longrightarrow RO\cdot$）[38]。根据羟基自由基的性质，它们有的键合于材料表面[39]，有的扩散在外部[40]。纳米催化剂表面上键合的羟基基团数量可以通过热重方法来测定。

研究发现，纳米 TiO_2 颗粒的表面酸性对于 HMX 的分解具有很重要的催化作用，这一酸性可以通过相应的酸/碱溶液来进行调控。

纳米材料具有很大的比表面积，非常有助于催化固-气以及固-液之间的界面反应。此外，纯态物质中本征点缺陷的浓度具有空间依赖性，纳米尺寸的状态下，固体催化剂界面处会出现空间电荷区域，本征点缺陷的浓度也随着表面电荷而增大。此外，催化剂材料酸性或碱性的表面基团也会影响空间电荷的缺陷结构。本章介绍了纯 TiO_2 与掺杂 TiO_2 的缺陷化学，并提出了纳米结构 TiO_2 中本征点缺陷以及非本征点缺陷的浓度与位置之间的相关性。最后,提出了 HMX/TiO_2混合物分解和燃烧的物化模型(场景)。

9.2 实 验

9.2.1 材料

本小节研究了不同粒度、不同晶相的氧化物粉末,如表9-1中所列。

表9-1 纳米金属氧化物参数

#	尺寸	金属氧化物粉末	厂商(制备方法)	S_{BET}/(m^2/g)	XRD 晶型
TiO_2					
1	m	组分分级	LLC"Reakhim"	4.0±0.1	—
2	n	Degussa P25	Evonik	52±1	A85%/R15%
3	n	TKP 102	Tayka	110±3	A>90%
4	n	FINNTi-S140	Kemira	165± 3	A88%/无定形 $Ti(OH)_4$
5	n	Hombitan 锐钛型	Sachtleben	227±5	A100%
6	n	TiO_2	ICP RAS(水热法)	120±2	—
7	c	Hombitan 金红石型	Sachtleben	92±2	R>90%/无定形
8	c	介孔 TiO_2	MSU(模板法)	181±4	无定形
9	c	介孔 TiO_2(掺杂3% Cr)	MSU(模板法)	157±3	无定形
Fe_2O_3					
10	m	组分分级	LLC"Reakhim"	24.2±0.5	α- Fe_2O_3
11	n	Fe_2O_3	ICP RAS	12.8±0.3	α- Fe_2O_3
12	n	Fe_2O_3	ICP RAS($Fe(CO)_5$分解)	161±3	γ- Fe_2O_3
Al_2O_3					
12	m	粒度分级	LLC"Khimmed"	45.5±0.9	α-Al_2O_3
13	n	Al_2O_3	LLC"Zond"	34.6 ±0.7	γ-Al_2O_3
SiO_2					
14	m	组分分级	LLC"Laverna"	217±4	—
15	c	高度多孔 SiO_2	ICP RAS(硅胶研磨法)	641±13	—
16	n	AEROSIL ® 255	AEROSIL ®	249±5	—
Cr_2O_3					
17	m	组分分级	LLC"Laverna"	3.5±0.1	—
18	c	高度多孔 Cr_2O_3	ICP RAS($K_2Cr_2O_7$燃烧法)	44±1	α-Fe_2O_3

注:1. m代表微米颗粒;n代表纳米颗粒;c代表纳米与超细颗粒组成的微米级团聚物;
2. S_{BET}数据为120℃下出气2h后测得;
3. A代表锐钛型二氧化钛,R代表金红石型二氧化钛

Degussa P25 二氧化钛的研究已十分广泛[41-44],它是两种晶型的二氧化钛的混合物,即锐钛型和金红石型。文献[41]中研究的纳米 TiO_2 为锐钛型二氧化钛,又名 Hombikat(商标)。除了商业上可用的二氧化钛之外,许多文献也对实验室合成的一些样品进行了研究。莫斯科州立大学材料科学系的研究者通过模板合成技术制备了介孔二氧化钛,具体制备过程参见文献[45]。

谢苗诺夫化学物理研究所的研究者通过将 $Fe(CO)_5$ 的二辛酯溶液进行热分解,利用三甲胺氧化物来调控分解生成的铁纳米团簇的氧化程度,从而制备了纳米 $\gamma-Fe_2O_3$[46]。

利用原子力显微镜对纳米 $\gamma-Al_2O_3$ 和 $\alpha-Fe_2O_3$ 的微观结构进行观测,结果表明,两种粉末都是球状的纳米颗粒。通过将硅胶在玛瑙研钵中研磨,制备了大比表面积((641±13) m^2/g)的氧化硅;将重铬酸钾在空气中燃烧,制备了纳米 $\alpha-Cr_2O_3$ 粉末。这两种样品都有较宽的粒度分布、很高的孔隙率以及很大的比表面积。

本章中使用的 HMX 粉末为 β 晶型,平均粒径为 50mm。

9.2.2 实验方法

利用 X 射线衍射法(XRD),采用 X 射线衍射仪(Bruker, AXSD8 Advanced),辐射条件为 CuK_α(λ = 1.5418 Å),来测定纳米 TiO_2 的纯度和结晶度。比表面积是通过低温气体吸附法(BET)来测定的,使用的仪器为 FlowSorb Ⅲ 2305(微米级)。粉末的形态和粒度分布是通过用激光衍射仪(Fritsch, Analysette 22 Micro Tec Plus)、扫描电子显微镜(FEI, QUANTA 3D Philips SEM-515)、原子力显微镜(NT-MDT, Ntegra Prima)等仪器来测定的。利用 X 射线光电子能谱仪(XPS)来鉴定氧化物颗粒内部的化学成分,所用仪器为 PHI 5500 ESCA (Perkin Elmer),而纳米颗粒表面上所吸附物质的化学组分则是通过 Alpha Bruker 的 FTIR 光谱仪来测定的。

利用同步热分析仪(Netzsch, STA 449 F3)来记录 HMX 和纳米 TiO_2 颗粒混合物(按不同比例混合)的 TGA 和 DSC 曲线。将约为 1mg 的样品放置于 Al_2O_3 坩埚中,盖上 Al_2O_3 坩埚盖,盖上有一小孔。将样品在 Ar 气氛中(70mL/min)中以 10K/min 的升温速率加热到 500℃。在 DSC/TGA 分析过程中,用质谱仪(Netzsch, QMS 403 D Aeolos)在线同步检测分解产生的气体。在初步测试时,将测量的质荷比 m/e 范围设置为 4~100,因为最重要的气体产物会在这一范围内出现[47-50];然后选择 30 条变化最明显的曲线,缩短波谱采集时间,对其记录;最后根据文献资料以及 NIST 数据库来选择气相产物相应的质荷比曲线[51]。

利用热力学-动力学分析软件(Netzsch, Thermokinetics),对低升温速率(0.5~2K/min)下得到的非等温实验质量损失曲线(TGA),分别采用非模型方法(Kissinger,Ozawa-Flynn-Wall,Friedman 等)以及机理函数动力学模型法进行数据处理[52]。

1. 金属氧化物表面羟基浓度的测定

覆盖在金属氧化物表面的羟基(图 9-1)能够决定粉体的多种性能。例如,在二氧化钛表面上的 OH 基团的浓度就会影响材料的吸附性能,并与其光催化效率有一定关系[41]。羟基含量过高会降低流散性,并导致粉体的团聚[43]。纳米粉体表面 OH 基团的含量取决于制备方法及储存条件。

鉴别粉体表面官能团的方法有很多种。其中一些方法,如 FTIR 和 XPS 只能进行定性分析。定量方法包括同位素交换法、热重法和化学法等。热重法比较简单,是基于样品脱羟基造成的质量损失而测定的。

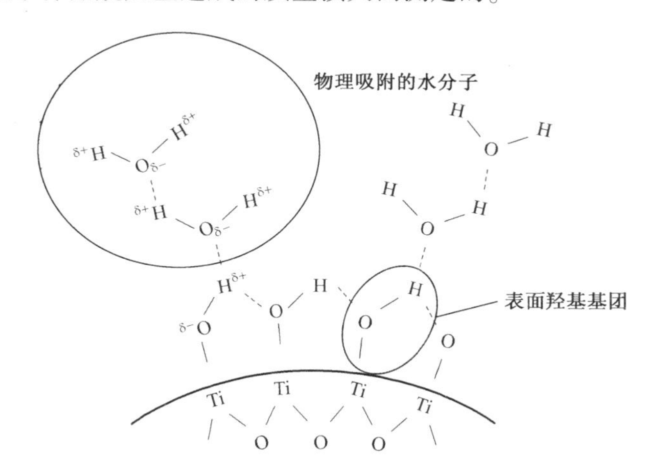

图 9-1　扩散在外部以及键合于二氧化钛颗粒表面的羟基基团

为了确定纳米氧化物粉体表面 OH 基团的浓度,对现有的热重法[44]进行了改进。将样品在 10K/min 的恒定升温速率下,从 30℃加热至 120℃,除去扩散在外部的羟基(脱水),然后在 T_1 = 120℃下恒温 30min;随后以 10K/min 的速率将样品加热到最终温度 T_2,脱除颗粒表面上键合的羟基。这一过程的质量损失对应颗粒表面所除去的羟基的摩尔质量 M_{OH}(%),按照如下公式来计算颗粒表面的羟基浓度:

$$N_{OH} = \alpha \cdot \frac{2(m(T_1) - m(T_2)) \cdot N_A}{S_{BET} \cdot m(T_1) \cdot m_{H_2O}} \tag{9-1}$$

式中:α 为校准系数;S_{BET}为比表面积;M_{H_2O}为水的摩尔质量;N_A为阿伏伽德罗常数;$m(T)$为样品在温度为 T 时的质量。

对于 TiO_2,将终止温度 T_2 选择 650℃,因为在 500~600℃以上才能够将羟基从二氧化钛上完全脱除[53];对于其他的氧化物,温度则选为 T_2 = 800℃。式(9-1)中乘系数"2",是因为每个水分子中有两个羟基。式(9-1)忽略了随着颗粒的烧结而造成的比表面积值降低,因此估算数值比颗粒表面实际的羟基浓度要低。

在对 N_{OH} 进行测量之前,估计了不同实验因素会造成的影响,即初步脱除、样品质量以及 T_1 和 T_2 的选择。结果发现,初步脱除降低了第一加热阶段(30~120℃)的质量损失,但不会改变[$m(T_1)-m(T_2)$]的值。这说明,脱水和脱羟基这两个过程是分别进行的,并不重叠。为了提高测量精度,使用了特殊的 TGA 样品支架,能够精确测量 10mg 左右的氧化物样品,而普通 DSC/TGA 支架仅能够精确测量 30~100mg 的样品。校准系数是根据文献资料的实验结果调整而得到的,α=0.46(表 9-2)。

表 9-2　本文测得的 OH-基团浓度与文献数据比较

样品	N_{OH}/(OH/nm^2)	
	本书数据	文献数据
TiO_2 No. 2(纳米,Degussa P25)	4.7±0.4	4.6(出厂数据),4.8;4.9[44];4.5[41]
SiO_2(纳米,Aerosil)	3.0±0.2	2~3(出厂数据),3.2~3.5;2.8~3.2;2.8[44]
SiO_2(微米,A. C. S)	5.4±0.3	5.0±0.8[54]

应用上述技术,确定了二氧化钛粉末中羟基的 M_{OH}(%质量分数)和 N_{OH}(OH/nm^2)。

2. 纳米氧化物对 HMX 热分解的催化活性评价

基于 HMX 在 275℃时的分解程度,计算了金属氧化物在 HMX 热分解过程中的催化活性(图 9-2):

$$\alpha_{275} = 1 - m_{275}/m_{30} \tag{9-2}$$

式中:m_{275}、m_{30} 分别为温度为 275℃、30℃时的样品质量。

对于待测样品,α_{275} 的值是在 10K/min 升温速率下从 TGA 曲线中计算得到的。选择 275℃是因为要选在 HMX 熔化和分解之前。对于纯 HMX,α_{275} = 0.03,而对于添加了催化剂的 HMX,实验发现这一数值有明显提高。

3. 燃烧速率的测量

用恒压弹法(Crawford 弹)进行燃烧实验。在氮气中,不同的压强下(0.1 ~ 12MPa),采用了两种方法来测定燃烧速率 U_b:①压强-时间曲线;②利用 1200 帧/s 分辨率的录像来记录燃烧速率。实验发现,两种方法测得的 U_b 相对误差没

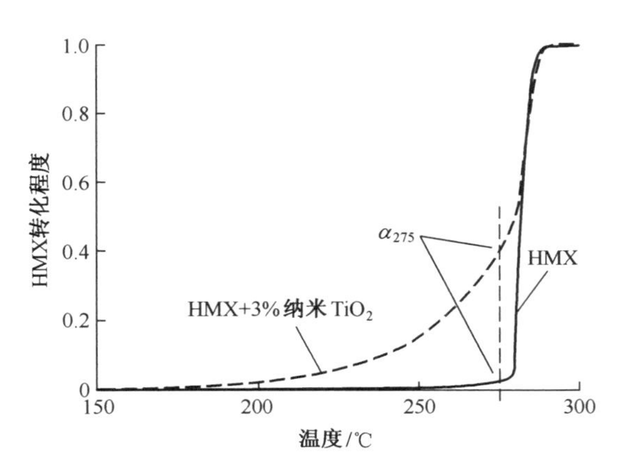

图 9-2　纯 HMX 与含催化剂的 HMX 在不同温度下的分解程度曲线

有超过 5%。

将 HMX 单基推进剂和含有纳米 TiO_2的 HMX 推进剂配方在 300MPa 的压强下压制 3min,从粉末状压制为片状。为了提高样品的机械强度,在压制之前,向样品中加入一两滴丙酮[5]。样品的侧表面采用环氧树脂 Poxipol 进行涂覆。在预先测试的基础上选择样品的直径,从而使得弹体内压强从初始压强 P_0到燃烧过程中压强的增长最小。对于大多数的实验,$\Delta P/P_0$不能超过 10%,这样才能保证燃烧速率与样品的直径无关。最后将样品直径确定为 6mm,因为 6mm、8mm、10mm 直径装药下测定的燃烧速率 U_b值与测量精度较为匹配。

添加剂对 HMX 燃烧速率的影响是通过参数 Z 来评估的:

$$Z = U_{cat}/U_0 \tag{9-3}$$

式中:U_{cat}、U_0分别为含有催化剂的配方以及 HMX 单基推进剂的燃烧速率。

在不同压强下测得的参数 Z 用不同下标来表示(如 Z_2)。据估算,Z 值的精确度在 0.06 以内。

9.3　结果与讨论

9.3.1　纳米氧化物的表征

实验所用样品的组成、晶型以及 BET 比表面积见表 9-1。

介孔二氧化钛由多孔颗粒组成,有效孔径约为 10μm(图 9-3(a)和(b))。Hombitan 金红石型二氧化钛粉体至少具有两级的结构形态,即超细和纳米颗粒(图 9-3(c)和(d))组成了直径约为 10μm 的球形团聚体(图 9-3)。这种高

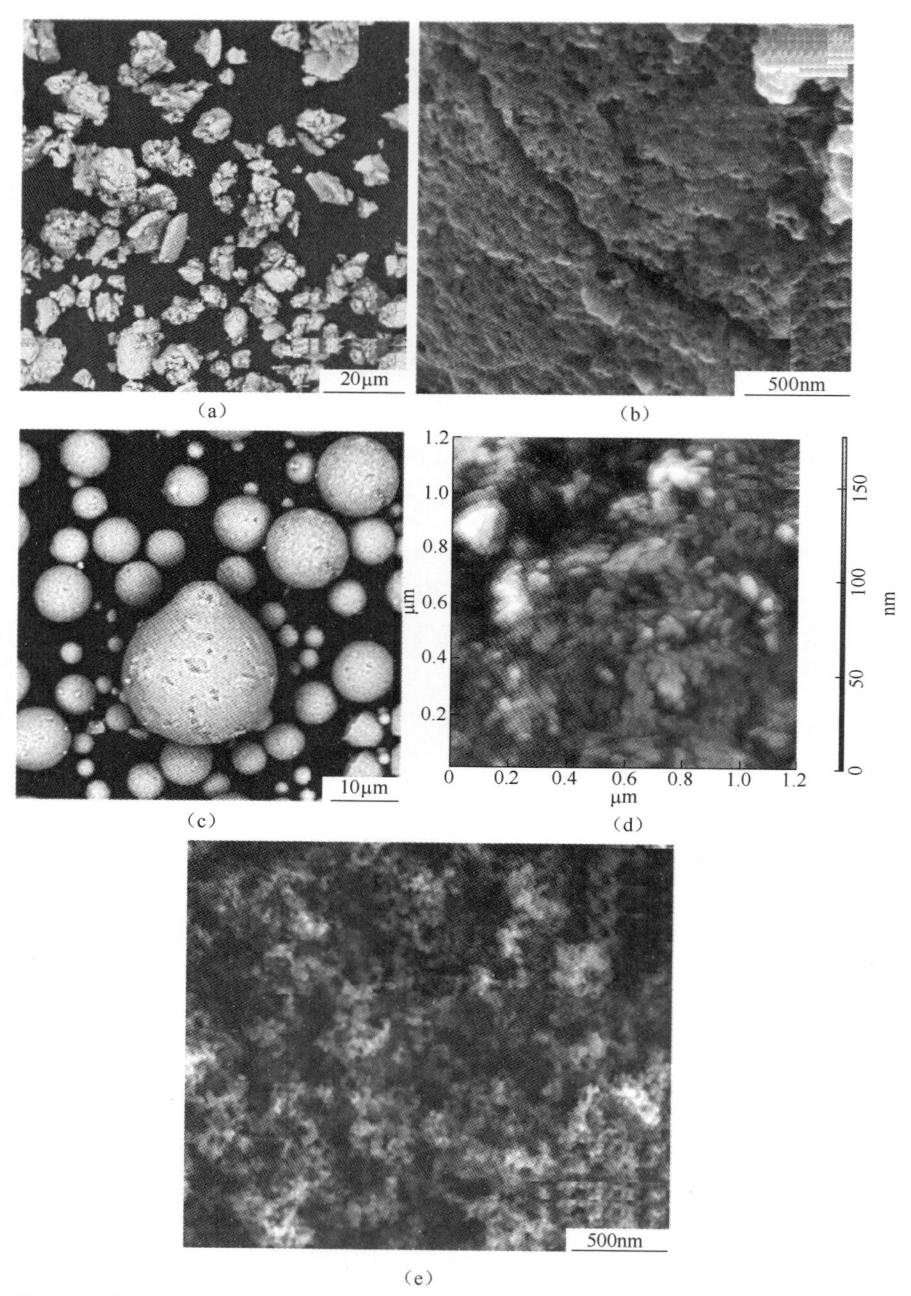

图 9-3　介孔二氧化钛的 SEM(图(a)、(b))与 AFM(图(d))图像;Hombitan 金红石型二氧化钛微米团聚物(图(c)),对其表面进行放大(图(d));Degussa P25 粉(图(e))

度多孔的结构决定了该样品具有较大的 BET 比表面积,达 $92m^2/g$。Degussa P25 二氧化钛为两种晶型的混合物,即通过将锐钛型和金红石型二氧化钛按照质量比 85 : 15 进行混合得到的。粉末中包含了粒径小于 50nm 的纳米颗粒(图 9-3(e))。

在可用的二氧化钛粉中,Hombitan 锐钛型二氧化钛样品具有最大的比表面积($227m^2/g$),因此,本章对该粉体进一步详细研究。该粉体由纳米颗粒(<50nm)组成,颗粒均具有晶体边缘(图 9-4(a))。经 XRD 谱图确定,该样品为纯四方相的锐钛型二氧化钛,其相干散射区尺寸小于 10nm。X 射线元素分析和 SEM 结果,都证明了样品中仅含有 Ti 和 O 两种元素。

(a)　　(b)

图 9-4　Hombitan 锐钛型二氧化钛样品的 SEM 与 AFM 图像

XPS 分析显示,Hombitan 锐钛型二氧化钛样品表面有 Ti、O、C 三种元素。XPS 谱图中,Ti 的 2p 峰近乎 2p 3/2 和 2p 1/2 峰(2p 态的自旋轨道分裂)的两倍,Ti 的 2p 3/2 峰结合能为 458.8eV,对应 TiO_2中的 Ti^{4+}(图 9-5(a))。氧元素的峰则可以拟合为两个峰,其中 530.1eV 处的峰 1 对应于二氧化钛中的氧,531.4eV 处的峰对应于样品吸附的氧(图 9-5(b))。530.1eV 处的氧在样品总氧含量中所占的比例约为 77%。经计算得到,该部分氧元素与钛元素的摩尔比值约为 2,这与样品的化学式 TiO_2相符。至于谱图中记录到的 C 元素,经分析为样品吸附的二氧化碳。

该粉末的 FTIR 谱图中主要有三个峰,如图 9-6 所示。峰值在 $1630cm^{-1}$左右的窄峰(峰 1)对应于颗粒吸附的水;$3400cm^{-1}$附近的宽峰(峰 2)对应于颗粒表面弱结合的水分子和羟基[42],而在 $500 \sim 750cm^{-1}$处急剧下降的峰(峰 3)则为二氧化钛中 Ti—O 键的振动峰。$2300cm^{-1}$附近的弱峰是颗粒表面吸附的二氧化碳中 C ═ O 键的振动造成的[42]。

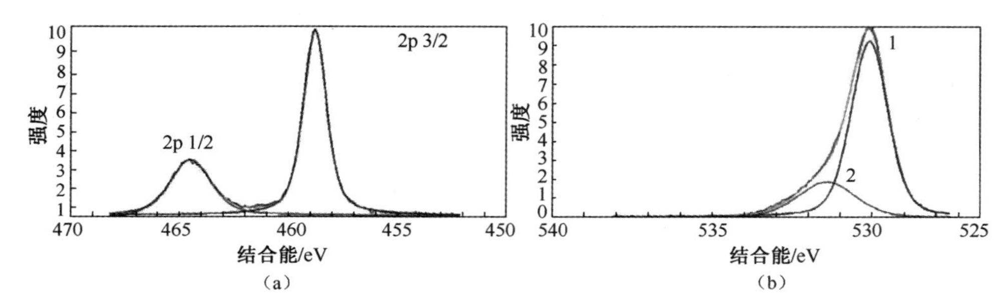

图 9-5　Hombitan 锐钛型二氧化钛颗粒表面的 XPS 谱图

(a)Ti 2p 峰;(b)O 1s 峰。

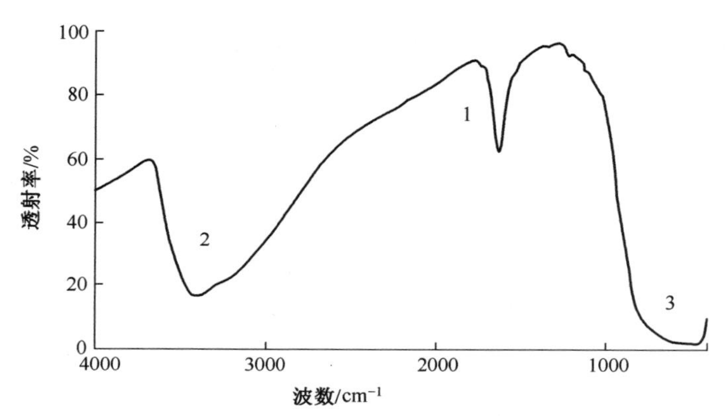

图 9-6　FTIR 谱图(纳米 TiO_2表面吸附的 OH 基团与水,文中对各峰分别进行了解释)

利用质谱仪来检测 TiO_2样品加热到 800℃时所产生的气体,发现只有 m/e 为 12、17、18 和 44 的质谱曲线发生了变化。这些谱线随时间而变化的强度表明,它们的信号分别对应于 H_2O(m/e 为 17、18)和 CO_2(m/e 为 12、44)。水的浓度比二氧化碳高出 2 个数量级。水的生成主要来自于脱水过程(分子 H_2O 的损失)和脱羟基过程(颗粒表面上键合的 OH 基团的脱除)两个过程。

因此,纳米 TiO_2(Hombitan 锐钛型)主要是锐钛型的纳米晶体,具有很高的吸附水含量和表面键合羟基基团,并且表面还有少量的二氧化碳。在加热过程中,温度在 120℃以下时,H_2O 首先从样品中的吸附水分子形态演化为气态;而在较高温度下,则是羟基基团的脱附而生成 H_2O。

9.3.2　纳米氧化物对 HMX 的分解作用

1. 热重数据

各种添加剂对 HMX 热分解影响的热重分析结果如图 9-7 所示。HMX 中外加每种添加剂的比例为 3%(质量分数)。很明显,这几种材料的加入均在不同程度上降低了 HMX 这一硝胺炸药的稳定性。图中将每种添加剂的比表面积值附在括号内。可以看出,某些添加剂的比表面积明显高于 Hombitan 锐钛型二氧化钛($227m^2/g$),然而,在这些材料中,纳米 Hombitan 锐钛型二氧化钛却表现出了最高的催化效率。显然,S_{BET}值并不是影响材料对 HMX 热分解的催化作用的唯一参数。

本节详细研究了添加剂的用量 C_a对纳米 TiO_2 催化效率的影响(图 9-8)。随着纳米氧化物含量的增加至 12%时,参数 α_{275}达到了最大,意味着在 275℃之前 HMX 已经完全分解。同时,HMX 的初始分解温度几乎不受 C_a增加的影响。

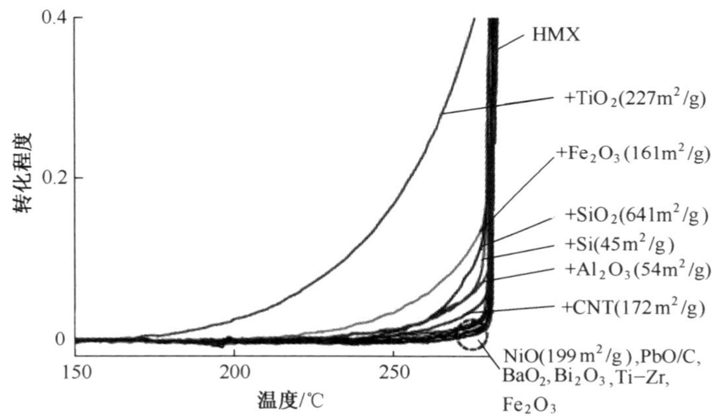

图 9-7　不同催化剂添加 3%(质量分数)时对 HMX 转化程度的影响(括号中为催化剂的 S_{BET}值)

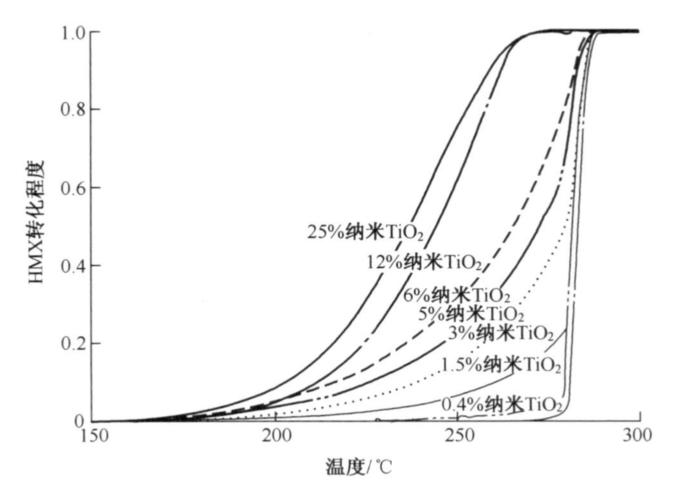

图 9-8　外加不同比例纳米 TiO_2对 HMX 转化程度的影响

研究发现,纳米 TiO_2 是 HMX 热分解最有效的催化剂。在添加了纳米 TiO_2 后,HMX 的初始分解温度从 280℃降到 160℃。比较多种纳米氧化物,它们对 HMX 热分解的催化效率顺序如下:

$$TiO_2 > Fe_2O_3 \approx Al_2O_3 > SiO_2$$

纳米 TiO_2 含量越高,对 HMX 热分解的影响越大。

2. 分解过程中生成的气体

根据质谱检测到的主要信号可知,纯 HMX 分解过程中产生的主要气体产物为 N_2、NO、NO_2、N_2O、CH_2O、HCN、CO、CO_2 和 H_2O 等。添加纳米氧化物并没有改变生成气体的组成,但不同气体出现的时间发生了变化。纯 HMX 以及添加了纳米 TiO_2、纳米 Fe_2O_3 后热分解过程中气体的产生过程如图 9-9 所示。

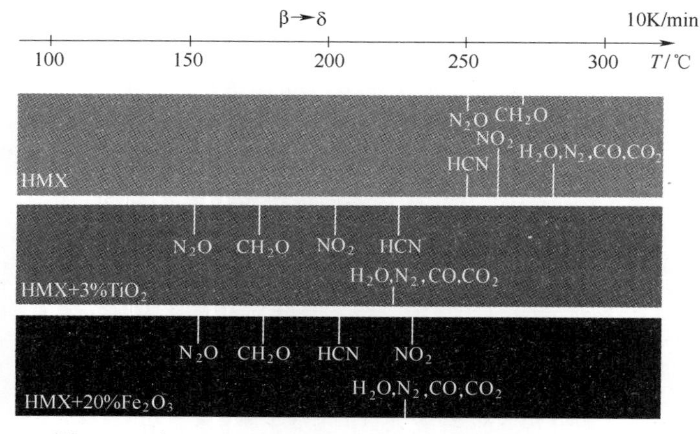

图 9-9 纯 HMX 以及 HMX 与纳米氧化物的气体产生过程

纳米 Fe_2O_3 的比表面积 $S_{BET}=(161\pm3)\,m^2/g$,与 Hombitan 锐钛型二氧化钛相当($227m^2/g$)。然而,要达到 3%纳米 TiO_2 相同的催化效率($\alpha_{275}\approx0.4$),纳米 Fe_2O_3 的含量必须高达 20%。

据观测,对于纯 HMX,气体产物生成的温度区间为 250~300℃,而纳米氧化物的加入使这个范围扩大到 150~300℃。

对所得数据进行更为细致的分析,能够使人们在时间(温度)历程上理解分解过程。对于添加了纳米 TiO_2 的 HMX,在约 150℃时,$m/e=44$ 的质谱线强度开始增加,这是由于 N_2O 的生成。在温度约为 164℃时,$m/e=29$ 的信号线开始出现,这对应着甲醛 CH_2O 的释放。在 200℃时 NO_2(46)出现,热流率曲线(DSC)的趋势也开始上升,伴随着 m/e 为 12、28 和 18 等产物的生成,涉及的反应为

$$CH_2O + NO_2 \longrightarrow NO + CO + CO_2 + H_2O \qquad (9-4)$$

式(9-4)为 HMX 热分解过程中的主要产热反应[55]。在 220℃后 HCN 的信号(27)出现,这是由 N—NO_2 键的断裂引起的,HCN 为酰胺中间体热分解的产物。约在 250℃时生成了最后一组产物,对应 $C_3H_3N_3$(质谱线 81、54、53)、C_2H_4N或 N_2CH_2(42 和 41)和 C_2N_2(52)。

纳米 Fe_2O_3 的加入也能够大大降低气体产物生成的初始温度,主要产物的时间变化趋势与添加了纳米 TiO_2的 HMX 相似。

因此,纳米氧化物降低了 HMX 热分解过程中生成气体产物的初始温度,纯 HMX 为 250℃,HMX 与纳米 TiO_2或纳米 Fe_2O_3 的混合物则降至 150℃。HMX 与纳米氧化物混合物的热分解过程中首先记录到的气体产物是 N_2O。假定 HMX 热解的整个过程中有两条同时发生的反应路径[55],可以得出结论,纳米催化剂的加入改变了这一反应过程,即首先出现的产物来自于分解途径式(9-5),其次则来自于反应式(9-6):

$$C_4H_8N_8O_8 \longrightarrow N_2O + CH_2O \qquad (9-5)$$

$$C_4H_8N_8O_8 \longrightarrow NO_2 + HCN \qquad (9-6)$$

通过信号强度来估算 CH_2O 和 N_2O 的摩尔比(图 9-10(a))为 3/3~4/3,接近于式(9-5)中的 1∶1。比起添加 Fe_2O_3 的 HMX,添加 TiO_2的 HMX 分解产物中 NO_2的量明显要低得多(图 9-10(b),质谱线 46)。

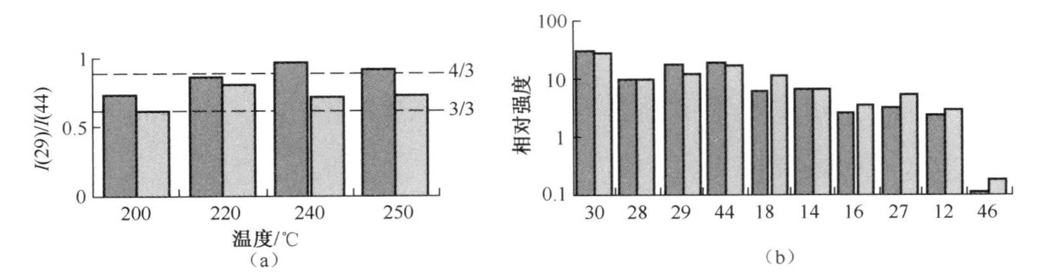

图 9-10　质谱分析结果

(a)谱线 29 与 44 的强度比随温度变化的趋势;(b)250℃时记录到的各谱线的强度。
黑色—HMX 与纳米 TiO_2;灰色—HMX 与纳米 Fe_2O_3。

3. 添加剂对分解热的影响

为了研究纳米添加剂和 HMX 硝胺炸药之间的界面面积对催化效应的影响,对三种不同结构的混合物进行了 TGA/DSC 实验:①两种粉体的机械混合物;②松散的 HMX 粉末上覆盖用纳米 TiO_2 压制的片剂;③HMX 与添加剂粉末分别放在坩埚底部的不同处,二者不直接接触。

第一种结构的实验,初始分解温度有所降低,测得的放热量也比纯 HMX 有所降低。第二种结构的实验,初始分解温度也有所降低,而放热量接近纯 HMX。

因此,为了降低 HMX 的初始分解温度,HMX 颗粒需要直接与纳米 TiO_2 颗粒接触。第三种结构的实验,初始分解温度与纯 HMX 相同,但放热量明显高于纯的 HMX(表 9-3)。显然,纳米 TiO_2 的存在促使 HMX 主要分解产物之间发生了放热的化学反应式(9-4)。

表 9-3　第三种结构 HMX 热分解的表面积变化与热效应(50%HMX/50%纳米氧化物)

添加剂	$S_{BET}(T_{out}=120℃)/(m^2/g)$	$S_{BET}(T_{out}=300℃)/(m^2/g)$	热效应(HMX 质量)/(J/g)
纯 HMX	—	—	1500±100
纳米 TiO_2	227±5	181±4	2500±200
纳米 Fe_2O_3	161±3	113±2	1500±200
纳米 SiO_2	249±5	262±5	1400±200

纳米 SiO_2 和纳米 Fe_2O_3 的实验数据同样列于表 9-3 中。这些粉体均具有较大的比表面积,但只有纳米 TiO_2 的加入提高了 HMX 的放热量。为了估算加热过程中烧结带来的影响,在放气温度 T_{out} 为 120℃ 和 300℃ 测试了纳米氧化物的比表面积。结果显示,在高温下纳米氧化物均保持了较大的 S_{BET} 值。

因此,DSC 测得的数据显示,在纳米 TiO_2 的存在下,HMX 的放热量会增加,可能是由于气体分解产物在 TiO_2 纳米催化剂的表面发生了反应式(9-4),从而放出了更多热量。

9.3.3　纳米氧化物对 HMX 燃烧的影响

1. HMX 单基推进剂的燃烧

在确定添加剂的作用之前,首先对 HMX 单基推进剂的燃烧参数进行测试和分析。在压力 2~12MPa 下测量 HMX 单基推进剂的燃烧速率。待测样品的密度为 1.81~1.89g/cm^3。通过 Vieille 定律来近似计算实验值:

$$U = BP^v \tag{9-7}$$

式中:U 的单位为 mm/s;P 的单位为 MPa。

对 HMX 单基推进剂,得到参数 $B = 2.3 \pm 0.1$,$v = 0.82 \pm 0.01$,这与文献[56-62]中的数据相一致,文献数据如图 9-11 所示。

2. 纳米 TiO_2 对 HMX 燃烧的催化作用

纳米和微米的 Fe_2O_3、Al_2O_3、SiO_2 粉体加入 HMX 中并不能够使得 HMX 的燃烧速率增加。只有纳米 TiO_2 粉体的加入才能够提高 HMX 的燃烧速率。在 TiO_2 添加量为 0.8%~3%(图 9-12(a))时获得的催化效果最好,当在 HMX 中添加 1.5%的纳米 TiO_2 时,最大燃烧速率提高了近 53%(2MPa 下)。纳米 TiO_2

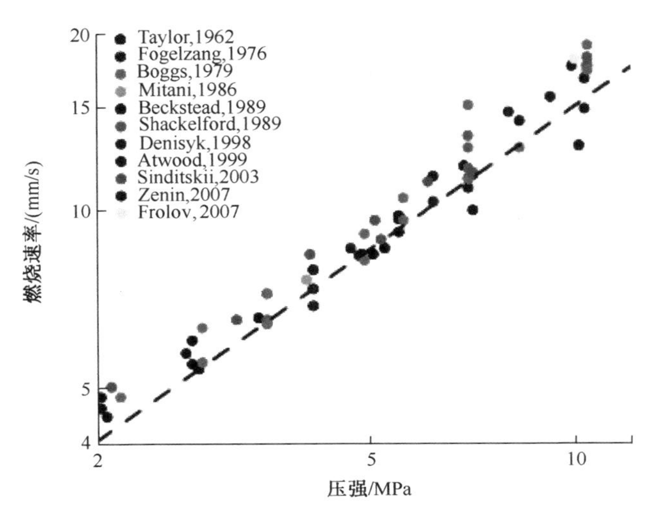

图9-11　HMX单基推进剂的燃烧速率与压强的相关性

(本书研究结果(灰色虚线)以及文献数据[56-62])

添加量为3%时,获得了最小的压强指数(0.65)(图9-12(b))。对于分解过程,当纳米TiO_2含量增加至25%时,提高了催化效果(图9-8)。燃烧结果发现,纳米TiO_2含量的增加对于HMX的燃烧具有更复杂的影响(在达到某一点时后,高度稳定的惰性氧化物反而会降低燃烧温度)。因此,燃烧速率对添加剂含量C_a的依赖性达到"饱和"后便会递减。

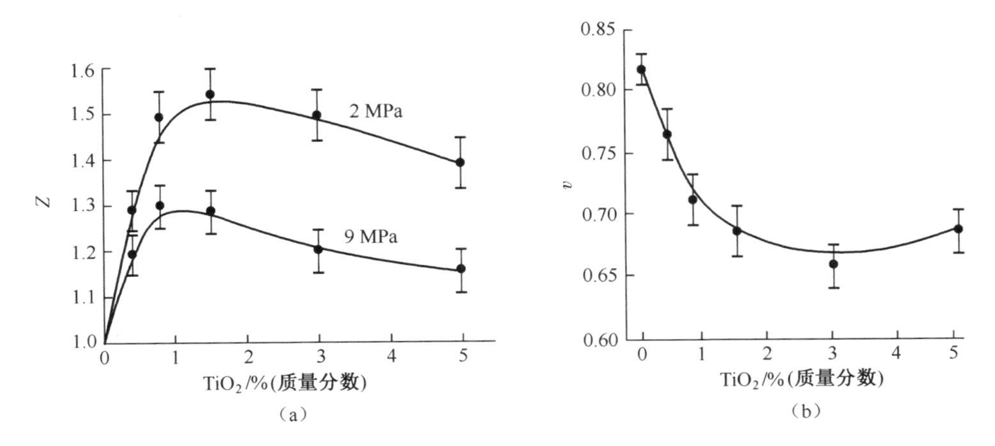

图9-12　催化剂含量对燃烧速率增长率及压强指数的影响

对含添加剂的HMX配方的分解和燃烧研究结果表明,有纳米氧化物的比表面积和浓度两个因素在催化中起到关键作用。从图9-13可以看出,在两个不同的过程,即热分解与燃烧过程中,比表面积对二氧化钛催化效率的影响较为类似。只有当纳米 TiO_2 的 $S_{BET}>50m^2/g$ 时,燃烧速率 U_b(或 Z)才能明显提高,压强指数才能明显降低。这一结果可以解释前面所述的,TiO_2对 HMX 的燃烧过程没有影响[19]:微米级的 TiO_2粉末不会影响 HMX 的燃烧速率。图 9-13 为 Hombitan 锐钛型二氧化钛含量为 1.5%时,催化剂比表面积与燃烧性能的关系。当二氧化钛含量为 0.8%和 3%时,也得到了相似的结果。

因此,纳米 TiO_2对 HMX 的燃烧和热分解具有相似的影响,比表面积越大,催化剂含量越大(直至 1%),催化效率越高。

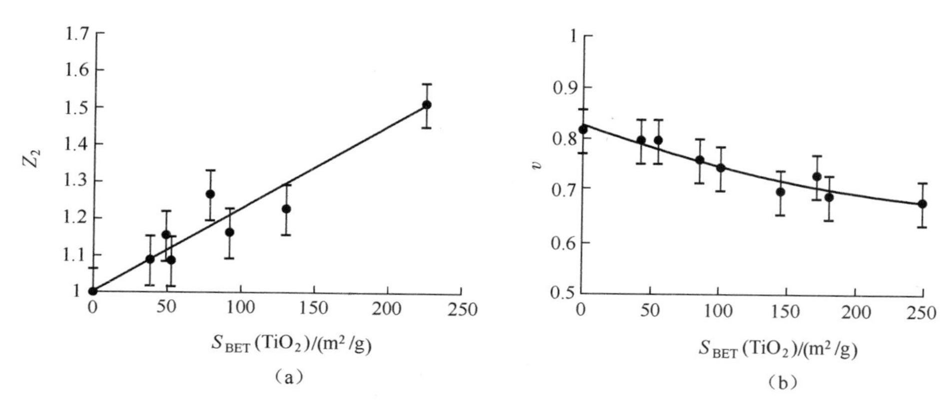

图 9-13 纳米 TiO_2 比表面积对 HMX 燃烧催化效率的影响

(a)2MPa 下燃烧速率提高;(b)压强指数与 S_{BET}的关系。

3. TiO_2对 HMX 热分解动力学参数的影响

由于凝聚相中的主要反应模型能够恰当地描述 HMX 的燃烧过程[37],因此对于 HMX 热分解有影响的因素也将会影响 HMX 的燃烧参数。研究纳米 TiO_2 对 HMX 的分解动力学参数的影响,对于判断燃烧速率改善的原因是否来自于活化能的变化非常重要。

采用 Thermokinetics™(Netzsch)软件,利用非模型法(Kissinger, Ozawa-Flynn-Wall, Friedman)以及动力学模型方法,对低升温速率下(0.5~2K/min)实验得到的热失重曲线(TGA)进行处理。热力学-动力学方法是将反应的转化速率与特定的方程,如 Arrehenius 速率 $k(T)$与反应机理函数 $f(\alpha)$结合起来:

$$\frac{d\alpha}{dt}=-Ae^{\frac{E_a}{RT}}f(\alpha) \tag{9-8}$$

式中:α 为反应转化率;E_a为活化能;A 为指前因子。

动力学参数 E_a和 A 对于评估整个分解过程作用很大。

对纯 HMX 的实验数据分析表明,在最大转化速率下,转化率并非常数,而是变化的,因此,不能应用 Kissinger 法(ASTM E628)。Friedman 分析法确立了分解过程的自催化行为,与动力学模型法分析结果相一致,表明该反应最合适的模型为一阶自催化反应模型。利用 ASTM E1641 方法与常规的动力学技术得到纯 HMX 的分解动力学参数与 $E_a = 144$kJ/mol 数值相近,这一活化能数值是由 Brill 为反应式(9-5)而提出的,即杂环断裂,生成 CH_2O 和 N_2O[55]。

根据一阶自催化模型计算,预测了质量损失,并与在 180℃下等温老化直接测得的数据进行了比较。结果表明,计算值与实测值的偏差小于 7%,证实了计算得到的动力学参数和所使用的机理函数,即 $k(T)$ 和 $f(\alpha)$ 的正确性。

对添加了纳米 TiO_2 的 HMX 的 TGA 数据使用常规的动力学分析显示,最佳模型为 Avrami-Erofeev 反应模型,这一模型常用于描述含能材料在催化剂作用下的热分解[63]。结果显示,添加了纳米 TiO_2 的 HMX 热分解得到的 $E_a = 127$kJ/mol,这一数值低于纯 HMX 的分解活化能,如表 9-4 所列,也低于 HMX 分子内各化学键的键能[64]。Friedman 的等转化率分析法也得出了相同的结果(图 9-14),即纳米 TiO_2 的加入降低了 HMX 的分解活化能。

表 9-4　有无催化剂对 HMX 分解活化能数值的影响(kJ/mol)

样　　品	ASTM E1641	常规的动力学(A→B),$a<0.3$
HMX	146±8	143±7
HMX+3%纳米 TiO_2	120±20	127±6

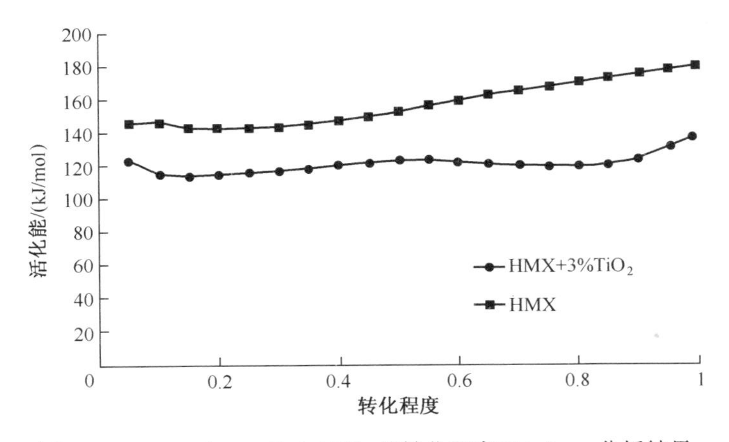

图 9-14　HMX 与 HMX+3%TiO_2 的转化程序 Friedman 分析结果

显然,纳米氧化物表面上羟基的脱除是分解过程中活化能降低的原因。在将二氧化钛加热至 HMX 的催化分解温度之前,唯一发生的反应是羟基的脱除(如3.1 节所述)。从文献[64]可知,OH 自由基能够加速硝胺的分解过程。

将羟基从纳米 TiO_2 表面上去除的活化能为 65kJ/mol,且该数值随着比表面积的增大而略有下降[65]。当羟基的脱除过程先于化学分解而发生时,整个过程的有效活化能介于两个过程的 E_a 值之间[66]。利用不同步骤的反应常数(k_1、k_2),通过以下公式能够计算得到这一有效活化能的具体数值:

$$E_{eff} = (k_1 E_{a,1} + k_2 E_{a,2}) / (k_1 + k_2) \tag{9-9}$$

显然,在添加了纳米催化剂之后,尽管分解过程与纯 HMX 仍是一样的,即通过杂环中的 C—N 键的断裂而分解,HMX 的活化能却由于二氧化钛的脱羟基过程(以及活性组分的存在)而降低。

图 9-15 为本研究中得到的动力学参数与文献数据进行的比较:灰色的点表示从 Brill 的文献[55]中得到的数值。Brill 表明,HMX(无添加剂)表现出了"动力学补偿效应"——lg$A$ 与 E_a 之间呈线性关系。在将若干个文献数据[16,29,31,67]添加至该图中之后发现,添加了催化剂的 HMX 的热解动力学参数也位于这一补偿线上。对这种现象有一种可能的解释,即上述过程其实是羟基脱除过程与 HMX 的热分解过程两个已知过程的叠加。当发生这种叠加时,计算得到的有效活化能的数值就会在 $E_{a,1} \sim E_{a,2}$ 之间变化,而指前因子也会随之改变,从而补偿这种变化,这就导致了动力学补偿效应。

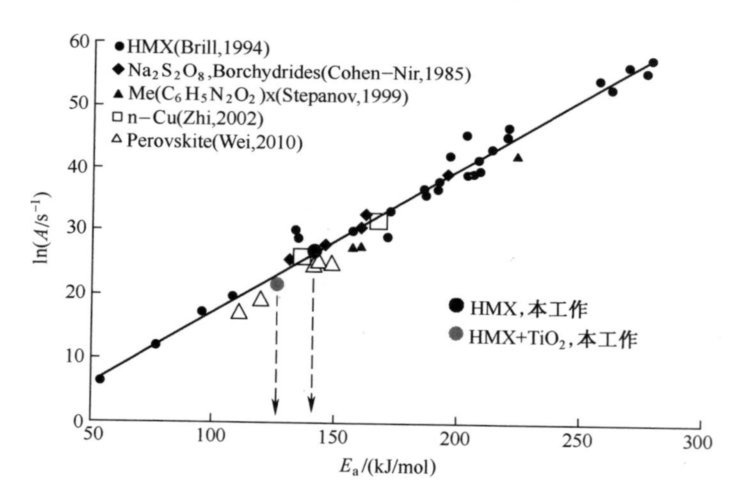

图 9-15 纯 HMX 与添加了催化剂的 HMX 的动力学参数
(文献[16,29,31,67]数据与本研究得到的数据)

因此动力学研究表明,纳米 TiO_2 能够降低 HMX 热分解的活化能。考虑到 HMX 燃烧的限制步骤发生在凝聚相中,理论上这些配方的燃烧速率也会相应增加。然而,对催化 HMX 最重要的影响因素是哪些至今仍未明确。

9.3.4 纳米氧化物对HMX热分解的关键影响因素

研究者对不同二氧化钛粉体的添加量及其比表面积对于催化效率参数(α_{275})的影响进行了更为详细的研究。研究发现,α_{275}与催化剂的比表面积(图9-16(a))具有线性相关性。同时,羟基官能团的摩尔质量M_{OH}也与比表面积呈线性关系。因此,比表面积对α_{275}的影响中也包含了OH基团对α_{275}的影响。

在添加剂含量小于6%时,催化剂效率与添加剂用量的相关性接近于线性(图9-16(b)),而当纳米TiO_2含量较高后,二者的关系就达到了“饱和”。对于不同的纳米TiO_2粉体,这一线性关系的斜率是其比表面积的函数——S_{BET}越大相同催化剂含量下对应的催化效率越高。

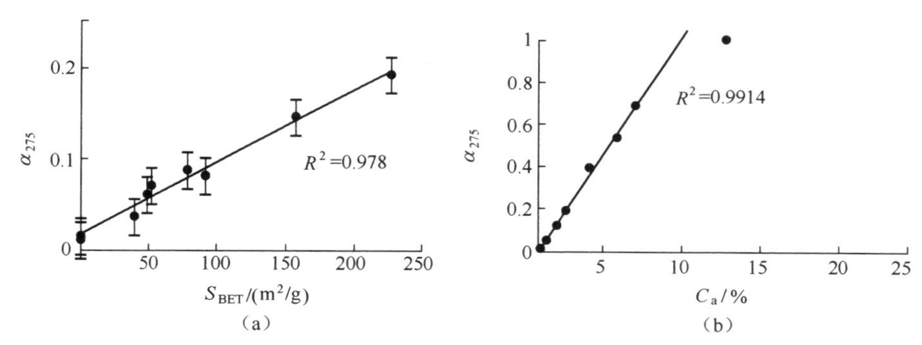

图9-16　催化剂对HMX热分解的催化效率与S_{BET}值的关系及与添加量的关系

结果表明,用来描述纳米氧化物对HMX热分解效率的参数转化率,与催化剂的比表面积和添加量成正比:

$$\alpha_{275} = K_a S_{BET} C_a + \alpha_{HMX} \tag{9-10}$$

式中:α_{HMX}为纯HMX在275℃时的转化率,$\alpha_{HMX}=0.03$;K_a为比例系数,与氧化物的种类有关。

表9-5中给出了计算得到的不同纳米TiO_2粉末的比例系数K_a。在精度范围内,估算得到K_a的平均值为59×10^{-5}。

表9-5　不同TiO_2粉末对应的系数K_a值

纳米TiO_2	S_{BET}/(m²/g)	C_a/%	K_a/10^5
Degussa P25	52±1	3	68±10
Hombitan 金红石	92±2	3	64±6
Hombitan 锐钛型	227±5	1.5	54±3
		3	55±3
		5	63±3

对于其他的氧化物,可以得到了相似的相关性 $\alpha_{275}(S_{BET}、C_a)$。不同纳米氧化物以及微米、超细氧化物所对应的 K_a 值如图 9-17 所示。氧化物对于 HMX 热分解效率的影响按照如下顺序递减:

$$TiO_2 > Al_2O_3 \approx Fe_2O_3 > SiO_2$$

因此,对所得实验数据的分析表明,影响氧化物对 HMX 热分解效率的关键因素是比表面积和添加量。转化率与这两者都呈线性关系。纳米 TiO_2 的催化效率为其他纳米材料的 2 倍以上。为了理解纳米催化剂优异的催化活性,采用了缺陷化学方法来加以说明。

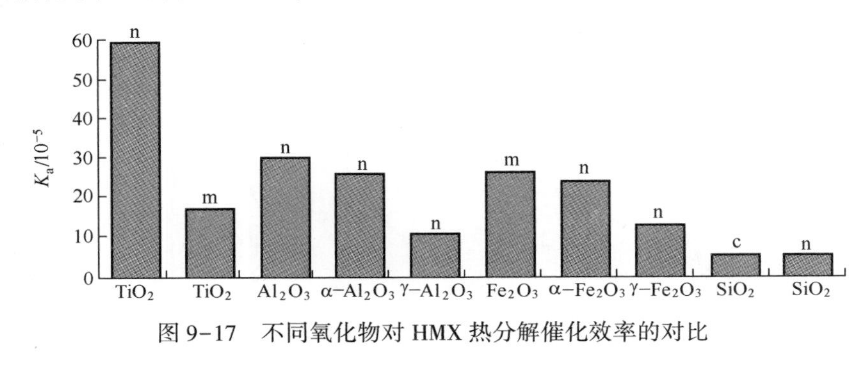

图 9-17 不同氧化物对 HMX 热分解催化效率的对比

9.3.5 OH 基团与表面键合的“强度”对催化效率的影响

假设表面 OH 基团的结合“强度”会影响氧化物对 HMX 热分解的催化活性。为了评估这个参数,研究了金属阳离子的电负性 χ_i,它表示金属原子转移电子对的能力[68]:

$$\chi_i = \chi_0 \cdot (1 + 2n) \tag{9-11}$$

式中:χ_0 为金属元素的电负性;n 为氧化物中金属原子所带的电荷。

χ_i 低的氧化物显碱性,χ_i 高的氧化物值显酸性。不同微米和纳米氧化物的 K_a 值与金属离子电负性的相关性如图 9-18(a)所示。在研究的多种氧化物中,大多数的催化效率都接近平均值,但随着 χ_i 的升高,K_a 逐渐降低。纳米 TiO_2 的效率比其他氧化物要高 2 倍,包括微米 TiO_2,这表明影响催化效率的机理很复杂。

氧化物的零电荷点(等电点(IEP))代表了表面的酸度,它等于氧化物表面没有电荷的介质的酸度值。氧化物的零点电荷点越高,其表面碱性越强。图 9-18(b)描绘了催化效率值与零点电荷点的关系,对于纳米级和微米级氧化物,研究发现这些参数之间的关系近似线性。只有纳米 TiO_2 较为特殊,它具有极高的催化活性($K_a \approx 60 \times 10^{-5}$),且并不符合上述相关性。

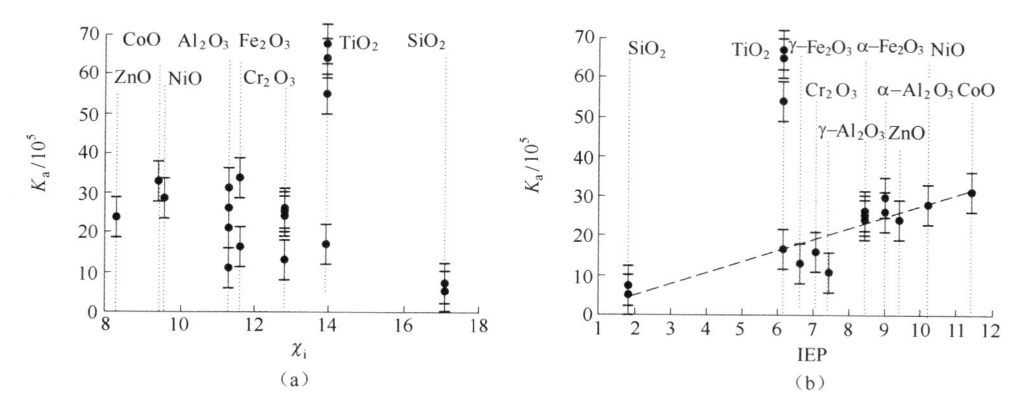

图 9-18 实验得到的不同氧化物对 HMX 热分解的催化效率与金属阳离子电负性的关系,以及纳米(灰色)、微米(黑色)氧化物等电点的关系

综上,已经证明了金属氧化物的表面酸度是很重要的,它会影响不同氧化物对 HMX 热分解的催化性能。显然,金属氧化物表面酸度决定了脱羟基过程的速度,纳米 TiO_2 表面部分脱羟基后,暴露出的 Lewis 中心具有极高的酸度,使得纳米 TiO_2 表现出极好的催化效率。

9.3.6 改变催化剂的表面酸度

为了研究纳米 TiO_2 的表面电荷对 HMX 热分解催化效率的影响,分别用 1M 的 NaOH 和 H_2SO_4溶液对 Hombitan 锐钛型二氧化钛粉表面的酸/碱性质进行了调控[69]。酸处理增加了氧化物表面的酸位点浓度,降低了碱位点浓度;碱处理则相反。氧化物原料(Hombitan 锐钛型二氧化钛粉)表面上酸位点的量远超于碱位点[69],因此碱处理对氧化物催化效率的影响比酸处理的影响更为明显。

观测发现,原料样品与处理后样品相比,表面上键合的 OH 基团在数量上并没有显著变化。然而,在碱度提升之后,样品对于 HMX 热分解的催化效率大大提高(表 9-6)。

表 9-6 酸-碱处理过的 Hombitan 锐钛型 TiO_2粉的催化效率

TiO_2样品	$S_{BET}/(m^2/g)$	α_{275}	Z_2	Z_9
酸处理(10MH_2SO_4溶液)	265±5	0. 16	1. 52	1. 24
酸处理(1MH_2SO_4溶液)	195±4	0. 17	1. 5	1. 29
未处理	227±5	0. 19	1. 53	1. 28
碱处理(1MNaOH 溶液)	189±4	0. 24	1. 43	1. 19
碱处理(10MNaOH 溶液)	236±5	0. 26	1. 18	1. 16

降低纳米 TiO_2 的表面酸度，提高了它对 HMX 热分解的影响，这与 3.5 节对不同金属氧化物研究得到的结果相一致。此外，在比较 TG 曲线还可以得出结论：处理过的样品酸度越高，在给定的温度下，OH 基生成的就越少。随着 TiO_2 表面酸度的降低，它对 HMX 热分解的催化效率提高，而燃烧速率因子（Z_2 和 Z_9）却降低。二氧化钛对 HMX 的影响是复杂的，这表明在燃烧和分解的过程中可能同步地发生着多个反应。

因此，为了提高催化剂的催化性能，对纳米催化剂进行表面处理似乎是一种很有前景的方法。酸性或碱性基团的存在可以由合成条件来决定，催化剂颗粒最终的表面电荷是表面化学和空间电荷共同作用的结果。总表面电荷若是正的，会导致碱性基团的数目增加，从而提高催化剂的催化活性。

9.4 建立纳米 TiO_2 对 HMX 热分解催化作用的物化模型

实验数据表明，表面电荷与纳米 TiO_2 颗粒上的空间电荷有关，对催化剂的催化效率起着至关重要的作用。那么问题就出现了，这些电荷的本质是什么？

考虑在 TiO_2 加热时产生电子-空穴对的可能性。TiO_2 的带隙能 $E_g \approx 3.2\text{eV}$（$1\text{eV}=1.602\times10^{-19}\text{J}$）：

$$E_g = kT \tag{9-12}$$

式中：k 为玻耳兹曼常数，$k=1.381\times10^{-23}\text{J/K}$。

因此，在极高的温度下，高于 TiO_2 的熔点 2116K 时，TiO_2 中的电子-空穴对会因为热激发而产生。

显然，可以提出以下机理：加热时，本征点缺陷产生，伴随着自由电子和普通 Ti^{4+} 钛离子的产生，在催化剂颗粒的表面之下形成了空间电荷（氧离子空位和 Ti^{3+} 离子）。自由电子和受限电子都能产生自由基。自由基的形成能力依赖于非化学计量比的程度。关于这一机理的详细情况将在下面的缺陷化学部分中一同进行介绍。

9.4.1 二氧化钛缺陷化学简介

二氧化钛具有金红石型、锐钛型、板钛型三种晶型，这三种晶型均存在于自然界中。在催化和光催化中，通常使用锐钛型二氧化钛，但金红石和锐钛型的混合物也较为常用，这些都有商业化的产品。在催化过程中，反应通常发生在固-液或固-气界面上。因此，有必要了解何种点缺陷会出现在催化材料的加热过程中，以及如何通过控制化学组分，如通过掺杂，或从化学计量比或分子数上做出偏离，即通过原子尺度上的改变来改变点缺陷的浓度。

一般来说，点缺陷决定了无机材料的性质，如光学和电学性质，在原子尺度上进行改变是调控这些性质的一种强有力手段。此外，在研究催化机理时，应当考虑无机催化材料界面处的点缺陷。如果无机材料的尺度降低到纳米级，除了材料表面上的碱性或酸性基团之外，还需考虑材料界面区域上的缺陷空间电荷。

点缺陷此处指的是本征点缺陷，在其受热激发生成的过程中会引入一对阳离子和阴离子组合的空位（Schottyky 缺陷），一个间隙阳离子和阴离子组合的空位（Frenkel 缺陷），或一个间隙阴离子和阳离子组合的空位（反 Frenkel 缺陷）。通常，在封闭的晶体结构中，热激发产生的是 Schottyky 缺陷，如 $V_{\mu g''}+V_O^{\cdot\cdot}$（MgO）。而在卤化银中，则会出现 Frenkel 缺陷，即 $Ag_i^{\cdot}+V_{Ag}'$（AgX，X = Cl，Br，I）。此处，阴离子的极化程度在这一缺陷形成机理中起到了重要作用。在萤石型结构的材料中，出现的是反 Frenkel 缺陷，即 $V_i'+V_F^{\cdot}$（CaF_2）。

这里使用了 Kröger-Vink 符号来书写点缺陷[70]。在这一缺陷化学符号中，S 代表点缺陷。此外，晶体结构中的位点为 s，有效电荷为 c，因此，带有有效电荷的某个位点的点缺陷就可以写为 S_s^c。

此处，S 可以是一个原子、离子或一个空位（V）；s 可以是一个晶格的原子位点，离子位点，或者间隙位点（i）。有效电荷 $-q$ 的符号为"′"，有效电荷 $+q$ 的符号为"˙"，x 代表电中性 $0q$。

前面给出了热激发本征点缺陷的例子。镁离子空位的有效电荷 $-2q$，氧离子空位的有效电荷为 $+2q$。银离子间隙的有效电荷为 $+q$，银离子空位的有效电荷为 $-q$。氟离子空位的有效电荷为 $+q$，氟离子间隙的有效电荷为 $-q$。在有序晶格位点上的离子没有有效电荷。上述各缺陷可以书写为 Mg_{Mg}^x（Mg^{2+}）、O_O^x（O^{2-}）、Ag_{Ag}^x（Ag^+）以及 F_F^x（F^-）。一个没有有效电荷的间隙位点可以表示为 V_i^x。

点缺陷可以参与到反应中，这些缺陷反应必须遵守质量守恒、晶格位点计量比守恒及电荷守恒。

1. TiO_2 的本征点缺陷

点缺陷的热激发生成是一个吸热过程，在任何特定的温度下，晶体内的点缺陷都存在一个平衡浓度。点缺陷的生成造成了相应的熵增。本征点缺陷的生成焓是由熵增来平衡的，因此，在整个平衡过程中，由于点缺陷的生成而造成的晶体的自由能变化为零。

$$\Delta G = \Delta H - T\Delta S \tag{9-13}$$

在组成为 MX 的晶体中，Schottky 缺陷的数量 n_s 与温度的相关性为

$$n_s = N\exp(-\Delta H_s/kT) \tag{9-14}$$

式中：T 为热力学温度(K)；n_s为在温度 $T(K)$时每立方米晶体中的 Schottky 缺陷数量，该体积晶体中阳离子与阴离子数量为 N；ΔH_s 为生成一组 Schottky 缺陷所需的热量(eV)，即生成焓；k 为玻耳兹曼常数。

因此，正如前面所述，对于吸热过程，温度的增加能够向材料中引入更多的本征点缺陷[71]。

本征点缺陷的热激发生成反应中，通常用符号 O 表示完美晶体。本节提出了 TiO_2(金红石型)缺陷形成过程的化学反应，并将点缺陷的生成焓也列入式中：

$$\text{Schottky 缺陷}\quad O \longleftrightarrow V_{Ti}'''' + 2V_O^{\cdot\cdot}\ (5.2\text{eV}) \tag{9-15}$$

$$\text{Anti - Frenkel 缺陷}\quad O_O^{x} + V_i^{x} \longleftrightarrow O_i'' + V_O^{\cdot\cdot}(8.7\ \text{eV}) \tag{9-16}$$

$$\text{Frenkel 缺陷}\quad Ti_{Ti}^{x} + V_i^{x} \longleftrightarrow Ti_i^{\cdot\cdot\cdot\cdot} + V_{Ti}''''(12.0\text{eV}) \tag{9-17}$$

根据缺陷生成焓的数值可以发现，TiO_2(金红石型)的本征点缺陷生成遵循的是 Schottky 机理[72]。可以进一步推断，锐钛型 TiO_2内部缺陷的热激发生成也遵循 Schottky 机理。

2. TiO_2 的非本征点缺陷

为了调控本征点缺陷的浓度，一般是利用异价掺杂剂对材料进行掺杂，或造成材料中化学计量比的偏离。由于其还可以作为光催化剂，二氧化钛的阳离子和阴离子掺杂已经有了较为详细的研究[73-75]。例如，使用 Fe_2O_3 和 Nb_2O_5作为掺杂剂：

$$Fe_2O_3 \rightarrow 2\,Fe_{Ti}' + 3O_O^{x} + V_O^{\cdot\cdot} \tag{9-18}$$

$$Nb_2O_5 \rightarrow 2Nb_{Ti}^{\cdot} + 4O_O^{x} + \frac{1}{2}O_2(g) + 2e' \tag{9-19}$$

晶格中 Ti 位点上的两个铁离子由氧离子空位来进行电荷补偿，这种掺杂剂能够增加氧离子空位的浓度。利用氧化铌来掺杂能够修复 TiO_2中的电子浓度。这些阳离子掺杂剂会导致 TiO_2带隙中产生局域能级；这与掺杂材料的光(电)化学应用有关，因为未掺杂材料只能够吸收近紫外光，而掺杂后的材料也能够吸收部分的可见光。

Asahi 等[76]研究了二氧化钛的阴离子掺杂，量子化学计算表明，阴离子掺杂剂 N 和 C 的波函数与氧的价带波函数有着明显的重叠。这意味着，子带隙的缺陷能级比阳离子掺杂剂的局域化程度更小。

需要注意的是，在高温下，点缺陷浓度将由热激发生成的本征点缺陷浓度决定，实际上，在此条件下材料可以视为未掺杂的纯净物。如果在催化过程中达到了足够的高温,则这一点尤为重要。

除了掺杂外,化学计量的偏差也会影响点缺陷浓度。下面是缺陷化学反应中化学计量比偏离的一个例子:

$$O_O^x \longleftrightarrow V_O^{\cdot\cdot} + \frac{1}{2}O_2(g) + 2e' \tag{9-20}$$

在这里,氧离子的空位由两个电子来进行电荷补偿。平衡常数为

$$K_1 = [V_O^{\cdot\cdot}]\,[e']^2 p\,(O_2)^{1/2} \tag{9-21}$$

这种阴离子不足的材料在高温下可以变成 n 型半导体。获得阴离子过剩的材料也是可以实现的,正如下面这个缺陷化学反应的例子:

$$O_2(g) \longleftrightarrow 2O_O^x + V_{Ti}'''' + 4h\cdot \tag{9-22}$$

其平衡常数为

$$K_2 = [V_{Ti}'''']\,[h\cdot]^4 p\,(O_2)^{-1} \tag{9-23}$$

氧的引入使得晶格中形成了两个氧离子位点,从而制造出了两个钛离子空位,以保持位点的平衡,通过四个电子-空穴对来进行电荷补偿,使得阴离子过剩材料成为 p 型半导体。化学计量比的偏离总会导致晶体出现离子-电子混合型缺陷。在二元材料中,只有偏离化学计量比才能发生这种现象 。

在三元和更复杂的材料中,除了在化学计量比上制造偏离以外,还可以从分子水平上制造偏离。Perniu 等对 I-III-VI2 型黄铜矿结构材料 $CulnS_2$进行了缺陷化学研究[77]。如果材料固溶于少量的二元材料如 Cu_2S 或 In_2S_3 中,就会发生分子水平上的偏离。分子水平上的偏离只会影响离子缺陷。如果在三元材料中也发生化学计量比偏离,则会影响到电子缺陷[77]。

为了深入了解二元材料中化学计量比偏离的影响,我们构建了一个 Brouwer 图,即 log[缺陷浓度]与 log$p(O_2)$的关系图,这能够揭示,在某个 $p(O_2)$体系中,占据主导地位的是离子点缺陷还是电子点缺陷。要详细地推导出 Brouwer 图,需要知道缺陷化学反应式(9-20)和式(9-22)的平衡常数的表达式,即式(9-21)和式(9-23),以及电子平衡常数:

$$K_3 = [e']\,[h\cdot] \tag{9-24}$$

Schottky 平衡常数为

$$K_S = [V_{Ti}'''']\,[V_O^{\cdot\cdot}]^2 \tag{9-25}$$

总的电中性条件为

$$2[V_O^{\cdot\cdot}] + [h\cdot] = 4[V_{Ti}''''] + [e'] \tag{9-26}$$

从缺陷化学反应方程式(9-20)和式(9-22)中可以看出:在氧气分压低时,材料表现为 n 型半导体;在氧气分压高时,材料表现为 p 型半导体。在阴离子不足材料和阴离子过量材料对应的氧气分压之间,为离子型状态,在这一区域内,

对于未掺杂材料,本征离子点缺陷占据主导地位,材料为离子型导体。为了得到氧气分压与点缺陷相关性的详细表达式,使用总电中性条件下的式(9-26)并不是很合适。Brouwer 提出,应当使用简约电中性条件。例如,在氧气分压低时,根据缺陷化学反应方程式(9-20)来评价简约电中性条件:

$$2[V_O^{\cdot\cdot}] = [e'] \tag{9-27}$$

在氧气分压高时,根据缺陷化学反应方程式(9-22)来进行评价:

$$4[V_{Ti}''''] = [h\cdot] \tag{9-28}$$

利用这些简约电中性条件,就能够获得氧气分压与点缺陷浓度的相关性表达式。

对于某种含有 Schottky 缺陷的二元金属氧化物(MO),其典型的 Brouwer 图如图 9-19 所示[72]。

而对于三元材料,需要建立每种二元组分的活性与 log[缺陷浓度]的相关性,这样就可以绘制出三维的 Brouwer 图。

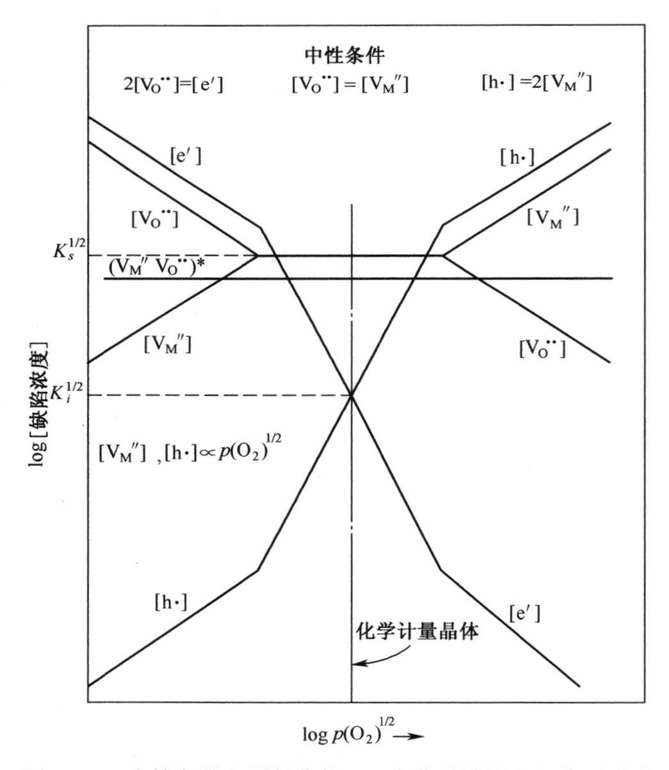

图 9-19 未掺杂的金属氧化物 MO 在化学计量比组分下形成 Schottky 缺陷时,log[缺陷浓度]与氧气分压 $p(O_2)^{1/2}$ 相关性

3. 离子空间电荷

本征点缺陷的生成焓 ΔH_S和 ΔH_F,可以通过研究特定材料的扩散或离子电导率的温度依赖性来获得。如果一个阳离子空位和一个阴离子空位是根据 Schottky 机理形成的,通常的做法是将生成焓的 1/2 分配给每个本征点缺陷。如果材料表现出 Frenkel 缺陷或反 Frenkel 缺陷,也是将生成焓的 1/2 分别分配给间质阳离子和阳离子空位,或间质阴离子和阴离子空位。

然而,每种本征点缺陷的生成焓是不同的,这也导致了材料内部和表面之间存在的空间电荷电位差。在离子材料中,这种空间电荷的宽度通常是几个原子层的量级,比半导体要小得多,因此,在宏观离子材料的测量中常忽略掉。如果长度尺度降到纳米级,就不能再忽视空间电荷及其对材料性能的影响,这对于在界面处发生的现象尤为重要,如(光)催化过程等。

对于表现出 Schottky 缺陷的 TiO_2,如果钛离子空位的生成焓小于氧离子空位的生成焓,则其表面将带正电荷。在纳米结构的 TiO_2中,表面钛离子的正电荷是由钛离子空位的空间电荷来进行电荷补偿的。为了获得氧离子空位浓度对位置的依赖性,使用了 Schottky 缺陷平衡常数(式(9-25))。在离表面一定距离的地方,内部的电中性条件为

$$2[V_{Ti}''''] = [V_O^{\cdot\cdot}] \tag{9-29}$$

图 9-20 中示意了阳离子和空间电荷区域的阴离子空位的浓度对位置的依赖性,以及电势与位置的相关性。此处,生成焓用 g_V来表示,对于表面离子则继续使用 Kröger-Vink 缺陷化学标记法来标记。

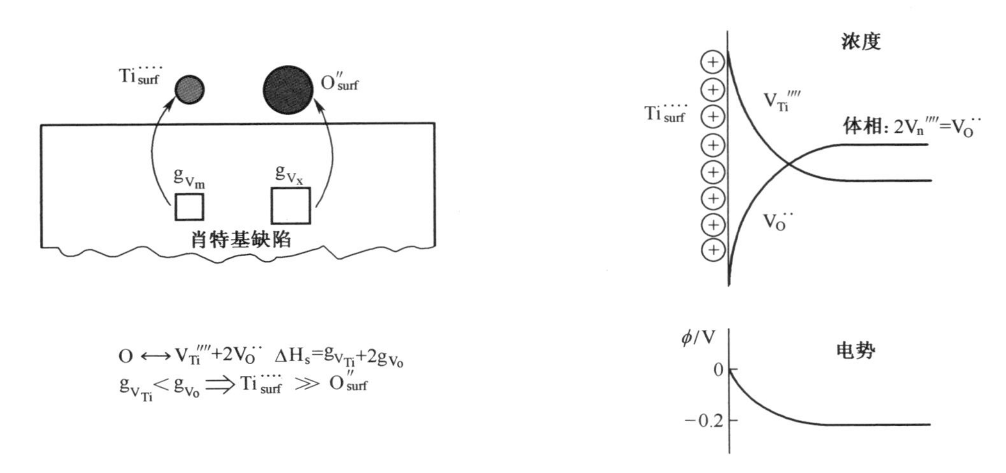

图 9-20　表面处的 Schottky 缺陷

注:图中标明了每种点缺陷的生成焓的差异。表面与内部的离子空间电荷的电位差是由这些差异造成的。

掺杂会影响表面的缺陷化学状态。Ikeda 和 Chiang[78]研究了掺杂对纳米TiO_2空间电荷的影响。正如方程式(9-19)中所示的晶格反应,掺杂Nb_2O_5后,会导致在空间电荷高温下的分布,Nb 掺杂离子具有有效正电荷,电子分布占据很小一部分,且没有钛离子空位。他们还研究了铝离子和铌离子对TiO_2的共掺杂,并深入研究了异价掺杂剂对于高温下催化行为的影响。

样品空间电荷在尺寸进一步减小后,将开始出现重叠[79-80],此后,在纳米材料的宏观形态中,就不会具备式(9-29)中所描述的内部电中性条件。也就是说,某种本征点缺陷浓度的增加超出了宏观材料的平衡值。在这个事例中,为了得到其他本征点缺陷的浓度,仍然可以使用式(9-25)中的平衡常数。

利用非金属掺杂剂对二氧化钛的催化性能进行了研究。根据缺陷化学反应式(9-20)可知,通过在氧离子空位上引入 H、N、S 与 I 能够制造化学计量比上的偏离。利用TiO_{2-x}的非化学计量比来实现非金属的掺杂,若要很大的掺杂浓度,就需要很大的化学计量比偏离。利用化学计量比上很大的偏离,Lin 等[81]发现了一种在TiO_2中掺杂入大浓度非金属掺杂剂的简易方法。在惰性环境中进行热处理,能够引入氧离子空位。Lin 等[81]用熔融铝还原了二氧化钛(Degussa P25)的纳米晶体,结果发现,在TiO_2晶核周围生成了一层贫氧的无定形产物。无定形层的平均厚度约为 4nm。无定形壳层具有大量的氧离子空位,造成了有序晶格的疏松,氧离子空位由电子来进行电荷补偿,能够将Ti^{4+}转化为Ti^{3+}。结合 H、N、S 与 I 原子,这些核壳结构的TiO_2@TiO_{2-x}能够成功地用于掺杂材料。非金属掺杂材料对材料的光催化性能方面有所改善。对于其他过程,改进催化性能可能还存在一些困难,由于这些掺杂剂还会影响包含空间电荷的点缺陷,因此,还会影响表面电荷。需要注意的是,锐钛型TiO_2表面 OH 基团的密度要大于金红石型TiO_2[82],这导致了二者空间电荷以及表面电荷性质上的差异。

9.4.2 纳米氧化物对 HMX 热分解和燃烧影响的物化模型

在上述实验结果的基础上,关于纳米TiO_2对 HMX 分解的影响,我们提出了如图 9-21 所示的模型。在温度约为 150℃时,表面键合的 OH 基团从纳米氧化物表面脱除,开始攻击 HMX 分子。这些 OH 基团的性质尚不清楚,大多实验技术,包括本书中使用的,都是在水蒸气的形态中观测这部分 OH 基团。一些研究人员曾报道过“自由 OH 基团”。目前,尚不清楚它们是否为 OH 自由基,因为它们的存在时间很短,不超过10^{-9}s。显然,表面上 OH 基团键合的减弱增加了它们的活性,增强了它们从 HMX 分子中夺取氢原子的能力。

在夺取了氢原子之后, HMX 分子中 N—NO_2的键能显著下降(根据 Melius

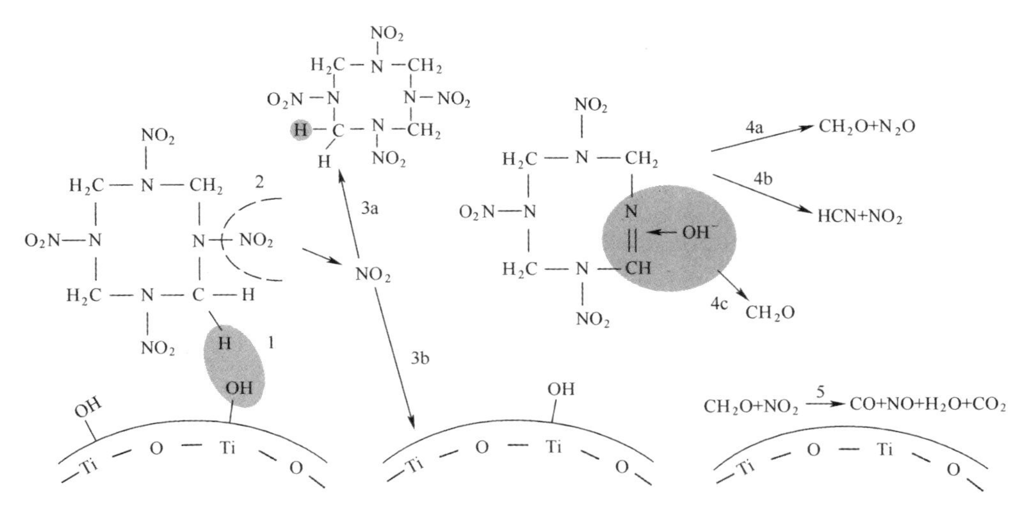

图 9-21　纳米 TiO_2 对 HMX 分解和燃烧影响的模型

的计算[64]),导致了硝基的脱离。脱离下来的 NO_2 会继续进攻另一个 HMX 分子中的氢原子,如同“笼蔽效应”(图 9-21 中 3a),或吸附于部分脱羟基后形成的路易斯中心上(图 9-21 中 3b)。实验中能够观测到含有纳米 TiO_2 的体系中 NO_2 浓度降低,这种现象正是由于 NO_2 的吸附而造成。NO_2 的吸附发生在二氧化钛的表面,从而增加了凝聚相反应放出的热量(图 9-21 中 4),正如我们在 DSC 实验中发现的。

根据温度和升温速率不同,可得到两组不同的主要气态产物:在低温与/或低升温速率下,得到的主要产物为 CH_2O 和 N_2O(图 9-21 中 4a);而在高升温速率下,则得到 HCN 和 NO_2(图 9-21 中 4b)。检测到[CH_2O]/[N_2O]大于理论比,这可能是 OH 与双键相互作用的结果(图 9-21 中 4c)。

在较高的温度下, CH_2O+NO_2 开始发生放热反应,提供主要的热效应。

综上所述,该模型涉及的主要步骤:首先是金属氧化物纳米颗粒表面上羟基的脱除;其次是 HMX 的初始分解,以及纳米 TiO_2 颗粒表面吸附游离态的 NO_2。因此,纳米 TiO_2 对 HMX 的分解具有双重作用:一是提供一个在低温下(150℃)引发 HMX 分子结构破坏的活性组分(OH 基团);二是作为吸附表面,保证 NO_2 能够接近凝聚相,从而增加了总的热量释放。这两个过程对于温度和升温速率的依赖性有所不同,从而决定了纳米氧化物对 HMX 分解和燃烧过程的催化效率。除了 TiO_2 之外,对其他纳米氧化物(Fe_2O_3、Al_2O_3、SiO_2)的研究中,只观察到了第一个过程,因此它们只对 HMX 的分解有催化作用,而对其燃烧过程没有影响。

9.5 结　　论

实验表明,纳米TiO_2与纳米Al_2O_3、纳米Fe_2O_3和纳米SiO_2相比,其是HMX热分解最有效的催化剂。在添加了纳米TiO_2后,HMX的初始分解温度大大降低(从280℃降到约160℃)。经对比发现,纳米氧化物对HMX热分解的催化效率顺序依次为$TiO_2 > Fe_2O_3 \approx Al_2O_3 > SiO_2$。纳米$TiO_2$含量越高,对HMX热分解的影响越大。

我们采用了DSC、TGA、气相产物的原位质谱法以及热动力学建模多种热分析技术来表征HMX的分解。研究了TiO_2对HMX分解反应催化效率的影响因素,并分析了催化性能,结果发现,金属氧化物的比表面积、添加量和表面性质是关键影响因素。通过改变纳米TiO_2表面的酸性,分析了这种催化剂在HMX燃烧和热解过程中催化效率的变化。离子缺陷改变了催化剂的催化效率,纳米金属氧化物的表面酸性越低,对HMX热分解的影响越大;而对燃烧的影响则恰恰相反。

对气体分解产物的分析结果表明:添加纳米氧化物后,HMX分解产生气体的初始温度从250℃降低到150℃。分解途径:首先出现$C_4H_8N_8O_8 \longrightarrow N_2O + CH_2O$的产物;其次出现$C_4H_8N_8O_8 \longrightarrow NO_2 + HCN$的产物。

燃烧实验的结果表明,纳米TiO_2的加入对燃烧速率和压强指数有影响。与纯HMX相比,在添加纳米TiO_2后,HMX分解过程的动力学参数有所降低,这是氧化物表面的脱羟基过程与HMX的分解过程互相叠加而导致的。

本章提出了纳米氧化物对HMX热分解和燃烧影响的物化模型,其中包括纳米颗粒表面的脱羟基过程、HMX硝胺炸药的初始分解过程、NO_2在纳米TiO_2颗粒表面的吸附过程以及后续的放热反应过程。

在本章的研究中,重点关注的是纳米结构催化剂的表面与内部条件,结果表明,改变催化剂表面的酸度会影响催化行为。我们首次将缺陷化学的方法应用于含能材料的催化研究,开辟了这一研究领域的新机遇。

致谢

俄罗斯基础研究基金(批准号:14-03-31528)及克兰菲尔德大学(合同号:5138841)对该项研究提供了财政支持。

参考文献

[1] A. I. Atwood, T. L. Boggs, P. O. Curran, et al., Burning rate of solid propellant ingredients, Part 1: pressure and initial temperature effects, J. Propuls. Power 15(6)(1999)740-747.

[2] K. Kuo, R. Acharya, Applications of Turbulent and Multi-Phase Combustion, John Wiley & Sons, 2012.

[3] G. Lengelle, J. Duterque, J. F. Trubert, Physicochemical mechanisms of solid propellant combustion, in: V. Yang, T. B. Brill, W. Z. Ren (Eds.), Progress in Astronautics and Aeronautics, Solid Propellant Chemistry, Combustion, and Motor Interior Ballistics, vol. 185, AIAA, Reston, 2000, pp. 287-334.

[4] F. S. Blomshield, Nitramine Composite Solid Propellant Modeling/Report NWC-tp-6992, Naval Air Warfare Center, China. Lake, 1989, 183 p.

[5] A. K. Nandi, M. Ghosh, V. B. Sutar, R. K. Pandey, Surface coating of cyclotetramethylenetetranitramine (HMX) crystals with the insensitive high explosive 1,3,5-triamino-2,4,6-trinitrobenzene (TATB), Cent. Euro. J. Energ. Mater. 9 (2)(2012)119-130.

[6] J. Sun, H. Huang, Y. Zhang, et al., In-situ coating of TATB on HMX, Energ. Mater. (CHENGDU) 14 (2006)330-332.

[7] A. Pivkina, N. Muravyev, K. Monogarov, et al., Synergistic effect of ammonium perchlorate on HMX: from thermal analysis to combustion, in: L. De Luca (Ed.), 21st Century Challenges for Chemical Rocket Propulsion, Springer, 2015 in print.

[8] C. An, W. Jingyu, W. Xu, et al., Preparation and properties of HMX coated with a composite of TNT/energetic material, Propell. Explos. Pyrotech. 35 (4)(2010)365-372.

[9] K. P. McCarty, HMX Propellant Combustion Studies, 1979. Report AFRPL-TR-79-61.

[10] D. A. Flanigan, B. B. Stokes, HMX Deflagration and Flame Characterization, 1980. Report AFRPL-TR-79-94.

[11] S. F. Palopoli, T. B. Brill, Thermal decomposition of energetic materials 52. On the foam zone and surface chemistry of rapidly decomposing HMX, Combust. Flame 87 (1991)45-60.

[12] N. Kubota, Propellants and Explosives: Thermochemical Aspects of Combustion, Wiley Verlag, 2002, 245 p.

[13] R. S. Stepanov, L. A. Kruglyakova, A. M. Astakhov, et al., Effect of metal formiates and oxalates on HMX decomposition, Combust. Explos. Shock Waves 40 (5)(2004)576-579.

[14] L. A. Kruglyakova, R. S. Stepanov, K. V. Pekhotin, Potassium and rubidium 3-nitro-1,2,4-triazol-1-il-dinitromethane salts influence on HMX thermolysis, in: Proceedings of the All-Russian Conference "Advantages in Special Chemistry and Chemical Technology". Moscow, 2010, pp. 196-200 (In Russian).

[15] E. V. Sokolov, E. M. Popenko, A. V. Sergyenko, et al., Nitramine propionitrile and its salts influence on HMX thermal decomposition, Polzunov. Vestn. (3)(2007)130-139 (In Russian).

[16] R. S. Stepanov, L. A. Kruglyakova, K. V. Pekhotin, Kinetics and mechanism of thermal decomposition of HMX with metal cupferronate additives, Combust. Explos. Shock Waves 35 (3)(1999)261-265.

[17] A. P. Glazkova, Catalysis of the Combustion of the Explosives, Nauka, Moscow, 1976, 264 p. (In Russian).

[18] K. J. Kraeutle, The thermal decomposition of HMX: effect of experimental conditions and of additives, in:

Proc. 18th JANNAF Combustion Meeting, vol. 2, 1981, pp. 383-394.

[19] B. K. Moy, Burning Rate Studies of HMX Propellants at High Pressures, Report AFATL-TR-75-73, 1975, 27 p.

[20] R. A. Fifer, W. F. McBratney, Catalysis of Nitramine Propellants by Metal Borohydrides, Report ARBRL-MR-0330, 1983, 31 p.

[21] R. A. Fifer, J. E. Cole, Catalysts for Nitramine Propellants, US Patent 4379007, 1983.

[22] J. Duterque, G. Lengelle, Combustion mechanisms of nitramine-based propellants with additives, J. Propuls. 6 (6) (1989) 718-726.

[23] E. Kimura, Y. Oyumi, T. Yoshida, Catalytic effects of lead citrate on the HMX azide polymer propellants, J. Energ. Mater. 13 (1) (1995) 1-14.

[24] J. Prakash Agrawal, High Energy Materials: Propellants, Explosives and Pyrotechnics, Wiley-VCH Verlag, Weinheim, 2010, 495 p.

[25] M. Mahinroosta, Catalytic effect of commercial nano-CuO and nano-Fe_2O_3 on thermal decomposition of ammonium perchlorate, J. Nanostruct. Chem. 47 (3) (2013) 1-6.

[26] A. Hong-mei, L. Yun-fei, L. Yu-ping, et al., Study on catalytic combustion of HNIW monopropellant by metal oxide, Chin. J. Explos. Propell. 23 (4) (2000) 1-2.

[27] W. Zhang, L. Jie, L. Xiao-meng, et al., Effect of nano-catalysts on the thermal decomposition of aminonitrobenzodifuroxan, Chin. J. Explos. Propell. 27 (2) (2004) 48-51.

[28] W. Zhi-Xian, X. Yan-Qing, L. Hai-Yan, et al., Preparation and catalytic activities of $LaFeO_3$ and Fe_2O_3 for HMX thermal decomposition, J. Hazard. Mater. 165 (2009) 1056-1061.

[29] W. Zhi-Xian, Y. Wang, Z. Xue-Jun, et al., Combustion synthesis and effect of $LaMnO_3$ and LaOCl powder mixture on HMX thermal decomposition, Thermochim. Acta 499 (2010) 111-116.

[30] V. C. Belessi, P. N. Trikalitis, A. K. Ladavos, et al., Structure and catalytic activity of $La_{1-x}FeO_3$ system (x=0.00, 0.05, 0.10, 0.15, 0.20, 0.25, 0.35) for the NO+CO reaction, Appl. Catal. A: Gen. 177 (1999) 53-68.

[31] J. Zhi, L. Shu-fen, Z. Feng-qi, et al., Thermal behavior of HMX and metal powders of different grade, J. Energ. Mater. 20 (2) (2002) 165-173.

[32] A. Gromov, Y. Strokova, A. Kabardin, et al., Experimental study of the effect of metal nanopowders on the decomposition of HMX, AP and AN, Propell. Explos. Pyrotech. 34 (6) (2009) 506-512.

[33] C. R. McCulloch, B. K. Moy, Composite Propellants Containing Critical Pressure Increasing Additives, US Patent 3986910, 1976, 4 p.

[34] R. H. Taylor, Controlled Burn Rate, Reduced Smoke, Solid Propellant Formulations, USPatent 5334270, 1994.

[35] V. Rodis, Effect of titanium (IV) oxide on composite solid propellant properties, Sci. Tech. Rev. 62 (3-4) (2012) 21-27.

[36] Muravyev N. V., Pivkina A. N., Frolov YuV., et al. Method for Tailoring of HMX Burning Rate. Patent 2441863 Russian Federation. No. 2010126771/05; ann. 01. 07. 2010; pubd. 10. 02. 2012, 8 p. (In Russian)

[37] V. P. Sinditskii, V. Yu Egorshev, M. V. Berezin, et al., Mechanism of HMX combustion in a wide range of pressures, Combust. Explos. Shock Waves 45 (4) (2009) 461-477.

[38] C. S. Turchi, D. F. Ollis, Photocatalytic degradation of organic water contaminants: mechanisms involving hydroxyl radical attack, J. Catal. 122 (1990) 178-192.

[39] S. Tojo, T. Tachikawa, M. Fujitsuka, T. Majima, Oxidation processes of aromatic sulfides by hydroxyl radicals in colloidal solution of TiO_2 during pulse radiolysis, Chem. Phys. Lett. 384 (2004) 312-316.

[40] H. A. Schwarz, R. W. Dodson, Equilibrium between hydroxyl radicals and thallium(II) and the oxidation potential of hydroxyl(aq), J. Phys. Chem. 88 (1984) 3643-3647.

[41] P. Du, J. A. Moulijn, G. Mul, Selective photo(catalytic)-oxidation of cyclohexane: effect of wavelength and TiO_2 structure on product yields, J. Catal. 238 (2) (2006) 342-352.

[42] M. V. Mathieu, M. Primet, P. Pichat, Infrared study of the surface of titanium dioxides. II. Acidic and basic properties, J. Phys. Chem. 75 (9) (1971) 1221-1226.

[43] Y. Jiaguo, Y. Huogen, C. Bei, et al., Enhanced photocatalytic activity of TiO_2 powder (P25) by hydrothermal treatment, J. Mol. Catal. A: Chem. 253 (1-2) (2006) 112-118.

[44] R. Mueller, H. K. Kammler, K. Wegner, et al., OH surface density of SiO_2 and TiO_2 by thermogravimetric analysis, Langmuir 19 (1) (2003) 160-165.

[45] I. V. Kolesnik, Mesoporous Materials Base on Titanium Oxide (PhD thesis), Moscow State University, 2010, 25 p. (In Russian).

[46] I. P. Suzdalev, YuV. Maksimov, V. K. Imschennik, et al., Iron oxides in nano-sized state. Synthesis routes, structure and properties, Russ. Nanotechnol. 2 (5-6) (2007) 73-84 (In Russian).

[47] O. P. Korobeinichev, A. A. Paletsky, A. G. Tereschenko, et al., Combustion Chemistry of Composite Solid Propellants Based on Nitramine and High Energetic Binders, Report DAAD19-02-1-0373, 2005, 58 p.

[48] C.-J. Tang, Y. J. Lee, G. Kudva, et al., A study of the gas-phase chemical structure during CO_2 laser assisted combustion of HMX, Combust. Flame 117 (1-2) (1999) 170-188.

[49] R. Behrens, Thermal decomposition processes of energetic materials in the condensed phase at low and moderate temperatures, in: R. W. Shaw, T. B. Brill, D. L. Thompson (Eds.), Overviews of Recent Research on Energetic Materials, World Scientific Press, 2005, pp. 29-74.

[50] B. B. Goshgarian, The Thermal Decomposition of RDX and HMX, Report AFRPL-TR-78-76, 1978.

[51] NIST/EPA/NIH Mass Spectral Library with Search Program (Data Version: NIST 11, Software Version 2.0g). Available online: http://www.nist.gov/srd/nist1a.cfm#/.

[52] J. Opfermann, Kinetic analysis using multivariate non-linear regression. I. Basic concepts, J. Therm. Anal. Calorim. 60 (2) (2000) 641-658.

[53] G. V. Lisichkin, A. U. Fadeev, A. A. Serdan, et al., Chemistry of Grafted Materials, Phizmatlit, Moscow, 2011, 592 p. (In Russian).

[54] L. T. Zhuravlev, The surface chemistry of amorphous silica. Zhuravlev model, Colloids Surf. A: Physicochem. Eng. Asp. 173 (2000) 1-38.

[55] T. B. Brill, Multiphase chemistry consideration at the surface of burning nitramine monopropellants, J. Propuls. Power 11 (4) (1995) 740-751.

[56] S. A. Shackelford, B. B. Goshgarian, R. D. Chapman, et al., Deuterium isotope effects during HMX combustion: chemical kinetic burn rate control mechanism verified, Propell. Explos. Pyrotech. 14 (1989) 93.

[57] A. E. Fogel'zang, B. S. Svetlov, V. J. Adzhemjan, et al., Combustion of explosives with nitrogen-nitrogen bond, Fiz. Goreniya Vzryva 6 (1976) 827 (In Russian).

[58] I. Atwood, T. L. Boggs, Burning rate of solid propellant ingredients, Part 1: pressure and initial temperature effects, J. Propuls. Power 15 (6) (1999) 740.

[59] A. A. Zenin, S. V. Finjakov, Response functions of HMX and RDX burning rates with allowance for melting, Combust. Explos. Shock Waves 43 (3) (2007) 309.

[60] C. F. Price, T. L. Boggs, R. L. Derr, The steady-state combustion behavior of ammonium perchlorate and HMX, in: 17th Aerospace Sciences Meeting, New Orleans, 1979.

[61] N. Kubota, Propellants and Explosives: Thermochemical Aspects of Combustion, Wiley-VCH, 2002, 117.

[62] V. P. Sinditskii, V. Yu Egorshev, M. V. Berezin, Study on combustion of energetic cyclic nitramines, Zh. Khim. Fiz. 22 (4) (2003) 53 (In Russian).

[63] J. -x. Xu, Thermal decomposition behavior and non-isothermal decomposition reaction kinetics of CL-20 with leads salts as catalyst, Chin. J. Explos. Propell. (5) (2007) 36-41.

[64] C. F. Melius, Thermochemical modelling: I. Application to decomposition of energetic materials, in: S. Bulusu (Ed.), Chemistry and Physics of Molecular Processes in Energetic Materials, Kluwer, Boston, 1990, pp. 21-50.

[65] M. Kang, S. -Y. Lee, C. -H. Chung, Characterization of a TiO_2 photocatalyst synthesized by the solvothermal method and its catalytic performance for $CHCl_3$ decomposition, J. Photochem. Photobiol. A: Chem. 144 (2001) 185-191.

[66] A. A. Khassin, G. A. Filonenko, T. P. Minyukova, Effect of anionic admixtures on the copper-magnesium mixed oxide reduction, React. Kinet. Mech. Catal 101 (1) (2010) 73-83.

[67] E. Cohen-Nir, H. Sannier, A contribution to the study of decomposition and combustion of HMX. influence of some additives, Propell. Explos. Pyrotech. 10 (6) (1985) 163-169.

[68] M. Misono, Heterogeneous Catalysis of Mixed Oxides: Perovskite and Heteropoly Catalysts, in: Studies in Surface Science and Catalysis, vol. 176, Elsevier, 2013.

[69] D. V. Kozlov, A. A. Panchenko, D. V. Bavykin, et al., Influence of humidity and acidity of the titanium dioxide surface on the kinetics of photocatalytic oxidation of volatile organic compounds, Russ. Chem. Bull. 52 (5) (2003) 1100-1105.

[70] F. A. Kro¨ger, The Chemistry of Imperfect Crystals, North-Holland Publishing Co., Amsterdam, 1964.

[71] L. Smart, E. Moore, Solid State Chemistry. An Introduction, Chapman & Hall, London, 1992, ISBN 0-412-40040-5.

[72] Y. -M. Chiang, D. Birnie III, W. DavidKingery, Physical Ceramics. Principles for Ceramic Science and Engineering, John Wiley & Sons, Inc., New York, 1997, ISBN 0-471-59873-9.

[73] J. Schoonman, D. Perniu, Ovidius Univ. Ann. Chem. 25 (2014) 32-38.

[74] J. Schoonman, D. Perniu, Z. Anorg, Allg. Chem. 640 (2014) 2903-2907.

[75] J. Schoonman, Production of hydrogen with solar energy, in: R. Boehm, H. Yang (Eds.), Handbook of Clean Energy Systems in: J. Yan (Editor -in-Chief), Renewable Energy Supply, vol. 1. Wiley, 2015, ISBN 978-1-118-38858-7.

[76] R. Asahi, T. Morikawa, T. Ohwaki, K. Aoki, Y. Taga, Science 293 (2001) 269.

[77] D. Perniu, S. Vouwzee, A. Duta, J. Schoonman, J. Optoelec. Adv. Mater. 9 (2007) 1568.

[78] J. A. S. Ikeda, Y. M. Chiang, J. Am. Ceram. Soc. 76 (10) (1993) 2437.

[79] J. Maier, Progr. Solid State Chem. 23 (1995) 171.

[80] N. Sata, J. Maier, Nature 408 (2000) 946.
[81] T. Lin, C. Yang, Z. Wang, H. Yin, X. Lu, F. Huang, J. Lin, X. Xie, M. Jiang, Energy Environ. Sci. 7 (2014) 967-972.
[82] J. T. L. P. Carneiro, Application of TiO_2 Semiconductor Photocatalysis for Organic Synthesis (PhD thesis), Delft University of Technology, 2010, ISBN 978-905335-273-1.

第10章 碳纳米管负载金属/金属氧化物的制备、表征及催化活性

Feng-qi Zhao, Jian-hua Yi, Wei-liang Hong, Ting An, Yan-jing Yang

10.1 概　　述

碳纳米管(CNT)具有结构独特、稳定性高、力学强度优异、传导性能好等特点,非常适于作为催化剂的载体。由于在纳米工程领域的应用潜力,碳纳米管正日益受到更多的关注。当将CNT作为金属或金属氧化物的载体时,能够制备具有特殊用途的纳米催化剂[1-8]。氧化铜(CuO)作为一种功能材料,能够显著改善固体火箭推进剂的弹道性能,并表现出特殊的催化作用,例如,当将CuO作为燃烧催化剂加入到推进剂配方中时,能够提高推进剂的燃烧速率并降低燃烧速率的压强指数,尤其当CuO处于纳米尺寸时,催化作用更加明显[9-11]。因此,将CuO以极高的分散程度负载于CNT上制备CuO/CNT,对于推进剂的燃烧将有更加优异的催化作用。

本章利用CNT及金属盐采用多种方法制备了多种CNT负载的金属或金属氧化物,如Pb/CNT、Ag/CNT、Pd/CNT、NiPd/CNT、PbO/CNT、CuO/CNT、Bi_2O_3/CNT、MnO_2/CNT、CuO·PbO/CNT、Cu_2O·Bi_2O_3/CNT、Bi_2O_3·SnO_2/CNT、Cu_2O·SnO_2/CNT、NiO·SnO_2/CNT以及CuO·SnO_2/CNT等。同时还研究了复合催化剂对于多种含能材料的催化作用,如硝化纤维素(NC)吸附的硝化甘油(NG)(NC-NG)、黑索金(RDX)、高氯酸铵(AP)以及N-脒基脲二硝酰胺(GUDN)等,并分析了催化机理。将CuO/CNT、Bi_2O_3/CNT、Pb/CNT、NiB/CNT以及NiPd/CNT作为燃烧催化剂应用于双基(DB)推进剂中,将Bi_2O_3·SnO_2/CNT、CuO·PbO/CNT、Cu_2O·Bi_2O_3/CNT、CuO·SnO_2/CNT以及NiO·SnO_2/CNT作为燃烧催化剂应用于复合改性双基(CMDB)推进剂中,对其进行研究。

CNT与纳米金属氧化物对于分解反应和燃烧的协同作用表明,CuO/CNT以及CuO·PbO/CNT在固体推进剂中具有良好的应用前景。

10.2 制备与表征

制备 CNT 复合材料,或在 CNT 上负载催化剂活性组分,CNT 表面与材料前驱体之间的有效键合至关重要。因此,必须对 CNT 进行预处理,去除 CNT 表面的残余催化剂颗粒、石墨颗粒以及无定型碳等杂质;同时,在 CNT 表面引入羧基官能团,为后续的反应提供活性位点。由于 CNT 具有很高的结构稳定性,耐强酸先、强碱的腐蚀,而其他杂质的稳定性远不如 CNT。所以,对于 CNT 的预处理通常先采用盐酸浸泡,然后再氧化。

CNT 负载型催化剂主要有四类,分别是 CNT 负载一元金属、CNT 负载二元金属、CNT 负载一元金属氧化物、CNT 负载二元金属氧化物。前两者的制备主要使用物理气相沉积法、浸渍法及化学镀法等,后两者主要通过沉淀法制得。

Pb/CNT 与 NiPb/CNT 是通过化学镀法制得的。需要注意的是,CNT 的化学镀与非金属材料的化学镀相似,在对金属进行施镀之前,需要对 CNT 进行活化处理。化学镀过程中通过化学工艺将金属离子还原为金属颗粒,然后沉积于基体材料的表面,整个过程中不需要任何动力设备来提供电流。CNT 的活化主要是通过在 CNT 表面上沉积某些催化性金属如 Pd 来实现。制备 Pd/CNT 的常用方法是将 CNT 浸入酸性 $SnCl_2$ 和 $PdCl_2$ 溶液中,利用 Sn 离子还原 Pd 离子生成 Pd 核。这一方法的主要缺点是 Sn 离子不能完全清除,会妨碍 Pd 金属离子的还原和析出。

本节采用了利用多元醇来还原 Pd 离子生成 Pd 核,使其负载于 CNT 表面。该方法避免了 Sn 离子的介入,并且不会产生副产物。在 CNT 表面上的 Pd 颗粒会为后续的反应过程提供活性位点,如 Pb 以及其他金属的化学镀过程。利用活化的 CNT 负载 Pd 颗粒,以 $TiCl_3$ 和乙二醇为还原剂,分别制备了 Pb/CNT 与 NiPb/CNT。

10.2.1 CNT 的预处理[12-13]

对 CNT 预处理有如下三种方法:

(1) 利用浓硝酸进行预处理。将一定量的 CNT 浸泡在 30%(质量分数)HCl 溶液中 12h,然后清洗,在一定温度下用浓硝酸回流 3h,最后用蒸馏水清洗,直至上清液 pH 值为 7 左右。过滤后的滤饼用去离子水清洗,在 80℃下真空干燥数小时,就获得了预处理的 CNT。氧化温度分别为 100℃、120℃、140℃。

(2) 利用浓硫酸和浓硝酸进行预处理。在 70℃下,将浸泡过的 CNT 在浓硫酸和浓硝酸的混合液中回流 3h。混酸中浓硫酸和浓硝酸的体积比分别为 1∶1、2∶1、3∶1。

(3) 利用 $K_2Cr_2O_7$进行预处理。在 60℃下,将浸泡过的 CNT 在 $K_2Cr_2O_7$溶液中回流一定时间。氧化时间分别为 1h、2h、3h。

图 10-1 为不同氧化温度下利用浓硝酸进行预处理的 CNT 的傅里叶红外光谱(FTIR)谱图。由图可以看出,在不同的氧化温度下(100℃、120℃、140℃),所得的样品在 1460cm^{-1} 处的吸收峰强度有所不同。氧化温度从 100℃ 升高到 120℃时,该处吸收峰强度增强;氧化温度从 120℃ 升高到 140℃时,吸收峰的强度几乎没有变化。这说明随着温度的升高,引入羧基的量增加。但需要考虑的是,在 140℃的高温下,硝酸会分解,不利于 CNT 的氧化。因此,硝酸法氧化 CNT 的最佳温度为 120℃。

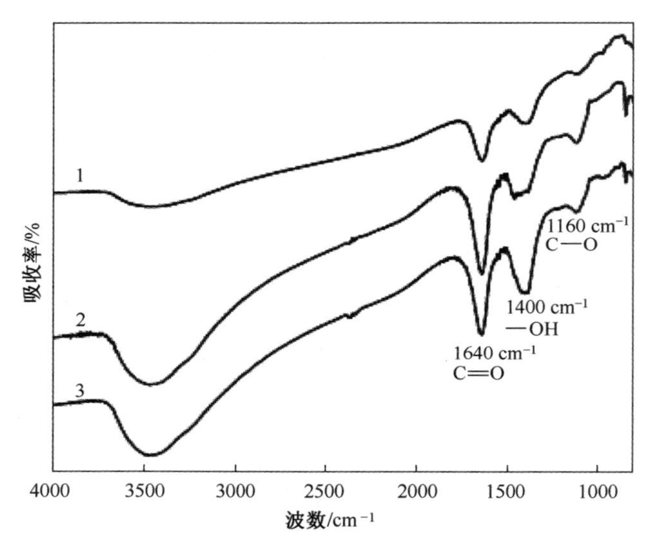

图 10-1　浓硝酸预处理的 CNT 的 FTIR 谱图

1—氧化温度 100℃;2—氧化温度 120℃;3—氧化温度 140℃。

图 10-2 为采用混酸氧化法,用不同体积比的浓硫酸和浓硝酸氧化的 CNT FTIR 谱图。从图中可以看出,随着混合溶液中浓硫酸比例的增加,波数为 1160cm^{-1}与 1640cm^{-1}的吸收峰强度也明显增强。这表明浓硫酸的体积占比越大,CNT 表面上就会生成越多的羧基。因此,混酸法氧化 CNT 时浓硫酸与浓硝酸的最佳体积比为 3∶1。

图 10-3 为采用重铬酸钾在不同反应时间氧化 CNT 的 FTIR 谱图。由图可以看出,随着氧化时间的增加,波数为 1400cm^{-1}与 1640cm^{-1}处的吸收峰也明显增强。说明随着氧化时间的延长,引入 CNT 上的羧基量也增加。因此,重铬酸钾法氧化 CNT 的最佳时间是 3h。

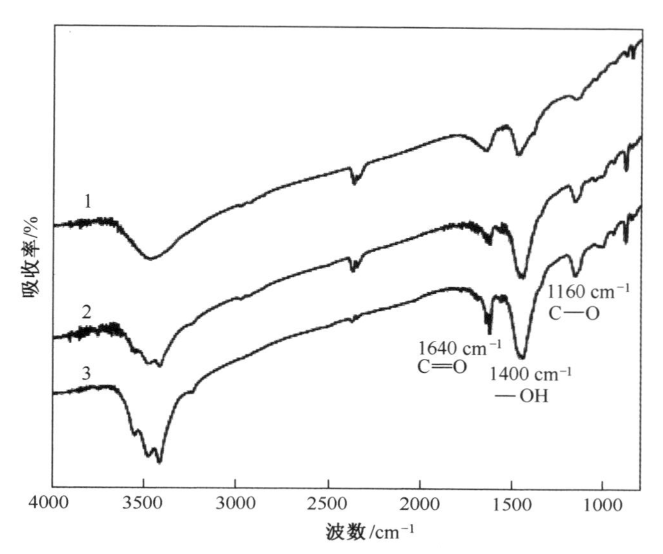

图 10-2　硝硫混酸预处理的 CNT 的 FTIR 谱图

1— $V_{H_2SO_4}:V_{HNO_3}=1:1$；2— $V_{H_2SO_4}:V_{HNO_3}=2:1$；3— $V_{H_2SO_4}:V_{HNO_3}=3:1$。

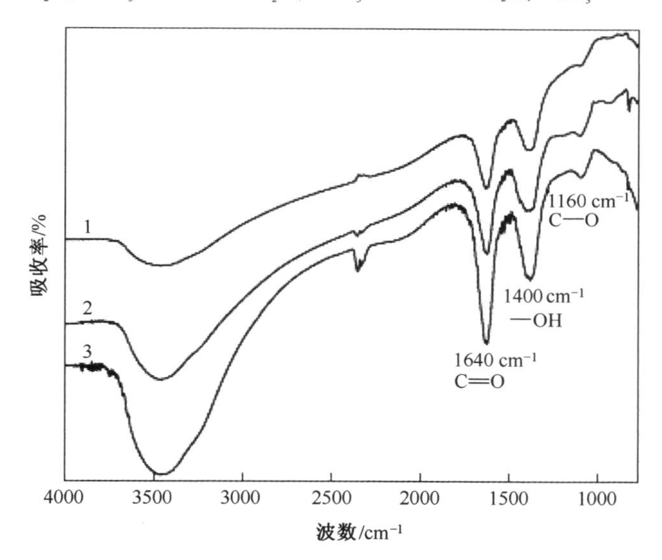

图 10-3　重铬酸钾预处理的 CNT 的 FTIR 谱图

1—氧化时间 1h；2—氧化时间 2h；3—氧化时间 3h。

图 10-4 为原料 CNT 以及预处理后 CNT 的 FTIR 谱图。CNT 分别通过浓硝酸、硝硫混酸以及重铬酸钾处理。图中在波数 $3470cm^{-1}$ 及 $1460cm^{-1}$ 处的吸收峰分别为—OH 的伸缩和弯曲振动；$1160cm^{-1}$ 处为 C—O 的伸缩振动峰，$1640cm^{-1}$

处则为预处理后 C ═ O 的伸缩振动峰。这意味着，在经上述三种方法预处理之后，CNT 表面上有了更多的羧基、羰基以及羟基等基团。但对于三种不同的预处理方法得到的样品，在 $1400cm^{-1}$ 与 $1640cm^{-1}$ 处的吸收峰强度有所不同。从图 10-4可以看出，在利用方法 2 和方法 3 预处理后的 CNT 上有更多的羧基、羰基和羟基基团。这些在 CNT 表面上引入的官能团将为后续的反应提供活性位点。

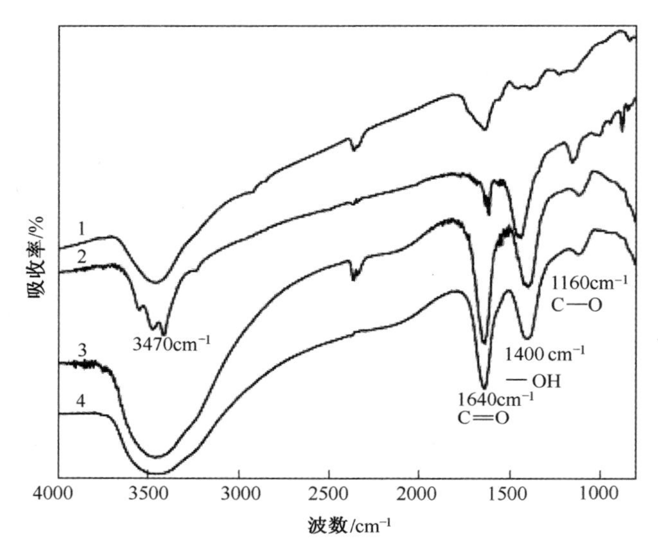

图 10-4　原料 CNT 与预处理的 CNT 的 FTIR 谱图

1—CNT；2—浓硫酸；3—硝硫混酸；4—重铬酸钾。

利用浓硝酸、硝硫混酸以及 $K_2Cr_2O_7$ 处理后的 CNT 的 TEM 照片如图 10-5 所示。这三种样品具有相似的形貌特征，表面光洁平滑，几乎不含石墨碎片、催化剂颗粒等杂质。

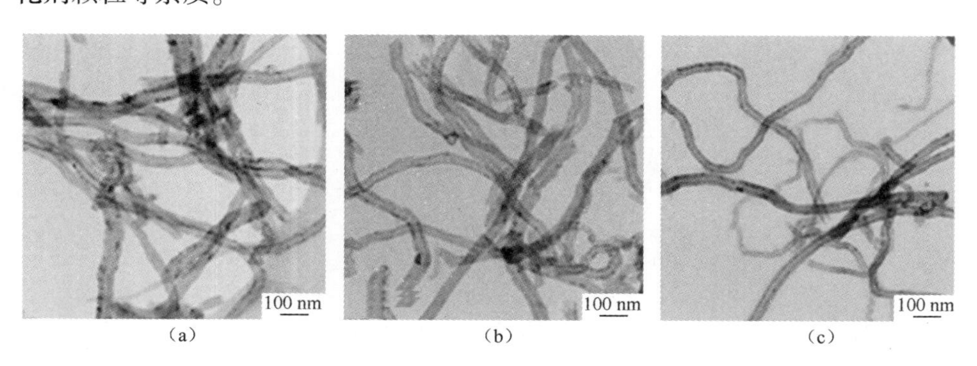

图 10-5　CNT 的 TEM 照片

(a)浓硝酸法；(b)硝硫混酸法；(c)重铬酸钾法。

10.2.2　CNT 负载金属

如前所述，Pb/CNT 以及 NiPb/CNT 是利用化学镀法制备的，在进行化学镀之前对 CNT 进行了活化。在此过程中，金属离子被还原为金属颗粒并直接沉积在 CNT 上。Pb 是一种理想的活化金属，通过高温下（170~180℃）与多元醇发生还原反应而制得。该活化反应机理如下：

$$\begin{cases} 2CH_2OH—CH_2OH \longrightarrow 2CH_3CHO + 2H_2O \\ 2CH_3CHO + Pd(OH)_2 \longrightarrow CH_3—CO—CO—CH_3 + 2H_2O + Pd \end{cases}$$

在 CNT 表面上的 Pd 颗粒会为后续的反应过程提供活性位点。Pb/CNT 是通过利用 $TiCl_3$ 作为还原剂并在 Pb 核上沉积而制得的。作为催化反应的毒物，Pb 颗粒的生长很缓慢，因此，其在 CNT 表面上的沉积过程较容易控制。

为了制备 NiPd/CNT，溶液中两种金属的还原反应与二者的标准电极电势（SEP）密切相关。对于 Ni 离子和 Pd 离子，其 SEP 值分别为 -0.257V 和 0.915V，因此 Pd 离子会率先被还原为 Pd 颗粒而沉积于 CNT 表面，从而为后续的反应提供活性位点。Ni 离子会在随后被还原，沉积于活性位点之上，然后生长。溶液的 pH 值对颗粒的粒度有重要影响，选择合适的 pH 值则可以在 CNT 表面获得纳米 NiPd 颗粒。

1. Pd/CNT

将 $PdCl_2$ 在超声处理下溶解于乙二醇，加入 0.4mol/L NaOH 的乙二醇溶液，将其 pH 值调至 8。迅速将预处理的 CNT 加入溶液中，加热至 170℃，搅拌数小时。将黑色产物清洗、过滤，在 80℃下真空烘干，得到 Pd/CNT。

图 10-6 为预处理的 CNT 以及 Pd/CNT 的 XRD 谱图。样品在 2θ 为 26.2° 处出现了石墨峰，说明产品中 CNT 的石墨层状结构仍然存在。在 2θ 为 39.9°、46.4°、67.9°处出现衍射峰，均与立方晶系 Pd 的标准谱图相对应。图 10-7 为 Pd/CNT 的 TEM 照片。可以看出，Pd 以 5~9nm 的球状纳米颗粒的形式负载于 CNT 表面。

2. Pb/CNT[14]

用乙二胺四乙酸（EDTA）、柠檬酸钠、乙酸铅以及三氯化钛（$TiCl_3$）配置镀液，用 NaOH 溶液调 pH 值，将活化过的 CNT 迅速加至溶液中，在一定温度下持续搅拌 120min。将得到的黑色物质清洗、过滤，在 80℃下真空烘干，即得到Pb/CNT 样品。

预处理的 CNT 以及 Pb/CNT 的 XRD 谱图如图 10-8 所示。对于曲线 1，CNT 的强衍射峰没有出现，仅仅在 24.7°处检测到一个衍射峰。对于 Pb/CNT，

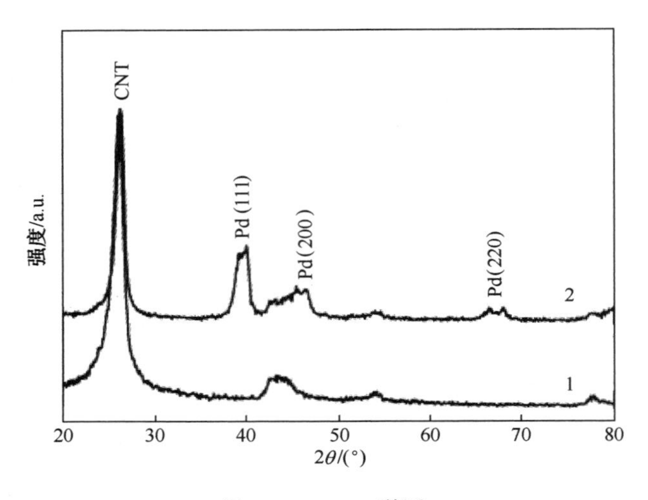

图 10-6 XRD 谱图

1—预处理的 CNT;2—Pd/CNT。

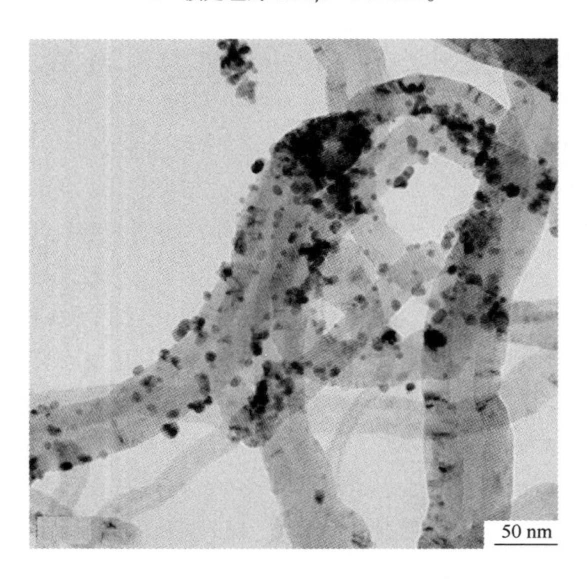

图 10-7 Pd/CNT 的 TEM 照片

在 31. 3°、36. 3°、52. 2°以及 62. 2°处出现的强衍射峰,经辨认均为 Pb/CNT 上立方晶系 Pb 的特征峰。而 28. 6°、31. 8°以及 48. 5°处的吸收峰经辨认则为四角晶系 PbO 的特征峰。XRD 结果表明,尽管有少量 PbO 的存在,所得到的产品仍主要为 Pb 与 CNT 的复合物。EDS 分析也仅检测到了 C、Pb、Pd 与 Ti 四种元素的存在,Ti 是在化学镀过程中作为还原剂时引入的。

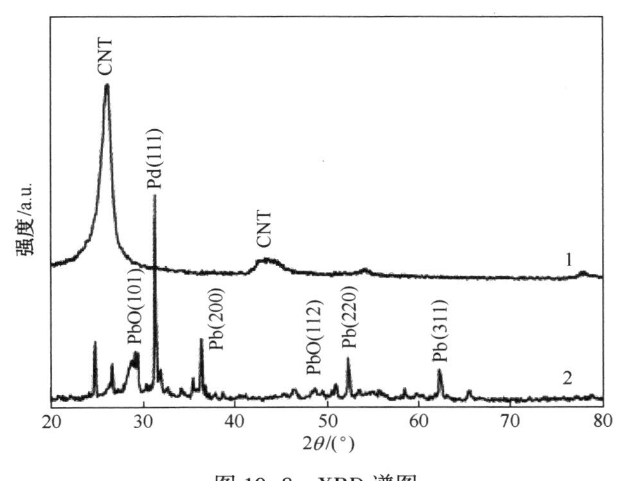

图 10-8　XRD 谱图

1—预处理的 CNT;2—Pb/CNT。

图 10-9 为 Pb/CNT 的 TEM 照片。可以看出,纳米 Pb 颗粒以 50nm 左右的不规则椭球形颗粒负载于 CNT 表面。

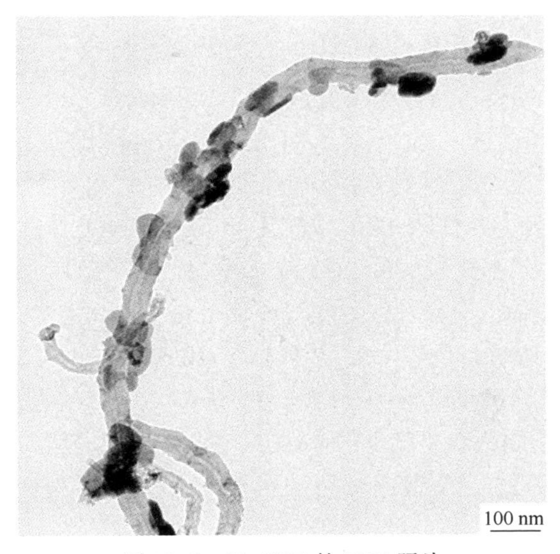

图 10-9　Pb/CNT 的 TEM 照片

图 10-10 是经过不同施镀时间得到的 Pb/CNT 的 XRD 谱图。比较 1、2、3、4 四条曲线可以看出,随着施镀时间从 30min 延长至 120min,Pb 的衍射峰在逐渐增强,而且 PbO 与 Pb_3O_4 的衍射峰强度则相对较弱。说明随着施镀时间的增加,碳管上所镀的铅也随之增加。然而,当施镀时间超过 150min 时(曲线 5),Pb

峰开始减弱,并被 Pb_3O_4 所取代。实验表明,当施镀时间过长时,Pb 会被氧化生成 Pb_3O_4。因此,对于在 CNT 上化学镀铅,最佳施镀时间为 120min。

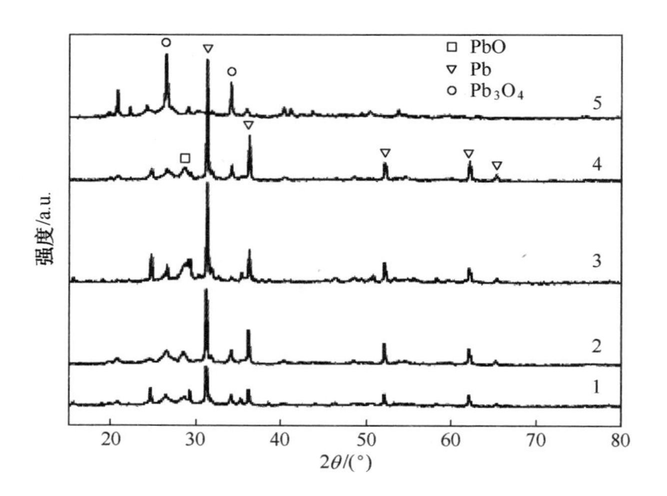

图 10-10　Pb/CNT 的 XRD 谱图

1—施镀时间 30min;2—施镀时间 60min;3—施镀时间 90min;
4—施镀时间 120min;5—施镀时间 150min。

图 10-11 是在不同的 pH 值下施镀所得的 Pb/CNT 的 XRD 谱图。从曲线 1 可以看出,当 pH 值为 8.7 时,只有 CNT 的特征衍射峰出现,说明此 pH 值下不能有效施镀。从曲线 2 可以看出,当 pH 值为 8.9 时,出现了 Pb、PbO_x(PbO 或者 Pb_3O_4)的衍射峰。从曲线 3 可以看出,当 pH 值升至 9.3 时,曲线上的主峰为 Pb 衍射峰,同时出现强度较弱的 PbO_x 峰。当 pH 值高于 9.7 时,Pb 的衍射峰几乎消失,仅剩 PbO_x 的衍射峰。以上结果表明,pH 值对产品成分影响较大,制备需要的 pH 值在 9 附近且范围很窄,最佳施镀 pH 值应略小于 9,因为当 pH 值大于 9 时,Pb 很容易被氧化。

图 10-12 为不同施镀温度下的 Pb/CNT 的 XRD 图。从曲线中可以看出,最佳施镀温度应为 60℃,当施镀温度超过 60℃时, Pb 很容易被氧化为 PbO 而负载于 CNT 表面上。

3. NiPd/CNT

按照摩尔比 1∶1 称取一定量的氯化钯($PdCl_2$)和醋酸镍($Ni(AC)_2 \cdot 4H_2O$)溶解于乙二醇中。迅速加入预处理过的 CNT 至溶液中,超声分散均匀。将浓度为 0.4mol/L 的 NaOH 的乙二醇溶液加入上述溶液中,在 170℃ 下搅拌数小时。将溶液中的黑色物质清洗、过滤,在 80℃ 下真空干燥,即可得到 NiPd/CNT。

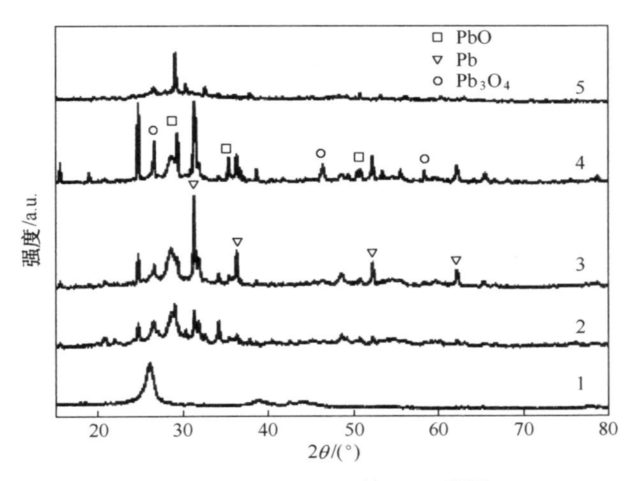

图10-11 Pb/CNT的XRD谱图

1—pH值为8.7;2—pH值为8.9;3—pH值为9.3;4—pH值为9.7;5—pH值为10.7。

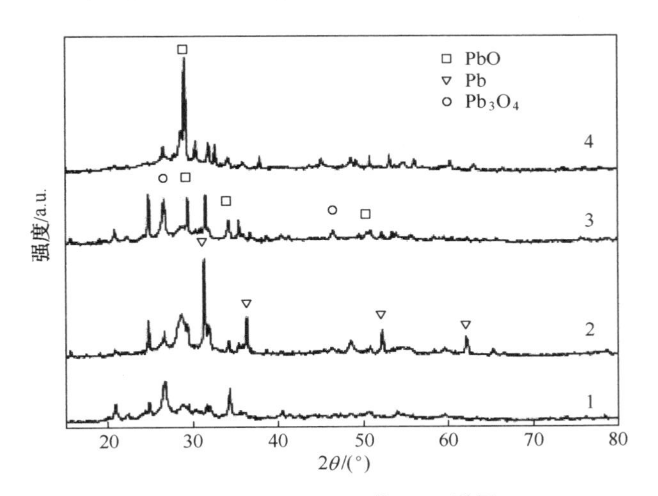

图10-12 Pb/CNT的XRD谱图

1—施镀温度为55℃;2—施镀温度为60℃;3—施镀温度为70℃;4—施镀温度为90℃。

NiPd/CNT的TEM照片显示,NiPd合金颗粒以10~20nm的球状颗粒负载于CNT表面,且有部分聚集成团的现象。通过EDS测得,产物NiPd/CNT中的Ni/Pd原子数量比为30:1。

图10-13为NiPd/CNT与预处理的CNT的XRD谱图。在2θ为26.2°处出现石墨的特征峰,说明产物中CNT的石墨层状结构仍存在。在2θ为44.3°、51.8°以及76.4°出现的强衍射峰,经对比为立方晶系Ni的特征峰。

图10-14为不同溶液pH值下所得NiPd/CNT的XRD谱图。从图中5条曲

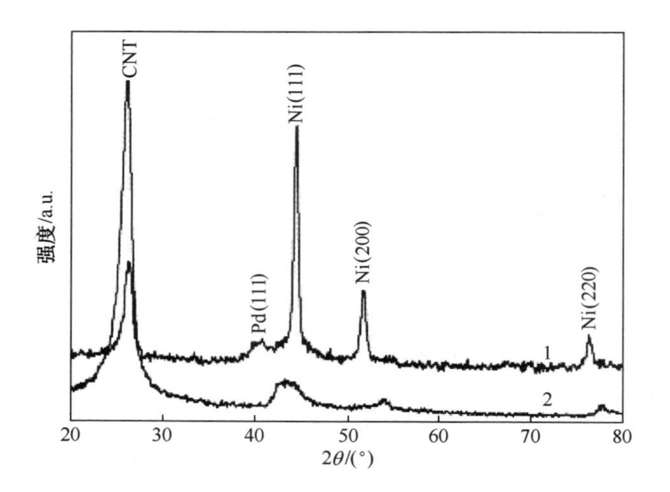

图 10-13　NiPd/CNT 与预处理的 CNT 的 XRD 谱图

1—NiPd/CNT；2—预处理的 CNT。

线的对比可看出，在 40.1°处有微弱的衍射峰，证实 Pd 的存在，该峰之所以微弱是因为相较于 Ni，Pd 的含量很少。由 Scherrer 公式，计算不同 pH 值下对应的 CNT 表面上的晶粒大小，分别为 17.9nm、16.5nm、12.0nm、10.2nm、14.4nm。可见，在溶液 pH 值低于 9 时，随着 pH 值的增大，CNT 上所负载的纳米合金颗粒的粒径逐渐减小；然而，当溶液 pH 值高于 10 时，合金颗粒的粒径反而增大。因此，推断最适的 pH 值应当在 9~10 之间。

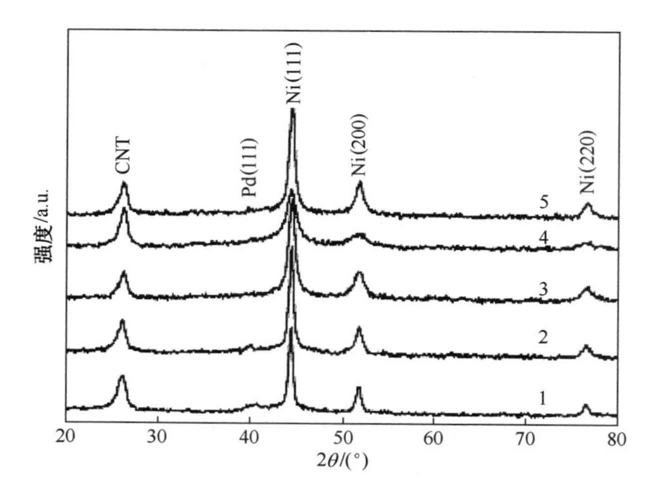

图 10-14　NiPd/CNT 的 XRD 谱图

1—pH 值为 5.7；2—pH 值为 7.7；3—pH 值为 8.4；4—pH 值为 10.0；5—pH 值为 10.6。

4. Ag/CNT

Ag/CNT[15]是通过如下两种方法制备的：

（1）银镜法：将预处理过的 CNT 加入至 Tollen 试剂中，然后加入甲醛溶液。至反应结束后，经过滤得到固体，用去离子水洗涤至 pH 值为 7，干燥后得到黑色粉末状产物。

（2）水热法：将氨水逐滴滴入 $AgNO_3$ 溶液中，直至溶液变透明。然后，分别加入 CNT 与聚乙烯吡咯烷酮溶液。在充分的超声分散均匀后，将混合溶液放入水热釜中反应 36h。待反应完全后，将溶液过滤，将得到的固体产物用去离子水洗涤直至 pH 值为 7，干燥后得到黑色粉末状产物。

对 Ag/CNT 进行 FTIR 测量，发现用不同方法制备的样品均具有相同的 IR 特征峰。红外谱图中，3400cm^{-1}与 1630cm^{-1}处吸收峰来自 H_2O 中—OH 的伸缩振动与弯曲振动。2360cm^{-1}附近则对应 CO_2 中 C—O 的特征峰。分析表明，两种方法制备的 Ag/CNT 均有不同程度的水分存在。H_2O 特征峰强度相对较低，说明产物中水分含量较少。另外，FTIR 测试中用到的 KBr 本身也易吸湿。

事实上，Ag/CNT 与纯 CNT 的红外谱图基本一致，而金属 Ag 的特征 IR 谱带出现在 400cm^{-1}附近，虽然不易辨认，但确实存在。因此，上述 FTIR 分析结果表明，Ag/CNT 样品中主要组分为 Ag 与 CNT。

对 Ag/CNT 进行 XRD 测量得到的谱图如图 10-15 所示。可以看出，银镜法制备的样品在 2θ 为 25. 84°和 44. 14°处出现的吸收峰应为石墨的(002)和(101)面的特征峰；对于水热法制备的样品，也在 2θ 为 25. 94°与 44. 26 处出现了相应的特征峰。这些结果表明，在复合物结构出存在着石墨的层状结构。然而，与水热法制得产物相比，银镜法制得产物中，上述两峰要更宽。分析认为，该现象是由于反应条件的不同而导致的。

此外，从两种 CNT 复合物中都检测到了 Ag 的特征衍射峰。利用银镜法制备的复合物谱图中，检测到了立方晶系 Ag(04-0783)在 2θ 为 37. 92°、44. 14°、64. 32°以及 77. 24°的特征峰(分别对应(111)、(220)、(311)面)。对于利用水热法制备的样品，相应的峰分别在 2θ 为 38. 04°、44. 26°、64. 38°以及 77. 30°处检测到。并未检测到其他物质的衍射峰。上述结果表明，Ag/CNT 主要由 CNT 及立方晶系 Ag 组成。

根据 Scherrer 公式，利用(111)和(200)面的衍射峰，计算 Ag/CNT 上金属 Ag 微粒的晶粒尺寸，如表 10-1 所列。复合物中的各组分含量也列于表 10-1 中。

从表 10-1 中可以看出，利用不同方法制备的复合物中 Ag 的粒度有明显区别。这是由于上述两种方法的反应条件不同所致。

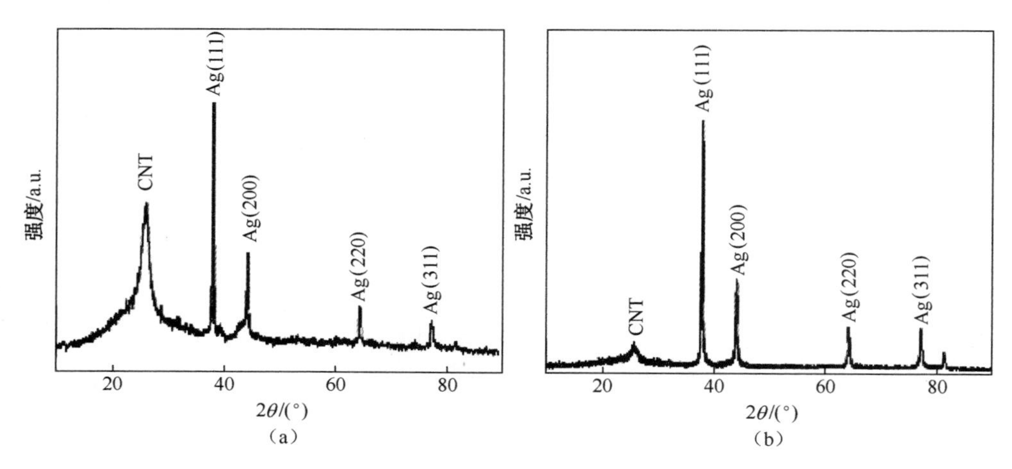

图 10-15　不用方法制备的 Ag/CNT 的 XRD 谱图

(a)银镜法;(b)水热法。

表 10-1　Ag/CNT 中 Ag 的含量与粒度

样品	PDF 编号	元素	存在形式	含量/%	粒度/nm
A (银镜法)	04-0783	Ag	银-3C	62.8	29.3
	41-1487	C	石墨	37.2	—
B (水热法)	04-0783	Ag	银-3C	91.9	35.4
	41-1487	C	石墨	35.4	—

利用扫描电子显微镜-X 射线能谱仪(SEM-EDS)对 Ag/CNT 进行分析。可看出,Ag 颗粒以 10~80nm 的不规则形状附着在 CNT 的表面,形成 Ag/CNT 复合物。需要注意的是,利用水热法制备的复合物中 Agjsdm 颗粒的尺寸要大于银镜法制得的 Ag 颗粒,这是由于水热法中反应时的高温高压所致。

通过 EDS 分析,发现与预处理的 CNT 相比,复合物中缺少了 O 元素,说明在 CNT 的表面上已经不存在羟基、羧基、羰基等含氧基团。对于 Ag/CNT,仅检测到 C 和 Ag 两种元素。由银镜法制备的复合物中 C、Ag 元素的含量约为 88%和 12%;利用水热法制备的复合物中 C、Ag 元素的含量约为 61%和 39%。

利用 Brunnauer-Emmet-Teller 比表面积测试(BET)法测量了复合物的比表面积,发现 Ag/CNT 的比表面积要大于原料 CNT。这是由于 Ag 负载于 CNT 上之后,CNT 载体骨架的支撑作用减少了 Ag 颗粒的团聚,从而使其比表面积增加。

10.2.3　CNT 负载金属氧化物

1. CuO/CNT[16-17]

按照 1∶2 的摩尔比称取适量的醋酸铜[$Cu(CH_3COO)_2 \cdot H_2O$]和氢氧化钠(NaOH),分别溶解于乙二醇中。将 NaOH 溶液逐滴滴入醋酸铜溶液,就制得氢氧化铜溶胶。然后,迅速加入经预处理的 CNT,在 100℃下搅拌数小时后,将蒸馏水滴入上述混合液,在 100℃下回流数小时。最后,将黑色物质清洗、过滤,在 80℃下真空烘干,就制得了 CuO/CNT。

预处理 CNT 与 CuO/CNT 的 XRD 谱图如图 10-16 所示。在 26.2°处的衍射峰证实 CNT 的存在。在 2θ 为 35.4°、38.5°、48.8°、58.5°、61.4°、66.1°以及 68.1°处的衍射峰经辨认为正交晶系 CuO 的特征峰。因此,CuO/CNT 复合物中包含了 CNT 以及 CuO 纳米颗粒。通过 Scherrer 公式计算得出,在 CNT 表面上负载的 CuO 晶粒大小为 9.3nm。

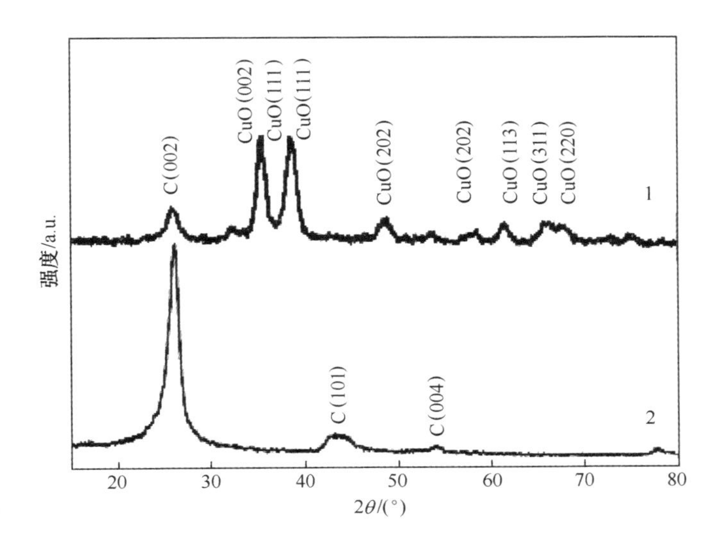

图 10-16　预处理的 CNT 与 CuO/CNT 的 XRD 谱图
1—预处理的 CNT;2—CuO/CNT。

图 10-17(a)为预处理的 CNT 的 TEM 照片,可以看出经盐酸和硝酸处理后的 CNT 不包含任何的杂质,且表面平滑。从图 10-17(b)可以看出在 CNT 表面上负载的 CuO 纳米颗粒主要为扁圆形,长度为 8~10nm;也有少数长度约为 50nm、直径约为 5nm 的棒状颗粒。因此,TEM 分析结果与 Scherrer 公式计算结果较为一致。

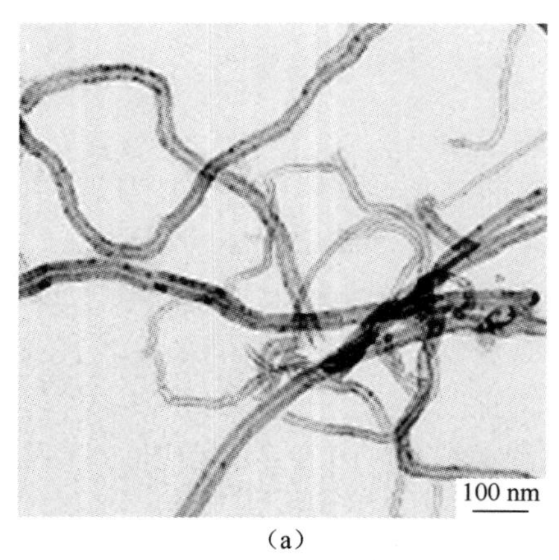

(a)

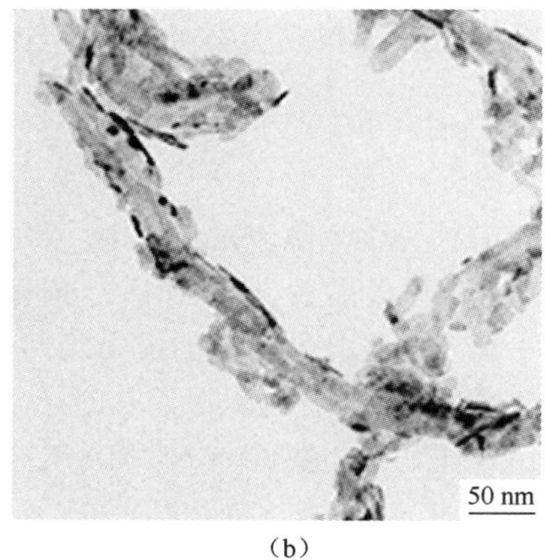

(b)

图 10-17　预处理的 CNT 与 CuO/CNT 的 TEM 照片

为了研究醋酸铜的加入量对产物中 CuO 负载量的影响,在前驱体溶液中改变醋酸铜的浓度。将不同 CuO 含量的 CuO/CNT 标记为 Cat-1、Cat-2、Cat-3 以及 Cat-4,相应的醋酸铜与 CNT 的摩尔比分别为 1.3 : 1、2.5 : 1、3.8 : 1 以及 5 : 1。所有的样品都是采用灰化-酸分解法进行预处理,然后利用耦合激光质谱仪(ICP-MS)来测定每个样品中的铜含量,结果列于表 10-2 中。可以发现,预处理的 CNT 中含有 0.3%的铜,这是由于在对 CNT 进行预处理的过程中使用了含铜的催化剂。从表 10-2 中可以发现,对于不同的CuO/CNT,醋酸铜到氧化铜的转化率为 85.6%~95.2%。基于 Cu 的含量,可以计算出 CuO 的含量数:Cat-1,26.6%;Cat-2,39.9%;Cat-3,47.9%;Cat-4,53.3%。

表 10-2　ICP-MS 测得的催化剂中 Cu 的含量

样品	Cu 含量/%	Cu 转化率/%
预处理的 CNT	0.30	—
Cat-1	23.7	95.2
Cat-2	36.9	85.6
Cat-3	41.0	92.4
Cat-4	50.7	89.0

Cat-1~Cat-4 的 XRD 谱图如图 10-18 所示。由图可见,随着醋酸铜浓度的增加,2θ 在 26.2°处出现的 CNT d_{002}衍射峰以及 2θ 在 38.5°处出现的 CuO d_{111}衍射峰的变化都很明显。前者逐渐减弱,后者逐渐增强,这是从Cat-1到 Cat-4,CNT 表面上所负载的 CuO 量逐渐增多的缘故。通过 CuO(111)面衍射峰的半峰高代入 Scherrer 公式计算得到 CuO 的晶粒大小:Cat-1,9.5nm;Cat-2,9.5nm;

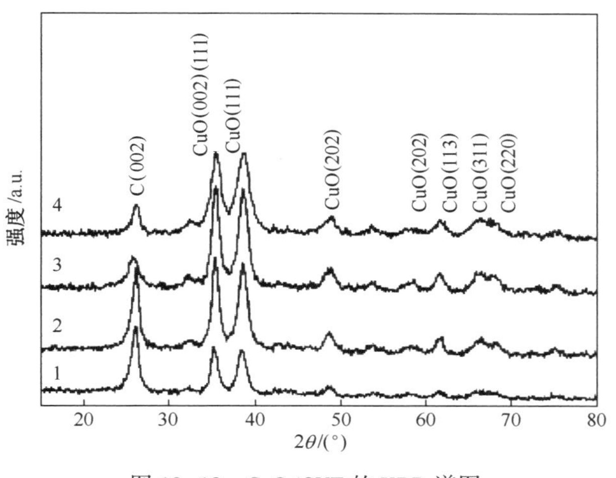

图 10-18 CuO/CNT 的 XRD 谱图

1—Cat-1;2—Cat-2;3—Cat-3;4—Cat-4。

Cat-3,9.3nm;Cat-4,8.8nm。可以看出,随着醋酸铜浓度的增大,在 CNT 表面上负载的 CuO 颗粒大小几乎没有变化。

2. PbO/CNT

将 $Pb(OAC)_2 \cdot 3H_2O$(0.5g)溶解于水中得到透明溶液,然后加入 0.3g CNT[18]。经超声分散后,将溶液在 50℃下搅拌 3h。利用氨水将溶液的 pH 值调至 9.45,而后继续搅拌 4h。此后,将溶液过滤得到滤饼,用去离子水清洗两次后用乙醇再清洗一次,然后在 60℃下烘干。在氮气气氛下,将得到的 PbO/CNT 在 250℃下煅烧 2h。

图 10-19 是煅烧温度为 300℃下得到的 PbO/CNT 的 XRD 谱图。在 26°处检测到 CNT 的衍射峰。另外,2θ 在 29.09°、37.82°、48.83°以及 68.82°处的衍射峰为斜方晶系 PbO 的特征峰,而 31.31°、36.27°、52.23°、62.12°以及 65.24°处的衍射峰则属于 Pb。此外,在 28.610°与 31.843°处附近出现 PbO 与 Pb 的重叠峰。XRD 结果显示,在 PbO/CNT 中有少量 Pb 的存在,这应该是由于 PbO 还原后生成金属 Pb 负载在 CNT 表面上。实验中还发现,在 400℃的煅烧温度下,PbO 几乎全部还原成 Pb。因此,最佳煅烧温度应为 250~300℃。

本书也研究了 pH 值对于 PbO/CNT 制备的影响。图 10-20 是不同 pH 值的溶液制得的 CNT 复合物的 TEM 照片。如图 10-20(a)所示,当 pH 值为 8.0 时,在 CNT 表面负载少量的粒径约为 45nm 的 PbO 颗粒。而当溶液 pH 值为 9.0 时(图 10-20(b)),多个尺寸较大(100~200nm)的球状颗粒负载于 CNT 表面。有趣的是,当 pH 值增大至 9.45 时,大量尺寸约为 10nm 的针状小颗粒附着于 CNT

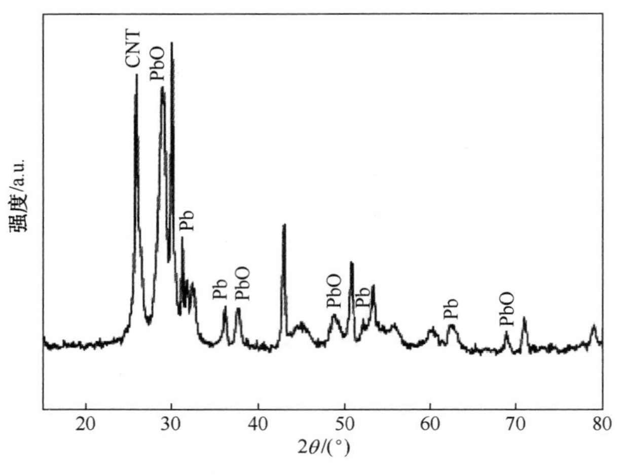

图 10-19 PbO/CNT 的 XRD 谱图

上。可见,溶液的 pH 值对于制备 PbO/CNT 至关重要。$Pb(OH)_3$作为 PbO 的前驱体,在 pH 值为 8.0 时难以大量生成,所以此时只能得到少量的 PbO。而当 pH 值为 9.0 时则会生成大颗粒的 PbO。当溶液 pH 值为 9.45 时,$Pb(NO_3)_3$水解生成 $Pb(OH)_3$溶胶,均匀地覆盖在 CNT 表面。因此,制备 PbO/CNT 的最佳 pH 值为 9.45。

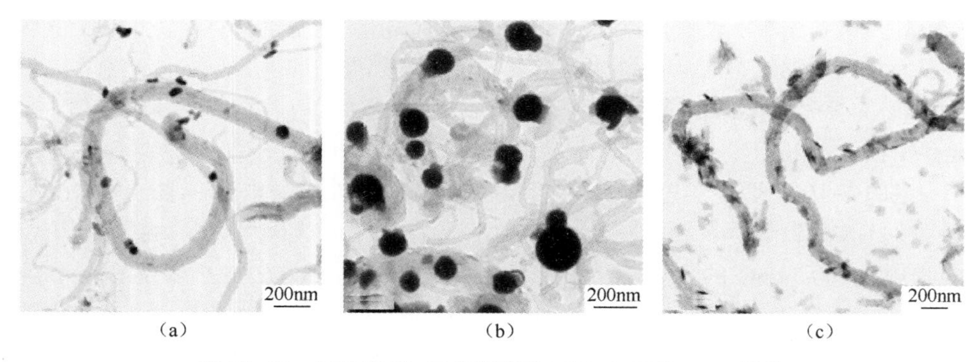

图 10-20 不同溶液 pH 值制得的 PbO/CNT 的 TEM 照片

(a)pH 值为 8.0;(b)pH 值为 9.0;(c)pH 值为 9.45。

利用 EDS 来进一步研究 PbO/CNT 的组成,检测到了 C、O、Pb、Cu 四种元素。需要注意的是,Cu 的来源是表征时用来支撑样品所用的铜网。因此,EDS 结果证实,复合物是由 PbO/CNT 组成。

3. Bi_2O_3/CNT

称取 0.21g $Bi(NO_3)\cdot5H_2O$ 溶于一定量溶剂中配置溶液,加入 0.1g

CNT[19]。此后,将溶液搅拌 30min,缓慢滴加氨水或 NaOH 溶液,将 pH 值调至 9~10。最后,将溶液过滤得到黑色滤饼,干燥后,在 300℃下煅烧 2h,得到样品。

图 10-21 的 XRD 谱图中,曲线 1 为经浓硫酸和浓硝酸处理过的 CNT,曲线 2 为 Bi_2O_3/CNT。可以发现,石墨的 d_{002}峰强度很弱。另外,检测到了 27.97°、31.71°、32.76°、46.21°、47.00°、54.22°、55.55°以及 57.77°的衍射峰,分别属于四角晶系 Bi_2O_3(65-1209)的(201)面、(002)面、(220)面、(222)面、(400)面、(203)面、(421)面以及(402)面。此外,21.195°、37.995°、39.634°、48.734°以及 64.559°处的衍射峰则分别属于斜方六面体 Bi(44-1246)的(012)面、(104)面、(110)面、(202)面以及(122)面。上述结果表明,所得到的产品 Bi_2O_3/CNT 中含有部分单质 Bi。

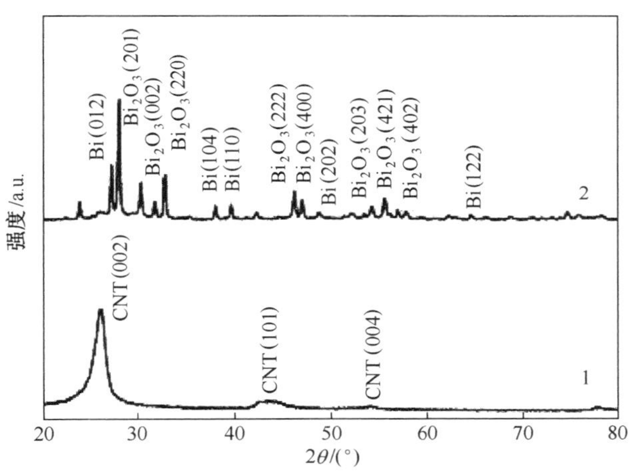

图 10-21　预处理 CNT 与 Bi_2O_3/CNT 的 XRD 谱图

1—预处理 CNT;2—Bi_2O_3/CNT。

图 10-22 为 Bi_2O_3/CNT 的 TEM 照片。可以看出,Bi_2O_3以 30~50nm 的球状颗粒负载于 CNT 的表面。利用 EDS 检测到复合物中含有 C、O、Bi 与 Cu 四种元素。需要注意的是,Cu 的来源是表征时用来支撑样品所用的铜网。

本节研究了溶剂对纳米 Bi_2O_3颗粒形貌的影响。结果发现,采用不同的溶剂得到的 Bi_2O_3/CNT,CNT 上负载的纳米 Bi_2O_3颗粒的形貌和分散程度都有明显的不同。采用乙二醇为分散剂,NaOH 为沉淀剂,得到的纳米 Bi_2O_3颗粒呈棒状,宽度约为 10nm,长度为 50~100nm。此外,在 CNT 表面上负载的纳米 Bi_2O_3颗粒分布也不均匀。当使用 DMF 为分散剂,NaOH 为沉淀剂时,得到的 Bi_2O_3/CNT复合物中,纳米 Bi_2O_3颗粒呈球形或椭球形,粒径从 10nm 到数十纳米,还有部分颗粒聚集成团。当采用 H_2O 作为分散剂,NaOH 为沉淀剂时,得到

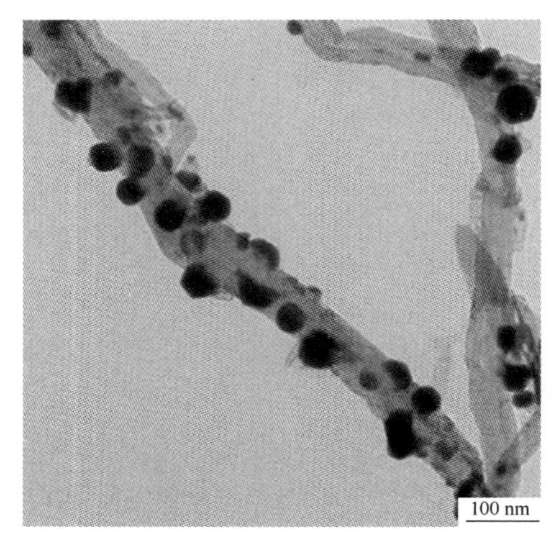

图 10-22 Bi_2O_3/CNT 的 TEM 照片

的 Bi_2O_3/CNT 中,Bi_2O_3纳米颗粒为 60~100nm 的球形,颗粒分布也较均匀。采用 H_2O 作为分散剂,氨水作为沉淀剂时,得到的 Bi_2O_3/CNT 中 Bi_2O_3 以 30~50nm 的球状颗粒均匀负载在 CNT 表面上,且分布均匀,负载效率高。以上结果表明,采用水作为分散剂,氨水作为沉淀剂有利于获得小粒径的 Bi_2O_3,还可以使其前驱体在 CNT 上分布均匀。

图 10-23 与 10-24 分别为不同煅烧温度下得到的 Bi_2O_3/CNT 复合物的 TEM 照片和 XRD 谱图。如图 10-23(a)所示,在 300℃ 下煅烧得到的产物中,Bi_2O_3为 20~30nm 的球状颗粒;在其 XRD 谱图上可以看出,在 25°~35°之间出现鼓包状的衍射峰,说明此时形成的是无定型的 Bi_2O_3。在 400℃ 下煅烧得到的产物中,Bi_2O_3同样为球状颗粒,粒度稍大一些,为 30~50nm。

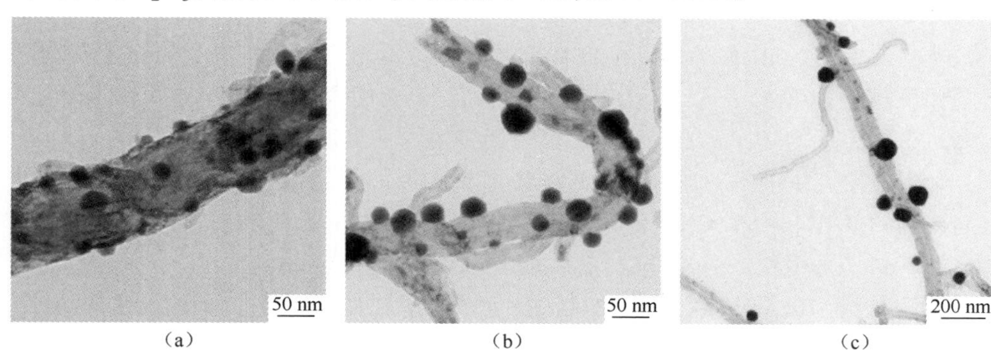

(a) (b) (c)

图 10-23 不同煅烧温度下得到的 Bi_2O_3/CNT

(a)煅烧温度为 300℃;(b)煅烧温度为 400℃;(c)煅烧温度为 500℃。

相应的 XRD 谱图表明,纳米 Bi_2O_3颗粒中含有少量的 Bi,这是 Bi_2O_3被碳还原所致。煅烧温度提高至 500℃,纳米颗粒的粒度也随之提高到 50~100nm。此外,此时颗粒的组成主要是 Bi,仅含有少量的 Bi_2O_3。综上可知,复合物中负载颗粒的粒径与组成都与煅烧温度密切相关。随着煅烧温度逐渐升高,CNT 上所负载颗粒的晶化程度和粒径也在增大。然而,温度过高(如 500℃)会导致更多的 Bi_2O_3被还原为 Bi。因此最佳煅烧温度应为 400℃。

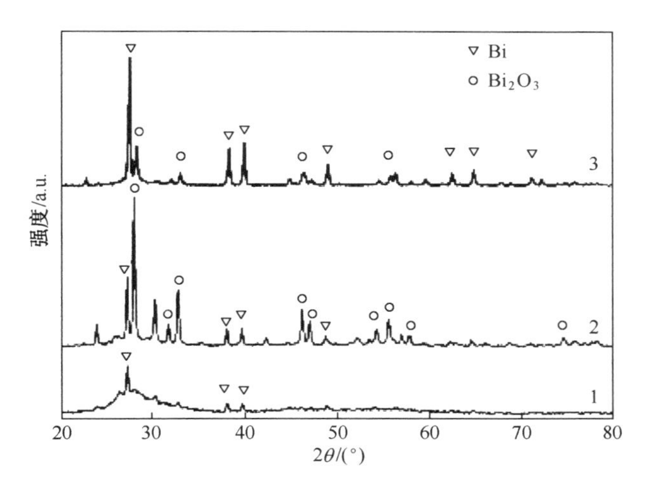

图 10-24 不同煅烧温度下得到的 Bi_2O_3/CNT 的 XRD 谱图

1—煅烧温度为 300℃;2—煅烧温度为 400℃;3—煅烧温度为 500℃。

4. MnO_2/CNT[20]

本节使用的 CNT 是采用 10.2.1 节所述的高锰酸钾与浓硫酸的混合液来进行预处理的。众所周知,CNT 主要由碳六元环组成,表面没有不饱和键。而在用高锰酸钾和硫酸混合液处理过后,CNT 上的结构发生了变化。在纯化的过程中主要发生了如下反应:

$$\begin{cases} 3C + 4MnO_4^- + 4H^+ = 4MnO_2 + 3CO_2 + 2H_2O \\ Fe + MnO_4^- + 4H^+ = 4MnO_2 + Fe^{3+} + 2H_2O \\ 3FeS + 7MnO_4^- + 16H^+ = 7MnO_2 + 3Fe^{3+} + 3SO_2 + 8H_2O \end{cases}$$

CNT 的末端有一些五元碳环和七元碳环,相较于六元环上的碳来说稳定性较差。因此,在高锰酸钾和硫酸混合液的作用下,CNT 末端的五元环和七元环容易被氧化而打开。同时,在纯化的过程中,一些无定型碳、石墨以及催化剂颗粒也会参与到氧化反应中。因此,在利用高锰酸钾和硫酸混合液处理之后,就可以制得 MnO_2/CNT。

由 FTIR 谱图可知,530cm^{-1}处的 M—O 键特征吸收峰从 530cm^{-1}蓝移到了 551.1cm^{-1},这是由于纳米尺寸量化效应所导致的。此外,水的伸缩振动吸收峰 3353.4cm^{-1}以及弯曲振动吸收峰 1547.5cm^{-1}也发生了蓝移,这是由于 MnO_2 吸湿导致的。

采用 XRD 对 MnO_2/CNT 进行了分析,如图 10-25 所示。在 2θ 为 26.52°及 44.66°处检测到了 CNT 的衍射峰。此外,在 21.38°、35.64°、40.87°以及 65.42°处检测到的宽化衍射峰则属于正交晶系的 $\gamma-MnO_2$。同时,在 37.36°、54.45°处出现了 $\beta-MnO_2$ 的衍射峰。$\gamma-MnO_2$ 与 $\beta-MnO_2$ 的衍射峰都相对较弱且宽化,表明 MnO_2 的晶粒较小,且内部存在很多缺陷。XRD 结果还表明,MnO_2 颗粒的主要存在形式为,$\gamma-MnO_2$。

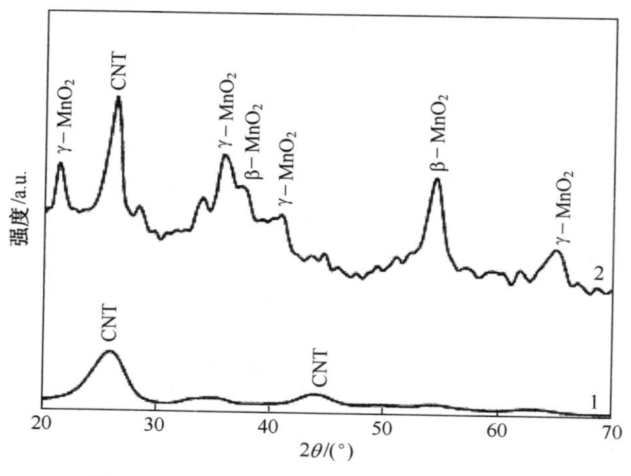

图 10-25 CNT 与 MnO_2/CNT 的 XRD 谱图

1—CNT;2—MnO_2/CNT。

图 10-26(a)为 MnO_2/CNT 复合物的 XPS 谱图,从图中可以看出,C 1s、O 1s 以及 Mn 2p 峰的存在证实了复合物中 C、O、Mn 的存在。基于 MnO_2/CNT 表面上的 XPS 分析可知,C、O、Mn 三种元素的含量分别为 29%、49%以及 22%。基于原子吸收光谱进一步计算得到复合物中 MnO_2 的含量为 64.44%。因此,在 CNT 管中的 MnO_2 含量约为 29%。

图 10-26(b)为 MnO_2/CNT 中 Mn 2p 的高分辨率谱图。641.7eV 与 653.47eV 的峰分别对应于 Mn 2p 3/2以及 Mn 2p 1/2的电子结合能,两峰的结合能相差 11.77eV,与 MnO_2 标准谱图一致。同时,由 Mn 2p 3/2的吸收峰在 641.7eV 可知,复合物中的 MnO_2 主要为 γ 型,这一结果与 XRD 结果一致。

采用 TEM 对 CNT 以及 MnO_2/CNT 的形貌进行了表征,如图 10-27 所示。

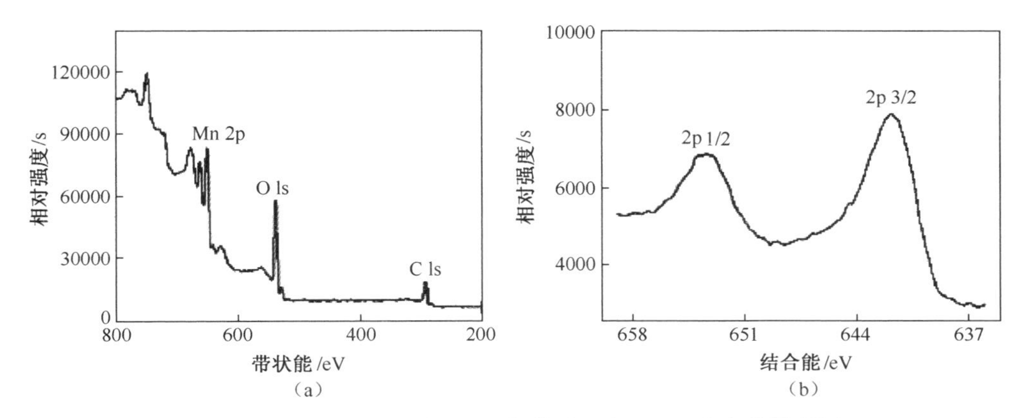

图 10-26　MnO_2/CNT 的 XPS 全谱图以及 Mn 2p 的高分辨谱图

从图中可以看出,CNT 的表面光滑,而 MnO_2/CNT 中 CNT 的表面则相当粗糙,表面上存在着钉状的 MnO_2。

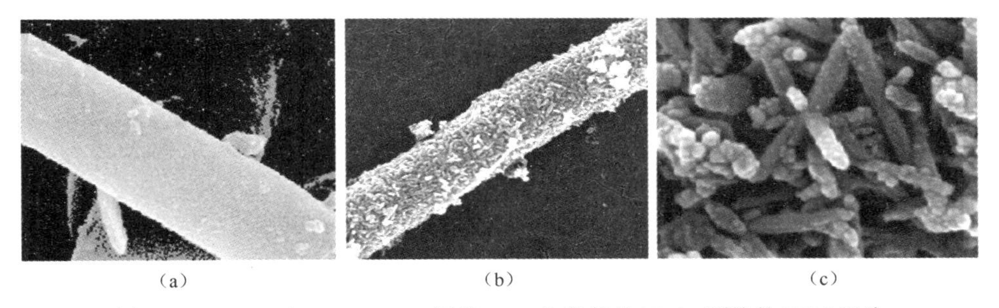

(a)　(b)　(c)

图 10-27　CNT 与 MnO_2/CNT 以及 CNT 上负载的 MnO_2 颗粒的 TEM 照片

10.2.4　CNT 负载二元金属氧化物

1. CuO · PbO/CNT

称取一定量 $Cu(NO_3)_2 \cdot 3H_2O$ 与 $Pb(NO_3)_2$ 溶解于去离子水中[21]。将预处理过的 CNT 加入到溶液中,超声分散 30min。在室温下搅拌 5h 静置 4h,用 2.5%(质量分数)的氨水将溶液的 pH 值调至 8.5,继续静置 5h。将溶液过滤得到固体,然后用去离子水清洗两次,用乙醇清洗一次,在 60℃ 下烘干。将干燥后的固体在 280℃ 下煅烧 2h,得到最终产物 CuO · PbO/CNT。

对 CuO · PbO/CNT 进行 XRD 测量得到的谱图如图 10-28 所示。对于CuO · PbO/CNT,峰位在 2θ 为 35.49°、38.52°、48.90°以及 61.49°处的衍射峰分别属于 CuO(45-0937)的(002)面、(11-1)面、(111)面以及(202)面。而在 19.27°、30.74°、52.61°以及 56.09°的衍射峰则应分别属于 PbO 的(001)面、(101)面、

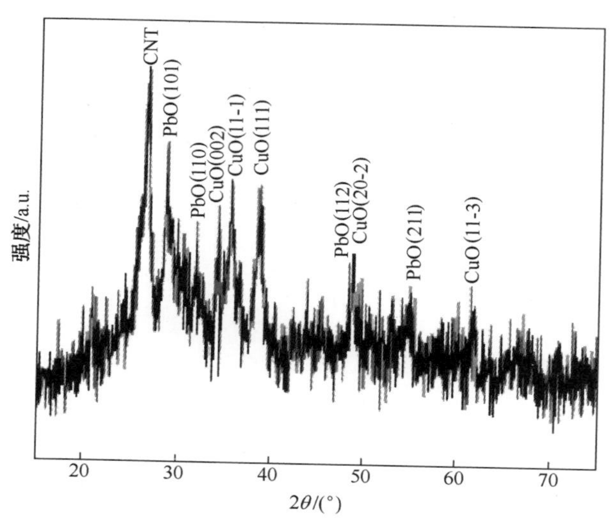

图 10-28 CuO · PbO/CNT 的 XRD 谱图

(112)面以及(211)面。需要注意的是,在复合物中 CNT 的衍射峰相对于原料 CNT 来说较弱,这应该是由于在复合物中 CNT 的表面布满了 CuO 与 PbO。

图 10-29 为 CuO · PbO/CNT 的 TEM 照片。可以看出,在 CNT 的表面负载的 CuO 和 PbO 为球状颗粒,粒径约为 20nm,分布均匀。

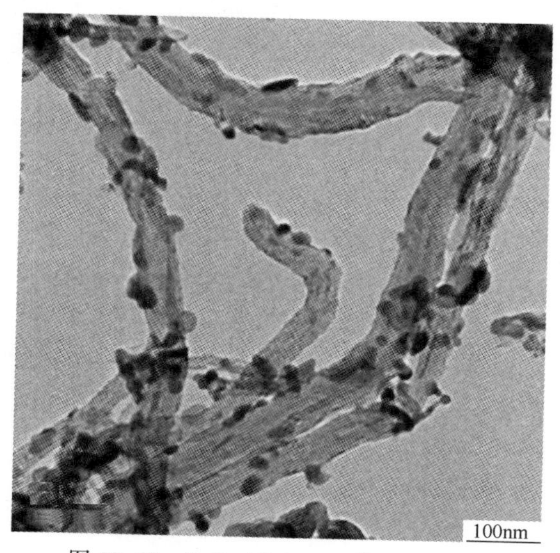

图 10-29 CuO · PbO/CNT 的 TEM 照片

为了进一步确定 CuO · PbO/CNT 的成分,对其进行了 EDS 测试。检测到的四种元素，分别为 C、O、Cu 以及 Pb。这一结果证实复合物由 CuO、PbO 及 CNT 组成。

此外，我们还研究了沉淀剂、溶液 pH 值、煅烧温度等因素对产物的影响。图 10-30 为不加沉淀剂得到的复合物的 XRD 谱图。该谱图与混酸处理过的 CNT 一致，仅在 2θ 为 25.91°处出现衍射峰，对应 CNT 上的(002)面。另外，复合物的 XRD 谱图中，除了 CNT 的衍射峰之外，还能够检测到 CuO 和 PbO 特征峰。因此，沉淀剂对于在 CNT 上负载 CuO 与 PbO 至关重要，结合浸渍法与化学液相沉积法，能够更好地制备 CuO · PbO/CNT。

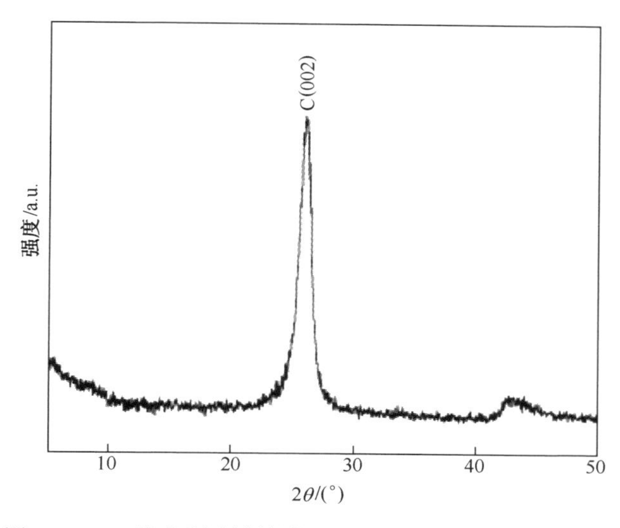

图 10-30　不加沉淀剂制得的 CuO · PbO/CNT 的 XRD 谱图

研究发现，溶液的 pH 值对于 CNT 表面上 CuO 和 PbO 的形成也至关重要。pH 值过高，会导致溶液中生成可溶的 Cu^{2+}-NH_3络合物；pH 值过低，则不足以生成氢氧化物的沉淀。最终确定溶液的最佳 pH 值应为 8.4~8.5。煅烧温度对于在 CNT 上负载金属氧化物也很重要。在温度过高的情况下，生成的 CuO 会被还原成为金属 Cu；在温度过低的情况下，前驱体不能完全分解为 CuO 和 PbO，最终产物的晶化度也很差。因此，最佳煅烧温度为 280~300℃。

2. $Cu_2O \cdot Bi_2O_3$/CNT[22]

称取 0.37g 的 $Bi(NO_3)_3 \cdot 5H_2O$ 溶于 30mL 的 1.0mol/L 硫酸中，称取 0.62g 的 $CuSO_4 \cdot 3H_2O$ 溶解于水中。将 $Bi(NO_3)_3$溶液与 $CuSO_4$溶液混合均匀，然后加入 0.3g 预处理过的 CNT，超声分散均匀后在室温下搅拌 5h。在搅拌期间，利用 1.0mol/L 的 NaOH 溶液逐滴加入，将溶液的 pH 值调至 7.8。将混合液过滤得到固体，分别用去离子水清洗两次，用乙醇清洗一次。将所得固体在

60℃下烘干后，在350℃下煅烧2h，得到最终产物$Cu_2O \cdot Bi_2O_3/CNT$。

通过原子吸收光谱分析，可以得到复合物中Bi与Cu的含量分别为22.0%、22.5%。折算后，得到Bi_2O_3与Cu_2O的含量分别为24.5%、25.3%。图10-31为预处理CNT与$Cu_2O \cdot Bi_2O_3/CNT$的XRD谱图。可以看出，在2θ为26°处出现强的CNT衍射峰，其他属于金属氧化物的衍射峰则很弱。另外，在$Cu_2O \cdot Bi_2O_3/CNT$的谱图中，26°处CNT的衍射峰很弱，说明CNT表面均匀覆盖着$Cu_2O \cdot Bi_2O_3$。此外，在27.95°、31.76°、32.69°、46.22°、46.90°、54.27°以及55.66°的衍射峰来自单斜晶系的Bi_2O_3；36.50°、42.20°、61.52°以及73.70°处的衍射峰则属于单斜晶系的Cu_2O。说明CNT表面上成功负载了Bi_2O_3和Cu_2O。

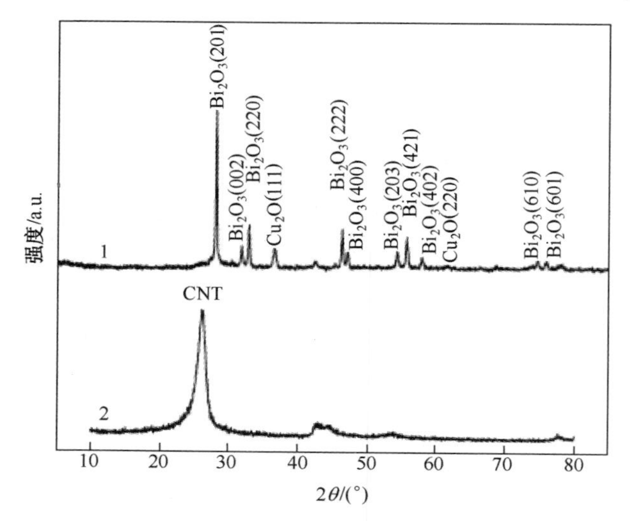

图10-31 $Cu_2O \cdot Bi_2O_3/CNT$与预处理的CNT的XRD谱图

1—$Cu_2O \cdot Bi_2O_3/CNT$；2—预处理的CNT。

图10-32为$Cu_2O \cdot Bi_2O_3/CNT$的TEM照片。可以看出，复合物中的CNT管径比原料CNT更粗，外壁覆盖了一层$Cu_2O \cdot Bi_2O_3$颗粒，粒径为20~25nm。$Cu_2O \cdot Bi_2O_3/CNT$的EDS结果表明，复合物中存在Cu、Bi、O与C四种元素，与XRD结果相一致。

图10-33是采用氨水作为滴定液时，不同pH值的溶液制得的CNT复合物的XRD谱图。对于pH值为0.5的溶液（未滴加氨水）中得到的样品，其XRD谱图中仅有CNT的衍射峰，证明此时CNT表面的金属氧化物很少。而当pH值增至6.8时，复合物的XRD谱图中CNT的衍射峰开始减弱，而在2θ为27.52°、33.12°、35.12°、42.44°以及46.38°处出现强衍射峰，这些峰来自Bi_2O_3。此外，在2θ为36.49°、42.26°、61.45°以及73.78°处检测到的衍射峰则属于Cu_2O。上

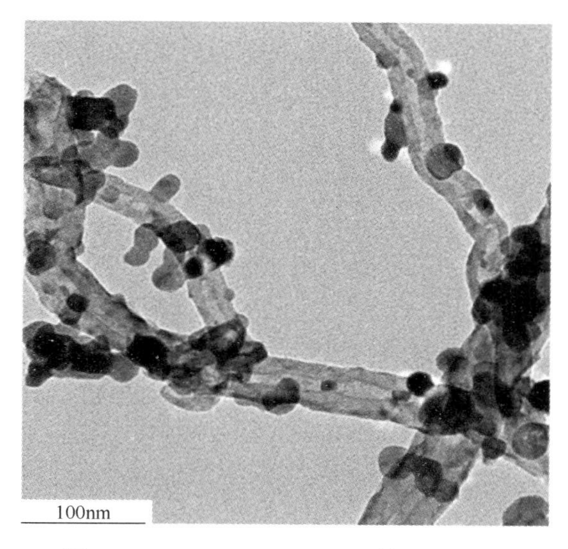

图 10-32 $Cu_2O \cdot Bi_2O_3$/CNT 的 TEM 照片

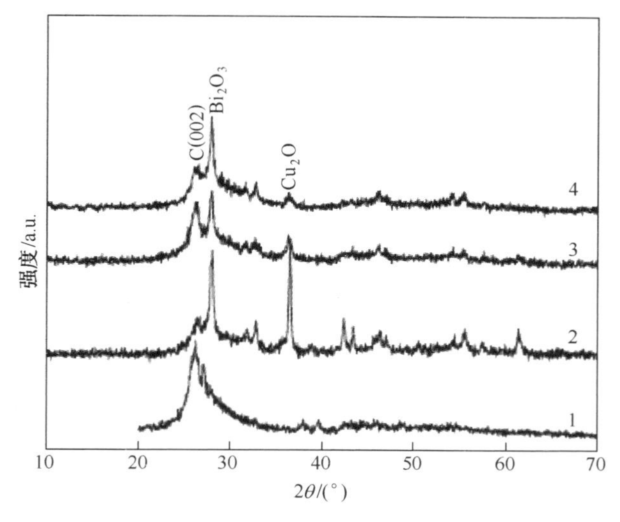

图 10-33 不同溶液 pH 值下得到的 $Cu_2O \cdot Bi_2O_3$/CNT 的 XRD 谱图

1—pH 值为 0.5;2—pH 值为 6.8;3—pH 值为 7.5;4—pH 值为 8.3。

述结果表明,在 CNT 表面上负载了大量 $Cu_2O \cdot Bi_2O_3$。当溶液的 pH 值为 7.5 时,复合物谱图中的衍射峰峰强有所减弱,表明 CNT 表面上的 $Cu_2O \cdot Bi_2O_3$ 负载量有所减少。当溶液的 pH 值升至 8.3 时,这些衍射峰强度进一步减弱,表明 CNT 表面上负载的金属氧化物也在进一步减少。显然,CNT 表面上的

$Cu_2O\cdot Bi_2O_3$负载量于溶液的 pH 值密切相关。当采用氨水作为滴定液时，制备$Cu_2O\cdot Bi_2O_3$/CNT 的最佳 pH 值应为 6.5~7.0。当 pH 值低于 6.5 时，不利于氢氧化物的生成，进而也不利于 Bi 与 Cu 的氧化物的生成。当 pH 值高于 7.5 时，NH_3会与Cu^{2+}形成可溶的络合离子，也不利于 Bi 与 Cu 的氢氧化物及氧化物的生成。需要注意的是，可溶的络合离子能够与 NaOH 反应生成氢氧化铜。

图 10-34 为金属盐加入比例不同时制得的 CNT 复合物的 XRD 谱图。可以看出，随着金属盐对 CNT 比例的增加，Cu_2O 与 Bi_2O_3的衍射峰强度也在增强，相应地，CNT 的衍射峰强度也在随之减弱。这一结果意味着，在 CNT 表面上$Cu_2O\cdot Bi_2O_3$的负载量随着金属盐对 CNT 的加入比例增大而增大。当加入的金属盐比例很小时，只有少量的 $Cu_2O\cdot Bi_2O_3$负载于 CNT 表面。

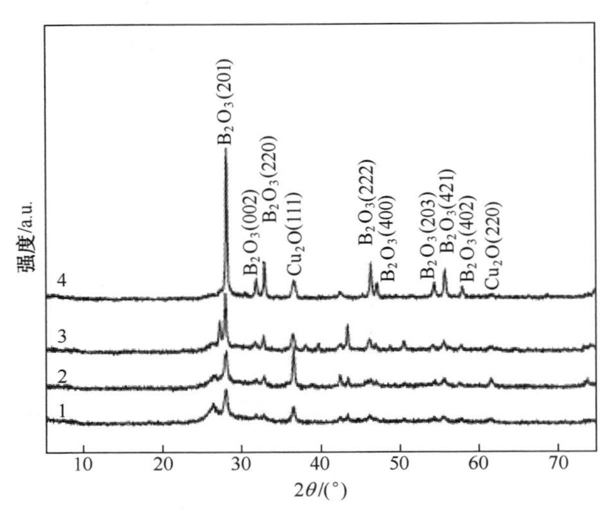

图 10-34 不同金属盐质量比例下得到的 $Cu_2O\cdot Bi_2O_3$/CNT 的 XRD 谱图

1—质量比为 60%；2—质量比为 100%；3—质量比为 200%；4—质量比为 250%。

图 10-35 为不同煅烧温度下得到的 $Cu_2O\cdot Bi_2O_3$/CNT 的 XRD 谱图。对于在 300℃下煅烧得到的样品，谱图中只有少量微弱的衍射峰，证明样品中的颗粒晶化度很差。当煅烧温度升至 350℃时，复合物谱图中在 2θ 为 27.93°、32.71°、46.31°、55.57°、57.49°以及 74.46°处检测到的 Bi_2O_3的强衍射峰，以及 36.56°、42.46°、61.56°以及 73.77°处的 Cu_2O 的衍射峰，26°处 CNT 的衍射峰则很弱。当煅烧温度升至 400℃时，复合物 XRD 谱图中在 26°处 CNT 的衍射峰仍清晰可见，但 Bi_2O_3 与 Cu_2O 的衍射峰则完全消失了，出现了 2θ 为 37.27°、37.67°、48.68°、55.95°、62.15°以及 64.46°的金属 Bi 的衍射峰，以及 43.33°、50.49°与 74.10°的金属 Cu 的衍射峰。原因是，在 400℃的煅烧温度下，CNT 表面负载的

Bi_2O_3与Cu_2O被还原成了金属Bi与金属Cu。因此,制备$Cu_2O·Bi_2O_3$/CNT的最佳煅烧温度为350℃。

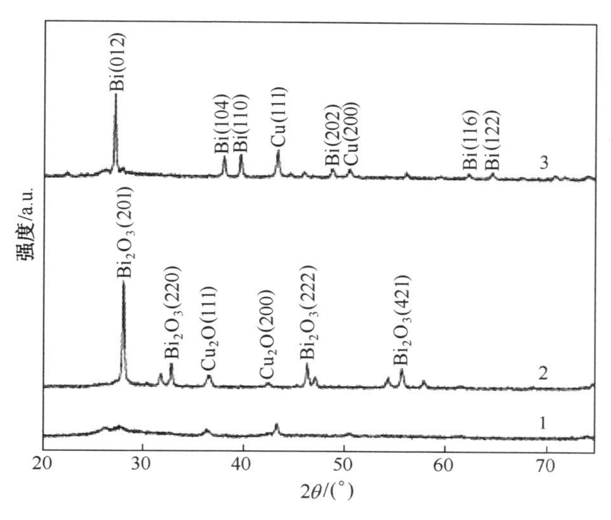

图10-35 不同煅烧温度下得到的$Cu_2O·Bi_2O_3$/CNT的XRD谱图

1—煅烧温度为300℃;2—煅烧温度为350℃;3—煅烧温度为400℃。

3. $Bi_2O_3·SnO_2$/CNT

称取0.56g $Bi(NO_3)_3·5H_2O$以及0.62g $SnCl_4·5H_2O$分别加至10mL的1mol/L盐酸中溶解,混合均匀后,就配置成了$Bi(NO_3)_3$与$SnCl_4$的混合溶液[23]。将0.3g预处理的CNT加入上述混合溶液中,在超声下分散均匀,搅拌5h后,在室温下静置2h。

将氨水(2.5%(质量分数))逐滴滴入上述溶液,直至pH值为8.8,然后在室温下静置5h。将溶液过滤收集滤饼,分别用去离子水清洗两次,用乙醇清洗一次。在60℃下烘干得到固体粉末,然后在380℃下煅烧2h,得到最终产物$Bi_2O_3·SnO_2$/CNT。

图10-36为$Bi_2O_3·SnO_2$/CNT的XRD谱图。可以看出,除了石墨的衍射峰之外,在2θ为24.62°、27.38°、33.24°、37.69°以及46.31°处的衍射峰来自于立方晶系的Bi_2O_3,分别对应于(102)面、(120)面、(200)面、(-112)面以及(041)面;26.61°、33.89°、37.95°、51.76°、53.14°以及64.72°处的衍射峰则来自于立方晶系的SnO_2,分别对应于(110)面、(101)面、(200)面、(211)面、(220)面以及(112)面。上述结果证实了复合物中立方晶系Bi_2O_3及SnO_2的存在。

$Bi_2O_3·SnO_2$/CNT的TEM照片如图10-37所示,CNT表面负载着平均粒

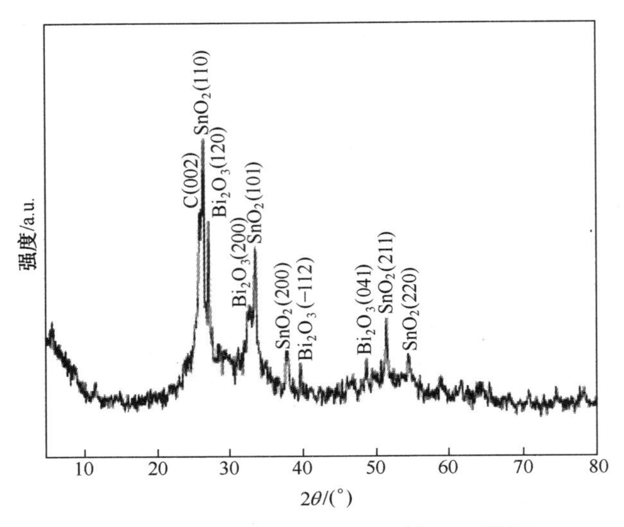

图 10-36　Bi_2O_3 · SnO_2/CNT 的 XRD 谱图

径约为 5nm 的 Bi_2O_3 · SnO_2 颗粒,使得其管径明显增粗。此外,需要注意的是,在经过超声处理 30min 后,Bi_2O_3 · SnO_2 仍然附着于 CNT 上,并未脱落。

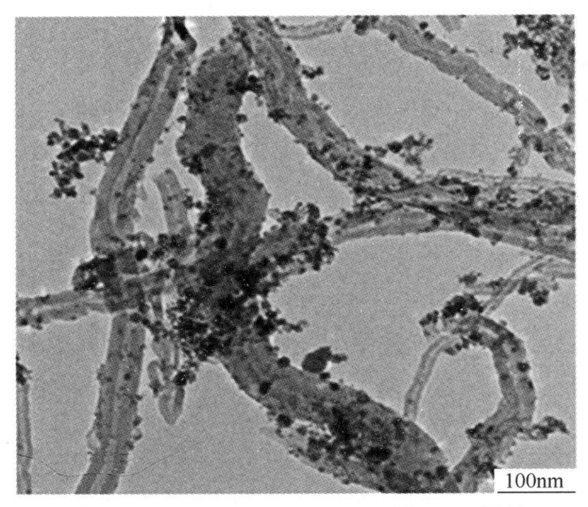

图 10-37　Bi_2O_3 · SnO_2/CNT 的 TEM 照片

为了进一步确定 Bi_2O_3 · SnO_2/CNT 样品表面负载的成分,对样品进行了 EDS 分析,检测到产物中含有 C、O、Bi 与 Sn 四种元素。此外,利用 X 射线荧光分析(XRF)得到产物中 Bi 与 Sn 的含量分别为 27.3%与 23.1%。因此,推算出 Bi_2O_3与 SnO_2 的含量分别为 30.4%与 29.3%。

通过对产物的 XRD 分析,研究了煅烧温度对 CNT 表面上负载 Bi_2O_3 · SnO_2

的影响。在煅烧温度为400℃时，产物中出现了金属Bi。进一步升高煅烧温度至500℃，几乎所有的Bi_2O_3都被还原为了金属Bi。当使用380℃的煅烧温度时，就能够仅检测到Bi_2O_3而无金属Bi的衍射峰。然而，当煅烧温度低于380℃时，含有Bi的前驱体不足以完全分解生成Bi_2O_3。因此，最佳煅烧温度应为380℃。

另外，研究发现溶液的pH值对于CNT表面上$Bi_2O_3 \cdot SnO_2$的生成也有重要影响。溶液pH值过高，新生成的$Bi_2O_3 \cdot SnO_2$会溶解于碱液中；溶液pH过低，又不利于$Bi_2O_3 \cdot SnO_2$的生成。因此，对于制备$Bi_2O_3 \cdot SnO_2$/CNT复合物的最佳pH值最终确定为8.8。

本节还研究了沉淀剂(氨水)对于CNT表面上负载$Bi_2O_3 \cdot SnO_2$的影响。表10-3与表10-4分别为不滴加沉淀剂以及滴加沉淀剂时制备的复合物中$Bi_2O_3 \cdot SnO_2$的含量。可以发现，不在制备过程中滴加氨水时，产物中金属氧化物的产率约为50%；而在制备过程中滴加氨水时，产物中金属氧化物的产率超过了80%。因此，沉淀剂的使用有利于$Bi_2O_3 \cdot SnO_2$在CNT上的负载。

表10-3　不滴加沉淀剂时制备的复合物中$Bi_2O_3 \cdot SnO_2$的产率

$Bi_2O_3 \cdot 5H_2O$/g	$SnCl_4 \cdot 5H_2O$/g	CNT/g	原料/g	$Bi_2O_3 \cdot SnO_2$/CNT/g	产率/%
0.0937	0.1212	0.1044	0.3193	0.0925	46.25
0.0928	0.1135	0.1033	0.3096	0.1049	52.42
0.0927	0.1228	0.1044	0.3199	0.0957	47.85
0.0903	0.1200	0.1013	0.3166	0.0916	45.80
0.0925	0.1223	0.1020	0.3168	0.0945	47.25

表10-4　滴加沉淀剂时制备的复合物中$Bi_2O_3 \cdot SnO_2$的产率

$Bi_2O_3 \cdot 5H_2O$/g	$SnCl_4 \cdot 5H_2O$/g	CNT/g	原料/g	$Bi_2O_3 \cdot SnO_2$/CNT/g	产率/%
0.0920	0.1161	0.1000	0.3081	0.1650	82.50
0.0900	0.1162	0.1003	0.3065	0.1635	81.70
0.0912	0.1123	0.1027	0.3062	0.1630	81.50
0.0926	0.1157	0.1057	0.3140	0.1596	79.80
0.0936	0.1227	0.1034	0.3197	0.1523	76.15

4. $Cu_2O \cdot SnO_2$/CNT

$Cu_2O \cdot SnO_2$/CNT的制备采用了浸渍法与液相化学沉积法相结合的方式[24]。一定质量的$SnCl_4 \cdot 5H_2O$与$CuCl_2 \cdot 2H_2O$溶解于水中形成溶液，向其中加入预处理过的 CNT 与分散剂 PEG-400。将混合液在超声下分散,并在室温下搅拌数小时。此后,用氨水来将溶液的 pH 值调至 8.0~8.5。将溶液过滤、洗涤、干燥,然后煅烧,最终得到黑色粉末状 $Cu_2O \cdot SnO_2$/CNT。

图 10-38 为 $Cu_2O \cdot SnO_2$/CNT 与预处理的 CNT 的 XRD 谱图。在预处理的 CNT 谱图中检测到的 2θ 在 26°处的衍射峰对应 CNT 上的石墨(002)晶面。而对于 $Cu_2O \cdot SnO_2$/CNT 的 XRD 谱图,2θ 在 26°处的 CNT 衍射峰相对较弱。然而,谱图中检测到了在 2θ 为 26.61°、33.98°以及 51.78°的衍射峰,经辨认来自 SnO_2,分别对应的晶面为(110)、(101)以及(211);在 36.50°、42.40°以及 61.52°处的衍射峰则来自于 Cu_2O,分别对应的晶面为(111)、(200)、(220)。上述结果表明,复合物中存在 $Cu_2O \cdot SnO_2$。

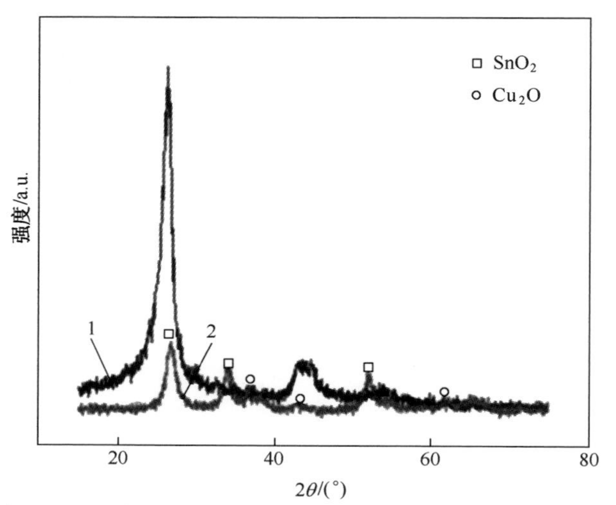

图 10-38　预处理的 CNT 和 $Cu_2O \cdot SnO_2$/CNT 的 XRD 谱图

1—预处理的 CNT;2—$Cu_2O \cdot SnO_2$/CTN。

图 10-39 为 $Cu_2O \cdot SnO_2$/CNT 的 TEM 照片。从图中可以看出,相较于原料 CNT,复合物的 CNT 管径变粗,这是由于其外壁覆盖了一层 $Cu_2O \cdot SnO_2$ 颗粒,颗粒为球形,粒径约为 6nm。这表明 $Cu_2O \cdot SnO_2$/CNT 的成功制备。

通过对产物进行 XRD 分析,研究了沉淀剂的使用(曲线 1)与否(曲线 2)对 $Cu_2O \cdot SnO_2$/CNT 组分的影响,结果如图 10-40 所示。对于不使用沉淀剂制得的复合物,其 XRD 谱图上仅检测到 2θ 在 26°处的 CNT 衍射峰(晶面指数(002)),而检测不到 Cu_2O 与 SnO_2 的衍射峰。对于使用氨水作为沉淀剂制得的 $Cu_2O \cdot SnO_2$/CNT,除了 26°处的 CNT 衍射峰之外,还检测到了 Cu_2O 与 SnO_2 的衍射峰。因此,结果表明,使用浸渍法与化学液相沉积法结合才能制备 $Cu_2O \cdot SnO_2$/CNT。研究还发现,溶液的最佳 pH 值应约为 8,pH 值小于 8,则不

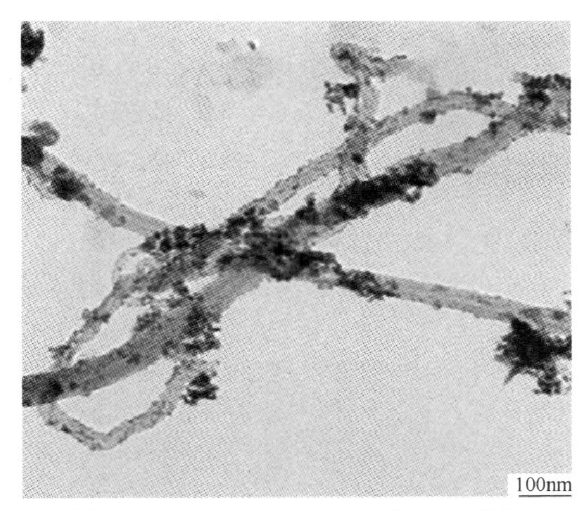

图10-39 $Cu_2O \cdot SnO_2$/CNT的TEM照片

利于生成金属氢氧化物，pH值大于8，会导致含Sn的前驱体溶解，还会生成可溶性的含铜络合离子。另外，最佳煅烧温度应为400℃。煅烧温度高于400℃会导致金属氧化物还原为金属，低于400℃不利于金属氧化物的晶化。

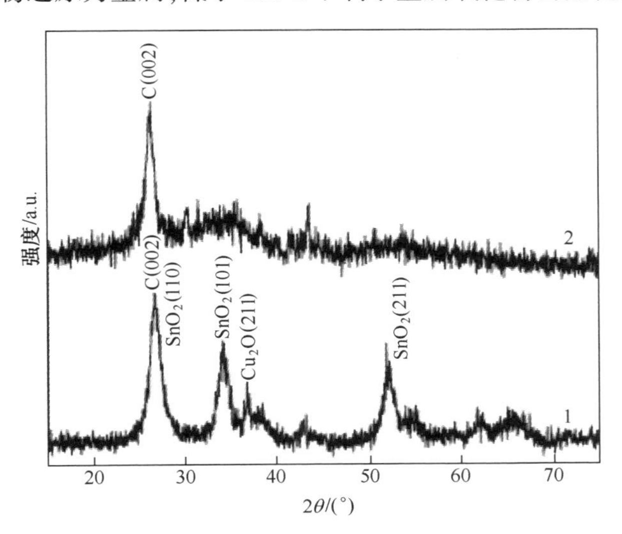

图10-40 沉淀剂的使用与不使用得到的 $Cu_2O \cdot SnO_2$/CNT的XRD谱图

1—使用沉淀剂；2—不使用沉淀剂。

5. $NiO \cdot SnO_2$/CNT

称取一定量的 $SnCl_4 \cdot 5H_2O$ 与 $NiCl_2 \cdot 6H_2O$ 溶解于水中，配置 $SnCl_4$-$NiCl_2$ 的混合溶液。将预处理的CNT加入到上述混合溶液中，加入PEG-400作为分散剂。将混合液在超声下分散均匀,然后在室温下搅拌 8h。将 NaOH 溶液(1mol/L)作为沉淀剂,并将混合液的 pH 值调至 8.0,此后将混合液在室温下静置 5h。过滤后得到固体,用水清洗三次,在 60℃下烘干。在氮气气氛中,将固体在 500℃下煅烧 2h,最终得到产物 NiO · SnO_2/CNT。

图 10-41 为 NiO · SnO_2/CNT 的 XRD 谱图。分析发现,复合物中包含 NiO(47-1049)、SnO_2(41-1445)以及 CNT。NiO · SnO_2/CNT 的 TEM 照片如图 10-42 所示。可以看出,CNT 上负载的 NiO · SnO_2 颗粒为球状,平均粒径约为 5nm。

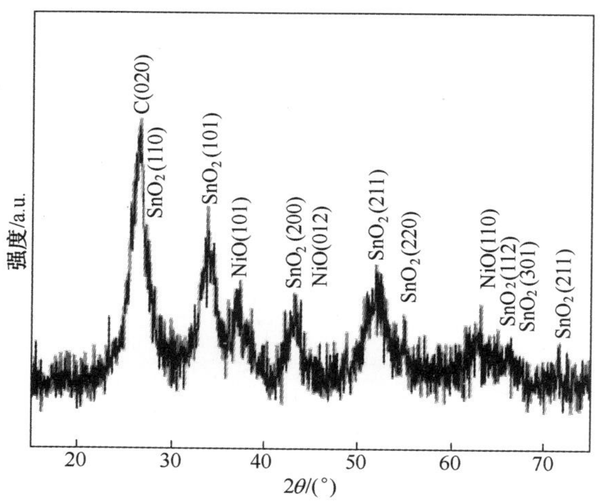

图 10-41 NiO · SnO_2/CNT 的 XRD 谱图

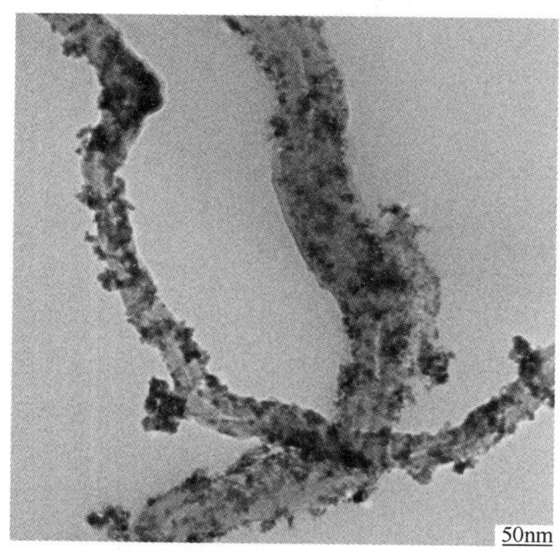

图 10-42 NiO · SnO_2/CNT 的 TEM 照片

对 $NiO \cdot SnO_2$/CNT 进行了 EDS 测试，分析显示，复合物中存在 Ni、Sn、O 以及 C 四种元素，这与上述 XRD 结果一致。

6. $CuO \cdot SnO_2$/CNT

称取一定量的 $SnCl \cdot 5H_2O$ 与 $CuCl_2 \cdot H_2O$ 溶解于去离子水中得到 $SnCl_4$-$CuCl_2$ 混合溶液，将 CNT 添加到溶液中。用超声分散 1h，以及在 50℃ 下搅拌 30min 后，将混合液静置 5h。利用氨水作为滴定剂将 pH 值调至 8，然后将混合液继续静置 5h。过滤后得到固体，分别用水清洗两次，乙醇清洗一次。在 60℃ 下将滤饼烘干，而后在 400℃ 下煅烧，得到最终产物 $CuO \cdot SnO_2$/CNT。$CuO \cdot SnO_2$/CNT 的组分与形貌都与 $NiO \cdot SnO_2$/CNT 相似。

10.3　CNT 负载催化剂对于含能材料热分解的催化作用

研究证实，CNT 是燃烧速率催化剂的优良载体，这与其结构特性密切相关。催化剂颗粒在 CNT 表面上分布均匀，从而避免了团聚。推进剂分解的气体产物也很容易被催化剂上的活性位点吸收，从而更利于催化反应。此外，CNT 还是优良的导热材料，从而有利于推进剂燃烧过程中的热传递。

10.3.1　对 NC-NG 热分解反应的催化作用

1. CNT、纳米 CuO 及 CuO/CNT 对 NC-NG 热分解的影响

将 NC-NG 与不同催化剂物理混合，制备不同的 NC-NG/催化剂样品。在 10℃/min 的升温速率下，记录样品的差热扫描量热（DSC）曲线，如图 10-43 所示，热分解参数如表 10-5 所列（T_p 为分解峰温；ΔT 为峰宽，$\Delta T = T_{end} - T_{start}$；$\Delta H$

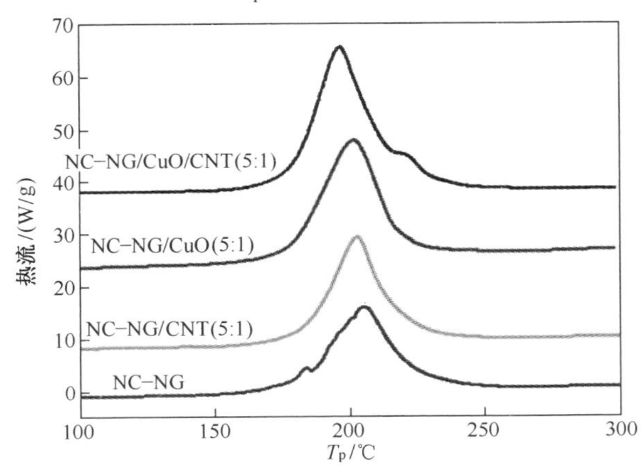

图 10-43　NC-NG、NC-NG/CNT、NC-NG/CuO 与 NC-NG/CuO/CNT 的 DSC 曲线
（0.1MPa，NC-NG 与催化剂质量比为 5：1）

表 10-5　NC-NG、NC-NG/CNT、NC-NG/CuO 与 NC-NG/CuO/CNT 的热分解参数

样品	T_p/℃	ΔT/℃	ΔH/(J/g)
NC-NG	205.6	98.4	1368
NC-NG/CNT	202.6	88.7	1440
NC-NG/CuO	201.3	73.6	1596
NC-NG/CuO/CNT	196.5	83.3	1764

值已按 100% NC-NG 修正)。此处需要注意的是,纳米氧化铜是利用溶胶-凝胶法制备的,与制备 CuO/CNT 的方法类似,但是没有加入 CNT。此外,此处所使用的 CuO/CNT 为变化 Cat-4 的样品,含碳量为 46.7%,折算为 CNT 含量约为 7.8%。

如图 10-43 所示,对于原料 NC-NG,其 DSC 曲线上在 183.6℃与 205.6℃处有两个放热峰。上述所有的催化剂都能够促进 NC-NG 的分解,催化程度各有不同。当 NC-NG 与催化剂的质量比为 5∶1 时,CNT、纳米氧化铜以及 CuO/CNT 分别将 NC-NG 的分解峰温提前了 3.1℃、4.3℃以及 9.2℃;与此同时,分解焓则分别提高了 72J/g、228J/g 以及 396J/g。因此,可以推断,加入催化剂不仅能够提高 NC-NG 的分解反应速率,还能够增加反应分解焓。此外,CuO/CNT 表现出了优于纳米氧化铜的催化性能。

不同 CuO/CNT 含量的 NC-NG/CuO/CNT 样品的 DSC 曲线如图 10-44 所示,其相关参数列于表 10-6。可以观察到,随着催化剂含量的增加,NC-NG 的分解峰温逐渐降低。当 NC-NG 与催化剂的质量比为 5∶1 时,分解峰温降低了

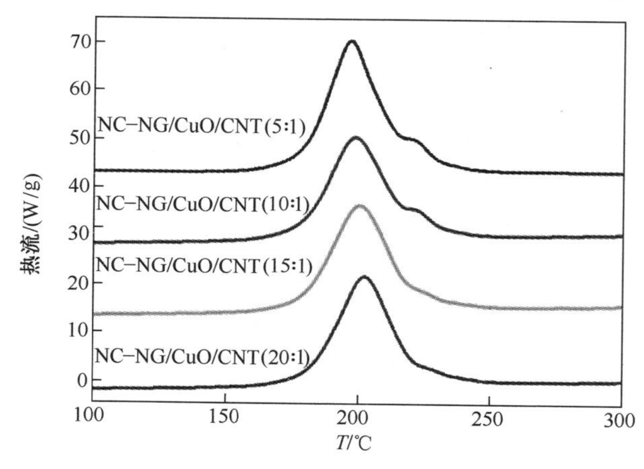

图 10-44　不同 CuO/CNT 含量的 NC-NG/CuO/CNT 的 DSC 曲线(0.1MPa)

9.2℃，分解焓增加了396J/g。另外，当NC-NG与催化剂的质量比分别为10：1、15：1以及20：1时，分解峰温分别降低了7.2℃、5.5℃以及3.6℃，而分解焓分别增加了372J/g、384J/g以及312J/g。因此，增加催化剂的含量有助于增加反应速率，提高NC-NG的分解程度。

表10-6　不同CuO/CNT含量的NC-NG/CuO/CNT的热分解参数(0.1MPa)

样　　品	T_p/℃	ΔT/℃	ΔH/(J/g)
NC-NG/CuO/CNT(20：1)	202.0	87.1	1680
NC-NG/CuO/CNT(15：1)	200.2	91.8	1752
NC-NG/CuO/CNT(10：1)	198.4	89.5	1740
NC-NG/CuO/CNT(5：1)	196.5	83.3	1764

2. 其他CNT负载型催化剂对NC-NG热分解的影响

Bi_2O_3/CNT、Pb/CNT、NiB/CNT以及NiPd/CNT对于NC-NG热分解的影响如表10-7所列，相应的DSC曲线如图10-45所示。在NC-NG与催化剂质量比同为5：1的情况下，含有上述四种催化剂的NC-NG，其分解温度都有不同程度的降低。分析发现，添加了NiB/CNT、NiPd/CNT、Bi_2O_3/CNT以及Pb/CNT的NC-NG，其分解温度分别降低了5.0℃、5.0℃、6.3℃以及13.2℃，而分解焓分别增加了264J/g、252J/g、312J/g以及456J/g。因此，上述四种催化剂都能够增加反应速率，提高NC-NG的分解程度，其中催化效果最好的为Pb/CNT。

表10-7　不同CNT负载型催化剂对NC-NG热分解的影响(0.1MPa)

样　　品	T_p/℃	ΔT/℃	ΔH/(J/g)
NC-NG/CNT(5：1)	202.6	88.7	1440
NC-NG/NiB/CNT(5：1)	200.7	89.4	1632
NC-NG/NiPd/CNT(5：1)	200.6	82.6	1620
NC-NG/Bi_2O_3/CNT(5：1)	199.3	91.8	1680
NC-NG/Pb/CNT(5：1)	192.5	93.9	1824

3. NC-NG与催化剂混合物的非等温热分解反应动力学

在氮气气氛下，研究了CuO/CNT、Bi_2O_3/CNT、Pb/CNT、NiB/CNT以及NiPd/CNT对于NC-NG的分解动力学的影响。利用Kissinger法计算了反应的活化能E_a与指前因子A，用Arrhenius公式计算了反应速率常数。

如表10-8所列，NC-NG分解的活化能为170.20kJ/mol。在添加了17%的CuO/CNT、Bi_2O_3/CNT、Pb/CNT、NiB/CNT以及NiPd/CNT后，活化能E_a值分别降低了12.5kJ/mol、51.8kJ/mol、13.1kJ/mol、27.7kJ/mol以及14.7kJ/mol，可

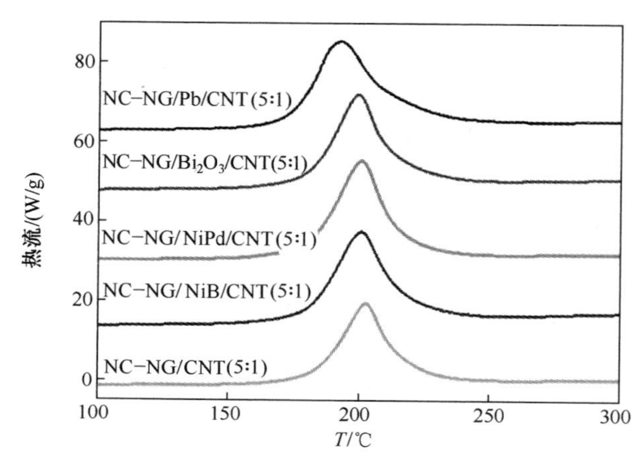

图 10-45 NC-NG 与不同 CNT 负载型催化剂混合后的 DSC 曲线(0.1MPa)

见,催化剂的添加促进了 NC-NG 的分解。在添加了不同催化剂后,NC-NG 的反应速率常数也都有不同程度的提高。

表 10-8 NC-NG/催化剂样品的热分解动力学参数

样　　品	E_a/(kJ/mol)	A/s^{-1}	$k(200℃)/s^{-1}$	相关系数
NC-NG/CNT	170.2	5.831×10^{16}	9.438×10^{-3}	0.9993
NC-NG/CuO/CNT	157.7	4.283×10^{15}	1.648×10^{-2}	0.9997
NC-NG/Bi_2O_3/CNT	118.4	1.309×10^{11}	1.103×10^{-2}	0.9997
NC-NG/Pb/CNT	157.1	4.981×10^{15}	2.250×10^{-2}	0.9979
NC-NG/NiB/CNT	142.5	6.319×10^{13}	1.158×10^{-2}	0.9980
NC-NG/NiPd/CNT	155.5	1.980×10^{15}	1.356×10^{-2}	0.9977

10.3.2 Ag/CNT 对 RDX 热分解反应的催化作用

为了研究 Ag/CNT 对 RDX 热分解的影响,对不同催化剂含量的 RDX/Ag/CNT 进行了 DSC 测量,结果如图 10-46 所示。图 10-46(a)和(b)分别是银镜法与水热法制备的 Ag/CNT 的 RDX/Ag/CNT 复合物的 DSC 曲线。

如图 10-46 所示,RDX 的 DSC 曲线上有一个主峰,为 242.0℃(515K)的放热峰,以及 253.0℃(526K)的一个肩峰。在添加了 Ag/CNT 后,放热峰向高温处漂移,且峰形也发生了变化。当 RDX 与 Ag/CNT 的质量比为 19 : 1 时,在 253.0℃处的峰变为主峰,而 242.0℃处的峰变为肩峰。随着 Ag/CNT 含量的进一步增加,主峰开始变得尖锐,肩峰几乎消失。结果显示,Ag/CNT 的添加能够调整 RDX 的分解行为。另外,随着 Ag/CNT 含量的增加,肩峰(二次反应)也逐渐向着低温处漂移。分析认为,这是由于 Ag/CNT 的比表面积很大,能够吸收气体产物,从而有助于气相物质间的反应。

不同方法制备的两种 Ag/CNT 对 RDX 热分解的影响如表 10-9 和表 10-10 所列。可以看出,随着 Ag/CNT 含量的增加,RDX 的熔融温度在逐渐降低;此外,RDX 的分解焓也在随之降低。主要是由于 CNT 的热导率很高,非常有利于热扩散,因此降低了热量的累积,导致在二次反应(气相反应)时将更多的热量释放出去。基于表 10-9 和表 10-10 中所示的反应分解焓,可见采用水热法制备的 Ag/CNT 比银镜法制备的 Ag/CNT 表现出了更好的催化性能。

综上所述,Ag/CNT 催化剂能够调整 RDX 的热分解行为。随着 Ag/CNT 含量的增加,RDX 的主分解反应向高温漂移,而二次反应则向低温漂移。此外,当 Ag/CNT 含量高于某个临界值后,RDX 的主分解反应的 DSC 峰消失,同时,二次反应的 DSC 峰变得更加尖锐。

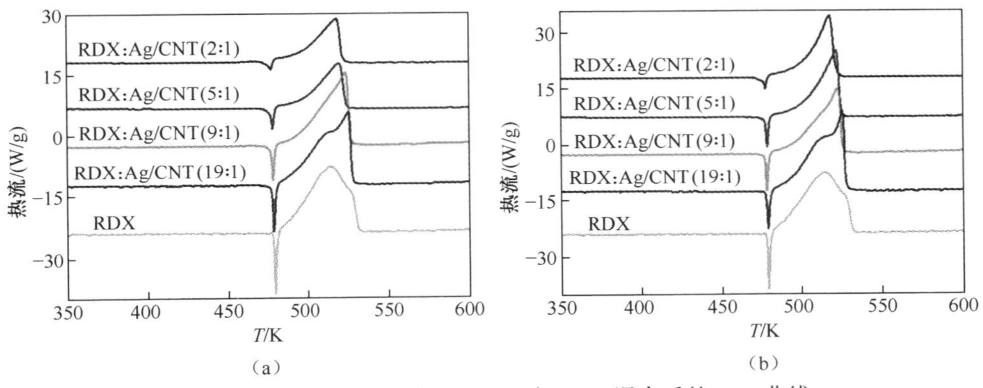

图 10-46　不同方法制备 Ag/CNT 与 RDX 混合后的 DSC 曲线

(a)银镜法;(b)水热法。

表 10-9　银镜法制备不同比例 Ag/CNT 对 RDX 热分解的影响

样　　品	T_e/℃	T_m/℃	T_{p1}/℃	T_{p2}/℃	ΔH_s/(J/g)	$\Delta H_{s(RDX)}$/(J/g)
RDX	205.1	205.6	240.0	253.1	2546	2546
RDX:Ag/CNT(19:1)	203.5	205.1	240.8	251.9	2324	2451
RDX:Ag/CNT(9:1)	203.0	204.7	—	250.3	1911	2120
RDX:Ag/CNT(5:1)	201.7	204.6	—	246.0	1109	1480
RDX:Ag/CNT(2:1)	198.4	203.7	—	244.5	1030	1313

注:RDX 为 Ag/CNT(质量比);T_e 为初始分解温度;T_m 为熔融峰温;T_{p1}、T_{p2} 为分解峰温;ΔH_s 为反应体系的分解放热焓;$\Delta H_{s(RDX)}$ 为换算为 RDX 的放热焓

表 10-10 水热法制备不同比例 Ag/CNT 对 RDX 热分解的影响

样　品	T_e/℃	T_m/℃	T_{p1}/℃	T_{p2}/℃	ΔH_s/(J/g)	$\Delta H_{s(RDX)}$/(J/g)
RDX	205.1	205.6	240.0	253.1	2546	2546
RDX:Ag/CNT(19 : 1)	203.6	205.6	241.8	251.7	2410	2499
RDX:Ag/CNT(9 : 1)	202.8	205.0	—	249.0	1640	2084
RDX:Ag/CNT(5 : 1)	203.4	205.2	—	248.0	1556	1853
RDX:Ag/CNT(2 : 1)	198.4	204.4	—	244.1	1357	1632

10.3.3 对 AP 热分解反应的催化作用

AP、AP/CNT 和 AP/MnO_2 的混合物,AP/MnO_2/CNT 复合物的 DTA 曲线如图 10-47 所示。可以看出,AP 原料的 DTA 曲线(图 10-47,曲线 1)上有一个吸热峰与两个放热峰。在 248.0℃的吸热峰对应的是 AP 从斜方向立方晶系的转晶过程。322.3℃处的放热峰是 AP 的低温分解,在此过程中,AP 部分分解,并生成一些气体产物。DTA 曲线上 478.1℃处的放热峰对应的是 AP 的高温分解,在此过程中 AP 完全分解转化为气体产物。在添加了 CNT 以及粒度为 60~80μm 的 MnO_2 颗粒后,高温分解峰降低了 143.6℃,与低温分解峰重叠在一起,这一结果证实了 MnO_2 与 CNT 对 AP 热分解的催化作用。而在添加了同样质量 MnO_2/CNT 的复合物后,AP 的高温分解峰提前了 162.2℃。最终使得高温分解峰峰温比 AP 原料的低温分解峰还要低 4.4℃。此外,添加 MnO_2/CNT 后,AP 的低温分解过程消失。因此,对于 AP 的分解,MnO_2/CNT 复合物表现出了比纯 MnO_2 更好的催化作用。

AP、AP + CNT + MnO_2 以及 AP + MnO_2/CNT 三个样品的分解焓分别为 370.5J/g、948.07J/g 以及 1490.22J/g。经过对上述三种样品热行为的分析发现,高温分解峰向低温漂移的程度越高,其最终分解焓也会越高。

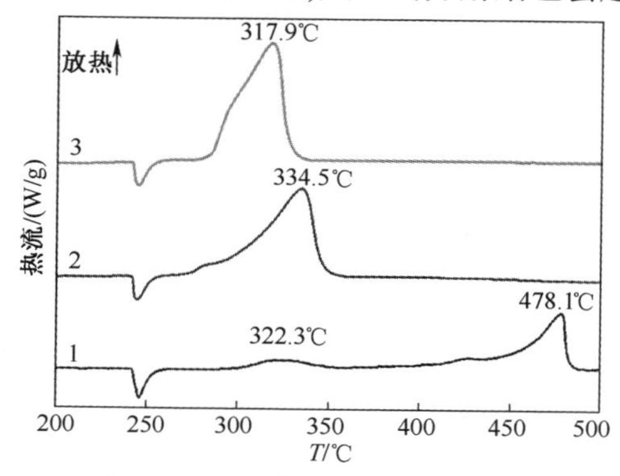

图 10-47 不同样品的 DTA 曲线

1—AP;2—AP+CNT+MnO_2;3—AP+MnO_2/CNT。

众所周知,AP 的低温热分解为固-气反应,涉及了分解反应与升华过程。反应过程如下:

$$NH_4^+ + ClO_4^- \longrightarrow NH_3(s) + HClO_4(s) \longrightarrow NH_3(g) + HClO_4(g)$$

气态的 NH_3 与 $HClO_4$ 可以进一步反应生成 N_2O、O_2、Cl_2 以及 H_2O。AP 的高温分解产物主要包括 NO、O_2、Cl_2 以及 H_2O。Newman 等[32]认为决定 AP 分解速率的步骤为 ClO_4^- 向 NH_4^+ 的电子转移过程,而过渡金属氧化物之所以能够对 AP 分解的起到催化作用,正是由于金属氧化物能够作为电子转移的桥梁。此外,金属氧化物的存在还改变了 AP 热分解的产物,生成了更多的 NO,从而进一步促进了 AP 的分解。另外,AP 分解的气相产物容易被 CNT 负载的活性位点吸附,因此 MnO_2/CNT 复合催化剂的催化性能要优于 MnO_2 和 CNT。

10.3.4　对 GUDN 热分解反应的催化作用[17,25]

1. CuO/CNT 中 CuO 含量对 GUDN 热分解的影响规律

GUDN 与不同的 CuO/CNT 催化剂混合,将混合物标记为 GUDN/Cat(GUDN 与 Cat 的质量比为 5∶1),在 0.1MPa 下对其分别进行热分析测试,得到的 DSC 曲线如图 10-48 所示,此处的分解热 ΔH(J/g)是将 GUDN/Cat 混合物等价为 100% GUDN 来计算的。研究发现,在每条 DSC 曲线中都只有一个放热峰 T_p(℃)。对于纯 GUDN,该放热峰峰温为 218.5℃。CuO/CNT 对于 GUDN 的热行为有明显

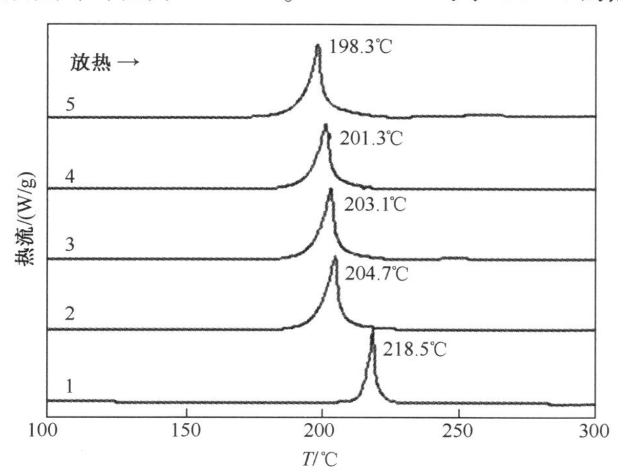

图 10-48　DSC 曲线

1—纯 GUDN;2—GUDN/Cat-1;3—GUDN/Cat-2;4—GUDN/Cat-3;5—GUDN/Cat-4。

注:Cat-1、Cat-2、Cat-3 与 Cat-4 为不同 CuO 含量的 CuO/CNT 催化剂。

1—ΔH=1540J/g;2—ΔH=1750J/g;3—ΔH=1780J/g;4—ΔH=1700J/g;5—ΔH=1870J/g。

的催化作用。在添加了 Cat-1～Cat-4 的催化剂后,GUDN 的分解峰温分别降低了 13.8℃、15.4℃、17.2℃以及 20.2℃。随着 Cat-1～Cat-4 的添加,GUDN 的等价反应热也分别增加了 210J/g、240J/g、160J/g 及 330J/g。因此,随着所添加的催化剂 CuO/CNT 中 CuO 含量的增加,GUDN 的分解峰温在逐渐降低,同时,分解热也在逐渐增加。

2. CuO/CNT 的添加量对 GUDN 热分解的影响规律

GUDN 按照质量比 5∶1、10∶1、15∶1 以及 20∶1 与 Cat-4 混合,在 0.1MPa 下对其分别进行热分析测试,得到的 DSC 曲线如图 10-49 所示,分解热 ΔH(J/g)计算方法与图 10-48 处相同。从图 10-49 可以看出,随着 Cat-4 添加量的增加,GUDN 的分解峰温也在降低;当 GUDN 与 Cat-4 的质量比在 5∶1 时,GUDN 的分解峰温降低了 20.2℃,相应地 GUDN/Cat-4 的等价分解热增加了 330J/g;当 GUDN 与 Cat-4 的质量比为 10∶1、15∶1、20∶1 时,GUDN 的分解峰温分别降低了 18.4℃、14.0℃以及 11.0℃,相应地 GUDN/Cat-4 的等价分解热也分别增加 220J/g、150J/g 以及 70J/g。因此,上述结果表明,增加催化剂的含量能够有效提高 GUDN 的分解反应速率以及反应程度。Cat-4 表现出了很明显的催化作用,甚至当其与 GUDN 的质量比降为 1∶20 时,而这一比例与通常推进剂中催化剂所占比例相当。

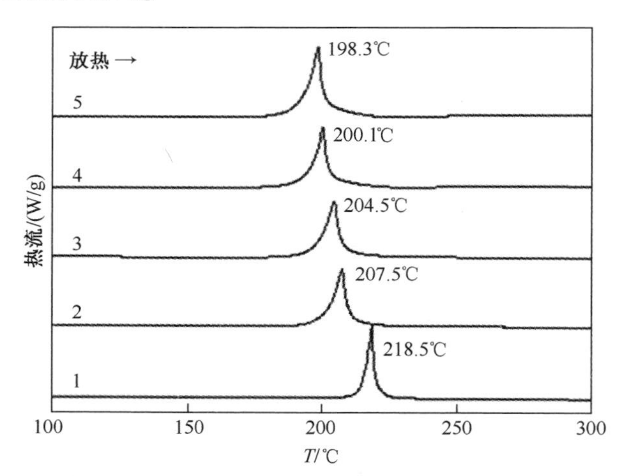

图 10-49　DSC 曲线

1—纯 GUDN;2—GUDN/Cat-4(20∶1);3—GUDN/Cat-4(15∶1);
4—GUDN/Cat-4(10∶1);5—GUDN/Cat-4(5∶1)。
1—ΔH=1540J/g;2—ΔH=1610J/g;3—ΔH=1690J/g;4—ΔH=1760J/g;5—ΔH=1870J/g。

3. 非等温分解反应动力学

为了研究 Cat-4 对于 GUDN 的热分解反应动力学的催化作用,在 0.1MPa

下,对 GUDN/Cat-4 的混合物在升温速率 5℃/min、10℃/min、15℃/min 以及 20℃/min 下进行了热分析,获得了 DSC 曲线。获得相应的动力学参数表观活化能 E_a、指前因子 A,分别采用五种积分方法。所使用的方法如表 10-11 所列[26-29]。

积分方法：
$$\ln\left[\frac{G(\alpha)}{T^2}\right]=\ln\left[\left(\frac{AR}{\beta E}\right)\left(1-\frac{2RT}{E}\right)\right]-\frac{E}{RT} \tag{10-1}$$

MacCallum-Tanner 法：
$$\log[G(\alpha)]=\log\left(\frac{AE}{\beta R}\right)-0.4828E^{0.4357}-\frac{0.449+0.217E}{0.001T} \tag{10-2}$$

式中:E 的单位为 kcal/mol。

Šatava-Šesták 法：
$$\log[G(\alpha)]=\log\left(\frac{A_sE_s}{\beta R}\right)-2.315-\frac{0.4567E_s}{RT} \tag{10-3}$$

Agrawal 法：
$$\ln\left[\frac{G(\alpha)}{T^2}\right]=\ln\left\{\frac{(AR/\beta E)\ [1-2(RT/E)]}{1-5\ (RT/E)^2}\right\}-\frac{E}{RT} \tag{10-4}$$

Flynn-Wall-Ozawa 法：
$$\log\beta=\log\left(\frac{AE}{RG(\alpha)}\right)-2.315-\frac{0.4567E}{RT} \tag{10-5}$$

一种微分方法：

Kissinger 法：
$$\ln\left(\frac{\beta_i}{T_{pi}^2}\right)=\ln\left(\frac{A_kR}{E_k}\right)-\frac{E_k}{RT_{pi}}\quad(i=1,2,\cdots,4) \tag{10-6}$$

在上述方程中:α 为放热反应的反应深度($\alpha=H_t/H_0$);H_0为根据 DSC 曲线上峰面积计算的总放热量;H_t为 DSC 曲线上达到某个反应时间所对应的部分峰面积;T 为在某个反应时间;t 为达到的温度;R 为理想气体常数;$f(\alpha)$ 和 $G(\alpha)$ 分别为微分机理函数以及积分机理函数;E_a、A、β 以及 T_p的含义在前面已经提及。对于积分方法与微分方法要用到的数据,α_i、β、T_i、T_p($i=1,2,3\cdots$)都是从 DSC 曲线中得到的,在升温速率 5℃/min、10℃/min、15℃/min 以及20℃/min下得到的 GUDN/Cat-4 混合物的 $T-\alpha$ 曲线如图 10-50 所示。通过 Ozawa 法,式(10-5),得到 E_a的值,当 α 值在 0.02~1.00 之间变化时,得到的GUDN/Cat-4 混合物的 $E_a-\alpha$ 曲线如图 10-51 所示。显然,在 0.10~0.85(α)阶段,活化能变化很小,因此,可以选取该段来计算混合物的非等温反应动力学。

将 41 种动力学机理函数以及原始数据输入式(10-1)~式(10-6)中进行计算[26-27]。采用最小二乘法以及迭代法,通过计算机来计算加热速率 5℃/min、10℃/min、15℃/min 以及 20℃/min 下的 E_a、$\log A$、线性相关系数 r,标准偏差 Q。通过 r 与 Q 的值来选择最可几机理函数[26-27]。满足条件的最终结果列在表 10-11 中,相关函数就是 GUDN/Cat-4 在 0.1MPa 下热分解反应过程的反应机理函数。

表 10-11　GUNDN/Cat-4 混合物的分解动力学参数

方法	β/(℃/min)	E_a/(kJ/mol)	$\log(A/s^{-1})$	r	Q
积分方法	5	178.0	17.8	0.9914	0.0646
	10	189.3	19.1	0.9850	0.1126
	15	196.8	19.9	0.9907	0.0697
	20	193.3	19.5	0.9880	0.0895
MacCallum-Tanner 法	5	178.4	17.8	0.9921	0.0122
	10	189.9	19.1	0.9861	0.0212
	15	197.5	19.9	0.9914	0.0131
	20	194.0	19.5	0.9890	0.0168
Šatava-Šesták 法	5	176.6	17.6	0.9921	0.0122
	10	187.5	18.9	0.9861	0.0212
	15	194.7	19.7	0.9914	0.0131
	20	191.4	19.2	0.9890	0.0168
Agrawal 法	5	178.0	17.8	0.9914	0.0646
	10	189.3	19.1	0.9850	0.1126
	15	196.8	19.9	0.9907	0.0697
	20	193.3	19.5	0.9880	0.0895
平均值	—	189.1	19.0	—	—
Flynn-Wall-Ozawa 法	—	182.8	—	0.9988	0.0005
Kissinger 法	—	184.4	18.6	0.9987	0.0025

从表 10-11 可以看出,从非等温 DSC 曲线中计算得到的 E_a 与 A,与通过 Kissinger 法和 Ozawa 法计算得到的结果相一致。

最终,得到了 GUDN/Cat-4 在 0.1MPa 下热分解反应过程的反应机理,可以描述为成核与增长反应机理,用 Avrami-Erofeev 公式表示为

$$-\ln(1-\alpha)=(k_3t)^m$$

当 $n=2/5$ 时,有

$$G(\alpha)=[-\ln(1-\alpha)]^{2/5}$$

且

$$f(\alpha)=(5/2)(1-\alpha)[-\ln(1-\alpha)]^{3/5}$$

将 $f(\alpha)$ 替换为 $(5/2)(1-\alpha)[-\ln(1-\alpha)]^{3/5}$,$E_a$ 替换为 189.1kJ/mol;A 替换为 $1019s^{-1}$ 代入公式(10-7)中,可得

$$d\alpha/dt=Af(\alpha)e^{-E/RT}$$

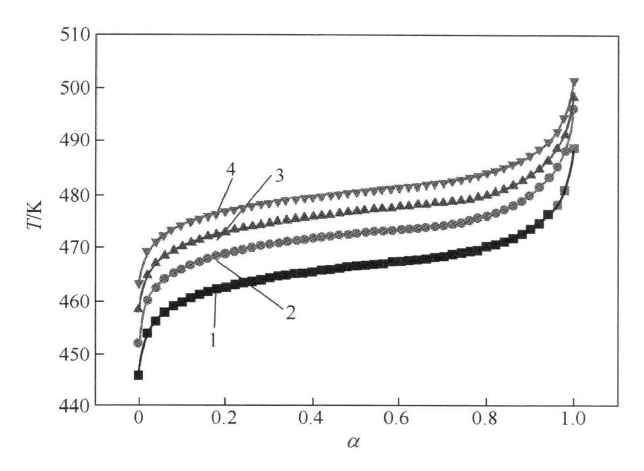

图10-50　GUDN/Cat-4混合物在不同升温速率下的$T-\alpha$曲线

1—升温速率为5K/min;2—升温速率为10K/min;3—升温速率为15K/min;4—升温速率为20K/min。

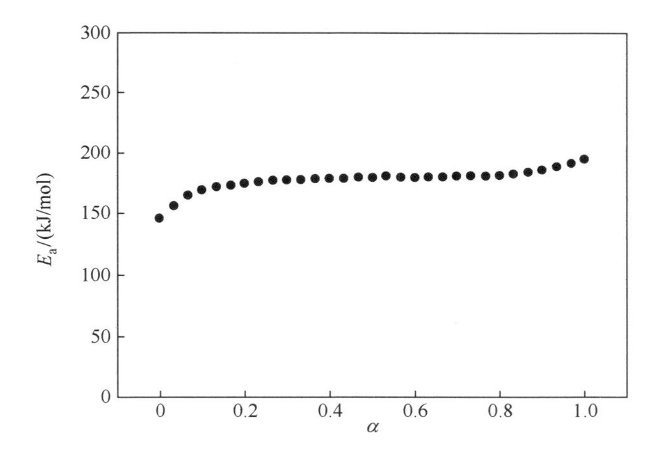

图10-51　GUDN/Cat-4混合物的$E_a-\alpha$曲线

相应地,得到GUDN/Cat-4分解反应的动力学方程,可以整理为

$$d\alpha/dt = 10^{19.4}(1-\alpha)[-\ln(1-\alpha)]^{3/5}e^{-2.27\times10^4/T}$$

相较于纯GUDN,GUDN/Cat-4混合物的分解反应表观活化能降低了31.1kJ/mol(GUDN,E_a=220.2kJ/mol;$\log(A/s^{-1})$=21.2[30],这意味着Cat-4能够有效地提高GUDN的分解反应速率。

4. 催化机理分析

纯GUDN的剧烈分解反应发生在214.8~238.5℃之间,放出大量的气体,剩余质量在16.25%~18.39%之间,随着温度的升高,失重速率逐渐减小[31]。GUDN 的分解反应是非常复杂的氧化-还原反应过程,在分析反应速率与生成气体体积的关系后,能够推测出气相中间产物对于反应过程的重要性。

在 CNT 表面上负载粒度极小的 CuO 颗粒,能够使得复合催化剂具有很大的比表面积,并在表面上负载大量的活性位点,从而具有极强的吸附能力。所以,纳米催化剂的表面能够吸附更多的气相中间产物。因此,纳米催化剂能够加速气相分解反应,从而在实际上提高了 GUDN 的分解反应速率。

利用 CNT 负载 CuO 颗粒,能够改善 CuO 纳米颗粒的分散度,提高材料的比表面积,从而有助于催化反应。此外,由于 CNT 上的 sp^2杂化结构,电子可以在碳管管壁上传播,在反应过程中能够加速电子与热量的传递。本节的研究发现,CNT 与 CuO 纳米颗粒显示出了协同作用,共同促进了 GUDN 的分解反应。因此,在 GUDN 的热分解反应方面,CuO/CNT 复合催化剂表现出了良好的催化潜力。

10.4　在固体火箭推进剂中的应用

本节系统地对比研究了所制备的 CNT 负载型催化剂对于 DB 和 CMDB 推进剂燃烧性能的影响。

10.4.1　配方设计与制备

本节使用的双基(DB)推进剂样品主要组成:59%(质量分数)的硝化纤维素(NC)、30%(质量分数)的硝化甘油(NG)、11%(质量分数)的邻苯二甲酸二乙酯(DEP),以及其他助剂。常规推进剂 DB-1 药条按 500g 配料,不外加催化剂,通过无溶剂 DB 推进剂挤压法制备。推进剂 DB-2~DB-6 同样按 500g 配料,分别通过机械混合外加 12.5g CNT 负载型催化剂来作为燃烧催化剂,用来与常规推进剂做比较。催化剂的加入时机为推进剂浆料混合过程中。

CMDB 推进剂为复合改性双击推进剂,样品主要组成:38%(质量分数)的硝化纤维素(NC)、28%(质量分数)的硝化甘油(NG)、26%(质量分数)的 RDX、8%(质量分数)的 N-硝基-二乙醇胺-二硝酸酯(DINA),以及其他助剂。标准改性推进剂 MB-1 药条按 500g 配料,不外加催化剂,通过无溶剂 CMDB 推进剂挤压法制备。推进剂 MB-2~MB-6 同样按 500g 配料,分别通过机械混合外加 17g CNT 负载型催化剂来作为燃烧催化剂,用来与标准推进剂做比较。催化剂的加入时机同样为推进剂浆料混合过程中。

CNT 负载型催化剂在 DB 与 CMDB 推进剂中的含量见表 10-12。

表 10-12　NT 负载型催化剂在 DB 与 CMDB 推进剂中的比例

型号	编号	催化剂比例/%	
双基推进剂	DB-1	—	—
	DB-2	CuO/CNT	2.5
	DB-3	Bi_2O_3/CNT	2.5
	DB-4	Pb/CNT	2.5
	DB-5	NiB/CNT	2.5
	DB-6	NiPd/CNT	2.5
RDX-复合改性双基推进剂	MB-1	—	—
	MB-2	$Bi_2O_3 \cdot SnO_2$/CNT	3.4
	MB-3	CuO · PbO/CNT	3.4
	MB-4	$Cu_2O \cdot Bi_2O_3$/CNT	3.4
	MB-5	$CuO \cdot SnO_2$/CNT	3.4
	MB-6	$NiO \cdot SnO_2$/CNT	3.4

10.4.2　CNT 负载型催化剂对 DB 推进剂燃烧性能的影响

CuO/CNT、Bi_2O_3/CNT、Pb/CNT、NiB/CNT 以及 NiPd/CNT 作为燃烧催化剂添加至 DB 推进剂中，测得的推进剂燃烧速率以及计算得到的压强指数分别如图 10-52 所示、表 10-13 所列。

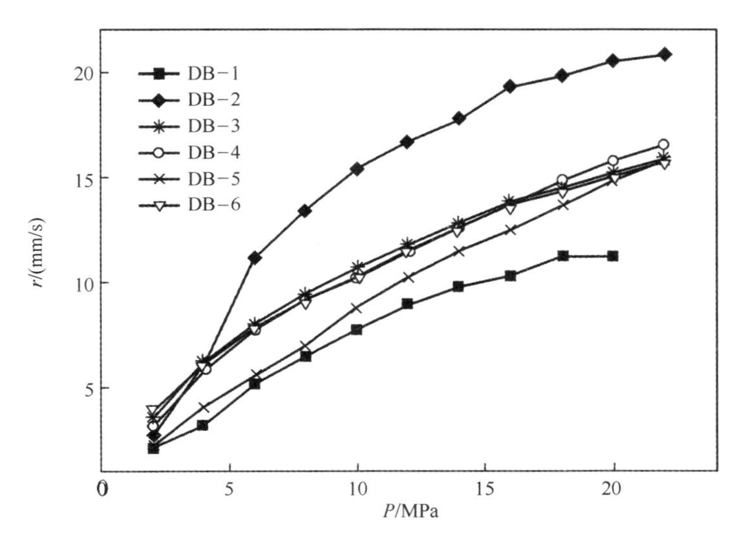

图 10-52　含 CNT 负载型催化剂的 DB 推进剂的燃烧速率

表 10-13 DB 推进剂的压强指数

编号	n(2~22MPa)	n(6~22MPa)	n(16~22MPa)	n(18~22MPa)
DB-1	0.74	0.72	0.81	0.88
DB-2	0.60	0.42	0.22	0.22
DB-3	0.55	0.50	0.43	0.42
DB-4	0.63	0.58	0.59	0.55
DB-5	0.79	0.77	0.73	0.71
DB-6	0.54	0.52	0.44	0.44

为了比较不同催化剂对 DB 推进剂的催化作用，分别计算了它们的催化效率 η_r（$\eta_r = u_c/u_0$，u_c为含有催化剂的推进剂的燃烧速率，u_0为不含催化剂的推进剂的燃烧速率），结果如表 10-14 所列。

表 10-14 不同催化剂在 DB 推进剂中的催化效率 η_r

编号	压强/MPa										
	2	4	6	8	10	12	14	16	18	20	22
DB-1	1.0	1.0	1.0	1.0	1.0	1.0	1.0	1.0	1.0	1.0	1.0
DB-2	1.3	1.7	2.2	2.1	2.0	1.9	1.8	1.9	1.8	1.7	1.6
DB-3	1.6	1.8	1.6	1.5	1.4	1.3	1.3	1.3	1.3	1.2	1.2
DB-4	1.4	1.6	1.5	1.4	1.3	1.3	1.3	1.3	1.3	1.3	1.2
DB-5	1.0	1.1	1.1	1.1	1.1	1.1	1.2	1.2	1.2	1.2	1.2
DB-6	1.8	1.7	1.5	1.4	1.3	1.3	1.3	1.3	1.3	1.2	1.2

研究结果显示，五种催化剂都能够提高 DB 的燃烧速率，尽管 NiB/CNT 催化剂对于推进剂燃烧速率的提高程度很小。在 6MPa 的压力下，CuO/CNT 表现出了最好的催化性能，将推进剂的燃烧速率从 5.2mm/s 提高至 11.2mm/s，提高了 115%。

在 6~22MPa 的压力范围内，添加了 CuO/CNT、Bi_2O_3/CNT 以及 NiPd/CNT 的 DB 推进剂压强指数分别从 0.72 降至 0.42、0.50 以及 0.52。再一次发现，CuO/CNT 对于改善 DB 推进剂的压强指数效果最为显著，添加 2.5%（质量分数）的 CuO/CNT 能够将压强指数降低 31%。

综上可知，CuO/CNT、Bi_2O_3/CNT、Pb/CNT、NiB/CNT 以及 NiPd/CNT 在改善 DB 推进剂的燃烧性能方面都表现出了良好的催化作用，其中 CuO/CNT 为最佳催化剂。

10.4.3 CNT负载型催化剂对CMDB推进剂燃烧性能的影响

将Bi_2O_3·SnO_2/CNT、CuO·PbO/CNT、Cu_2O·Bi_2O_3/CNT、CuO·SnO_2/CNT以及NiO·SnO_2/CNT添加至DB推进剂中并测量其燃烧速率。含催化剂的RDX-CMDB推进剂的燃烧参数如表10-15、图10-53以及表10-16所示。

表10-15　DB推进剂的压强指数

编号	n(2~22MPa)	n(4~14MPa)	n(10~14MPa)	n(14~18MPa)	n(16~20MPa)
MB-1	0.79	0.86	0.83	0.79	0.79
MB-2	0.72	0.69	—	—	—
MB-3	0.43	0.39	0.44	0.41	0.44
MB-4	0.52	0.48	0.51	0.48	—
MB-5	0.60	0.58	0.48	—	0.46
MB-6	0.82	0.77	0.57	—	—

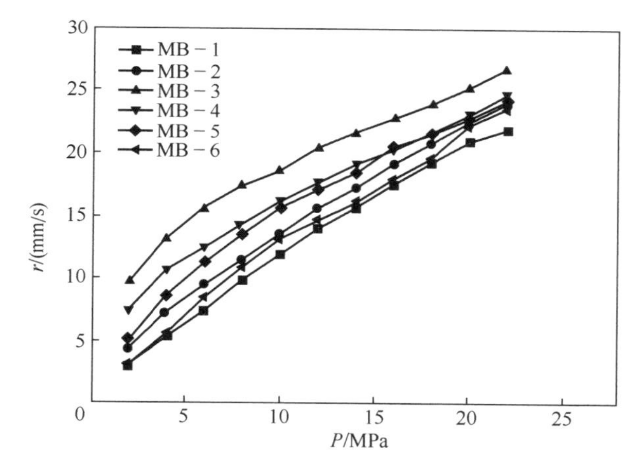

图10-53　含有CNT负载型催化剂的RDX-CMDB的燃烧速率

表10-16　不同催化剂在DB推进剂中的催化效率η_r

编号	压强/MPa										
	2	4	6	8	10	12	14	16	18	20	22
MB-1	1.0	1.0	1.0	1.0	1.0	1.0	1.0	1.0	1.0	1.0	1.0
MB-2	1.4	1.4	1.3	1.2	1.1	1.1	1.1	1.1	1.1	1.1	1.1
MB-3	3.1	2.5	2.1	1.8	1.6	1.5	1.4	1.3	1.3	1.2	1.2
MB-4	2.4	2.0	1.7	1.5	1.4	1.3	1.2	1.2	1.1	1.1	1.1

（续）

编号	压强/MPa										
	2	4	6	8	10	12	14	16	18	20	22
MB-5	1.6	1.6	1.6	1.4	1.3	1.2	1.2	1.2	1.1	1.1	1.1
MB-6	1.0	1.1	1.1	1.1	1.1	1.1	1.0	1.0	1.0	1.1	1.1

为了比较不同催化剂对 CMDB 推进剂的催化作用，分别计算了它们的催化效率 η_r，结果如表 10-16 所列。

如表 10-15 和表 10-16 所列，几乎所有的催化剂都能够提高 RDX-CMDB 推进剂的燃烧速率。其中 CuO · PbO/CNT 作为最佳催化剂，将推进剂的燃烧速率提高了 100%，同时将压强指数降低了 50%。

10.5 结　　论

本章主要介绍了几种碳纳米管负载型金属或金属氧化物复合物作为燃烧催化剂的制备与表征。这些催化剂能够有效改善硝化纤维素吸附硝化甘油（NC-NG）、黑索金（RDX）、高氯酸铵（AP）以及 N-脒基脲二硝酰胺（GUDN）等的热分解速率。尤其是在 NC-NG 中添加了 CuO/CNT（催化剂与 NC-NG 质量比为 1 : 5）后，其分解峰温降低了 9.2℃，分解热提高了 396J/g，相较于纯 CuO 纳米颗粒，CuO/CNT 表现出了更好的催化作用。RDX 的热行为以及分解反应过程也在添加 Ag/CNT 后得到了改善。在添加了 Ag/CNT 后，RDX 的 DSC 曲线上的二次放热峰向低温漂移，同时其 DSC 曲线形状也发生了变化。在添加了 MnO_2/CNT 后，AP 的高温分解峰降低了 161.2℃，而低温分解峰则完全消失。在添加了 CuO/CNT 后，GUDN 的分解峰温降低了 20.2℃，而分解热增加了 330J/g，表观活化能降低了 31.1kJ/mol。对 GUDN 与 CuO/CNT 混合物的热分解进行分析，获得了其分解反应的动力学方程。

本章还研究了催化剂对于推进剂燃烧性能的影响。首先测试了 CuO/CNT、Bi_2O_3/CNT、Pb/CNT、NiB/CNT 以及 NiPd/CNT 作为燃烧催化剂对 DB 推进剂的影响。结果发现，这些催化剂对 DB 推进剂的燃烧性能有明显的催化作用，尤其是 CuO/CNT，在 6MPa 下，将 DB 推进剂的燃烧速率提高了 115%。其次发现，Bi_2O_3 · SnO_2/CNT、CuO · PbO/CNT、Cu_2O · Bi_2O_3/CNT、CuO · SnO_2/CNT 以及 NiO · SnO_2/CNT 均能够改善 CMDB 推进剂的燃烧性能，尤其是 CuO · PbO/CNT，在 6MPa 下，能够将 CMDB 的燃烧速率提高约 110%。CNT 与金属氧化物纳米颗粒对于分解反应及燃烧速率具有协同催化作用，研究表明

CuO/CNT 以及 CuO · PbO/CNT 在固体推进剂领域有良好的应用前景。

参考文献

[1] R. H. Baughman, A. A. Zakhidov, W. A. de Heer, Carbon nanotubes – the route towards applications, Science 297 (5582) (2002) 787.

[2] A. P. Ramirez, Carbon nanotubes for science and technology, Bell. Labs. Tech. J. 10 (3) (2005) 171.

[3] K. Yang, M. Gu, Y. Guo, X. Pan, G. Mu, Effects of carbon nanotube functionalization on the mechanical and thermal properties of epoxy composites, Carbon 47 (2009) 1723.

[4] F. Peng, J. W. Jiang, H. J. Wang, J. X. Feng, Preparation of carbon nanotubes supported Fe_2O_3 catalysts, Chin. Inorg. Chem. 20 (2) (2004) 231.

[5] W. Chen, J. L. Li, M. H. Zou, W. T. Zhou, The preparation of highly dispersed Ag/carbon nanotube catalyst, J. Cent. China Normal Univ. (Nat. Sci.) 37 (2) (2003) 211.

[6] X. J. Zhang, W. Jiang, D. Song, Y. Liu, J. J. Geng, F. S. Li, Preparation and catalytic activity of Co/CNTs nanocomposites via microwave irradiation, Propell. Explos. Pyrotech. 34 (2009) 151.

[7] P. Cui, F. S. Li, J. Zhou, W. Jiang, Preparation of Cu/CNTs composite particles and catalytic performance on Thermal decomposition of ammonium perchlorate, Propell. Explos. Pyrotech. 31 (2006) 452.

[8] Q. C. Xu, J. D. Lin, J. Li, X. Z. Fu, Y. Liang, D. W. Liao, Microwave-assisted synthesis of MgO-CNTs supported ruthenium catalysts for ammonia synthesis, Catal. Commun. 8 (2007) 1881.

[9] A. S. Chen, F. S. Li, Z. Y. Ma, H. Y. Liu, Research on the preparation and catalytic function of nano CuO/AP composite particles, J. Solid Rocket Tech. 27 (2) (2004) 123.

[10] H. M. An, Y. F. Liu, Y. P. Li, R. J. Yang, H. M. Tan, Study on catalytic combustion of HNIW monopropellant by metal oxide, Chin. J. Explos. Propell. 23 (4) (2000) 27.

[11] J. W. Zhu, W. G. Zhang, H. Z. Wang, X. J. Yang, L. D. Lu, X. Wang, Synthesis and properties of shape-controlled CuO nanocrystals, Chin. Inorg. Chem. 20 (7) (2004) 863.

[12] Z. Hong-wei, W. De-hai, X. Cai-lu, Carbon Nanotubes, Machine Press, Beijing, 2003.

[13] M. Yasutake, Y. Shirakawabe, T. Okawa, S. Mizooka, Y. Nakayama, Performance of the carbon nanotube assembled tip for surface shape characterization, Ultramicroscopy 91 (1-4) (2002) 57-62.

[14] H. Wei-liang, Z. Feng-qi, L. Jian-hong, et al., Nanocomposite Pb/CNTs and Its Preparation Method, 2007. China, 200710124599. X.

[15] A. Ting, C. Hui-qun, Z. Feng-qi, et al., Preparation and characterization of Ag/CNTs nanocomposite and its effect on thermal decomposition of cyclotrimethylene trinitramine, Acta Phys. Chim. Sin. 28 (9) (2012) 2202-2208.

[16] H. Wei-liang, Z. Xiu-ying, Z. Feng-qi, et al., Preparation of CuO/CNTs and its combustion catalytic activity on double-base propellant, Chin. J. Explos. Propell. 33 (6) (2010) 83-86.

[17] L. Xiang, H. Wei-liang, Z. Feng-qi, et al., Synthesis of CuO/CNTs composites and its catalysis on thermal decomposition of FOX-12, J. Solid Rocket Technol. 31 (5) (2008) 508-511, 526.

[18] H. Wei-liang, L. Jian-hong, Z. Feng-qi, et al., Nanocomposite PbO/CNTs and Its Preparation Method, 2007. China, 200710124597. 0.

[19] H. Wei-liang, L. Xiang, Z. Feng-qi, et al., Nanocomposite Bi_2O_3/CNTs and Its Preparation Method, 2007. China, 200710124598.5.

[20] L. Jian-xun, Preparation of Carbon Nanotubes Combustion Catalysts and Its Application in Solid Propellants, Nanjing University of Science and Technology, Nanjing, 2007.

[21] H. Wei-liang, Z. Feng-qi, L. Jian-hong, et al., Nanocomposite CuO-PbO/CNTs and its Preparation Method, 2008. China, 200810142779.5.

[22] H. Wei-liang, Z. Feng-qi, Z. Jin-xia, et al., Nanocomposite Cu_2O-Bi_2O_3/CNTs and Its Preparation Method, 2011. China, ZL 200810142777.6.

[23] H. Wei-liang, Z. Jin-xia, Z. Feng-qi, et al., Nanocomposite Bi_2O_3-SnO_2/CNTs and its Preparation Method, 2011. China, ZL 200810142778.0.

[24] Z. Jin-xia, H. Wei-liang, Z. Feng-qi, et al., Synthesis of SnO_2-Cu_2O/CNTs catalyst and its catalytic effect on Thermal decomposition of FOX-12, Chin. J. Explos. Propell 34 (2) (2011) 47-51.

[25] J. Yi, F. Zhao, S. Xu, et al., Preparation and characterization of carbon nanotubes supported copper (II) oxide catalysts and catalytic effects on thermal behavior of N-guanylurea dianitramide, in: 42th International Annual Conference of ICT, 2011.

[26] R. Z. Hu, S. L. Gao, F. Q. Zhao, Q. Z. Shi, T. L. Zhang, J. J. Zhang, Thermal Analysis Kinetics, second ed., Science Press, Beijing, 2008.

[27] F. Q. Zhao, R. Z. Hu, H. X. Gao, H. X. Ma, Thermochemical properties, non-isothermal decomposition reaction kinetics and quantum chemical investigation of 2,6-diamino-3,5-dinitropyrazine-1-oxide (LLM-105), in: O. E. Bronza (Ed.), New Developments in Hazardous Materials Research, Nova Science Publishers, Inc., New York, 2006.

[28] J. H. Yi, F. Q. Zhao, H. X. Gao, S. Y. Xu, M. C. Wang, R. Z. Hu, Preparation, characterization, nonisothermal reaction kinetics, thermodynamic properties, and safety performances of high nitrogen compound: hydrazine 3-nitro-1,2,4-triazol-5-one complex, J. Hazard. Mater. 153 (2008) 261.

[29] G. Singh, I. P. S. Kapoor, S. Dubey, P. F. Siril, Kinetics of Thermal decomposition of ammonium perchlorate with nanocrystals of binary transition metal ferrites, Propell. Explos. Pyrotech. 34 (2009) 72.

[30] F. Q. Zhao, P. Chen, H. A. Yuan, S. L. Gao, R. Z. Hu, Q. Z. Shi, Thermochemical properties and nonisothermal decomposition reaction kinetics of n-guanylurea dinitramide (GUDN), Chin. J. Chem. 22 (2004) 136.

[31] B. Z. Wang, Q. Liu, Z. Z. Zhang, Y. P Ji, C. H. Zhu, Study on properties of GUDN, Chin. J. Energ. Mater. 12 (1) (2004) 38.

[32] L. L. Bircumshaw, B. H. Newman, Proc. Roy. SOC. (London), A227 (1954) 115.

第 11 章　金属颗粒燃烧中纳米产物的形成

Oleg G. Glotov, Vladimir E. Zarko

11.1 概　　述

11.1.1 铝及其氧化物 Al_2O_3

俄罗斯科学家 Yu. V. Kondratyuk(1929)和 F. A. Tzander(1932)提出了将高热值金属,如铍、锂、镁、铝、锌、钛,作为燃料应用于火箭推进剂中的想法[1]。20 世纪 50 年代,苏联和美国将金属化推进剂这一想法付诸实施,随后其他国家也将此想法实现。在所涉及的金属中,由于铝具有高热值(≈9.8kcal/g)、较低价格,以及主要燃烧产物 Al_2O_3 无毒、无害等优点,在固体推进剂中得到了广泛应用。

将铝引入推进剂配方中可以增加火焰温度、燃烧产物速率及产生喷射推力,也通过抑制燃烧室中气体振荡来改善发动机运行的稳定性,并且使控制推进剂燃烧速率成为可能。同时,Al 颗粒的存在也造成了许多与燃烧波、燃烧室、喷嘴和发动机排气尾流等有关的问题。因此,研究 Al 颗粒在氧化剂中的点火和燃烧是十分必要的[1]。将铝作为金属燃料的效益可以由金属转换为凝聚相燃烧产物来判定。转变主要取决于两个过程:一是未燃烧金属粉末在燃烧波中的富集;二是铝在富集聚形式下或初始颗粒下的燃烧,随之是氧化物颗粒的形成。在火箭发动机中,上述过程和随后氧化物颗粒在气体燃烧产物流中的演变决定了氧化物颗粒尺寸分布函数的参数[2]。团聚体和氧化物颗粒的尺寸分布函数、铝粉燃烧的完全性数据为推进剂配方的优化和估计分散相不同演变过程的影响(熔渣在发动机、喷嘴侵蚀、比冲量两相损失、燃烧室中气体振荡阻尼)提供了必要信息。在发动机外,对氧化物颗粒特征的研究兴趣主要有两点:一是从排气喷射的辐射检测发动机;二是火箭发射对生态的影响。因此,对 Al_2O_3 颗粒形成的研究不仅可以从燃烧机理的基本角度,而且可以从很多重要的实践角度出发。

接下来从生态角度进行讨论。火箭工程的周期包括设计、制造和实验件的测试、产品储存后的利用以及物理老化或其他(如根据国际削减火箭条例对火箭的处理[3])而引起的利用或处理方式,如图 11-1 所示。许多文献对与火箭生命周期中上述阶段有关的实际生态问题进行了讨论,如文献[4-15]。处理火箭最普遍的方法是通过使用移除喷嘴模块后再进行开放式点火。这种方法的特点:①推进剂及功能部件燃烧产生的大量气体和固体燃烧产物的局部释放;②在较低(与标准值相比)压力和在标准大气压下空气中铝团聚物的燃烧。这些特性促进了关于氧化物颗粒气溶胶体系的研究,尤其是纳米尺寸的氧化物颗粒。

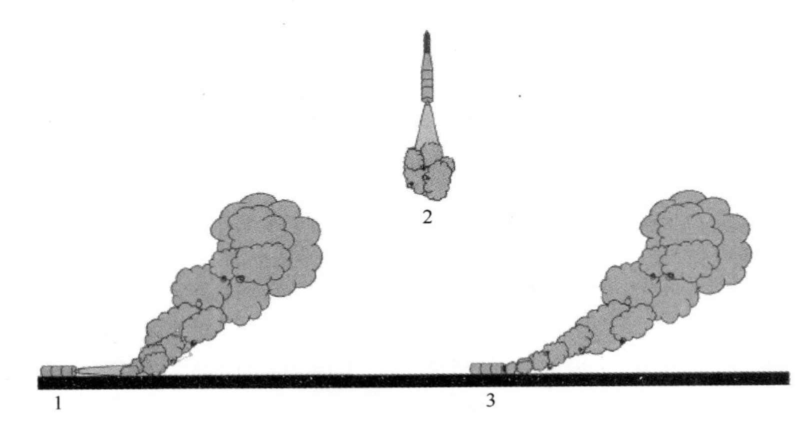

图 11-1 固体发动机生命周期中的燃烧产物发射
(对氧化物纳米颗粒系数感兴趣的原因之一)
1—测试;2—探索;3—焚烧(没有喷嘴)。

从火箭发动机性能的角度来看这些颗粒几乎没有重要性,对于生态学却是必须研究的。特别是在发动上有一些功能部件,如热保护性材料、黏胶层等与推进剂一起燃烧。总体上,燃烧产物含有有毒复合物,如二噁英。有害物质可能位于 Al_2O_3 颗粒的表面,尤其是因为纳米颗粒的比表面积大,有害物质会附着在纳米颗粒表面上。因此,实验研究集中在研究颗粒的尺寸分布,其浓度和形态学。这些特征决定了颗粒在大气中吸收和转换有害物质的能力。

因此,对于 Al_2O_3 颗粒的表征首先是由含铝推进剂基火箭发动机测试、探索和利用所造成的生态问题引发的。其次与金属化燃料的工艺化燃烧问题有关。在工艺化燃烧中,金属被用作生产具有特殊性质(氧化物、氮化物、碳化物等)的目标产物的反应试剂,如自蔓延高温合成(SHS)的压实试剂、凝胶(水凝胶)[16]、松装试剂、汽溶胶[17-18]、分散气相[19-21]等。应用基于粉体燃料[19-20]的能量释放装置发展的经验和结果来制备具有特定性质的氧化物纳米颗粒似乎是很有前景的。尤其是已经发展出合成氧化物的气体-分散合成法[21],包括金属颗粒在特定排列的固定板上及层状两相火焰中的燃烧。这种方法的优点是目标产物(氧化物)的高纯度、低制备成本、高生产率和生态安全。此外,产物的性能可以通过改变火焰参数来控制。特别地,可以制备出相当多的几十纳米的球形纳米颗粒。接下来,继续讨论通过这种方法制备的氧化物纳米颗粒的特征。

金属颗粒在两相火焰中的工艺化燃烧问题与颗粒在气态氧化剂中的燃烧机理有关,包括氧化物颗粒的形成在内的燃烧规则,可以作为理解燃烧机理的基础并确保在工艺设备中燃烧过程的优化。

11.1.2　钛及其氧化物 TiO_2

像铝一样,由于钛具有较轻的质量、强度高、耐火性好和抗腐蚀性,也被用作“航空”金属[22]。在 20 世纪 60 到 70 年代将 Ti 作为结构材料时,就对 Ti 的燃烧进行了基础研究。研究目的只是确定其重要的基本特点(如燃烧速率对环境的依赖),而不是探讨其燃烧机理和分散燃烧产物的形成。Ti 作为金属燃料(如应用于烟火药组分中或 SHS 体系中等)的可能应用既不需要对燃烧机理的详细理解,也不需要研究氧化物颗粒的性质。换言之,与 Al 相比,实际工作的需求并不能引起对 Ti 在气态氧化剂中的燃烧机理的研究兴趣,过去也并未进行相应的研究。然而,在 2005 年,有人提出(可能文献[23]中第一次提出)利用 Ti 颗粒在空气中燃烧形成的具有光催化活性 TiO_2 颗粒云,以使在人为灾难或恐怖行动中形成的有害或危险物质在大气中失去活性(图 11-2)。

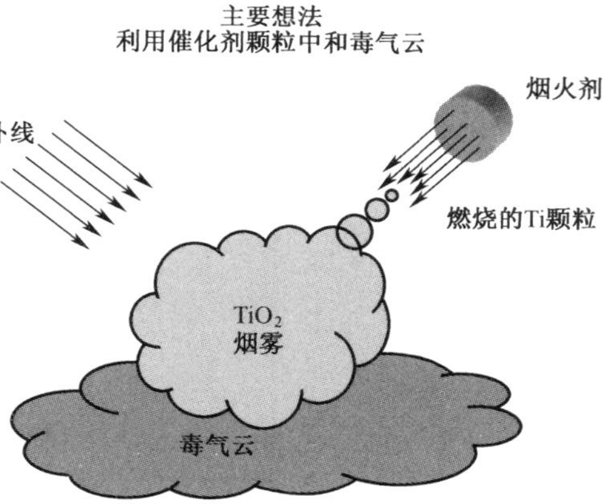

图 11-2　使用二氧化钛光催化云来阻隔大气
(引发微米 Ti 颗粒在空气中燃烧的研究兴趣)

因此,Ti 的燃烧引起了人们的研究兴趣,法国、德国、俄罗斯、乌克兰和美国对其的实验研究证实了这一点。研究 Ti 的燃烧机理旨在解决具体问题。任务之一是研究燃烧条件对所产生 TiO_2 颗粒特征的影响,并研究控制这些特征的方法。在 Al 的工艺化燃烧中,研究颗粒燃烧的机理是组织工艺过程及发展技术设备的必要基础,这也为将金属转换成具有特定性质的氧化物提供了有效的方式。研究者对 TiO_2 颗粒的尺寸分布、其浓度(质量得率)和形貌都有研究兴趣。对于 Ti,还有一个重要的参数为 TiO_2 颗粒的相组成。后者与 TiO_2 颗粒的光催化活性相关,这个性质通常在特定的实验中可以观察到。有关得到目标产物(尤其是氧化物纳米颗粒)的 Ti 的工艺燃烧研究也在进行中[21]。

事实上,目前研究的兴趣主要受到 Al 和 Ti 颗粒燃烧产物微米尺寸的限制。在金属燃料和其技术应用的领域内,微米颗粒从几微米到几百微米变化,而部分微米颗粒(如小于 0.1μm)通常称为纳米颗粒[24]。下面分析的是微米 Al 颗粒和微米 Ti 颗粒燃烧中形成的纳米尺寸氧化物颗粒。

(1) 金属化体系(含铝复合固体推进剂、含钛烟火复合物等)凝聚态燃烧产物的检测有很多相似之处,金属颗粒的燃烧过程,无论是从概念、技术还是目的都有共通之处。一方面,金属化组分的燃烧过程可以由形成的分散相来表征,包括团聚体(含有大量氧化物的团聚颗粒,但仍包括活性金属)和几百微米到几十纳米的氧化物颗粒。真实组分的分散相参数对于工程计算是必要的,并在例行实验中得到测量。另一方面,特殊金属化组分可以用作不同研究条件(如在高压容器或标准大气压下的空气中)下的“母”颗粒(如产生氧化物颗粒的燃烧颗粒)。这种方法可用来形成模拟实际复合体系中燃烧形成的团聚体颗粒(由许多小颗粒结合所形成相对大的金属颗粒)。因此,对已知尺寸的“母”颗粒的初步表征,在特殊生产的气体媒介中燃烧,可以作为技术设备中颗粒团聚体燃烧的物理模型,如在发动机燃烧室中。至于实验技术,研究者们为了减小实验规模,大多将金属粉末放在容器中进行点火,并对燃烧产物进行取样以便进一步研究。此外,经典方法之一是强制终止颗粒的变化(使母颗粒熄火,凝结氧化物颗粒)。

(2) 纳米颗粒氧化物颗粒仅是多种凝聚态燃烧产物中的一种[2]。纳米颗粒仅占所有燃烧产物的一小部分(以百分比为单位)。如上述所示,纳米燃烧产物引起了研究者们的兴趣,但目前相关研究很少。

(3) 纳米颗粒通常以气溶胶体系的形式存在,并且这些体系具有十分重要的实践意义。实际应用的需求决定了纳米颗粒某些参数非常重要,如颗粒尺寸分布、数量(浓度、质量输出)、形貌(主要颗粒的团聚规律、团聚形状),对于 TiO_2 来说,相组成(金红石/锐钛矿/其他相)很重要。

本章首先介绍了应用技术(主要为气溶胶技术);其次是关于纳米 Al_2O_3 颗粒和纳米 TiO_2 颗粒的实验数据,主要给出了作者的原始数据;最后论述了实际的问题并对将来的研究进行了讨论。

11.2　关于颗粒样本实验技术

为了分析燃烧过的金属复合物的分散相(金属化颗粒燃烧产物),并估计颗粒燃烧的宏观反应动力学参数,如燃烧时间,俄罗斯科学院西伯利亚分院弗沃特斯基化学动力学及燃烧研究所(ICKC SB RAS)发展了一系列新技术。起初,并不是所有的方法都为了研究纳米颗粒。在大多数情形下,纳米颗粒是“从其他颗粒中”取样的,也就是说,与较大的颗粒在一起。研究者特别关注不同技术手段处理特定粒径范围的颗粒的能力。在文献[25-26]中,整个 Arsenal 的技术都用来研究 Ti 颗粒的烟雾燃烧产物。文献[27]介绍了所有的 ICKC SB RAS 的技术及通过这些方法得到的主要结果。下面对它们进行简要介绍。

11.2.1　金属复合物凝聚态燃烧产物的流场取样

取样法的本质是在燃烧的不同阶段熄灭燃烧并捕获产物颗粒。还可以用不同的物理和化学方法对取样的颗粒进行下一步研究。这可以提供许多关于金属燃烧的信息,尤其是关于团聚体和氧化物颗粒的信息(如颗粒尺寸、化学和相组成),同时也可以使相应的分析技术和设备得到发展。在美国、俄罗斯、德国、日本、意大利、中国台湾等不同地区都使用了不同的取样方法来研究凝聚态燃烧产物(CCP)。1985 年,ICKC SB RAS 开发了一种全新的技术,与其他取样方法相比,这种技术表现出一系列优点。文献[2,25,28-34]中描述了这种技术的许多改进之处。简单来说,将小推进剂样品放置在一种特殊设计的使用惰性气体(N_2、He 或 Ar)增压的溢流弹中点燃。样品的火焰被限制在“保护”管道内,并向下引导,颗粒在样品的气相燃烧产物中。通过将燃烧产物在管道口与溢流弹释放的惰性气体混合实现灭火。通过改变保护管的长度可以使颗粒在距燃烧表面指定距离处凝聚。在没有管的情况下,颗粒产生在距离燃烧表面最近处。在出口附近(在弹中),所有的颗粒——由推进剂样品产生的燃烧产物——可以通过金属筛网和气溶胶分析过滤器捕获。Petryanov 气溶胶过滤器[35](如 AFA 型)可以有效地捕获亚微米颗粒。对于大多数渗透颗粒而言,直径为 0.1~0.2μm 的标准油气溶胶,AFA 过滤器的捕获效率可达 95%。下面详细介绍 AFA 过滤器的特征和应用。

CCP 取样时的真实参数:样品直径为 7~20mm,长度为 10~30mm,质量为 5.5g。当直径为 7mm 时,燃烧产物熄灭的最短距离大约为 20mm(大约为样品直径的 3 倍)。保护管的最大长度为 190mm。最大压力为 12MPa,最小压力为

0.2MPa。当气体流过弹内时压力会稍稍上升。文献[25]报道了在无强约束弹体中的实验,也就是在大气压下进行的实验。样品1~5是在相同条件下(管长度、压力)点火的不同尺寸及质量的样品。理想的实验条件为样品质量最小。此时可以取样约1.5g。典型的金属化推进剂的Al含量为15%~25%,样品的总初始质量大约为5g。取样是否具有代表性,可以由CCP质量的计算值和取样值的比例定义,该比例不能低于0.85;通常情况下含铝推进剂的该比例为0.9~0.95。文献[34]对ICKC SB RAS技术的取样代表性与含Al-Mg机械合金的推进剂燃烧产物的液体取样技术的取样代表性进行了对比。在0.3MPa和6MPa下进行的实验中,前一技术的取样技术代表性为0.57和0.80,后者的为0.27和0.62。需要注意的是,Al-Mg合金的取样比纯Al更“困难”。

众所周知,金属化推进剂的燃烧会产生不同量级的尺寸的颗粒,如10^{-10}~10^{-2}m。通过ICKC SB RAS技术取样的颗粒最大尺寸是不受限制的。特别是对于某些推进剂我们取到了大约20mm的碎片样品。颗粒取样的最小尺寸通常为0.5μm。并不是实验系统限制了颗粒的最小粒径,而是Malvern 360E粒径分布仪限制了能测得的粒径。AFA过滤器在捕获纳米级颗粒时十分有效。文献[36]描述了从过滤器中得到的纳米颗粒。

CCP极宽的粒径范围需要特别的粒径分析方法来确定颗粒的尺寸分布函数。许多学者使用的典型方法是基于物理或虚拟法(作为一种计算方法)的一种粒径分析方法,该方法首先确定不同粒径颗粒的比例,然后用特定的计算方法确定粒径分布函数,最后将该函数推广至整个粒径分布范围并进行对比校正。通过使用算法和程序解决了这一问题,在文献[28-30]中对其进行了部分描述。值得注意的是,评价取样的代表性也需要将复合颗粒的化学组成(至少就金属/氧化物比例而言)考虑进去。发展了分析化学方法用作金属铝(活泼或未燃烧的)含量[37-39],以及Al-B和Al-Mg等双金属燃料的“燃烧完全度”的定量测定。显然,取样方法和其他用于表征分散相的方法(如摄影/摄像/录像)在解释所获结果方面都面临一定的困难[40]。

11.2.2 Petryanov 筛分器

Petryanov过滤器(PF),一种纤维过滤材料,在俄罗斯得到规模化生产及广泛应用。文献[26-27]中应用了AFA型气溶胶Petryanov分析过滤器来确定烟雾颗粒的总质量。在这种情况下,复合推进剂样品或单独金属颗粒在定容(10~20L)容器中燃烧,燃烧产物在短于烟雾颗粒在容器中沉降时间内通过过滤器。颗粒在空气中燃烧,容器由过滤过的空气填满,以阻止大气气溶胶渗透到容器中。

根据文献[35],对于 AFA 过滤器,捕获效率 E 可以使用标准油溶胶标定。对直径 0.1~0.2μm 颗粒的捕获效率大约为 95%,颗粒渗透性最强。对其他尺寸的捕获率更高,对直径 0.3μm 的颗粒,$E \geq 99\%$;对直径 1μm 的颗粒,$E \geq 99.99\%$;对小于 0.1μm 的颗粒,$E \geq 99\%$;对直径 0.02~0.05μm 的颗粒,$E \geq 99.9\%$。由于静电力所导致的高捕获率,可以通过将 AFA 过滤器溶解在丙酮中轻松洗出捕获的颗粒。得到的颗粒悬浮液可以通过自动粒度计 Malvern 3600E 分析得到粒度分布。文献[36]中描述了通过注入丙三醇制备光学透明的过滤器的过程。从此,数十微米的颗粒可以不将其从过滤器移除,在光学显微镜下直接检测。

由全氯乙烯基纤维制备的 Petryanov 过滤器是疏水的(过滤过的空气最大相对湿度为 95%),对无机酸/碱的液态气溶胶颗粒有化学抗性,但是耐热性较低(最高 60℃),并且在油和增塑剂、烃化氢类有机试剂中不稳定。醋酸纤维素制作的 Petryanov 过滤器是亲水的,并且在油类、增塑剂类的有机溶剂中是稳定的,但对酸、碱及二氯乙烷和丙酮之类的有机溶剂不稳定。这类过滤器的抗热性最高为 150℃,过滤的空气的最大相对湿度为 80%。因此,这些类型 Petryanov 过滤器的主要缺点是热稳定性不好,并且对化学活泼材料的稳定性较低以及低过滤速率(约为 1cm/s)。

我们曾尝试采用 BET 原理的“吸水”装置来估计过滤器纤维的比表面积。这种方法的概念是在实验之前测量过滤器的表面,过滤颗粒后再一次测试表面。在这种情况下,实验前后比表面的变化即可表征颗粒的比表面积。这种设想最终失败了,因为准确测量一直变化的过滤器表面是不可能的,可能是在低温下气体被 Brunauer-Emmett-Teller(BET)原理导致的吸附而造成过滤器纤维的破坏。

文献[41]详细介绍了 Petryanov 过滤器的优、缺点。

11.2.3　气溶胶悬浮颗粒取样器

Anderson 型串联悬浮颗粒取样器[42]与 Petryanov 过滤器[26-27]联用,悬浮颗粒取样器用来对颗粒的空气动力学粒径进行分类。每个串联单元包括两个盘:第一个有开口,第二个用作取样。颗粒流可以移动到样品盘的表面。串联单元的直径、开口数量和盘之间的距离都不同,用于表征不同尺寸的颗粒,并在一定的空气流速下将颗粒沉积在取样盘上。使用五个串联单元的悬浮颗粒取样器 BP-35/25-4,该设备是在国家病毒及生物学科学中心 Vector(新西伯利亚地区,叶卡捷琳堡)设计制造的。1 号串联单元捕获的颗粒的特征尺寸,d_{50} 为 17.8μm,2 号串联单元为 13.5μm,3 号串联单元为 3.65μm,4 号串联单元为 1.27μm(对密度为 3.9g/cm^3 的颗粒进行了计算)。AFA 过滤器可以捕获透过

1~4 号串联单元的颗粒,并在第 5 个串联中起作用。这个悬浮颗粒取样器可以用来估计烟雾颗粒的质量分布,包括小于 1.27μm 的部分。在这个过滤器中,悬浮颗粒取样器还需要与真空泵和用于控制气体流速的设备协同工作。

11.2.4 扩散气溶胶光谱仪

扩散气溶胶光谱仪(DSA)也是由 ICKC SB RAS 发明的[43],包括扩散电池、凝聚放大机和光学颗粒计数器。用它可以确定气溶胶颗粒的尺寸和浓度。为这种测定方法制定了国家标准,控制测量条件[44]。文献[43]描述了该方法的操作及大纲。DSA 的基本技术特征:测量的颗粒直径为 3nm~1μm,气溶胶颗粒的浓度范围为 $10\sim5\times10^5 cm^{-3}$,测量时间为 5min。DSA 的这些参数与国外最好的气溶胶光谱仪[45,46]处于同一水平甚至更好。

DSA 用来研究由含有钛粉末的烟火药组分的小样品燃烧形成的[25]纳米 TiO_2 烟雾气溶胶。DSA 测得的结果表明,颗粒的平均算术尺寸 D_{10} 与通过详细处理电子显微图片(颗粒的 $D_{10}\approx20$nm)所获得的结果一致。因此,DSA 可以用于研究由金属颗粒燃烧得到的纳米颗粒的气溶胶。

11.2.5 真空取样器

真空取样器是一种取样原理与用来研究凝聚系统燃烧火焰结构的分子束质谱一样的设备[47],其沉积原则与低压串联悬浮颗粒取样器相似[42]。从样品火焰或容器体积中捕获亚微米颗粒的真空取样器为钢制毛细管。它的一端位于所研究的两相流中,另一端在真空容器中,该真空容器中有一个聚醋酸甲基乙烯酯膜做的滤屏,作为颗粒惯性沉积的基板。这个体系(屏+膜+颗粒)通常可以用透射电子显微镜观察,也可以用其他的基板,如用于扫描电子显微镜的硅基。需要根据所取样品的颗粒尺寸范围来确定取样器的参数(毛细管直径、稀疏程度、管和基质之间的距离)。已有的“冷”气溶胶取样器都是圆锥体,带有树脂玻璃尖(图 11-3)及可从火焰中取样的陶瓷毛细管(图 11-4)这些取样器可以通过标准气溶胶进行校准。取样器中工作容积内(来自从火焰到基质上的沉积的取出物)颗粒的停留时间取决于取样器参数,在 1~100ms 变化。文献[25]使用了真空取样器,由 ICKC SB RAS 的学者发明并被授予了专利[48-49]。进行的实验如下:大气压下,高度 1cm 的含钛烟火复合物的圆锥形样品在空气中点燃。在低气压下(与标准大气压相比压力下降了 20mm H_2O(1mm H_2O = 9.8Pa)(图 11-4)通过内径 1mm、长度 3cm 的陶瓷毛细管从燃烧火焰取样气溶胶。取样的气溶胶用流速 10L/min 的净化空气稀释,并沿扩散气溶胶光谱仪的方向输送到一个 20L 的缓冲罐中。假设快速稀释可以避免气溶胶团聚体的形成。缓冲罐中气溶胶的典型浓度为 $10^4 \sim 10^5 cm^{-3}$。在之前的部分,推荐使用 DSA 来研究在金属颗粒燃烧中形成的纳米颗粒气溶胶。这个部分论证了用于从火焰收集气溶胶颗粒的真空取样器。在这种情况下,应该考虑接下来的注意事项。如果气溶胶颗粒结构复杂,如由主要纳米颗粒组成的不规则碎片,在空气动力作用下这些团聚体似乎在经过毛细管取样和运输过程后会被破坏。换言之,一经取样,关于团聚结构的信息就会丢失。如果研究者仅对主要颗粒的参数感兴趣,将 DSA 和真空取样器一起使用是个很好的选择。然而,当研究者对团聚结构也有兴趣时(在大气压下团聚结构对气溶胶传播起着重要的作用),应该使用更多“精致的”取样方法,如热泳沉淀器。

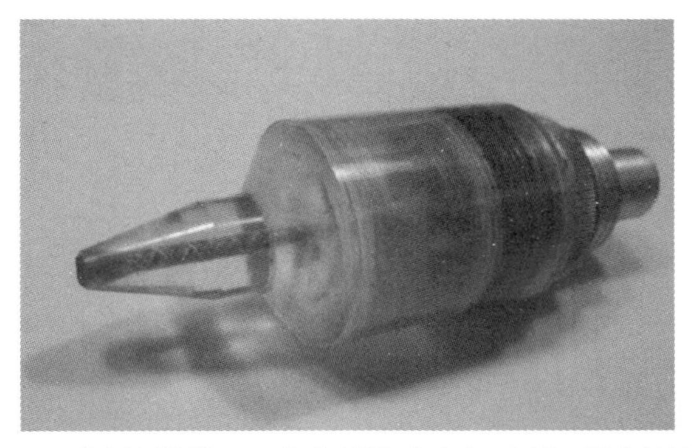

图 11-3　真空取样器——含有树脂玻璃尖(左边)的冷气流转变

图 11-4　真空取样器——从火焰的气溶胶取样的转化

1—毛细管;2—烟火配方样品。

11.2.6　热泳沉淀器

关于氧化物气溶胶形貌的数据都是从热泳沉淀器取样的颗粒中获得的,如图 11-5 所示,文献[50]描述了其详细的信息。这个装置对 3nm ~ 10μm 的颗粒的捕获率接近100%,捕获在聚醋酸甲基乙烯酯薄膜上的颗粒可用于透射电子显微镜测试。其工作原理:通道为矩形,截面宽5mm、高100μm。使用电流加热通道上部和使用流动水冷却下部,从而得到2200~2400K/cm的温度差。管道壁由黄铜制成。由聚醋酸甲基乙烯酯制成的一组滤屏固定在下部的壁上。气溶胶缓慢通过管道(质量流速率(标准)为15mL/min)。载气分子在加热盘附近移动得更剧烈,逐渐地将气溶胶颗粒推向冷盘,直到它们沉积在屏上。在实验后,屏可以移出并由电子显微镜进行观察研究。电子显微图由原创软件进行处理[28-30,51]。

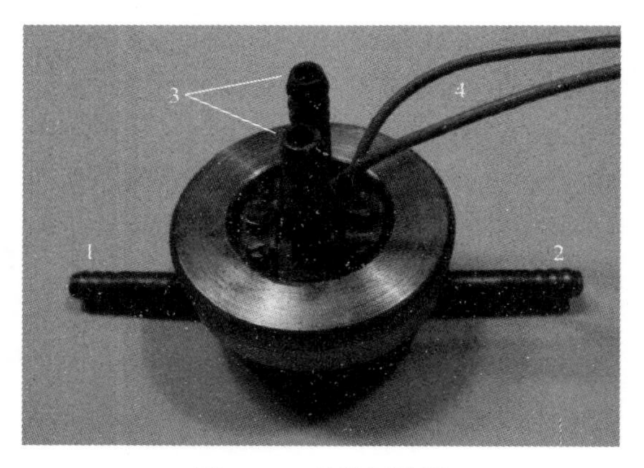

图11-5　热泳沉淀器

1,2—冷却下部通道的进水、排水插座;3—气溶胶入口、出口插座;
4—上部通道电加热金属丝。

11.3　原创实验方法

11.3.1　单分散团聚颗粒制备

发展制备作为团聚单体的单分散颗粒的实验技术(起因于许多小颗粒纠集)的主要有如下两个目的。

第一,单个颗粒是研究总体燃烧机理和氧化物颗粒形成过程的理想的物质。颗粒的宽分散范围给解释样品结果造成了困难[40]。不同尺寸的颗粒在气流中的行为不同。通过个别时间参数可以对其进行表征,如在熄火和取样技术中熄灭所需的时间。此外,通常情况下不同尺寸颗粒的宏观燃烧动力学是不同的,可能是由于颗粒形貌和结构的不同,特别是金属/氧化物的比例。因此,对给定尺寸和相同结构的颗粒进行的实验可以提供准确和可靠的数据。

第二,在大多数情况下(除了在粉尘喷嘴中的工艺化颗粒燃烧),研究者需要面对的是团聚体的燃烧,而不是整体单分布的颗粒。由于同样具有重要的实际意义,也应该对团聚体的燃烧进行表征。在大多数情况下,固体颗粒和团聚体的燃烧是不同的。例如,在复合固体推进剂燃烧中形成 500μm 的铝团聚体是很常见的[52],而要点燃 500μm 的固体 Al 颗粒则需要用强 CO_2 激光。因此,是否能将固体颗粒用作团聚体物理模型仍需要验证。对于 Al 颗粒,可以假设颗粒或团聚体越小,它们燃烧参数(完全燃烧的时间,即燃烧时间;部分高分散氧化物的形成等)之间的差距就越小。实验结果表明[54],直径 100μm 的团聚体和颗粒的燃烧行为几乎相同。对于 Ti 颗粒而言,尚未得到类似的信息。

在实验中,我们利用一种新的方法来制备铝和钛的单分散燃烧团聚体。铝和钛的燃烧实验细节不同,但是两个实验都基于燃烧微量的高度金属化的复合物以得到单个的燃烧颗粒。这种转换在非金属复合物的燃烧波下实现,上述微量的高度金属化的复合物包含在非金属复合物中。质量、尺寸和包含物的配方决定了燃烧颗粒团聚体的参数。实验的主要困难是这个方法中的包含物应该完全相同。虽然如此,我们已经成功制备了变化系数 K_{var} 为 0.07~0.14 的颗粒。需要注意的是,在粒度测量时,变化系数 $K_{var}<0.15$ 的颗粒是单分散的[53]。$K_{var}=\sigma/D_{10}$,均方差(标准偏差) $\sigma=\sqrt{D_{20}^2-D_{10}^2}$。

使用这种方法制备了直径 100μm、340μm、480μm 的铝和直径为 300μm、390μm、480μm 的钛的团聚物。文献[36,40,54,55-57]介绍了能形成铝团聚体的包含物和样品的制备技术及实验结果,文献[58-64]论述了钛团聚物的相关结果。

11.3.2　用于粒子加速的带喷嘴燃烧室

假定燃烧参数(包括纳米氧化物的特性)取决于燃烧颗粒在气态氧化物中的速度[26]。为了验证这个假设,建立了带有喷嘴的小型燃烧室装置(图 11-6)。

样品在燃烧室中燃烧产生单分散燃烧颗粒,并通过喷嘴喷射。首先,颗粒主要通过气态燃烧产物的喷射流运输。然后喷射流在外界空气下减速、消散,最后颗粒在自动量、斯托克斯阻力和重力作用下移动。应该详细研究在不同情况下(颗粒直径、喷嘴直径、上/下方向等)颗粒的运动规律,并对一系列给定尺寸的颗粒进行统计总结。需要注意的是,对燃烧过程有影响的不是颗粒速度的绝对值,而是相对于外界空气的移动速度,即相对气流速度[63-64]。在这种情况下,较小的颗粒可以由喷射获得更快的速度或在外界气体中更快的速度,最后速

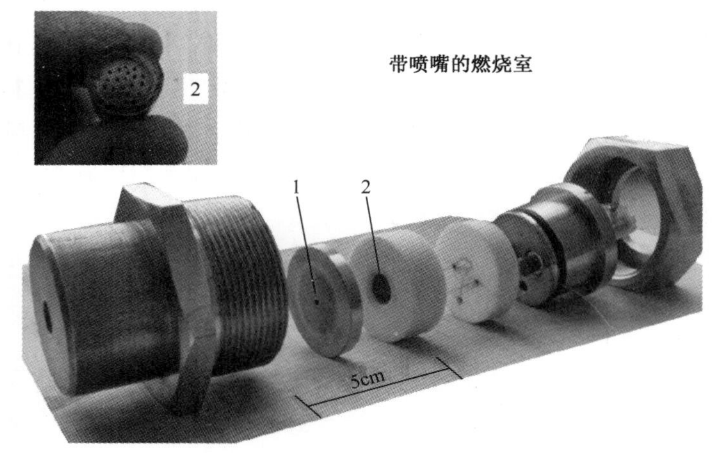

图 11-6 未拆装的含喷嘴室

注:顶部左端为所制备“非金属基质+金属包含物”类型的样品。

制备过程为通过连续形成机制和颗粒层来逐渐填满小杯。

1—喷嘴(ϕ1.5mm 或 ϕ2mm);2—样品杯中的样品。

度降低至零。对于直径 320μm 的颗粒,喷嘴直径为 1.55mm(实验中最小值),沿着整个设备的平均相对气流速度达到 7.9m/s。为了增加平均气流速率,应对参数进行优化,包括决定颗粒运动和燃烧的参数。主要参数为燃烧速率、温度、样品几何形状、喷嘴直径、决定出口喷射特征、决定颗粒加速/减速比率燃烧颗粒的直径和空气动力阻力系数,以及燃烧时间。最后一个参数决定了平均时间范围。通常使用摄影机记录颗粒的运动。文献[63-64]的摄影帧数为 300 帧/s。

11.3.3 Millikan 型气溶胶光学池中的显微录像

设备的工作原理如图 11-7 所示[65]。透光气溶胶池(与 Millikan、Fuchs、Petryanov 的相似)有两个可供激光束通过的窗口和一个记录颗粒图像的窗口,记录窗口的光源由摄像机提供光源的 90°角散射形成,可视区域位于带电金属平行电极板之间,将气溶胶样品用泵注射到样品池中,关闭阀门后记录气溶胶样品的行为。

该设备特点:氦氖激光能量为 2.5mW。聚焦光学仪器可以在设备瓶颈内产生 150~350μm 范围内的有效光束。电极之间的距离为 2.5mm;均匀电场的强度为 160~360V/cm。具有显微镜镜头的黑白相机可以在相机电荷耦合装置(CCD)矩阵上对工作区域进行 15 倍放大。系统(镜头+CCD 矩阵)的空间分辨率约为 3μm,焦点深度约为 50μm,池中工作区域的可视区域约为 300μm×400μm。记录颗粒的尺寸下限约为 1μm,并且受限于 CCD 矩阵的感度和可视区

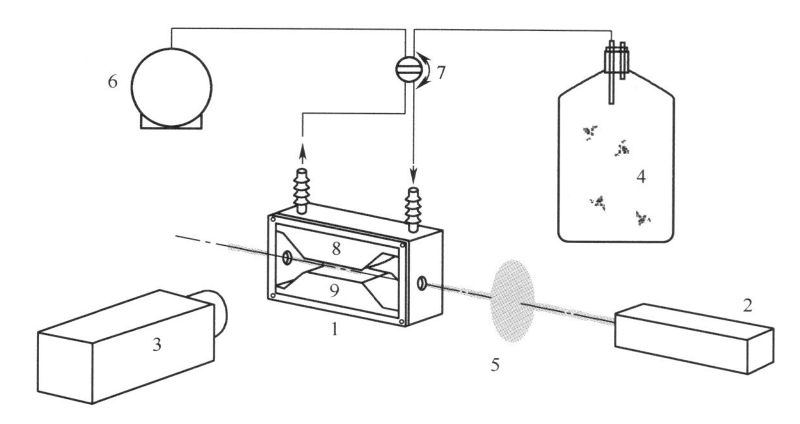

图 11-7　录像显微镜和气溶胶室系统图解

1—电池；2—激光；3—带有显微镜镜头的 CCD 相机；

4—样品和产生气溶胶进行燃烧的容器；5—镜头；6—泵；7—双联阀；8，9—电池电极。

域中激光辐射流的密度。观察到的光斑小于 3μm 的颗粒，这就使观察其运动成为可能。可以识别出超过 3μm 的颗粒形状，这就允许观察其回转运动（如在电场作用下）。

因此，这种技术可以用来追踪电场和非电场作用下气溶胶颗粒的运动，确定光泳和布朗运动的速度、电荷、偶极矩和单个气溶胶颗粒的其他参数，只需要极低的气溶胶样品质量（数十/百皮克，数十个颗粒）。

11.4　氧化物纳米颗粒的表征

11.4.1　氧化铝

文献中关于微米 Al 颗粒燃烧形成的纳米 Al_2O_3 的数据相当少。敖德萨国立大学（乌克兰）发明了在层状气相分散火焰中合成金属氧化物纳米粉末的气相-分散合成方法。在 11.1 节将其作为工艺化燃烧的一个例子。层状火焰在工艺化燃烧中经常使用。这种情况的反应区较窄，几乎只发生在火焰表面的恒定厚度上，该层的预燃和后燃区域温度梯度非常大，并且不发生燃烧产物的循环。因此，同样的金属燃烧和燃烧产物凝聚现象发生在整个火焰区（圆锥形）高度内。颗粒团聚对燃烧产物的尺寸分布的影响可以忽略，促进了形成窄分布的燃烧产物。以湍流为代价，增加产出量的尝试导致了凝聚态燃烧产物的多分散性。

文献[21]总结了关于金属颗粒（Al、Fe、Ti、Zr）气相分散扩散火焰参数对这些金属在含氧媒介中燃烧产物分布的影响的实验和理论研究的主要结果。改变了燃料和氧化剂的质量浓度、载气性质和火焰控制方法[21]：层状扩散火焰（LDF）或预混层状火焰（PLF）。这些结果[21]如表11-1和表11-2所列。

表11-1 Al_2O_3颗粒尺寸分布参数

C_{O_2}/%	载气	d_{10}/nm	d_{20}/nm	d_{30}/nm	S_d/nm	σ	d_{50}/nm	d_m/nm	S_σ/(10^4m^2/kg)
0	N_2	103	126	150	73	0.62	77	62	2.4
6.4		83	94	104	44	0.47	75	64	2.3
11.6		69	76	83	32	0.38	66	60	2.7
14.0		61	65	70	22	0.53	58	54	2.8
27.0		63	69	78	28	0.35	59	55	2.7
20.0	He	53	57	60	21	0.31	52	51	3.1
注：初始氧浓度C_{O_2}的影响。初始Al颗粒：质量浓度$C_f=0.4kg/m^3$，尺寸$d_{10}^{Al}=4.8\mu m$									

表11-2 在预混合层状火焰(PLF)区域获得的Al_2O_3颗粒尺寸分布参数

C_f/(kg/m^3)	d_{10}^{Al}/μm	d_{10}/nm	d_{20}/nm	d_{30}/nm	S_d/nm	σ	d_{50}/nm	d_m/nm	S_σ/(10^4m^2/kg)
0.22	4.8	83	100	119	56	0.57	66	51	2.7
0.40		103	126	150	73	0.62	77	62	2.1
0.62		107	127	152	68	0.63	91	69	1.9
0.7	14.6	71	81	92	39	0.50	63	49	2.7
注：初始铝尺寸d_{10}^{Al}和浓度C_f的影响									

表11-1和表11-2所涉及的参数：C_f、C_{O_2}分别为载气中金属燃料和氧气的质量浓度，d_{10}、d_{20}、d_{30}分别为算术平均值、表面平均值和体积平均直径。这些直径通过下式确定：

$$d_{mn}=\sqrt[m-n]{\frac{\sum_{i=1}^{k}d_i^m\cdot N_i}{\sum_{i=1}^{k}d_i^n\cdot N_i}}$$

式中：m、n为平均直径的整数倍；k为柱状图中尺寸间隔的总数；N_i为第i次间隔时颗粒的数量；d_i为第i次间隔时的中间。

标准偏差为

$$Sd=\sqrt{d_{20}^2-d_{10}^2}$$

σ、d_{50}为氧化物颗粒对数正态分布函数的参数，函数关系式为

$$\varphi(d)=\frac{1}{d\sigma\sqrt{2\pi}}\exp\left[-\frac{(\ln d-\ln d_{50})^2}{2\sigma^2}\right]$$

对于这类分布公式，σ 为“宽度”，d_{50}为中位数。这些参数可以用来计算“模式”d_m、“比表面积”S_c和其他有用参数。例如：

$$d_m=d_{50}\exp(-\sigma^2),S_c=6/(\rho d_{32})$$

式中：ρ 为氧化物颗粒的密度；$d_{32}=(d_{30})^3/(d_{20})^2$。

可使用粒度对数分布函数计算得到平均直径 d_{20}和 d_{30}，通用公式为

$$(d_{r0})^r=(d_{50})^r\exp(r^2\sigma^2/2)$$

其中，r 为整数。

如表 11-1 和表 11-2 所示，平均直径 d_{10}为 53~103nm。在实验条件变化范围内，氧化物颗粒对数正态分布最大值的位置，模式 d_m 变化较小（d_m = 49 ~ 69nm）[21]。实验条件对 Al 燃烧产物分散性的影响主要是降低了颗粒尺寸分布函数 σ 的变化范围（$0.31<\sigma<0.63$）。

为了控制氧化物纳米颗粒的分散性，文献[21]提出了在金属燃料中加入一些添加剂，通过离子化来影响火焰中氧化物成核现象。假设离子为凝聚核心，增加其浓度可以导致燃烧产物分散性的增加。这个假设已经被实验验证[21]。因此，添加 5%C（机械混合 95%Al 和 5%C）可以使 d_{10}从 103nm 降低到 34nm，d_m从 62nm 降低到 30nm。

与文献[21]相比，在我们的工作中[57,65-67,69-75]，氧化物颗粒通过若干技术进行表征。对气溶胶颗粒进行“精细”取样时，首先用热泳沉淀器进行收集，随后使用透射电子显微镜对样品进行分析，我们对主要纳米颗粒的粒径分布函数和由纳米颗粒构成的团聚体进行了研究，获得关于其形貌、相态组成等信息。利用显微镜对团聚体的电荷（和偶极）性质、电子迁移率、凝聚和其他特征进行了研究。团聚体的形貌决定了其传递性质（扩散系数、沉降和光泳速率）、光学性质、比表面积和吸附及转移有害物质的能力。纳米颗粒及其团聚体的电荷性质对团聚物的形成和演变具有巨大的影响，演变的典型行为是库仑相互作用导致的团聚体和单个颗粒的合并而引起的尺寸变化，以及团聚体的结构改变（回转）。

下面讨论含铝复合物推进剂样品燃烧的实验[67]，推进剂配方为 20% Al、25%AP、35%HMX、20%黏合剂（与文献[57]中相同）。长度为 20~25mm、截面积为 1mm×1.5mm 的平行六面体样品在 20L 的容器中，于大气压、无气溶胶空气中进行燃烧。样品中铝的含量约为 6mg。燃烧表面产生了尺寸分布范围很大的

铝团聚体。在进入容器 5s 内样品燃尽了,推进剂燃烧 6min 后,从容器中对气溶胶进行取样,分析其分布、形态学和电荷性质。该时间(6min)称为团聚“寿命”。

图 11-8 展示了氧化铝团聚的典型 TEM 图。团聚体具有分支链结构,并且包括几个到数百个主要的纳米球形颗粒。这些颗粒称为“小球体”。可以确定其原始团聚尺寸 R、小球体的数量和其尺寸分布,如图 11-8 所示。考虑颗粒密度,在这些数据的基础上计算出团聚体质量 M。相似团聚体的结构特征通常用分形维数 D_f表征。根据文献[68],D_f定义为团聚体质量 M 和其尺寸 R 之间关系式 $M \propto R^{D_f}$的指数。事实上,这种方法是建立在只有部分球体“重叠”的假设之上,团聚体在平面上的投射与球体在团聚体中的体积分布相一致。如果

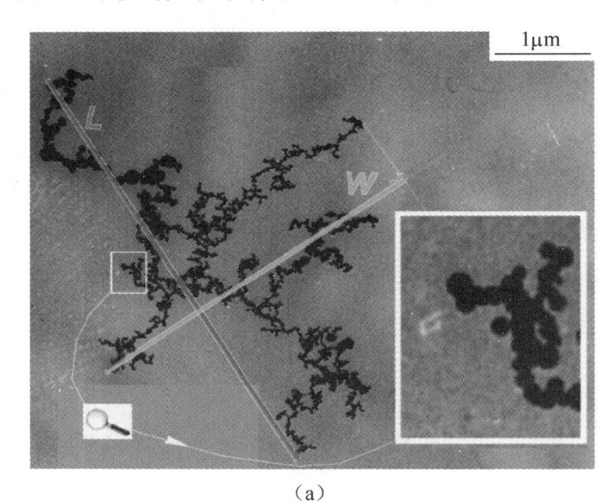

(a)

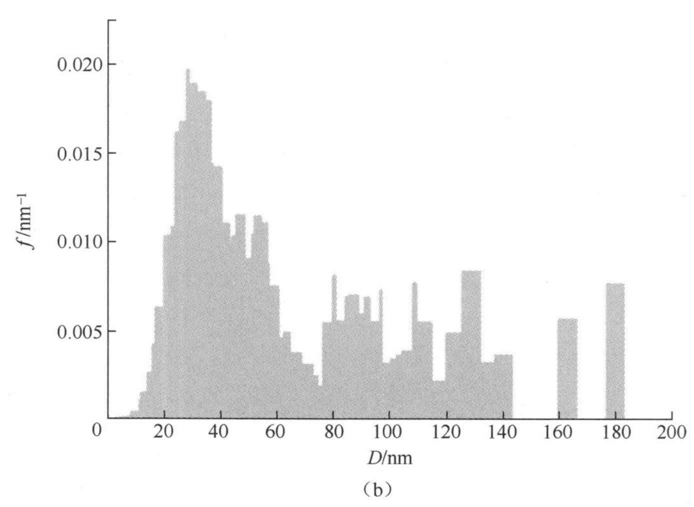

(b)

图 11-8 氧化铝团聚体的典型视图以及团聚体分解时小球的质量尺寸分布函数

$D_f<2$,二维投射的分形维数就与三维物体的相同[76]。在文献[67]中,团聚体的分形维数 D_f 设置为“平均”值。在这种情况下,可以用数学近似求得直线斜率,该斜率近似于质量与尺寸,即 $\log M$ 和 $\log R$ 的关系。值得注意的是,还有其他方法估计分形维数和团聚体尺寸。文献[51]讨论了其中一部分。在文献[67]中,画出了 $\log M$ 和 $\log R$ 的函数曲线并得到 $D_f=1.60\pm0.04$。在 6min 时共收集了 52 个团聚体。常见尺寸为 0.09~2.31μm,球体数量为 20~3280 个。

从图 11-8 可以看出,白色框中的碎片及其放大的图像表明团聚体包括小球体。值得注意的是,团聚体包括“团簇”,也就是可以看到不同尺寸颗粒聚集的区域。对这个团聚体的不同部分进行了三种不同的倍率的放大,这个团聚体共包括 3217 个小球体。图 11-8(b)给出了团聚球体的质量尺寸分布 $f(D)$。f 值是在柱状图尺寸间隙中的相对球体质量,通过分隔间隙宽度体现在纵坐标上。图 11-8(a)展示了以式 $R=0.5\sqrt{LW}$ 确定常见团聚尺寸或半径的方法之一,式中,L 为最大长度,W 为宽度,最大团聚尺寸在 L 的法线方向上。对于团聚体,$L=4.96\mu m$,$W=3.79\mu m$,$R=2.17\mu m$。作为对照:体积大小等同于团聚体中一个完整球体的球体的半径为 0.256μm。

对于上述的推进剂模型,存在不同的数据[57],增补了在 12min 时 18 个团聚体的数据。在这种情况下,$D_f=1.64\pm0.09$。此外,在文献[57]中,另一项技术用来估计常见团聚体的尺寸,得到的分形维数 $D_f=1.64\pm0.04$ 和 $D_f=1.64\pm0.09$ 与实验误差一致,并且明显低于 1.80,与 DLCCA 模型(扩散-限制团簇-团簇团聚体)也一致[76]。这个模型假设团聚体之间仅仅因为布朗运动而聚集,它们之间不存在远程的相互作用。在研究中,气溶胶颗粒的凝聚过程包括由静电力的存在而决定的静电作用,也就是库仑力相互作用。分布电荷促进了团聚体结构中“链”碎片(团簇)的形成。在团聚体中,这些碎片的数量越多,D_f 越接近于 1(对于球体直链,$M\propto R$)。可以说 D_f 与 1.80 的偏差表明了团聚体形成和演变过程中库仑力相互作用的重要性。

文献[69]中揭示了团聚尺寸对老化(凝聚时间)的依赖性,依赖性的渐进特征可以由容器中团聚体的有限数量决定,团聚体已经凝聚的数量越多,随后再发生碰撞的可能性越小。

团簇中球体尺寸的区别相对而言很小,但团簇和团簇之间球体尺寸的区别需要引起注意(图 11-9)。原因如下:首先形成相对粒径分布较窄的母颗粒,母颗粒凝聚形成团簇;然后这些团簇进一步通过凝聚形成团聚体。这个推测建立在球体尺寸取决于燃烧初始颗粒尺寸的假设之上,该假设在后续的单分散颗粒燃烧实验中已经得到证实[57]。事实上,母颗粒的直径越大,形成的球体越大(图 11-10 和表 11-3)。

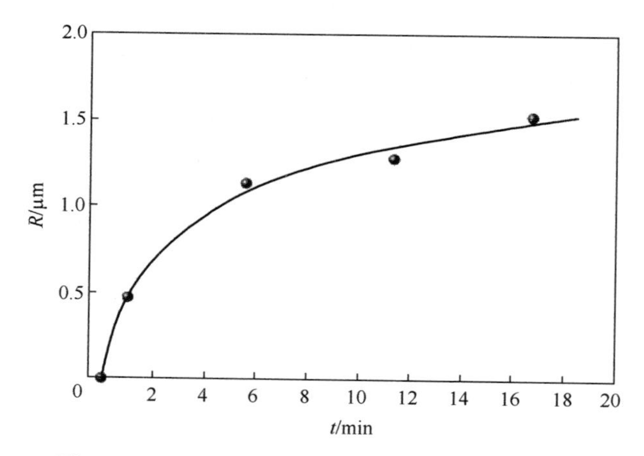

图 11-9 团聚体算术平均半径和凝结时间的关系

图 11-10 展示了结合团聚体柱状图得到的球体尺寸分布的标准化密度联合函数。曲线附近的数值为燃烧颗粒的直径。Polydisp 曲线与复合推进剂燃烧产生的团聚体数量一致。在这种情况下,燃烧颗粒的有效直径约为 10μm,和用于制备推进剂的 Al 颗粒直径一致。嵌入图画出了球体算术平均直径和燃烧颗粒的曲线关系。

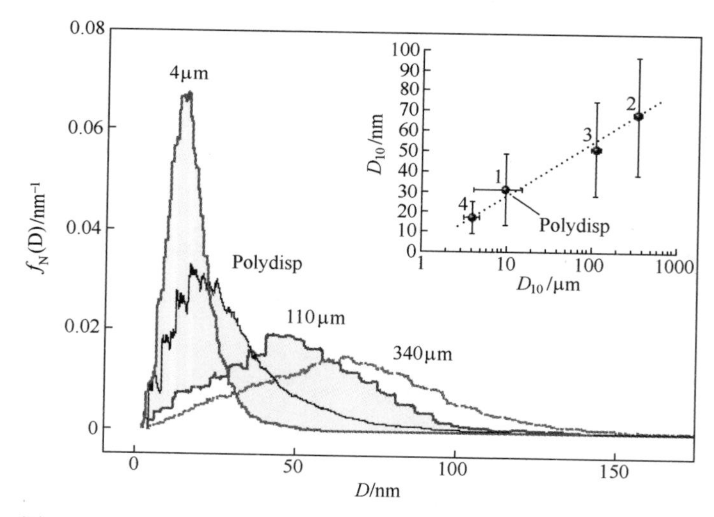

图 11-10 燃烧颗粒尺寸对形成氧化物纳米颗粒尺寸分布的影响

注:4μm、110μm、340μm 和 Polydisp 为燃烧颗粒的尺寸。

图 11-10 和表 11-3 中的数据表明,在多分散体系燃烧中形成的球体的尺

寸分布更宽($K_{var}=0.58$,对于单分散颗粒,$K_{var}=0.43\sim0.50$)。根据团聚体分形维数的结果,10~340μm 燃烧颗粒的 D_f 值在 1.62~1.65 范围内变化。对于 4μm 的燃烧颗粒,$D_f=1.80$,与 DLCCA 模型一致,并且表明随着球体或燃烧颗粒尺寸的减小,与布朗扩散相比,库仑相互作用的影响会变弱。有趣的是,分形维数的值实际上与研究范围内(上至 17min)的凝聚时间无关。

关于 Al_2O_3 球体的尺寸数据(表 11-3)和文献[21](表 11-1 和表 11-2)是互补的。数据用来确定球体尺寸和金属质量浓度的关系[21]。

表 11-3　氧化物球体分散对燃烧颗粒尺寸的依赖关系

图 11-10 中的编号	燃烧颗粒的尺寸/μm	小球体的数量	D_{10}/nm	D_{20}/nm	D_{30}/nm	D_{43}/nm	σ/nm	K_{var}
1	多相分布	44843	31	36	43	80	18	0.58
2	340	14348	68	74	80	107	29	0.43
3	110	14296	51	56	61	80	23	0.45
4	4	48885	17	19	21	34	8	0.50

视频显微镜使观察一系列连续现象并清楚地解释它们成为可能。

(1) 带电(负电或正电)团聚体在 160V/cm 的均匀电场中的运动。运动方向随着电场极性的变化而变化。一小部分团聚体对电场的变化没有响应。因此可以得出结论,许多团聚体携带电荷,可能为正电荷,也可能为负电荷。

(2) 当改变电场极性时,一些团聚体旋转 180°。解释如下:这些团聚体具有分布电荷,在电场中出现旋转运动。这些团聚体整体是电中性的,因此在电场中不向前运动。

(3) 不同物体之间的凝聚(接近和黏附)行为:团聚体与团聚体、团聚体与颗粒、团聚体和由之前沉积的团聚体覆盖的墙壁的凝聚造成了"卷须"。在所有情况下,大量热力学物质的加速运动和特定方向的黏附都在发生。解释如下:加速行为是由于库仑作用力,定向则由分布电荷决定。上述现象已经通过视频录像帧验证说明[65-67,69-70]。

对电场中团聚体运动特征的定量表征,可以估计团聚体的电荷。大多数颗粒团聚体中带正电和负电的颗粒数目是相同。电荷导致的颗粒分布可用高斯函数表示,并与零电荷有对称关系。团聚体的特征电荷包括若干基本单元。值得注意的是,由电子显微镜确定的平均尺寸可用来估计电荷值,推断斯托克斯阻力法则。

X 射线相分析表明,在 Al 颗粒燃烧中形成的球体晶体结构为 Al_2O_3 的 α 和 γ 相。在分析中使用了:①用热泳沉淀器、电子显微镜进行样品收集,在电子衍射记录模式下操作;②通过基板上真空取样器中收集样品,粉末 XRD 分析仪;③在 Petryanov 过滤器上收集样品,在这种情况下,用剪刀剪出过滤器碎片,在 XRD 分析仪中对其进行处理。

11.4.2 二氧化钛

含钛前驱体(如 $TiCl_4$)的分解生成了 Ti 团簇,Ti 团簇在气体燃烧室中进一步氧化生成的纳米颗粒称为 TiO_2 颗粒[77]。文献[78]介绍了关于具有光催化活性的 TiO_2 的传统合成方法的大量工作,包括上述提及的燃烧器中的合成。这些工作描述了经过授权的合成方法(反应试剂,过程组织),制备出的 TiO_2 颗粒的性质(尺寸、比表面积和颗粒形貌、晶体尺寸和相干散射区域,相态组成,光催化活性),并比较了所得颗粒和商用催化剂 Degussa P25 或 Hombikat 的活性。

在目前的工作中,讨论燃烧中产生的 TiO_2 颗粒时,即指微米金属钛颗粒的燃烧产物。

研究人员的兴趣集中在具有光催化活性的纳米 TiO_2 颗粒和其分解有机物质的能力上,因此,首先展现了关于颗粒性质的大体信息,将通过传统方法得到的颗粒与通过金属钛燃烧得到的颗粒产物进行比较。

纳米 TiO_2 颗粒是球形的(较少的情况下为多面体或立方体[79]),与纳米 Al_2O_3颗粒相同,也被称为"小球体"。其直径通常不超过 100nm。这个尺寸不是"自然极限"尺寸,但是研究人员为了制备尽可能小的颗粒来获得最大的光催化比表面积做出了很大努力。已经证明,在 TiO_2 表面,任何有机物质包括活细胞、细菌和病毒都会被氧化成 CO_2、H_2O 和无机残留物。纳米 TiO_2 颗粒(主要形式为金红石和锐钛矿)的晶体结构能影响光催化性能,但是关于这种影响的数据相当矛盾。许多研究[80-81]都致力于通过使用金属或非金属对颗粒表面进行掺杂增加分解量子产量(光催化效率),用以加宽太阳光波长的功能范围(将吸收光带的边缘转换到可见光区是令人满意的)。

下面讨论金属化钛微米颗粒燃烧产物的特征。凝聚态燃烧产物包括燃烧颗粒、破碎产物、在非均相区域中生成的燃烧氧化物颗粒的残留-碎片产物,以及在气相区域内的燃烧生成的高分散性氧化物颗粒或凝聚态产物(特别是小球体)。所列出的颗粒-产物类型在文献[21,25,58-65,74-75,82]中进行了讨论。

对 Ti 颗粒变化的研究首次在文献[82]中报道,平均直径约为 4μm 的颗粒在等离子体发生器室中移动了数十毫秒。依据其金属和氧化物颗粒的形貌,对残余颗粒进行了处理。此外,小于 100nm 的氧化物颗粒(锐钛矿)的出现,文献[82]假设 Ti 的颗粒燃烧是非均相燃烧和气相区域相结合的过程。

在文献[21]致力于研究微米金属颗粒在气相-分散喷射中燃烧合成氧化物颗粒,关于 Al_2O_3 的数据与 Ti 燃烧形成的 TiO_2 小球体的数据列在一起。合成条件:Ti 颗粒尺寸约为 5μm;氧浓度为 40%;颗粒浓度为 $10^{12}m^{-3}$;喷嘴中温度为 3000~3100K。合成氧化物的特征:平均算术直径为 40nm;标准偏差为 16nm。颗粒尺寸的对数正态分布参数:中位数为 38nm;模式为 35nm;宽度为 0.38。参数定义参见 11.4.1 节。一旦形成稳定的气溶分散火焰,氧化物参数只轻微取决于输入条件(浓度和初始颗粒尺寸)。文献[21]称,氧浓度(Ti 颗粒固定浓度为 $10^{12}m^{-3}$)高于 40%时,TiO_2 产量的将大大增长(百分之几十)。这是由于燃烧从非均相燃烧转变为气相区域,并在颗粒表面发生不均匀的未完全氧化金属的进一步氧化反应。因此,在这种情况下,燃烧过程的加剧有利于纳米颗粒的形成。对于大多数情况,这会导致反应区域内更高的温度,并且最终颗粒-产物的尺寸和性质在很大程度上取决于随后的冷却。

现在已有的关于金属钛颗粒燃烧产物的数据首先是颗粒尺寸、结构、晶型和纳米 TiO_2 颗粒的电物理性能。

(1) 1g 无氯复合物样品在充满无气溶胶空气的 20L 容器中的燃烧,包括 15%~29%金属钛,硝酸铵和含能黏合剂基体[25,75]。钛是不规则的,“海绵”状颗粒尺寸小于 100μm,其中小于 63μm 的颗粒占 88%(质量分数)塑性复合物用来装填实验杯或获得特殊形式(如圆锥形)的样品。钛颗粒在复合物的燃烧波中聚集。燃烧颗粒的尺寸分布非常宽,也就是从添加在复合物中的颗粒的尺寸到数十微米的团聚体都有。颗粒的尺寸分布随着复合物中钛的比例变化而变化。如果复合物的燃烧是在直径 1cm 的实验杯中进行的,小颗粒会在火焰中燃尽,而大颗粒则在空气中燃烧。样品燃烧后的一定时间(0~10min)内,像烟一样的气溶胶从容器中被收集到热泳沉淀器上。获得的信息包括团聚体的形貌和球形尺寸。气溶胶被注射到显微视频室中,用来研究团聚体的运动、团聚和电荷性质。

(2) 相同组分的克级样品在空气中的燃烧和 1cm 的圆锥形样品一致。通过真空取样器(图 11-4)从样品火焰中取样气溶胶,获得了关于球体尺寸的信息。

(3) 相同组分的克级样品在有空气流的直径 1cm 的小杯容器[30]中的燃烧。在金属筛屏、Petryanov 过滤器和覆盖容器表面衬层上对颗粒进行取样。颗粒从样品移动到熄灭/取样位置的时间少于 1min。得到了在全部尺寸范围内颗粒分布的信息,包括小于 5μm 的烟雾颗粒部分。

(4) 从内部直径 2.5mm 的水平石英毛细管喷出的 100~350μm 的单个燃烧颗粒[71]。实验之前,毛细管中装有 AP 和含有 Ti 的高聚物黏合剂混合物。颗粒以 1.5~2m/s 的速度从毛细管中飞出。在燃烧中形成的氧化物气溶胶经过热泳方式沉积在被 Formvar 膜覆盖的玻璃盘上,玻璃盘安装在与颗粒运动轨迹呈小角度的方向。随后再用电子显微镜研究沉积的颗粒。这种方法提供了成长早期阶段(0.1ms 内)的球体信息。

(5) 在直径 84mm、高度 2.4m 的垂直容器中的单分散颗粒的燃烧。使用的颗粒分为两种类型:①特征尺寸为 38μm 的窄粒径分布的海绵状颗粒,这部分通过使用 36μm 和 40μm 筛孔的精密筛网来获取;②团聚物由微小团簇组成。团聚体的直径为 320μm,形成团聚物的混合物包括 69%钛粉末(俄罗斯商业分类“PTM”,粒度小于 50μm 的颗粒占 85%(质量分数))和甲基聚乙烯四唑基活性聚合物黏合剂。为了实现团聚体的点火和喷射,使用了无金属复合物模型,包括 23%AP、50%HMX(所有的颗粒均小于 10μm)、27%黏合剂[61]。这种配方具有塑性。样品形装为小圆柱体,金属团簇(或单个 38μm 颗粒)嵌入到不含金属复合物的矩阵中作为凝聚“种子”(图 11-6,位置 2)。在实验中,数量小于 0.1%的后者放置在非金属基体中并互相隔离。38μm 颗粒的燃烧在火焰中就完成了。320μm 团聚体的燃烧在空气中会继续进行。在普通条件下(样品在空气中小杯中燃烧,团聚体以自由下落形式燃烧)和使用喷嘴的燃烧室中(图 11-6)进行了 38μm 颗粒和 320μm 团聚体的燃烧实验。在最后一种情况下,与气体相关的颗粒的最大轨道-平均速度达到 7.9m/s。这些实验在下面进行讨论。之前的实验[23,60]使用带有喷嘴的燃烧室,测试了包括 14%Ti 粉末的复合物,产生了多分散团聚体。

在所有情况下,采用热泳沉淀器从容器中对烟雾气溶胶进行取样,获得了关于团聚体形貌和球体尺寸的数据。

实验结果如下:

TiO_2 烟雾的气溶胶颗粒和 Al_2O_3 颗粒一样,是 0.1~10μm 的具有链分支结构的不规则碎片,其中包括 5~150nm 的球体。大多数团聚体既带正电荷,也带负电荷(图 11-11)。

已经证明,在室温下 TiO_2 颗粒的电荷分布比平衡玻耳兹曼值宽 1.4~3 倍(“超平衡”)。当外电场的极性被改变时,与氧化铝团聚体一样,一些钛氧化物的大尺寸团聚体旋转了 180°。这些是偶极子,它们负载着一些分布电荷。

X 射线相分析表明,烟雾颗粒中含有金红石、锐钛矿和水镁矿晶体形式的 TiO_2。

尽管 Ti 和 Al 燃烧产物的球形特征尺寸与团聚体形貌具有相似性,但是这些金属的燃烧行为有显著区别。对于 Al,Al_2O_3 球体的尺寸取决于燃烧母颗粒的直径。球体的算术平均直径 D_{10} 随着燃烧颗粒尺寸的增加而增加至 17nm、

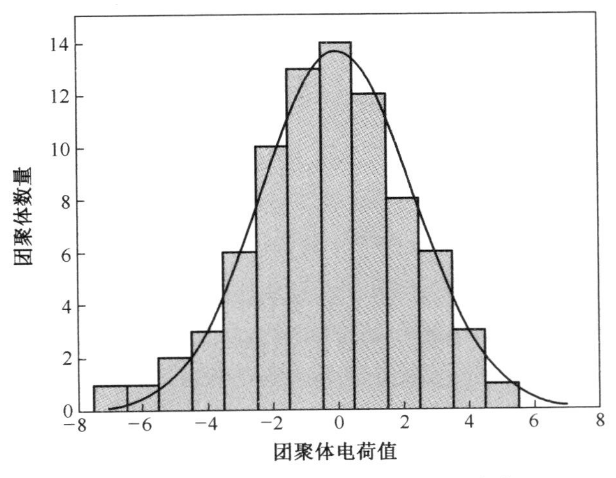

图 11-11　TiO_2 团聚体的电荷值分布[74]

51nm 和 68nm。4μm、110μm、340μm 的 Al 颗粒如图 11-10 所示。这就允许人们控制球体的尺寸，然而控制 Ti 的直径是不可能的，因为氧化钛球体的尺寸几乎与 Ti 颗粒的尺寸和燃烧条件无关。在我们所有的实验中，除了带有喷嘴的燃烧室，TiO_2 球体的直径几乎都一致，$D_{10}\approx 23$nm。我们已经改变了汽化烟火药组分的配方（特别是，使用了四种类型的固体氧化剂，分别为高氯酸铵、硝酸铵、一硝酸肼和 HMX）、尺寸、形状和燃烧颗粒的“初始”尺寸（尺寸为 20～300μm；海绵状不规则颗粒和球形团聚体，包括直径约为 38μm 的单分散颗粒和直径为 320μm 的单分散团聚体以及直径为 1000μm 的多分散团聚体）和燃烧环境（通常小颗粒在烟火组分、固体推进剂或非金属模型的气体产物中燃烧，大颗粒在火焰上的空气中燃烧）。TiO_2 的分形维数都是恒定的，$D_f\approx 1.55$。

TiO_2 烟雾性质的特征使获取控制氧化物纳米颗粒的方法成为现实。这些方法包括对于成核过程的影响和通过引入凝聚添加剂（在文献[21]中通过实验验证了对 Al_2O_3 的效果）以及加剧颗粒燃烧。后者可以通过增加氧气浓度或燃烧颗粒流动实现。文献[26]中，假定球体的尺寸取决于燃烧 Ti 颗粒的燃烧速率，移动依赖于气体媒介的流动（与吹扫静止的颗粒相同）。使用带喷嘴的燃烧室（图 11-6）来加速燃烧颗粒。吹扫效果在定性控制，但其定量描述很困难。尤其是很难准确估计多分散颗粒的速度。因此，需要对单分散颗粒进行更准确的实验。文献[60,63-64]中，对初始直径为 320μm 和约 38μm 窄粒径分布团聚的单分散 Ti 颗粒进行了定量实验。从烟雾颗粒的 TEM 图像获得了纳米颗粒-球体的尺寸分布函数（图 11-12）。颗粒运动速度的提高导致了球体尺寸的减小。这个影响仅在最高（在我们实验中）颗粒吹气速率下可以观察到，表明了其具有阈值特征。对于直径为 320μm 的颗粒，轨道-平均颗粒-气体相对速度从 0.9m/s 增加到 7.9m/s，造成了球体直径 D_{10} 从 28~30nm 降低到了 19nm，见图 11-12 下面的表格。

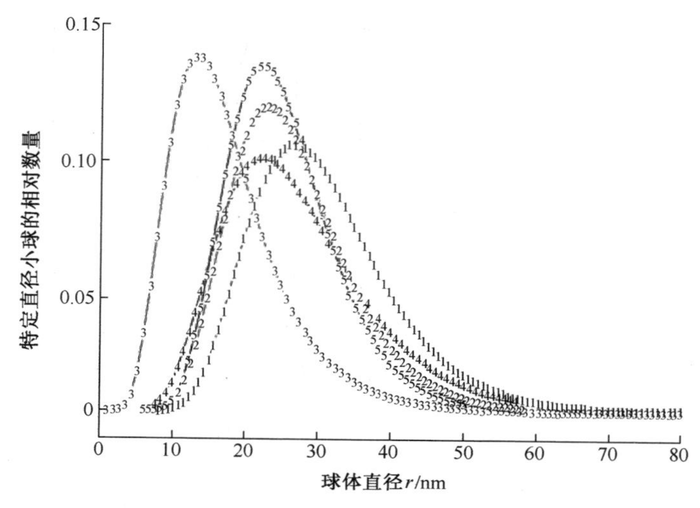

图 11-12 小球的近似尺寸分布函数对比[60,63,64]

图注：

图　　例	1	2	3	4	5
燃烧颗粒的初始尺寸/μm	320	320	320	38	38
喷嘴直径/mm	无喷嘴	2	1.5	无喷嘴	2
颗粒相对载气的平均速度/(cm/s)	92	568	789	17	7.5
平均直径/nm	30	28	19	29	25
标准差	9	10	10	12	7
平均标准差	0.3	0.3	0.1	0.2	0.1
测量的颗粒数 N	860	1458	6056	2743	2687

燃烧 Ti 颗粒的运动会影响氧化物气溶胶的形貌参数，尤其是造成了团聚体的分形维数 D_f 上升到了 1.79，如图 11-13 所示。从文献[26]得到的图展示了 $M(D_{gaba}^{D_f})$ 以线状图表斜率来确定分形维数的过程。在这里，D_{gaba} 指团聚体的“传统直径”，是“传统半径” $R=0.5\sqrt{LW}$ 的 2 倍，即 $D_{gaba}=2R$。图中的空心圆是通过吹气得到的数据[26]，实线圆是没有吹气得到的数据[25,74]。估计的最大吹气速率为 10~15m/s。可视颗粒轨道的长度被曝光时间分隔成几段，这个现象可以用来粗略的估测速度。由于实验中燃烧的团聚体的多分散性，很难获得

准确的值[26]。颗粒燃烧产物的其他形貌特性是在吹气作用下会存在较大的颗粒(可达 300nm),并且团聚体结构主要是小球体的直线链。团聚体中大颗粒的存在可能是由于吹气会导致燃烧颗粒的剧烈粉碎。碎片在多相气氛中迅速燃烧,产生了相对较大的颗粒产物(残留物)。此外,随着吹气速率从 0.9m/s 增加到 7.9m/s,320μm 团聚体的燃烧时间从 0.45s 降低到 0.26s[64]。直线型球体链的出现是由于电荷效应和库仑相互作用。在吹气作用下形成的"高密实度"的团聚体是由于大颗粒的存在,通常可达到团聚体质量的 80%(通过高分形维数确定)[26]。

因此,对燃烧 Ti 颗粒进行吹气是一种可以加剧燃烧过程、影响燃烧参数,并改变形成纳米颗粒的特征的方法。值得注意的是,这种方法为纯物理方法,而不需要添加剂。

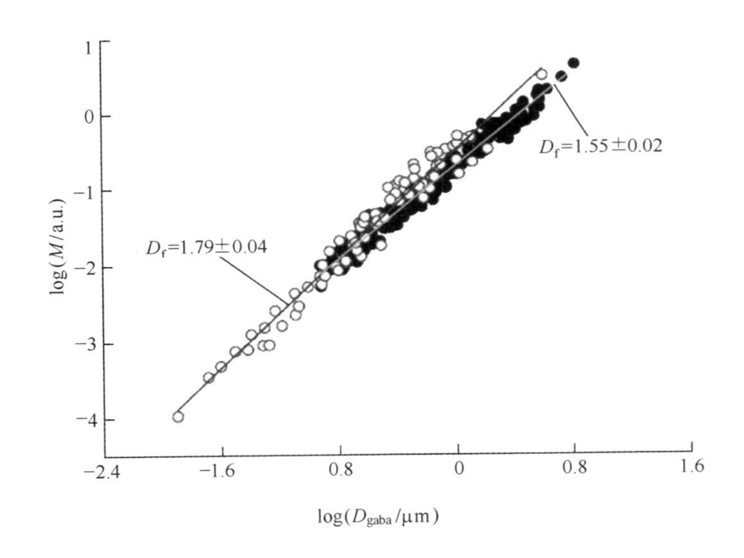

图 11-13　燃烧颗粒中气相与颗粒之间的相对运动对团聚体分形维数的影响[26]
—没有吹气的数据[25,74]；—有吹气的数据[26]。

最后讨论 X 射线相分析的数据。通过热泳沉淀器取样的 TiO_2 球体的晶体结构为锐钛矿(60%(质量分数))和金红石(40%(质量分数))。在 AFA 过滤器中取样的烟雾颗粒主要为结晶金红石形式,晶体的尺寸为 60~80nm。对形成这种差异的原因尚不清楚。

较为匮乏的关于在金属 Ti 燃烧中所形成的 TiO_2 颗粒的光催化活性的实验数据[83-84]表明,TiO_2 气溶胶可用于处理当地污染物的排放。

11.5 结论与未来工作展望

现有的数据表明,由热电子发射导致的颗粒电荷在氧化物颗粒形成中起着关键作用。结构相似性和许多参数的相近性可以验证该机理的普适性,该机理描述了气溶胶 Al_2O_3和 TiO_2 体系的性质。氧化物气溶胶的变化如下:首先形成一个小球体,并由于成核和凝聚作用,在距离燃烧颗粒一段距离处开始长大。在凝聚区域内,氧化物颗粒通过聚集长大。球体温度随着距离颗粒的增大而降低。当球体降低到氧化物熔点以下时,小球体结晶。随后,已经距离燃烧颗粒较远的团聚体可能会结合并改变其结构(如卷入更密室的单元)。静电力参与了小球体的团聚、凝结和重组。

可以认为,对在 Al 和 Ti 颗粒燃烧中形成的纳米氧化物颗粒的研究集中在颗粒尺寸和形貌的表征上。然而,还有一些问题仍有待解决。

值得注意的是,纳米颗粒的形成是金属颗粒燃烧机理的必有特征之一。这个机理包括反应物到反应区的运输,也就是环境中的氧化剂和/或颗粒物质(主要金属蒸气、低氧化物或氧化物)。这些过程在很大程度上影响了纳米颗粒的数量和性质。初始金属消耗宏观动力学和分散氧化物形成之间的相互作用是将来研究的主要任务。它们是在母颗粒燃烧的哪个阶段形成的?实际的机理是怎样的?怎样可以加强这种现象?

对于铝,这里有对前两个问题的答案。纳米-氧化物颗粒由金属的蒸气相氧化或次级氧化物的氧化形成,从燃烧颗粒蒸发并转移至燃烧颗粒表面上的反应区。未解决的是,如何增加纳米 Al_2O_3颗粒的形成,尤其是探索吹扫气对 Al 颗粒的影响。燃烧颗粒的尺寸降低后,如降低到亚微米尺寸以下会发生什么?

对于钛,前两个问题目前仍未得到解答。对于第三个问题,纳米颗粒的形成可能会通过空气吹气(特别是小球体尺寸可能减小)得到加强。从动力学角度来看,强烈的蒸发可能发生在氧化反应的早期阶段。研究的兴趣点是进一步提升吹气速度,也就是加强吹气效应。Ti 颗粒燃烧机理的一个重要问题是颗粒分裂,这对加强燃烧、增加纳米颗粒产量非常有应用价值。寻求可以促进氧化层破坏的添加剂(如其他金属)也是将来研究的兴趣点所在。最后,仍需要对 Ti 颗粒燃烧中形成的纳米颗粒的光催化性质进一步研究。

致谢

感谢所有 ICKC SB RAS 多年来进行积极讨论的共同作者和同事们。感谢俄罗斯联邦教育科学部在联邦目标程序框架内给予的部分资金支持。协议号 14.578.21.0034(RFMEFI57814X0034)。

参 考 文 献

[1] P. F. Pokhil, A. F. Belyayev, Y. V. Frolov, V. S. Logachev, A. I. Korotkov, Combustion of Powdered Metals in Active Media, Nauka, Moscow, 1972 (in Russian). Also available in English: FTD-MT-24-551-73, translated by National Technical Information Service, 1973, pp. 1-395.

[2] V. E. Zarko, O. G. Glotov, Formation of Al oxide particles in combustion of aluminized condensed systems (review), Sci. Technol. Energ. Mater. 74 (6) (2013) 139-143.

[3] The Treaty between the United States of America and the Union of Soviet Socialist Republics on the Elimination of Their Intermediate-range and Shorter-range Missiles, December 8, 1987.

[4] V. V. Adushkin, S. I. Kozlov, A. V. Petrov (Eds.), Environmental problems and risks of impact of the missile and space equipment on environment. Handbook, Ankil, Moscow, 2000, 640 pages (in Russian).

[5] A. S. Zharkov, M. G. Potapov, G. A. Demidov, G. V. Leonov, Bench Tests of the Solid Propellant Energetic Devices, Altai State Technical University Press, Barnaul, 2001, 281 pages (in Russian).

[6] L. V. Zabelin, R. B. Gafiyatullin, L. R. Guseva, Environmental aspects of problem of utilization of charges of solid-propellant rockets, Chemistry in Russia 2 (1999) 4-7 (in Russian).

[7] D. P. Samsonov, V. P. Kiryukhin, N. P. Zhiryukhina, R. I. Pervunina, Determining polychlorinated dibenzo-n-dioxins, dibenzofurans, biphenils, and polynuclear aromatic substances in combustion products of solid rocket propellant, J. Anal. Chem. 51 (1996) 1218-1221 (in Russian).

[8] A. M. Lipanov, M. A. Korepanov, Z. A. Tuhvatullin, Experimental and theoretical study of formation of toxic compounds in the process of utilization of complex chemical substances, Bull. Izhevsk State Tech. Univ. (2) (2003) 51-54 (in Russian).

[9] S. E. Pashchenko, V. E. Zarko, B. D. Oleinikov, S. M. Utkin, T. B. Tihomirova, S. P. Vlasova, Qualitative Analysis of Basic Processes Taking Place in Formation and Propagation of the Superfine Aluminium Oxides Aerosols from Open and Bench Firing the Large-size Solid Propellant Motors and Methods of Their Study/Problem Questions of Methodology of Utilization of Solid Rocket Propellants, Wastes and Remainders of Liquid Rocket Propellants in the Elements of Missile and Space Equipment, Joint Stock Company Federal Research and Production Center "Altai" Press, Biysk, 2000 (in Russian) p. 133-143.

[10] V. I. Romanov, Accident of the solid propellant rocket on a launching site, Cosmic Res. 34 (12) (1996) 102-105 (in Russian).

[11] A. M. Lipanov, M. A. Korepanov, Z. A. Tuhvatullin, Study of formation of the polychlorinated aromatic hydrocarbons upon the solid rocket propellant utilization, Chem. Phys. Mesoscopy 9 (1) (2007) 15-26 (in Russian).

[12] S. I. Burdyugov, M. A. Korepanov, N. P. Kuznetsov, Utilization of Solid Propellant Rocket Motors. Rocket Production Series, Space Research Institute Press, Moscow, 2008, ISBN978-5-93972-657-3 (inRussian).

[13] V. I. Romanov, Applied Aspects of Accidental Atmospheric Emissions. Handbook, Fizmatkniga, Moscow,

2006, 368 pages (in Russian).

[14] L. A. Fedorov, Dioxines as Ecological Hazard: Retrospectives and Perspectives, Nauka, Moscow, 1993(in Russian).

[15] B. I. Vorozhtsov, A. Galenko Yu, V. P. Lushev, V. I. Mar'yash, B. D. Oleinikov, A. A. Pavlenko, M. G. Potapov, Yu V. Khrustalev, B. M. Bashunov, Experimental investigations of the spread of products from industrial explosive combustion, Atmos. Oceanic Opt. 10 (6) (1997) 425-431, 681-686.

[16] V. G. Ivanov, S. N. Leonov, G. L. Savinov, O. V. Gavriluk, O. V. Glazkov, Combustion of mixtures of ultradisperse aluminum and gel-like water, Combust. Explos. Shock Waves 30 (4) (1994) 569-570.

[17] A. A. Gromov, T. A. Habas, A. P. Il'in, et al., Combustion of Nano-sized Metal Powders, Deltaplan Press, Tomsk, 2008, 382 pages (in Russian).

[18] A. P. Il'in, A. A. Gromov, Combustion of Ultra-fine Aluminum and Boron, Tomsk State University Publ, Tomsk, 2002, 154 pages (in Russian).

[19] D. A. Yagodnikov, Ignition and Combustion of Powder Metals, The Bauman University Publishing House, Moscow, 2009, ISBN 978-5-7038-3195-3 (in Russian).

[20] A. Yu. Kryukov, Adaptation of the Inside-chamber Processes and Elements of the Energetic Installation Utilizing Powder Fuel to Technologies for Obtaining Ultra- and Nanodispersed Materials, Perm national research polytechnic university Press, Perm, 2012, ISBN 978-5-398-00725-1, 236 pages (in Russian).

[21] N. I. Poletaev, A. N. Zolotko, Y. A. Doroshenko, Degree of dispersion of metal combustion products in a laminar dust flame, Combust. Explos. Shock Waves 47 (2) (2011) 153-165.

[22] L. B. Zubkov, Space Metal. All About Titanium, Nauka, Moscow,1987, 129 pages. (in Russian).

[23] V. Weiser, J. Neutz, N. Eisenreich, E. Roth, H. Schneider, S. Kelzenberg, Development and characterization of pyrotechnic compositions as counter measures against toxic clouds, in: Energetic Materials: Performance and Safety. 36th Int. Annual Conf. of ICT & 32nd Int. Pyrotechnics Seminar, June 28-July 1, 2005, ICT, Karlsruhe, Germany, 2005, pp. 102-1-102-12.

[24] L. T. DeLuca, L. Galfetti, F. Severini, L. Meda, G. Marra, A. B. Vorozhtsov, V. S. Sedoi, V. A. Babuk, Burning of nano-aluminized composite rocket propellants, Combust. Explos. Shock Waves 41 (6) (2005) 680-692.

[25] O. G. Glotov, V. N. Simonenko, R. S. Zakharov, V. E. Zarko, Combustion characteristics of pyrotechnic mixtures containing titanium, energetic materials, in: Characterisation and Performance of Advanced Systems. 38th Int. Annual Conference on Energetic Materials - Characterization and Performance of Advanced Systems, Karlsruhe, Germany June 26-29, 2007, pp. 87-1-87-15. Also Available in Russian: R. S. Zakharov, O. G. Glotov, Combustion characteristics of pyrotechnic compositions containing powdered Ti// Bulletin of Novosibirsk State University, Physics Series, 2 (3) (2007) 32 - 40, http://www.phys.nsu.ru/vestnik/catalogue/2007 /03 /Vestnik_NSU_07T2V3_ p1-103. pdf.

[26] O. G. Glotov, V. E. Zarko, V. N. Simonenko, A. A. Onischuk, A. M. Baklanov, S. A. Gus'kov, A. V. Dushkin, In search of effective ways for generation of TiO_2 nanoparticles by means of firing Ti-containing pyrotechnic composition, in: EUCASS 2009, 3rd European Conference for Aerospace Sciences, France, Paris, July 6-9, 2009, ISBN 978-2-930389-47-8. M. L. Riethmuller, Editor-in-Chief. CD Copyright 2009 by the von Karman Institute for Fluid Dynamics.

[27] O. G. Glotov, V. E. Zarko, V. N. Simonenko, A. A. Onischuk, A. M. Baklanov, Size and morphology of

the nanooxide aerosol formed in combustion of aluminum and titanium particles in air, in: Combustion of Solid Fuel, Proceedings of VII All-Russian Conf. Novosibirsk, 10-13 November, 2009, vol. 3, Kutateladze Institute of Thermophysics Press, Novosibirsk, 2009, pp. 184-190 (in Russian).

[28] O. G. Glotov, S. E. Pashchenko, V. V. Karasev, Z. V. Ya, V. M. Bolvanenko, Methods for sampling and particle-size analysis of condensed combustion products, in: Physics of Aerodisperse Systems, N 30, Vishcha shkola, Kiev-Odessa, 1986, pp. 43-50 (in Russian).

[29] O. G. Glotov, V. U. Zyryanov, The effect of pressure on characteristics of condensed combustion products of aluminized solid propellants, Arch. Combust. 11 (3-4) (1991) 251-262.

[30] O. G. Glotov, V. U. Zyryanov, Condensed combustion products of aluminized propellants. I. A technique for investigating the evolution of disperse-phase particles, Combust. Explos. Shock Waves 31 (1) (1995) 72-78.

[31] O. G. Glotov, V. E. Zarko, V. V. Karasev, M. W. Beckstead, Aluminum agglomeration in solid propellants: formulation effects, in: Propellants, Explosives, Rockets, and Guns. Proceedings of the Second International High Energy Materials Conference and Exhibit, December 8-10, 1998, IIT Madras, Chennai, India, 1998, pp. 131-137.

[32] O. G. Glotov, V. E. Zarko, Agglomeration in combustion of aluminized solid propellants with varied formulation, in: Proc. of 2nd European Conference on Launcher Technology - Space Solid Propulsion, Italy, Rome, 2000, 14 pages.

[33] O. G. Glotov, V. E. Zarko, Condensed combustion products of aluminized propellants, Trans. Aeronautical and Astronautical Society Republic of China 34 (3) (2002) 247-256.

[34] K. Hori, O. G. Glotov, V. E. Zarko, H. Habu, A. M. M. Faisal, T. D. Fedotova, Study of the combustion residues for Mg/Al solid propellant, in: Energetic Materials: Synthesis, Production and Application. 33th Int. Annual Conference of ICT, Karlsruhe, Germany, 2002, pp. 71-1-71-14.

[35] I. V. Petryanov, V. I. Kozlov, P. I. Basmanov, et al., Fibrous Filtering Materials FP, Znanie, Moscow, 1968 (in Russian).

[36] O. G. Glotov, V. A. Zhukov, Evolution of 100-mm aluminum agglomerates and initially continuous aluminum particles in the flame of a model solid propellant. Part I. Experimental approach, Combust. Explos. Shock Waves 44 (6) (2008) 662-670.

[37] T. D. Fedotova, O. G. Glotov, V. E. Zarko, Chemical analysis of aluminum as a propellant ingredient and determination of aluminum and aluminum nitride in condensed combustion products, Propell. Explos. Pyrotech. 25 (6) (2000) 325-332.

[38] T. D. Fedotova, O. G. Glotov, V. E. Zarko, Peculiarities of chemical analysis of ultra fine aluminum powders, in: Energetic Materials. Performance and Safety, 36th International Annual Conference of ICT & 32nd International Pyrotechnics Seminar. Karlsruhe, Germany. June 28-July 1, 2005, pp. 147-1-147-14.

[39] T. D. Fedotova, O. G. Glotov, V. E. Zarko, Application of cerimetric methods for determining the metallic aluminum content in ultrafine aluminum powders, Propell. Explos. Pyrotech. 32 (2) (2007) 160-164.

[40] O. G. Glotov, V. E. Zarko, V. V. Karasev, Problems and prospects of investigating the formation and evolution of agglomerates by the sampling method, Combust. Explos. Shock Waves 36 (1) (2000) 146-156.

[41] P. I. Basmanov, V. N. Kirichenko, N. Filatov Yu, Yu L. Yurov, Highly Effective Purification of Gases of

Aerosols with Petryanov Filters, Moscow, 2002, 193 pages (in Russian), http://www. electrospinning. ru/userfiles/ufiles/vysokoeffektivnaya_ochistka_gazov_ot_aerozoley. _p. i. basmanov_i_dr. . pdf.

[42] J. P. Lodge Jr., T. L. Chan (Eds.), Cascade Impactor Sampling and Data Analysis, American Industrial Hygiene Association, Akron, Ohio, 1986.

[43] Diffusion Aerosol Spectrometer "DSA". http://www. kinetics. nsc. ru/results/paper44. html (in Russian).

[44] State standard specification of Russia GOST R 8. 755-2011. Disperse composition of gas environments. Determination of the sizes of nanoparticles by method of diffusion spectrometry (in Russian).

[45] A. Ankilov, A. Baklanov, R. Mavliev, S. Eremenko, Comparison of the Novosibirsk diffusion battery with the Vienna electromobility spectrometer, J. Aer. Sci. 22 (1991) S325.

[46] A. Ankilov, A. Baklanov, M. Colhoun, K. -H. Enderle, J. Gras, et al., Intercomparison of number concentration measurements by various aerosol particle counters, Atmos. Res. 62 (2002) 177-207, http://aeronanotechnology. com/d/54311/d/intercalibration. pdf.

[47] A. A. Paletsky, A. G. Tereshenko, E. N. Volkov, et al., Study of the CL-20 flame structure using probing molecular beam mass spectrometry, Combust. Explos. Shock Waves 45 (3) (2009) 286-292.

[48] S. E. Pashchenko, V. V. Karasev, Method of sampling of aerosol from flame or nozzle. USSR inventors certificate no. 1186994, Bull. Invention (396) (1985) (in Russian).

[49] E. A. Ershov, S. A. Kambalin, V. V. Karasev, S. E. Pashchenko, Sampling of aerosols for electron-probe analysis by vacuum sampler, Zavodsk. Lab. (6) (1992) 31-34 (in Russian).

[50] D. Gonzalez, A. G. Nasibulin, A. M. Baklanov, S. D. Shandakov, et al., A new thermophoretic precipitator for collection of nanometer-sized aerosol particles, Aerosol Sci. Technol. 39 (2005) 1064-1071, http://dx. doi. org/10. 1080/02786820500385569.

[51] O. G. Glotov, Image processing of the fractal aggregates composed of nanoparticles, Russ. J. Phys. Chem. A 82 (13) (2008) 49-54.

[52] O. G. Glotov, Condensed combustion products of aluminized propellants. IV. Effect of the nature of nitramines on aluminum agglomeration and combustion efficiency, Combust. Explos. Shock Waves 42 (4) (2006) 436-449.

[53] O. G. Glotov, V. A. Zhukov, The evolution of 100-mm aluminum agglomerates and initially continuous aluminum particles in the flame of a model solid propellant. II. Results, Combust. Explos. Shock Waves 44 (6) (2008) 671-680.

[54] L. Ya. Gradus, Guide to the Dispersion Analysis with a Microscopy Method, Chemistry, Moscow, 1979 (in Russian).

[55] O. G. Glotov, V. V. Karasev, V. E. Zarko, T. D. Fedotova, M. W. Beckstead, Evolution of aluminum agglomerates moving in combustion products of model solid propellant, in: K. K. Kuo, L. T. De Luca (Eds.), Combust. Energ. Mater., Begell House, New York, 2002, pp. 397-406. Also Available in: O. G. Glotov, V. V. Karasev, V. E. Zarko, T. D. Fedotova, M. W. Beckstead, Evolution of aluminum agglomerates moving in combustion products of model solid propellant, Int. J. Energ. Mater. Chem. Propuls. 5 (1-6) (2002) 397-406.

[56] O. G. Glotov, V. E. Zarko, V. V. Karasev, T. D. Fedotova, A. D. Rychkov, Macrokinetics of combustion of monodisperse agglomerates in the flame of a model solid propellant, Combust. Explos. Shock Waves 39 (5) (2003) 552-562.

[57] O. G. Glotov, A. A. Onischuk, V. V. Karasev, V. E. Zarko, A. M. Baklanov, Size and morphology of the nanooxide aerosol generated by combustion of an aluminum droplet, Doklady Phys. Chem. 413 (Part 1) (2007) 59-62, http://dx. doi. org/10. 1134/S0012501607030050.

[58] O. G. Glotov, V. N. Simonenko, V. E. Zarko, G. S. Surodin, Combustion of monodisperse titanium particles in air, in: Energetic Materials for High Performance, Insensitive Munitions and Zero Pollution. 41st Int. Annual Conference of ICT, Karlsruhe, Germany, June 29-July 02, 2010, 2010, pp. 30-1-330-14.

[59] O. G. Glotov, V. E. Zarko, V. N. Simonenko, Combustion of monodisperse titanium particles free falling in air, in: Energetic Materials: Modelling, Simulation and Characterisation of Pyrotechnics, Propellants and Explosives. 42nd International Annual Conference of the Fraunhofer ICT, June 28-July 01, 2011. Karlsruhe, Germany, 2011, pp. 45-1-45-12.

[60] O. G. Glotov, Combustion of titanium particles in air, in: Proceedings of the International Conference "Modern Problems of Applied Mathematics and Mechanics: The Theory, Experiment and Practice", Devoted to the 90 Anniversary since the Birth of the Academician N. N. Yanenko (Novosibirsk, Russia, May 30-June 4, 2011), 2011 (in Russian), http://conf. nsc. ru /files/ conferences/niknik-90/fulltext/37173/46861/Glotov_Ti_6pages. pdf.

[61] O. G. Glotov, Combustion of spherical titanium agglomerates in air. I. Experimental approach, Combust. Explos. Shock Waves 49 (3) (2013) 299-306.

[62] O. G. Glotov, Combustion of spherical titanium agglomerates in air. II. Experimental results, Combust. Explos. Shock Waves 49 (3) (2013) 307-319.

[63] O. G. Glotov, V. N. Simonenko, A. M. Baklanov, O. N. Zhitnitsky, G. S. Surodin, Effect of size and velocity of moving titanium particles on nano-sized aerosol particle characteristics, in: Combustion of Solid Fuel. Proceedings of VIII All-Russian Conf., Novosibirsk, 13-16 November 2012, Kutateladze Institute of Thermophysics Press, Novosibirsk, 2012, ISBN 978-5-89017-032-3, pp. 32. 1-32. 8 (in Russian), http://www. itp. nsc. ru/conferences/gtt8/files/32Glotov. pdf.

[64] O. G. Glotov, Combustion characteristics of monodisperse titanium particles fast moving in air, in: Energetic Materials: Characterization and Modeling of Ignition Process, Reaction Behavior and Performance. 44th Int. Annual Conference of the Fraunhofer ICT, June 25-28, 2013. Karlsruhe, Germany, 2013, pp. 61-1-61-14.

[65] V. V. Karasev, Formation of Nanoaerosol of Oxides of Metal, Silicon and Soot in Processes of Combustion and Pyrolysis, 2006. Abstract of Cand. Sci. thesis (Physics and Mathematics, 01. 04. 17), Novosibirsk (in Russian).

[66] V. V. Karasev, S. di Stasio, A. A. Onischuk, A. M. Baklanov, O. G. Glotov, V. E. Zarko, V. N. Panfilov, Synthesis of charged agglomerates of Al_2O_3 particles in a combustion reactor, J. Aerosol Sci. 32 (S1) (2001) 593-594.

[67] V. V. Karasev, A. A. Onishchuk, O. G. Glotov, A. M. Baklanov, V. E. Zarko, V. N. Panfilov, Charges and fractal properties of nanoparticles - combustion products of aluminum agglomerates, Combust. Explos. Shock Waves 37 (6) (2001) 734-736.

[68] B. M. Smirnov, Physics of Fractal Clusters, Nauka, Moscow, 1991 (in Russian).

[69] V. V. Karasev, O. G. Glotov, A. M. Baklanov, A. A. Onischuk, V. E. Zarko, Alumina nanoparticle formation under combustion of solid propellant, in: Energetic Materials. Synthesis, Production and Applica-

tion, 33 International Annual Conference of ICT. June 25-June 28, 2002. Karlsruhe, Germany, 2002, pp. 14-1-14-13.

[70] V. V. Karasev, A. A. Onischuk, O. G. Glotov, A. M. Baklanov, A. G. Maryasov, V. E. Zarko, V. N. Panfilov, A. I. Levykin, K. K. Sabelfeld, Formation of charged aggregates of Al_2O_3 nanoparticles by combustion of aluminum droplets in Air, Combust. Flame 138 (2004) 40-54.

[71] S. A. Khromova, V. V. Karasev, A. A. Onischuk, O. G. Glotov, V. E. Zarko, Formation of nanoparticles of TiO_2 and Al_2O_3 at combustion of metal droplets, in: G. Roy, S. Frolov, A. Starik (Eds.), Nonequilibrium Processes, Plasma, Aerosols, and Atmospheric Phenomena, vol. 2, Torus Press, Ltd., Moscow, 2005, ISBN 5-94588-034-5, pp. 225-234.

[72] V. V. Karasev, O. G. Glotov, A. M. Baklanov, N. I. Ivanova, A. R. Sadykova, A. A. Onischuk, Formation of soot and metal oxide charged aggregates of nanoparticles by combustion and pyrolysis, in: G. Roy, S. Frolov, A. Starik (Eds.), Combustion and Pollution: Environmental Impact, Torus press, Moscow, 2005, ISBN 5-94588-030-2, pp. 207-228.

[73] V. V. Karasev, A. A. Onischuk, S. A. Khromova, O. G. Glotov, V. E. Zarko, E. A. Pilyugina, C. -J. Tsai, P. K. Hopke, Peculiarities of oxide nanoparticle formation during metal droplet combustion, in: Energetic Materials. Insensitivity, Ageing, Monitoring. 37th International Annual Conference of ICT. Karlsruhe, Germany, 2006, pp. 124-1-124-12.

[74] V. V. Karasev, A. A. Onischuk, S. A. Khromova, O. G. Glotov, V. E. Zarko, et al., Formation of metal oxide nanoparticles in combustion of titanium and aluminum droplets, Combust. Explos. Shock Waves 42 (6) (2006) 649-662.

[75] O. G. Glotov, V. N. Simonenko, A. M. Baklanov, V. E. Zarko, et al., Formation of nano-particles of titanium dioxide by combustion of pyrotechnical composition on basis of mechanoactivated composition of titanium with mono-nitrate of hydrazine, in: High Energy Materials: Demilitarization, Antiterrorism and Civil Application. Abstracts of IV International Workshop HEMs-2008 (September 3-5, 2008, Belokurikha), FSUE FR&PC ALTAI, Biysk, 2008, pp. 120-124 (in Russian), http://frpc. secna. ru/hems/docs/hems-2008. rar.

[76] S. K. Friedlander, Smoke, Dust, and Haze, Oxford Univ. Press, New York-Oxford, 2000.

[77] N. K. Memon, D. H. Anju, S. H. Chung, Multiple-diffusion flame synthesis of pure anatase and carbon-coated titanium dioxide nanoparticles, Combust. Flame 160 (2013) 1848-1856.

[78] I. F. Myronyuk, V. L. Chelyadyn, Obtaining methods of titanium dioxide (Review), Phys. Chem. Solid State 11 (4) (2010) 815-831 (in Ukrainian), http://www. nbuv. gov. ua /portal /natural /Phkhtt/2010_4/1104-03. pdf.

[79] S. Jõks, D. Klauson, M. Krichevskaya, S. Preis, et al., Gas-phase photocatalytic activity of nanostructured titanium dioxide from flame aerosol synthesis, Appl. Catal. B: Environ. 111-112(2012) 1-9.

[80] Y. -C. Nah, I. Paramasivam, P. Schmuki, Doped TiO_2 and TiO_2 nanotubes: synthesis and applications, ChemPhysChem 11 (2010) 2698-2713, http://dx. doi. org/10. 1002/cphc. 201000276.

[81] H. Sun, S. Wang, H. Ming Ang, M. O. Tade′, et al., Halogen element modified titanium dioxide for visible light photocatalysis (Review), Chem. Eng. J. 162 (2010) 437-447.

[82] A. P. Dolganov, V. N. Kovalev, V. E. Liepinya, E. I. Shipin, Investigation of the regularities of titanium

burning particles in gas streams. Proceedings of the Academy of Sciences of Latvian the Soviet Socialist Republic, Ser. Phys. Tech. Sci. (Latvijas PSR Zinatnu Akademijas Vestis, Fiz. Tehnisko Zinatnu Ser.) 2 (1990) 106-113 (in Russian).

[83] Y. Kitamura, N. Okinaka, T. Shibayama, et al., Combustion synthesis of TiO_2 nanoparticles as photocatalyst, Powder Technol. 176 (2007) 93-98.

[84] V. S. Zakharenko, V. N. Parmon, S. A. Khromova, Chemical and optical properties of the titanium dioxide produced from combustion of titanium microparticles in air, Atmos. Oceanic Opt. 20 (6) (2007) 486-491.

第12章 固体推进剂组分中的纳米封装颗粒及包含物

S. F. Son, B. C. Terry, S. Isert, T. R. Sippel, I. E. Gunduz, L. J. Groven

12.1 纳米封装催化剂

催化剂的功效一般与表面积有关[1]。然而,添加纳米级的颗粒,如大比表面积的催化剂,会导致加工过程中物料的黏度过高,最终导致复合推进剂易碎。添加额外的黏结剂可以减轻复合物的脆性,但会降低其性能。解决这一难题的方案是将催化剂用氧化剂晶体封装起来[2-4]。大比表面积的组分留在晶体内,整体的流散性及力学性质不会受到影响。此外,将催化剂包裹在氧化剂晶体中比直接混合在黏结剂中更加有效。

Reese[3]及Isert[4]等将纳米Fe_2O_3包裹在AP中,采取的方法如图12-1所示,详细步骤可以参照文献[3-4]。简单来说,采用一种快速的溶剂-反溶剂方法,将纳米颗粒作为结晶过程中晶体的成核位点。重要的是,快速结晶工艺中会优先进行成核,而不是晶体生长,从而导致催化剂颗粒被捕获在晶体内部,或通过物理作用结合在晶体表面。慢速结晶工艺捕获催化剂颗粒的效率较低,因为慢速结晶相当于一种提纯工艺。利用该方法制备的颗粒直径约为25μm,适合作为较细AP晶体的替代品。

Reese等[3]的结果也显示,捕获过程与反溶剂/溶剂比相关。确切地说,提高反溶剂的比例会提高成核速率,生成更小的晶体,提高捕获效率。将制备的材料在己烷浴中超声,结果显示,被捕获的催化剂很难从AP晶体中脱离。利用电感耦合等离子发射光谱定量地表征了被捕获的催化剂,最终证实捕获率高达92%。如此高的捕获率,意味着利用成核结晶生长来封装纳米颗粒效率很高。热重分析显示,相较于直接物理混合得到的产物,封装的催化剂加速了AP的热分解,是AP与催化剂更加紧密的接触方式所致。

Reese等[3]的研究还表明,相较于物理混合,将催化剂封装在晶体内会明显降低颗粒的比表面积。因此,这也有望给推进剂带来更好的流变性和力学性能。纳米铝粉与 AP、纳米铝粉与 RDX 体系的初步研究结果也很有前景,但是后续还需对其进一步的优化及表征工作。后两者的体系应用于炸药中起到特殊作用,但因其感度与相容性方面尚不尽如人意,因此仍需细致的研究。

图 12-1　将纳米颗粒封装到 AP 晶体中的步骤

Isert 等[4]研究了复合颗粒(细粒 AP 封装纳米 Fe_2O_3催化剂)对于 AP 基复合推进剂的燃烧速率及火焰结构的影响。粗粒 AP 粉未经处理(内部未封装催化剂)。以未包含催化剂的粗粒 AP 推进剂作为参比推进剂,与含封装催化剂颗粒的推进剂进行比较,同时进行比较的还有,另一种配方中含有微米催化剂的推进剂,另一种含有同样粒度纳米催化剂但仅物理混合的推进剂。各样品中催化剂的比例保持一致,各组分比例如表 12-1 所列。图 12-2 中是含催化剂的推进剂药柱。经测量,含有细粒 AP 封装催化剂的推进剂具有最高的燃烧速率(图 12-3),其次是含纳米催化剂的物理混合物。

表 12-1 推进剂配方

推进剂	400μm 粗粒 AP/%	20μm 细粒 AP/%	复合颗粒/%	微米 Fe_2O_3 /%	纳米 Fe_2O_3 /%
1	40	40.00	—	—	—
2	39.89	39.89	—	0.21	—
3	39.89	39.89	—	—	0.21
4	40.00	—	40	—	—

(a) (b) (c)

图 12-2 Isert 等[4] 制备的含催化剂的推进剂条(直径 5.8mm)

(a)53mm 催化剂直接混合;(b)3nm 催化剂直接混合;(c)3nm 封装入 AP 晶体中。

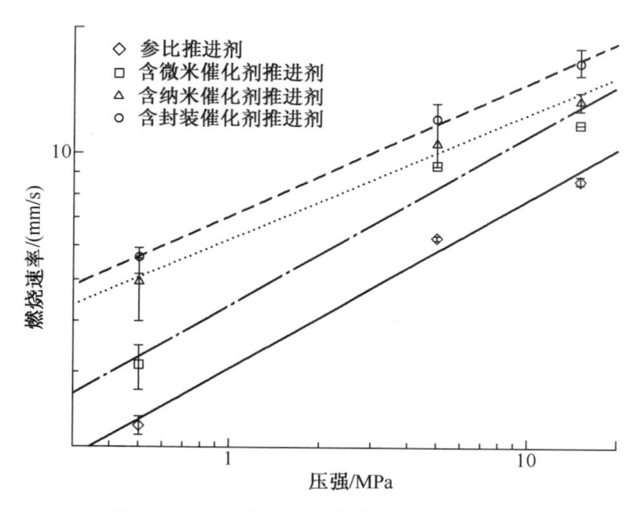

图 12-3 推进剂整体燃烧速率测量值[4]

通过对燃烧速率的评价可以看出,含封装催化剂的推进剂的效率高于其他配方,但是不能解释将催化剂封装为何能够明显提高燃烧速率。利用原位 OH 平面激光诱导荧光(OH PLIF)可以直接绘制固体推进剂的火焰结构,从而有助于理解燃烧速率提高的原因[4-8]。对于不同配方的复合推进剂,Isert 等利用高速(5kHz)OH PLIF 研究了微米尺度的火焰结构,以及单颗粗粒 AP 晶体的燃烧性质(点火延迟时间、燃烧时间/速率)。由于 AP 晶体的荧光是在紫外-可见光(UV)激光波段,因此能清楚看到粗粒 AP。图 12-4 为装置示意图以及实验所用的照相机与镜头。因为在较高压强下得不到足够的信噪比,所以为照相机配置了增强器。压强为 1atm 的实验在空气中进行,将推进剂直接在空气中燃烧;高压下的实验在燃烧罐中进行,罐中密封着氮气,压强高达 0.72MPa。

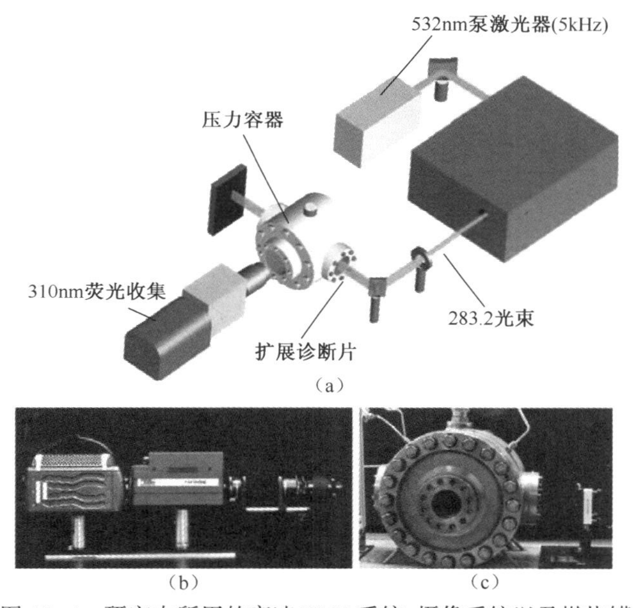

图 12-4　研究中所用的高速 PLIF 系统、摄像系统以及燃烧罐

图 12-5 为实验结果的一个图例。虚线处表示为推进剂的表面区域。对于高压下的参比推进剂,在细 AP 与黏结剂上方很少能看到凸起的粗颗粒。相对于参比推进剂,添加了微米催化剂的推进剂中,细 AP 与黏结剂基体的加速燃烧导致了粗晶体的凸起。正如预期的那样,纳米级催化剂的效率更高,尤其是在被封装后,这可以由实验图片中更多的凸起看出。由于细粒 AP 和黏结剂基体在有封装催化剂的推进剂中燃烧更快速,粗晶体很快就暴露在高温下,提高了粗晶体的燃烧速率。此外,含封装催化剂的推进剂中黏结剂基体的快速燃烧也会导致粗晶体被排斥到推进剂表面[4]。

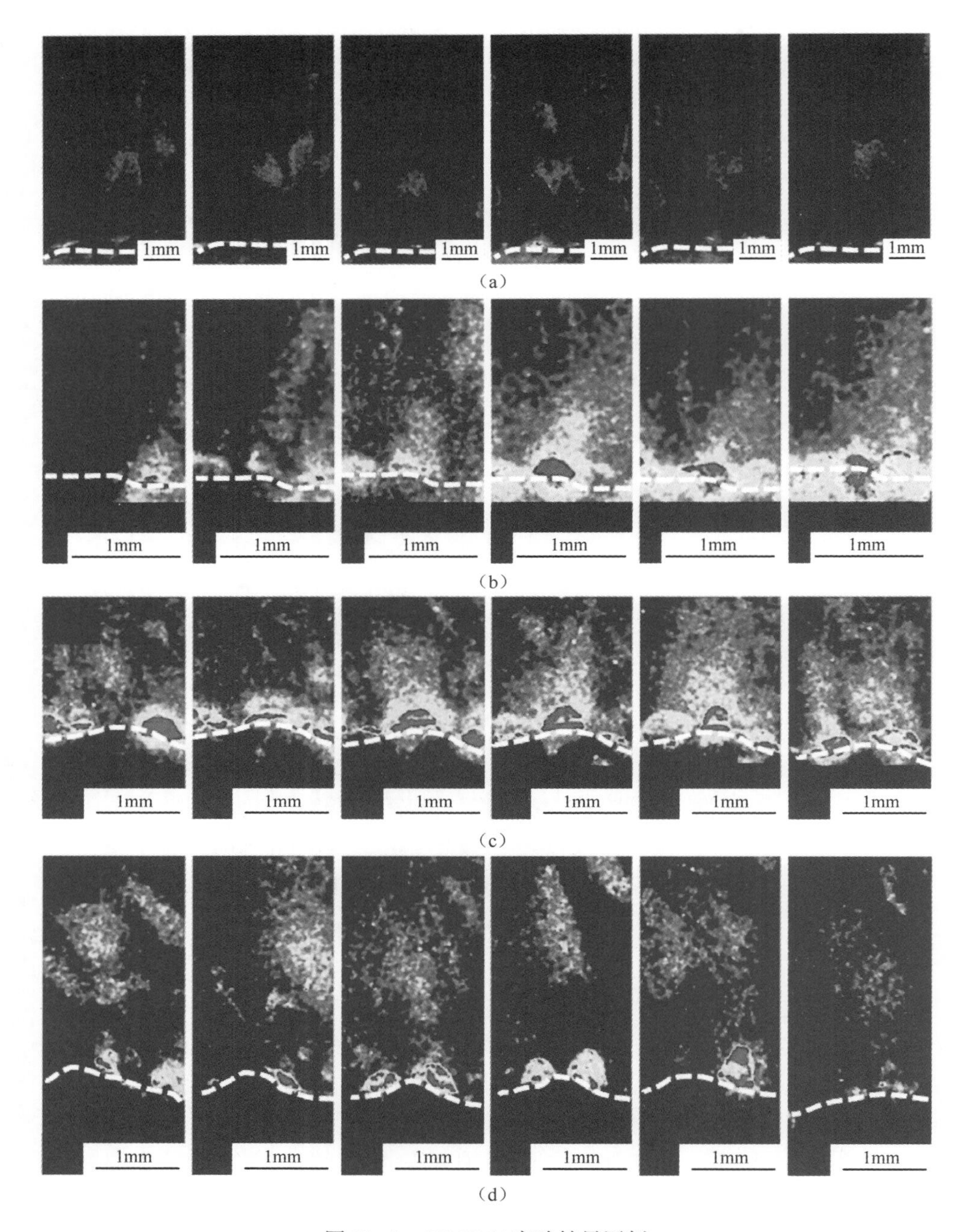

图 12-5 OH PLIF 实验结果图例

(a)参比推进剂;(b)含有微米催化剂的推进剂;(c)含有纳米催化剂的推进剂;(d)含有封装催化剂的推进剂。

注:实验条件为 0.7MPa,图片采集时间分别为 40ms、30.8ms、25.3ms、35.4ms。

另外,动态 OH PLIF 也可用于定量表征粗 AP 的点火延迟、火焰结构、火焰高度等[4]。粗 AP 燃烧速率的提高,部分原因是缩短了粗 AP 的点火延迟,但这仅在很低的压强下才较明显。直接添加催化剂对于粗 AP 的燃烧速率/时间都有一些影响。然而,相较于含纳米催化剂,以及封装催化剂的推进剂,整体燃烧速率之间产生差别的主要原因不是粗晶体的燃烧速率,而是细 AP/黏结剂基体的燃烧速率差异。有趣的是,相较于纳米催化推进剂,封装的催化剂对粗晶体的燃烧速率没有影响,这可以由在局部粗晶体燃烧速率上没有明显的统计差异来证实。

当前的研究工作主要集中在其他大比表面积的催化剂上,包括功能化石墨烯催化剂的封装。石墨烯基催化剂有超大的比表面积,少量的添加(1%(质量分数))就能明显提高纯硝基甲烷在低压下的燃烧[9]。这种材料也可以封装在 AP 晶体中。研究还证明,在研究推进剂组分的变化如何影响火焰结构及表面动力学方面,高速 OH PLIF 是很有用的工具,有助于人们更好地理解造成燃烧速率变化的原因。这项技术还可以扩展到对其他样品的研究中,从而使人们进一步了解燃烧过程。

12.2　改性的金属可燃剂及合金

除考虑纳米级的催化剂颗粒,纳米金属可燃剂也具有潜在的优势,包括更高的燃烧速率,更完全的燃烧。基于此,数十年来,人们研究如何将含能材料中的微米铝粉代替为纳米铝粉[10]。然而,简单地将推进剂中的微米颗粒替换为纳米颗粒会带来一些缺陷,如药浆的流变性差、成型药柱的力学性能差等。纳米 Al 颗粒的氧化层相对较厚,降低了其性能。实际上,含有纳米铝粉的推进剂尚未应用在实战中。关键问题是,在使用纳米可燃剂时,如何做到扬长避短。近来,研究的重点集中在内含纳米结构的微米 Al 颗粒上[13,19-21]。理想的解决方案是制备一种微米尺度的含能复合物,它具有明显较低的点火温度,在点燃后,能生成更小的颗粒/液滴。

在多组分的液相体系燃烧时,如某些互溶的液体以及乳液会发生微爆炸[11]。Ivanov 及 Nefedov[12]在研究乳液时首次发现了这一现象。能够产生这一现象的关键条件是,组分中有一种比其他组分更容易挥发的组分。对于互溶的液体,液相中质量扩散与热扩散速率的不同是建立液滴动力学的关键。液滴中的质量扩散比热扩散要慢 1~2 个数量级[11],对于某个金属液滴来说,两种扩散速率的比例保持不变(很大的 Lewis 数)。当液滴汽化时,易挥发组分在表面区域的浓度相对于其在核内部的浓度有所降低。这是因为,在近表面处扩散范围小,易挥发组分能够快速扩散出液滴;然而,在近核处的液体相对没有变化,易挥发、低沸点组分的浓度相对较高。随着加热的继续,内部的液体可能会加热到超过局部沸点温度而变得过热。在此情况下,内部液体会突然成核,一旦超过了其过热极限(Blander 及 Katz[14] 的经验发现,在达到某些液体临界温度的 90% 时)便会汽化。

若要成核,易挥发组分的浓度必须足够高。而且,这种成核会造成明显的内部压力,导致液体分裂或碎片化,很多研究者都在研究中观察到了这一现象[11]。这一现象通常称为液滴微爆炸。重要的是,要产生微爆炸,各组分间挥发性的差别一定足够大。压力越高,微爆炸越容易发生[11];但可以预料的是,过高的压力反而会限制微爆炸的产生。若液滴表面缺乏易挥发组分,则汽化只会在表面以下发生,造成“喷发”,随后喷出更小的液滴。此处,将此现象称为分散沸腾。在其他体系中也可以发现该现象,如凝胶可燃剂中[15],其机理是由凝胶组分,而不是难挥发组在表面上积累造成的,尽管如此,仍可借用这一概念。

互溶液体是由两种或多种液体在分子水平上混合而成的均匀单一液相;与此相反,乳液则是多相态混合物,并非在分子水平上的混合物。研究燃烧时常遇到的是油包水乳液体系,即水滴分散在油相可燃剂中。可以使用少量的表面活性剂来稳定乳液体系。内部易挥发组分(通常是水)可以加热到其过热极限,从而剧烈地将液滴分散。据悉,乳液体系中的微爆炸更易出现,更常出现,强度上也比互溶体系中的更大[11],原因是易挥发组分不会被乳液中的难挥发组分抑制而无法成核。

以推进剂或其他含能材料中常用的铝粉为例,金属可燃剂的粉碎微爆炸及分散沸腾显然会大有用处。例如,火箭发动机中液滴的破碎会降低燃烧的铝液滴的粒度,从而改善燃烧性能,将两相流的损失降低约 10%[16-18]。此外,液相体系可以通过喷嘴设计来调控液滴,然而在固体推进剂中无法直接控制液滴的喷射,因此通过调控铝液滴的粉碎微爆炸及分散沸腾来调控推进剂的液滴喷溅将有很重要的实用意义。

与液体燃料一样,金属合金就像互溶的液体燃料,在原子或分子水平上完全混合形成了均匀的单相,也称为共熔合金或固溶体。同样的,金属燃料中包含易挥发性材料(如高聚物和铝)时,就与乳液体系的情形一样,各相交错在一起,但是不能自发地在分子水平上混合。金属中各相的交融可以通过研磨过程实现,从而降低颗粒的点火温度及分散速度[13,19-21]。这种制备方法成本低,且容易大规模生产。另一种方法是直接“自下而上”制备,用易挥发的黏结剂将所有的纳米可燃剂颗粒黏结在一起[22],也能够得到类似的样品。这些复合物颗粒也具有较低的点火温度和分散速度。到目前为止,针对此类改性可燃剂颗粒的研究还较少,后续还需更多的研究。下面总结了一些最近的相关研究成果。

12.3　纳米 Al 颗粒的复合物

正如前面所讨论的,获得具有纳米结构的微米颗粒的一种方法是将纳米金属(如铝)与黏结剂组装起来使之成为一整颗颗粒。Wang 等[22]利用静电喷雾技术将纳米铝粉(氧化钝化)与硝化棉(NC)黏结剂组装,制备了复合物微球 Al/NC。除了作为产气剂,硝化棉本身也是一种含能材料。另外,硝化棉反应后会生成水,水会继续与铝反应。结果显示,当用导线快速加热点燃后,与简单的微米铝粉及纳米铝粉相比,复合物微球具有更好的燃烧性能。Young 等[23]采用亚微米颗粒制备了固体推进剂。与含微米铝粉的配方相比,该复合物的燃烧速率要高出 35%;高速摄像结果也定性地表征出,推进剂燃烧过程中的团聚现象也有所减少。

这种自下而上的方法以及其他方法都有很重要的研究前景。然而,这些方法也有一些明显缺陷。首先,复合可燃剂颗粒中包含的是钝化的纳米铝粉。这意味着,50nm 的 Al 颗粒中有相当大的部分是被氧化的,本例中,Al 颗粒中有超过 35%的部分是被氧化的。此外,复合颗粒中有明显的空隙,这使得复合物的实际密度比最大理论密度小约 60%。这些缺陷使得该种复合材料尚不能实际应用到推进剂中,因为燃烧速率的提高及团聚的减少并不足以弥补推进剂在密度和能量方面的损失。然而,这些材料能够应用在一些烟火剂中,或其他对密度和能量要求较低的领域。同样,未来若能够研究出高密度、氧化程度小的复合颗粒,甚至是铝粒子群,将有很重要的意义。

12.4　含包含物微米铝粉

制备包含纳米颗粒的大尺寸复合物还有一种方案:以微米铝粉为原料,引入另一种更易挥发的材料作为纳米级的包合物,共同搅拌成为液相乳液。其中一种方法是机械活化(MA)法,利用研磨过程将包合物引入到基体材料中(如将高聚物引入铝中)。利用该方法合理地选择研磨条件,能够制备出具有纳米颗粒性质的微米颗粒[13,19-21]。

该方法的示意图以及改性复合颗粒的扫描电镜图如图 12-6 所示。Sippel 等的研究表明[13],机械活化法是一个可进行工艺放大的方法,能够获得高密度、具有纳米结构,且包含高能量组分(Al)的颗粒。由于颗粒中的氧含量较低,其燃烧焓比相似配比下纳米铝粉和纳米氧化剂物理混合物的燃烧焓高出60%。更重要的是,由于挥发温度较低的高分子包合物的存在,燃烧过程中会形成微爆轰,从而提高颗粒的粉碎,缩短点火时间,加快燃烧速率。

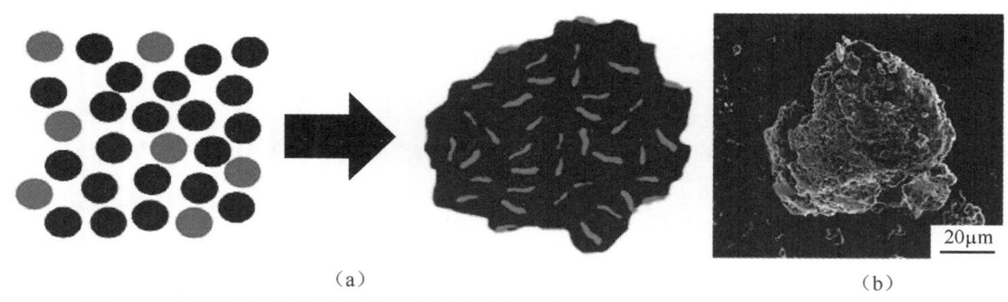

(a) (b)

图12-6 制备含有包合物的可燃剂颗粒示意图,以及通过研磨将原料颗粒制备为一整个含有包合物的微米颗粒;Al/PTFE复合颗粒SEM图

除了理论上不会与铝反应,且具有高挥发性的材料作为包合材料之外,一些直接与铝发生反应的材料,如氧化物或氟化物等,也可作为包合材料。在考虑范围内的材料包括氟化碳聚合物(PMF)及聚四氟乙烯(PTFE)等。PMF也通常指代氟化石墨。由于石墨的层状结构,PMF与铝的复合物中也存在着细碎的片层。图12-7是这种复合颗粒的SEM图,及其相应的X射线原子能量分布谱图(EDS)。从该图中氟元素(图中的浅色小点)的分布可以看出PMF在复合物中分布均匀[19]。这种复合颗粒具有良好的静电电荷感度以及良好的光敏感度(闪光灯点火实验证实)[19]。Al/PMF复合颗粒表现出了这些本是纳米铝粉才有的性质,尽管其直径比纳米Al颗粒大了近400倍。

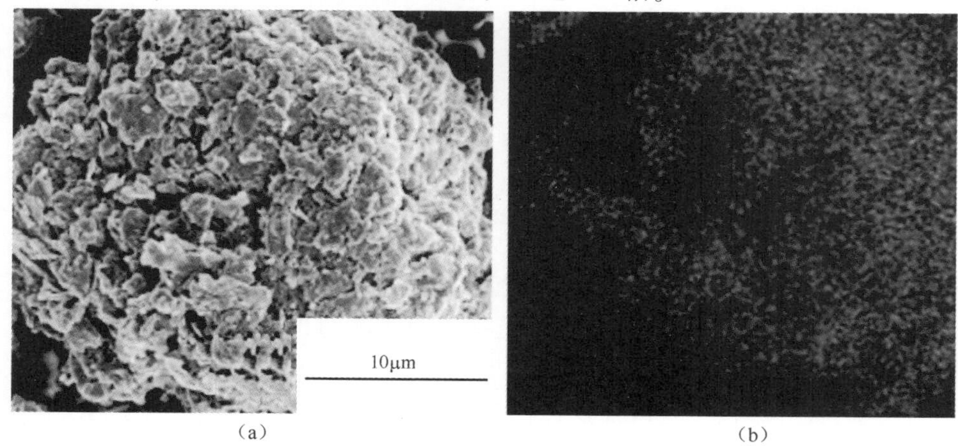

(a) (b)

图12-7 MA法制备的含PMF包合物的Al颗粒电镜图,以及X射线原子能量分布谱图显示复合颗粒上的原子分布

Sippel 等[13,20]也研究了 PTFE 作为包合材料与铝的复合颗粒，对其进行了全面表征，并用于复合推进剂中。利用显微成像观察到，这种组装的颗粒在燃烧表面迅速被点燃，分裂为更小的颗粒，增大了对燃烧表面的热反馈，提高了燃烧效率。图 12-8 为高速摄像图片中的两幅图，图(a)是球形铝与 AP 复合推进剂作为参比推进剂，图(b)是将推进剂中的铝替换为同样质量的 Al/PTFE(质量比 70∶30)的复合颗粒。可以清楚地看到，尽管初始粒度非常接近，复合颗粒却更容易被点燃，这可以从其图中更高的表面亮度看出。此外，Al/PTFE 在燃烧时，颗粒更小，燃烧面积更大，燃烧速率更高，这可以由在上述推进剂表面上更长的亮线所证实。在测试之前，铝与 Al/PTFE 都经过筛分，因此样品中二者的粒度近似。这也表明，图中小的燃烧碎片是由 Al/PTFE 颗粒在燃烧时破裂产生的。

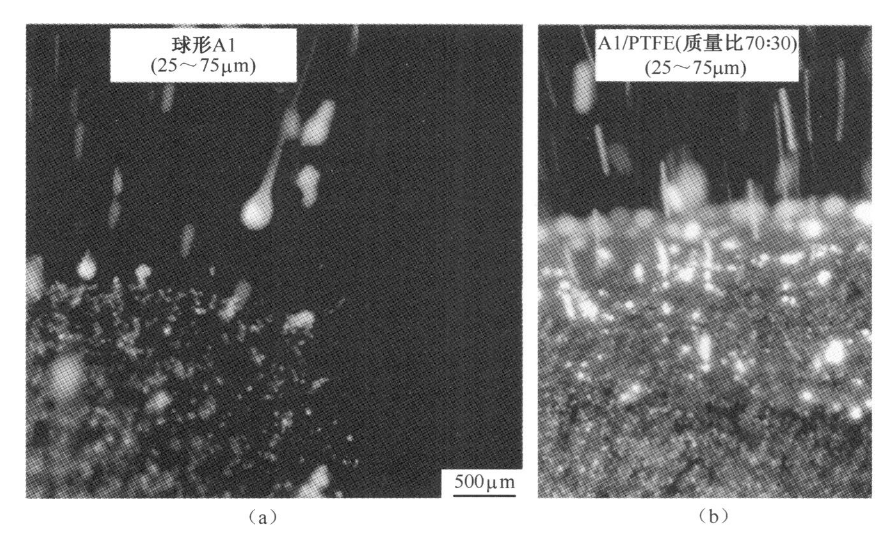

(a) (b)

图 12-8 高速显微录像截图

(a)参比含铝 AP 复合推进剂；(b)含 Al/PTFE(质量比 70∶30)的推进剂。

注：两张图片截图时间相同。

为了定量分析产物液滴的大小，利用羽流横穿收集盘来收集燃烧产物，然后用显微镜对产物进行分析。图 12-9 显示的是从含球状铝粉的参比推进剂以及含有 Al/PTFE(70∶30)复合颗粒的推进剂燃烧中收集的产物。可以看出二者间的区别非常大。参比推进剂的产物尺寸比复合颗粒推进剂的产物尺寸大得多。从收集的凝聚相产物可以看出，含有改性铝颗粒的推进剂燃烧更快，铝粉燃烧更充分。含有 Al/PTFE(90∶10)及 Al/PTFE(70∶30)复合颗粒的推进剂，产物的粗糙度及粒径都有所减小。其中，后者的燃烧产物减小最为明显，平均粒径约为 25μm，比 Al/PTFE 复合颗粒的初始粒径还要小，也比从参比推进剂中收集到的 76μm 粒径的产物要小。在参比推进剂燃烧产物的 X 射线衍射图中发现了一些未反应的晶体铝及 AP,而含改性铝粉的推进剂中则未发现。利用改性铝粉改善了铝的燃烧,且由于铝液滴在靠近表面处燃烧,对于推进剂表面的热量反馈也大,使其在 6. 89MPa 下的燃烧速率提高了 25%。

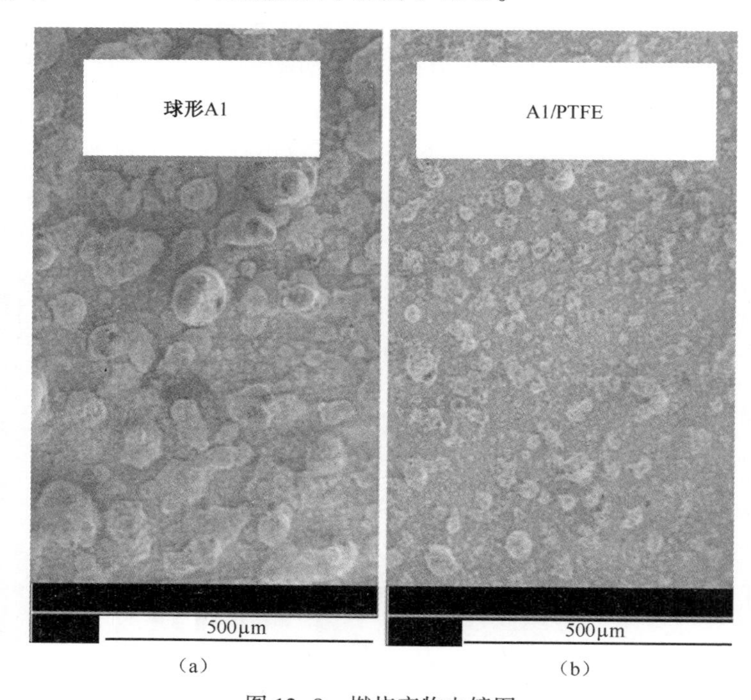

(a)　　　　　　(b)

图 12-9　燃烧产物电镜图

(a)参比推进剂燃烧产物;(b)含 Al/PTFE(质量比 70 : 30)推进剂的燃烧产物。

活性高分子包合材料(如氟聚物等)与铝的复合能够明显改善燃烧,但并不能确定包合物-铝之间的反应对于改善点火和燃烧是否是必需的。为了研究这个问题,将利用低密度聚乙烯(LDPE)包合材料所修饰的铝粉用于推进剂中[21]。与氟聚物不同,LDPE 与铝之间并不具有明显的化学反应性。定性地看,在固体推进剂配方中,采用 LDPE 与采用 PTFE 包合物的效果相似,采用 Al/LDPE的推进剂燃烧产物的尺寸也明显减小。这种相似的结果意味着,推进剂结构中颗粒与液滴破裂的最重要因素是各组分的气化性质。LDPE 包合物的一个优势在于,工艺放大过程中不用过多地考虑安全隐患,因为 Al 与 LDPE 之间不会直接发生反应。

近期,此领域的研究工作还有很多,如对于破坏性点火,为了阐明其动力学与所需的升温速率阈值,进行了单颗颗粒的激光点火研究。若升温速率缓慢,颗粒内部包合材料分解造成的气体将直接放出而不会快速积累，就不会观察到颗粒破碎的情况。此外，后续的工作需要考虑其他的包合材料，以及其他的金属或合金可燃剂。

随着金属尤其是铝在含能材料中的普遍应用，此类改性的颗粒将会有更多的用途，如用在炸药及烟火剂中。其他的应用正在拓展中。

现有的研磨工艺成本低，可以量产来获得高密度的颗粒，粒度与常用金属粉大致相似（可以作为其简易的替代品）。需要进一步研究的问题包括：①对于特定的应用场合，什么样的包合材料才是最合适的；②决定颗粒中微爆炸动力学的因素究竟是什么？

12.5　微爆炸合金燃料颗粒

本节讨论的合金是如同可以互溶的碳氢燃料一样的金属类材料，在某种程度上由于液滴扩散的可能性，目前已经开始探索将铝-锂合金作为铝的替代品用在推进剂中。正如之前讨论的，微爆炸的液滴破碎或分散沸腾现象的出现，需要组分间的挥发性差别很大。铝的沸点（2519℃）与锂的沸点（1342℃）之间的差异充分满足这一条件[11]。热化学平衡计算结果表明，铝-锂合金用在 AP 复合推进剂配方中，能够具有良好的比冲，也能大大减少 HCl 气体出现在理论产物中。由于锂易被卤化，产物中会生成大量的氯化锂（LiCl，常温下为气体），而非 HCl。该研究的细节与结果将在今后介绍，此处仅列出一些初步的研究结果。

图 12-10 显示的是两种推进剂的燃烧情况，分别为参比样品的含白铝 AP

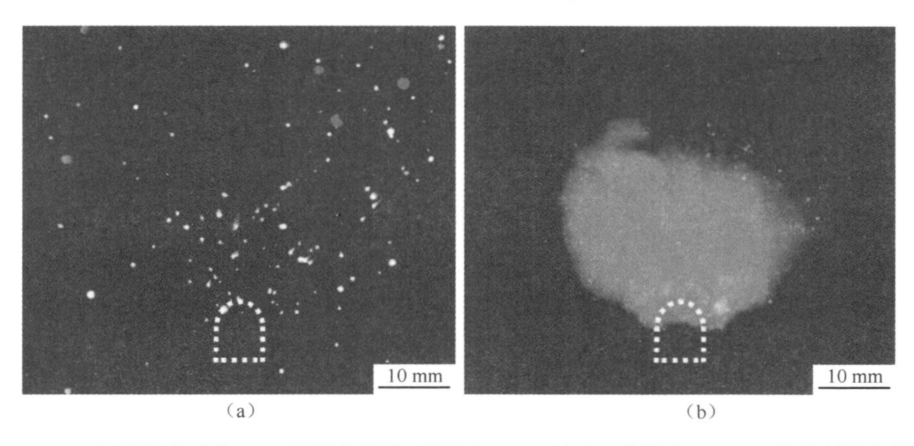

图 12-10　含铝推进剂在 1atm 下燃烧图片，以及含 Al/Li 合金（质量比 80∶20）推进剂燃烧图片

注：虚线为推进剂药柱。

复合推进剂(Al/AP/HTPB 质量比 26.80 : 61.48 : 11.72),以及用质量比为 80 : 20 的 Al/Li 的金属间化合物替代铝推进剂。图 12-10(b)中火焰呈现红色,是因为产物中有氯化锂。

图 12-11 来自两种推进剂的背光高速显微录像中的截图。图 12-11(a)是参比推进剂燃烧的图像,可以发现在其表面有大量的团聚物生成。燃烧的液滴形成一个氧化铝帽,而在离开推进剂表面后则形成球状液滴,在液滴表面上出现固体氧化铝小颗粒组成的烟,形成一条长长的尾迹。与之对应的是,在 Al/Li 合金推进剂表面可以看到有分散沸腾现象,推动着液滴从表面上喷出。在表面之外,也可以看到较大的液滴以分散沸腾的形式喷射出更小的液滴。这与在胶体液滴中观察到的一样[15]。还可以看到,其他液滴(尤其是更小的液滴)也在迅速地膨胀,可能是由于液滴核内部过热的锂突然汽化,与氯发生反应,从而产生了微爆炸(液滴破碎)。这种分散爆炸的实例可以在图 12-11 中看到,几乎观察不到在燃烧液滴表面的氧化铝烟和液滴表面的氧化铝帽。因为燃烧液滴的火焰温度远远高于铝和锂的沸点,在远离液体表面的气体中会发生均匀的气相反应。在此温度下,生成的 LiCl 也是气态,且生成的氧化铝产物尺寸也远比参比推进剂的产物要小得多。这会降低火箭发动机中的两相流动损失,进一步提高性能。

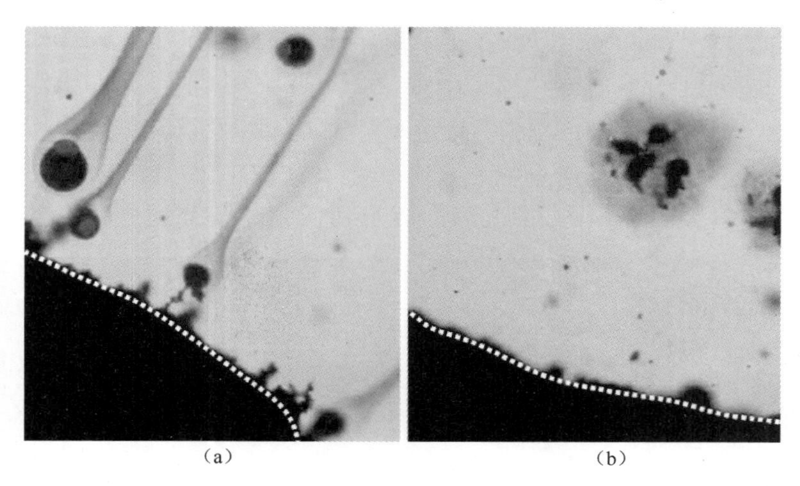

(a) (b)

图 12-11 含铝推进剂在 1atm 下燃烧,以及含 Al/Li 合金(质量比 80 : 20)推进剂燃烧

注:图(b)中可见喷射出的液滴;虚线部分为推进剂药柱;所有图片的曝光时间都为 1ms。

图 12-12 为金属燃烧动力学的示意图。最上方显示的是在常规方式中均相金属的熔融与后续的燃烧。初始的固体颗粒可以是球形的,也可以不是球形的。中间的情况则是合金的体系,同样也是先熔融,后续则是表面的易挥发组分先汽化,接下来发生分散沸腾,喷射出更小的液滴。最下方的情况类似,但是内

核中易挥发组分浓度更高，该情况下内核会过热，然后瞬间发生汽化，造成破碎微爆炸。这些合金的燃烧/汽化的方式都能在 Al/Li 基推进剂的燃烧中被发现。

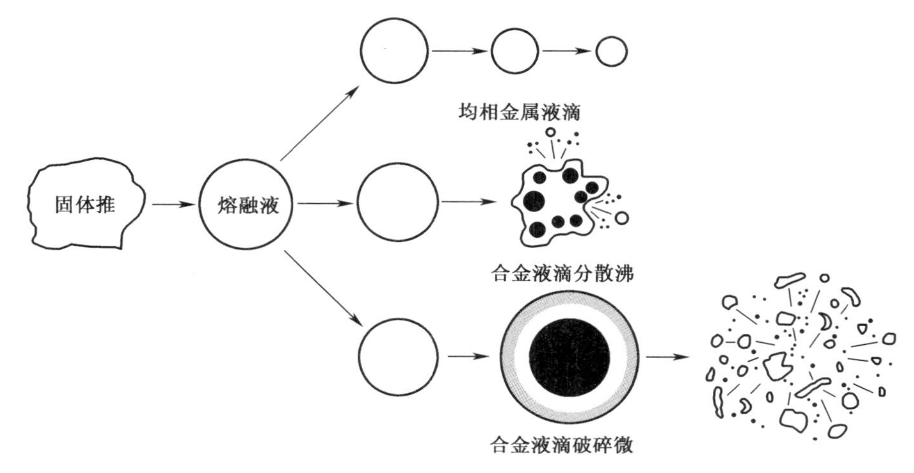

图 12-12　由于过热及快速汽化造成均相液滴气化、分散沸腾、破碎微爆炸的示意图

注：灰色表面区域表示易挥发组分的浓度梯度，黑色区域表示蒸气成核。

图 12-13 为在汽化或燃烧的合金液滴中温度与易挥发组分的浓度[V]的变化曲线。在扩散半径 r_d 与表面半径 r_s 之间的表面区域内，浓度[V]开始下降。图中 T_{SH} 为过热极限温度，$T_{BP,v}$ 为易挥发组分的沸点。如果整个核都处于过热状态了，就有望发生破碎微爆炸。然而，如果内核只是局部过热，或在沸点温度附近诱发成核，就可能发生局部的分散沸腾，抛射液滴，但不会扩散到整个液滴。对于该体系的实验中观察到，破碎微爆炸通常会在液滴较小的情况下发生。

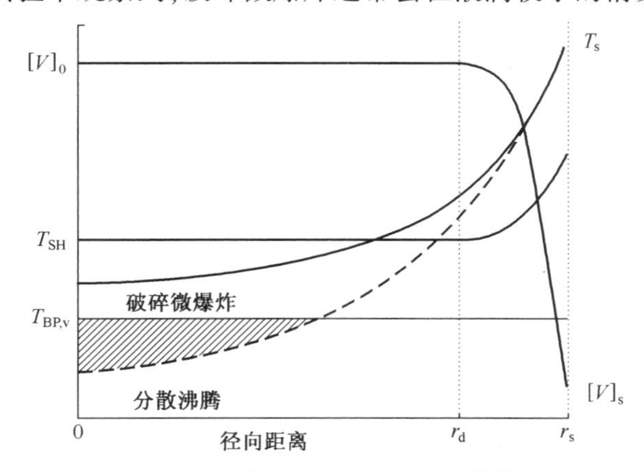

图 12-13　温度与易挥发组分浓度[V]在汽化或燃烧的合金中的变化

注：图中标示出了能够发生破碎微爆炸及分散沸腾的区域。

对于 Al/Li 基推进剂,还需要进行大量的研究工作,但是初步的实验及计算结果都很有意义。有水存在的情况下,Al/Li 合金会与水发生反应,因此若要确定其稳定性,有必要进一步的表征。与包合材料类似,该合金也有望应用于其他含能材料中,其应用前景也正在探索中。此外,其他多种合金体系也都有研究价值。

12.6 结　论

传统上,复合推进剂配方仅能够改变配方组分与粒度分布。纳米组分能够改善推进剂的性能,然而,其过大的比表面积会带来许多意料之外的后果,如流变性差,最终导致不合格的力学性能,无法使用。本章综述了一些最近的相关研究成果,通过调控颗粒来改善推进剂性能。

其中一种方法是将纳米材料包含在晶体中。例如,可以通过快速研磨过程来完成。通过直接的力学作用将纳米催化剂封装到 AP 中,制备复合推进剂以改善其性能。此外,由于大部分的大比表面积催化剂都在晶体内部,不与黏结剂直接接触,因此,有望比普通纳米催化剂有更高的固相装填。未来将探索其他的晶体体系和纳米可燃剂。

在常用复合推进剂中,另一个主要的固体组分为铝粉。正如 Bob Geisler 所说[24],“当上帝创造铝粉时,他意识到,除非给予铝粉一些不良的特性,否则火箭科学家们将会过度使用它……当铝粉在固体推进剂的表面上燃烧时,他使其团聚成高达数百微米大小的液滴……他让凝聚相产物在发动机循环区域累积,成为毫无用处又无法燃烧的废渣。这些产物会提高两相流的速度,造成热量的浪费,降低推进剂性能的表现……”仅仅将微米铝粉替换为纳米铝粉的传统方法并非有效的解决方案。改善或修饰微米颗粒的内部结构,从而使其具有纳米尺寸的性质,是一种可行的方案。对于包含物的适当选择能够使复合材料获得多种性质,从而使燃烧过程中产生更多的小液滴,最终生成尺寸更小的固相产物。

已证实,将包含物研磨到金属(如铝)中是一种有效的方法,有望解决铝粉在应用于固体推进剂中遇到的多种问题。复合颗粒内部的纳米结构特征使得复合物更容易点火,加热时产生的颗粒碎片使得生成产物尺寸更小。此处讨论的金属颗粒与包合物的机理类似于碳氢化合物燃烧时的乳液机理(如水与燃料油)。

与碳氢化合物燃烧具有类比性的另一对组合是互溶的燃油与金属合金。众所周知,不同挥发性的互溶液体燃料燃烧时会形成液滴的微爆炸(由于相变使液滴破碎)。以铝-锂合金基固体推进剂的初步研究结果为例,在燃烧的表面上发现了从其上溅射出的液滴。这些液滴中,尤其是较大的液滴,在分散的状态下继续沸腾,从母液滴(此处指分散沸腾)上溅射出更小的液滴。在其他液滴上,大部分的液滴内核会过热到某个极限,然后由于颗粒内部的沸腾而突然汽化,造成富铝表面层的膨胀,导致液滴的剧烈分散。后续需要对铝-锂合金体系(以及其他体系)进行更深入的表征,在其他方面的应用也应继续探索。

在将上述方法发展到能够完全实现的水平之前,我们还有很多工作要做,但是现有结果仍然显示了良好的研究前景。最终,可以通过高通量、自下而上的工艺精确地制备高密度、高能量的复合颗粒;但是直至今日,针对多种应用而设计的高密度复合颗粒,若要大规模的量产,仅能通过研磨工艺来实现。

致谢

该研究是在 NSF GRFP 基金支持下完成的,授权号为 No. 1147384,国防科技与工程研究(NDSEG)协会,32 CFR168a,AFOSR MURI 合同号为 #FA9550-13-1-0004,项目负责人为 Mitat Birkan。

参 考 文 献

[1] S. Chaturvedi, P. N. Dave, Nano-metal oxide: potential catalyst on thermal decomposition of ammonium perchlorate, J. Exp. Nanosci. 7 (2) (2012) 205-231.

[2] Z. Ma, F. Li, H. Bai, Effect of Fe_2O_3 in Fe_2O_3/AP composite particles on thermal decomposition of AP and on burning rate of the composite propellant, Propell. Explos. Pyrotech. 31(2006) 447-451.

[3] D. A. Reese, S. F. Son, L. J. Groven, Composite propellant based on a new nitrate ester, Propell. Explos. Pyrotech. 39 (5) (2014) 684-688.

[4] S. Isert, L. J. Groven, R. P. Lucht, S. F. Son, The effect of encapsulated nanosized catalysts on the combustion of composite solid propellants, Combust. Flame 162 (5) (2015) 1821-1828.

[5] T. D. Hedman, K. Y. Cho, A. Satija, L. J. Groven, R. P. Lucht, S. F. Son, Experimental observation of the flame structure of a bimodal ammonium perchlorate composite propellant using 5 kHz PLIF, Combust. Flame 159 (1) (2012) 427-437.

[6] T. D. Hedman, D. A. Reese, K. Y. Cho, L. J. Groven, R. P. Lucht, S. F. Son, An experimental study of the effect of catalysts on an ammonium perchlorate based composite propellant, Combust. Flame 159 (4) (2012) 1748-1758.

[7] T. D. Hedman, L. J. Groven, R. P. Lucht, S. F. Son, The effect of polymeric binder on composite propellant flame structure investigated with 5 kHz OH PLIF, Combust. Flame 160 (8) (2013) 1531-1540.

[8] T. D. Hedman, K. Y. Cho, L. J. Groven, R. P. Lucht, S. F. Son, The diffusion flame structure of an ammonium perchlorate based composite propellant at elevated pressures, Proc. Combust. Inst. 34 (1) (2013)

649-656.

[9] J. L. Sabourin, D. M. Dabbs, R. A. Yetter, F. L. Dryer, I. A. Aksay, Functionalized graphene sheet colloids for enhanced fuel/propellant combustion, ACS Nano 3 (12) (2009) 3945-3954.

[10] R. A. Yetter, G. A. Risha, S. F. Son, Metal particle combustion and nanotechnology, Proc. Combust. Inst. 32 (2) (2009) 1819-1838.

[11] C. K. Law, Combustion Physics, Cambridge University Press, New York, 2006.

[12] V. M. Ivanov, P. I. Nefedov, Experimental Investigation of the Combustion Process in Nature and Emulsified Fuels, vol. 19, NASA Scientific and Technical Publications from Trudy Instituta Goryacikh Ishkopayemykh, 1965p. 25-45.

[13] T. R. Sippel, S. F. Son, L. J. Groven, Altering reactivity of aluminum with selective inclusion of polytetrafluoroethylene through mechanical activation, Propell. Explos. Pyrotech. 38 (2) (2013) 286-295.

[14] M. Blander, J. L. Katz, Bubble nucleation in liquids, AIChE J. 21 (5) (1975) 1547-1556.

[15] K. Y. Cho, T. L. Pourpoint, S. F. Son, R. P. Lucht, Microexplosion investigation of monomethylhydrazine gelled droplet with OH planar laser-induced fluorescence, J. Propuls. Power 29 (6) (2013) 1303-1310.

[16] H. Cheung, N. S. Cohen, Performance of solid propellants containing metal additives, AIAA J. 3 (2) (1965) 250-257.

[17] G. P. Sutton, O. Biblarz, Rocket Propulsion Elements, eighth ed. , Wiley, 2011.

[18] Y. M. Timnat, Advanced Chemical Rocket Propulsion, Academic Press, Orlando, FL, 1987.

[19] T. R. Sippel, S. F. Son, L. J. Groven, Modifying aluminum reactivity with poly (carbonmonofluoride) via mechanical activation, Propell. Explos. Pyrotech. 38 (3) (2013) 321-326.

[20] T. R. Sippel, S. F. Son, L. J. Groven, Aluminum agglomeration reduction in a composite propellant using tailored Al/PTFE particles, Combust. Flame 161 (1) (2014) 311-321.

[21] T. R. Sippel, S. F. Son, L. J. Groven, S. Zhang, E. L. Dreizin, Exploring mechanisms for agglomerate reduction in composite solid propellants with polyethylene inclusion modified aluminum, Combust. Flame 162 (3) (2015) 846-854.

[22] H. Wang, G. Jian, S. Yan, J. B. DeLisio, C. Huang, M. R. Zachariah, Electrospray formation of gelled nano-aluminum microspheres with Superior reactivity, ACS Appl. Mater. Interfaces 5 (15) (2013) 6797-6801.

[23] G. Young, H. Wang, M. R. Zachariah, Application of nano-aluminum/nitrocellulose mesoparticles in composite solid rocket propellants, Propell. Explos. Pyrotech. 40 (3) (June 2015) 413-418, http://dx. doi. org/10. 1002/prep. 201500020. Online Version.

[24] R. L. Geisler, A global view of the use of aluminum fuel in solid rocket motors, in: AIAA 2002-3748, 38th Joint Propulsion Conference, 7-10 July, Indianapolis, Indiana, 2002.

第13章 凝聚相含能体系中纳米铝粉的预燃烧

Christian Paravan, Filippo Maggi, Stefano Dossi, Gianluigi Marra,
Giovanni Colombo, Luciano Galfetti

术语

a_s	S_{SA}衍生颗粒直径,$a_s=6/(S_{SA}\rho Al)$,nm
a_{SR}	装置参数(表13-12)
ADN	二硝酰胺铵
Al30	颗粒标称尺寸为30mm的微米铝粉
ALEX	爆炸Al(由EEW制备的纳米铝粉,通常为空气钝化)
AP	高氯酸铵
BET	比表面积测试
C_{Al}	活性铝含量,%(关于总体粉末质量)
C-ALEX	邻苯二酚包覆空气钝化ALEX
CH-ALEX	HTPB钝化空气包覆ALEX(邻苯二酚作为耦合剂)
D_{43}	体积平均直径,μm
DOA	己二酸二辛酯
DSC	差示扫描量热法
DTA	差示热分析
EEW	金属电爆炸
Fluorel^{TM}	氟橡胶,偏二氟乙烯六氟丙烯(70∶30)
GAP	叠氮缩水甘油醚聚合物

HTPB	端羟基聚丁二烯
IPDI	异佛尔酮二异氰酸酯
k_η	拟合参数(式(13-1))
L-ALEX	硬脂酸钝化 ALEX
n_{SR}	拟合参数(表 13-12)
nAl	纳米铝粉
R	通用气体常数(8.314J/(mol·K))
R^2	确定系数
r_b	固体推进剂燃烧速率,mm/s
r_f	固体燃料递减速率,mm/s
SEM	扫描电子显微镜
S_{SA}	比表面积,m^2/g
SPLab	空间推进实验室
SR	剪切速率,s^{-1}
SR *	滑移限制剪切速率,s^{-1}
STA	同步热分析
T	温度,K
T_{ign}	点火温度,K
$T_{on,1}$($T_{on,2}$)	第一(第二)强烈氧化初始温度,K
TED	透射电子探测器
TEM	投射电子显微镜
TG	热重法
VF-ALEX	氟代烃包覆空气钝化 ALEX
XRD	X 射线衍射
$\alpha(\bar{T})$	$Al \rightarrow Al_2O_3$转化分数(在控制温度 $\bar{T}$ 下),%

	$\alpha(\overline{T}) = C_{Al}/[\Delta m(\overline{T}) \times 0.89]$
ΔH_1,(ΔH_2)	第一(第二)强氧化释放焓,J/g
Δm_0	最大质量损失(TG),%(质量分数)
$\Delta m(\overline{T})$	在温度 $\overline{T}$ 下的质量变化(TG),%(质量分数)
η,η^*	黏度,复杂黏度,Pa·s
η'	同相组分中 η^*,Pa·s
η''	异相组分 η^*,Pa·s
μAl	微米尺寸 Al
ρ_{Al}	Al 密度,kg/m^3

化学常用名及 IUPAC 术语

Catechol($C_6H_6O_2$)	苯-1,2-醇
Dioctyl adipate ($C_{22}H_{42}O_4$)	己二酸二辛酯
FTOH 10∶1, telomer alcohol	(2,2,3,3,4,4,5,5,6,6,7,7,8,8,9,9,10,10,11,11)二十碳氟十一烷-1-醇或(1,1,11)三氢全氟-十一烷-1-醇
Maleic anhydride ($C_4H_2O_3$)	呋喃-2,5-二酮
Stearic acid ($C_{18}H_{36}O_2$)	硬脂酸

13.1　概　　述

金属粉末作为高密度燃料,广泛用于烟火药、推进剂和炸药等含能体系中。金属燃料可以生成的理想重量/体积氧化焓(图 13-1)。金属燃料与氧化剂(O_2)反应产生的热值比 H_2 低。虽然如此,由于金属的高密度,燃烧输出的高体积比热却比 H_2 和碳氢化合物高得多。与其他燃料相比,金属可以提高 O_2 的单位质量燃烧焓[1]。在火箭推进剂中,金属用来增加重量和体积比冲。由于金属燃料增加的额外体积推进力,跨大气层飞行器和运载系统可以增加任务载重量[2-3]。活性金属也应用于追求高能量释放的空气中或水下炸药中以提高性能[4-5]。此外,铝热剂,一种可以发生金属/非金属氧化物间氧化还原反应的烟火药剂[6],由于金属能量密度较高,可以提高单位质量释放能量值(如 Al + MoO_3铝热剂反应释放的热值为 4705kJ /kg)。

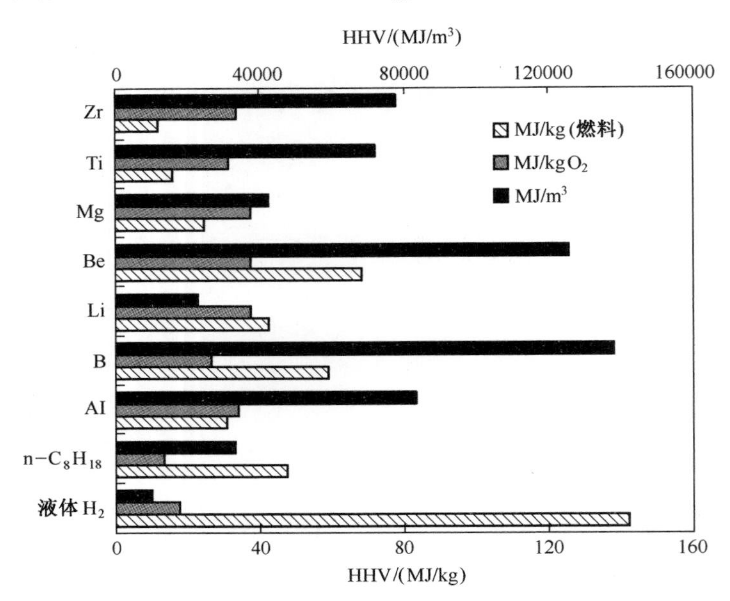

图 13-1 不同物质在氧气中的燃烧焓(HHV—较高热值)

铝在含能组分中使用时具有许多优点,尤其是在火箭推进剂中:可用性(原料便宜)、低毒性、高操作安全性(对于传统微米尺寸体系[7-8])和低氧气需求。一些物质,如 Be 和 B,可以提供比 Al 更高的燃烧焓(图 13-1)。然而这些材料的毒性均较高(Be 及其氧化物)或存在点火较难/燃烧效率低的问题(B),这些性质阻碍了它们的进一步应用。此外,微米尺寸的铝粉在固体火箭发动机中应用时可以抑制燃烧不稳定性[2]。

除非采用一些应对措施,否则铝粉暴露在干燥空气中通常会被钝化[9]。空气钝化会导致金属颗粒核周围形成一层无定形 Al_2O_3层。在常温条件下 Al_2O_3厚度为 3~5nm。根据文献[10-13],层厚度几乎与颗粒尺寸无关。考虑传统的微米颗粒($S_{SA}<1m^2/g$),有限的比表面积导致了点火温度高[14]和反应速率低[15]。实验数据表明,在空气中点燃直径约为 10μm 的颗粒需要约 2300K 的温度[16]。当颗粒尺寸减小时这个值逐步降低[14]。尤其是纳米 Al 颗粒($S_{SA} \geq 10m^2/g$)的点火温度低于 1000K[6,14,17]。Al 颗粒在空气中的燃烧有一个扩散-限制区域,只有尺寸在 10μm 以下的粉末才受该动力学影响[15-16]。

高点火温度和扩散-限制反应速率导致了微米金属颗粒燃烧焓释放的延迟。Popenko 等观察到微米铝粉和纳米铝粉在空气中燃烧时有特殊的行为：较细的颗粒主导反应的进程，而微米级的部分则需要更长的点火和燃烧时间[18]。在文献[18]的实验条件下，纳米铝粉含量小于 10%(质量分数)的混合物不能实现点火；混合物的燃烧过程是阶段性的：燃烧的第一阶段 T≈1500K，而第二阶段的反应温度则达到 2700K。特别地，测试了具有不同 S_{SA} 的微米铝粉中这个参数对低温阶段持续时间的影响(S_{SA} 越大，燃烧时间越短)。爆燃转爆轰实验验证了颗粒尺寸对于金属粉尘悬浮的作用。Ingignoli 等的数据[19]提到了在约束和开放环境下进行的实验，强调了只有直径 1~5μm 的颗粒才能实现爆燃转爆轰。Al 对固体火箭推进剂弹道的影响表明，初始金属颗粒直径的减小有利于燃烧速率的提高和凝聚态燃烧产物的产生[6]。旨在增加混合火箭推进固体燃料燃烧速率的研究表明了使用金属添加剂的积极影响，尤其是纳米铝粉在 HTPB 基配方中应用的研究[6]。文献[6,17,20-22]报道了通过使用经过特殊处理(机械和化学激活)改良的微米铝粉基和纳米铝粉基复合物可以调节反应活性，使增强固体推进剂/燃料的性能成为可能。纳米铝粉基增强的反应活性增加了其老化活性。根据关于纳米铝粉基老化的公开研究的有限数据[23-24]，由于颗粒与周围环境的相互作用，高 S_{SA} 促进了储存过程中纳米颗粒的老化。文献[25]报道的老化测试，证实了 ALEX 在 90%湿度特定环境下 C_{Al} 的损失。在该实验条件下，由于与 H_2O 的慢速反应，空气钝化的纳米铝粉的 Al→$Al(OH)_3$ 转换率在 18 天内高于 90%[25]。

虽然现在有一些非传统钝化技术(尤其是对于超分散体系[13])，微米铝粉和纳米铝粉通常仍会被空气钝化。在比较微米铝粉和纳米铝粉对含能体系性能的不同影响时必须考虑 C_{Al}。对于空气钝化的体系，Al_2O_3 壳的厚度并不取决于颗粒尺寸，与微米铝粉相比，纳米铝粉的 C_{Al} 较小。典型地，a_s≈220nm 的空气钝化的纳米铝粉的 C_{Al} 约为 89%，而对于 15μm 球形粉末，其活性金属含量大于 98%。由于有限的活性金属含量，从含能材料角度来看，尺寸 50~100nm 的纳米铝粉已经不再适用(图 13-2)，但仍可从动力学效应的角度对其进行研究。关于钝化过程对最终产物的 C_{Al} 的影响的机理同样适于采用不同物质进行非空气钝化的粉末。需要承认的是，金属含量的减少可以在不同应用中获得不同的作用。图 13-3 展示了活性金属减少对 GAP-AND 推进剂的影响比对 AP-HTPB 推进剂要小。文献[6]中的结果表明，在混合火箭推进中铝基燃料中金属含量的减少造成的比冲的降低几乎可以忽略。此外，对于更小的颗粒尺寸(更高的 S_{SA})，与所有纳米尺寸反应物共有的特征的一样，应该考虑增加的反应活性对附加反应速率(能量转化率)的影响。在这方面，实验结果的作用非常重要。尽管 C_{Al}

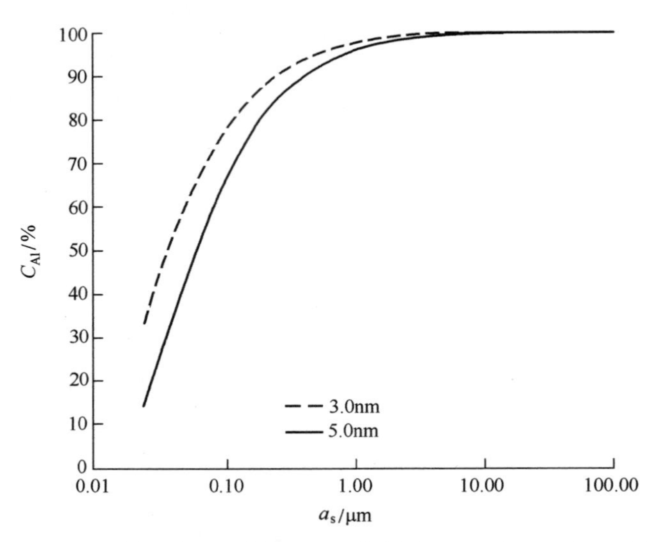

图 13-2　空气-包覆球形 Al 颗粒氧化层厚度为 3nm 和 5nm 的 C_{Al}计算值

注:对于 $a_s \leq 0.1\mu m$,可以看到陡峭的金属含量减少。

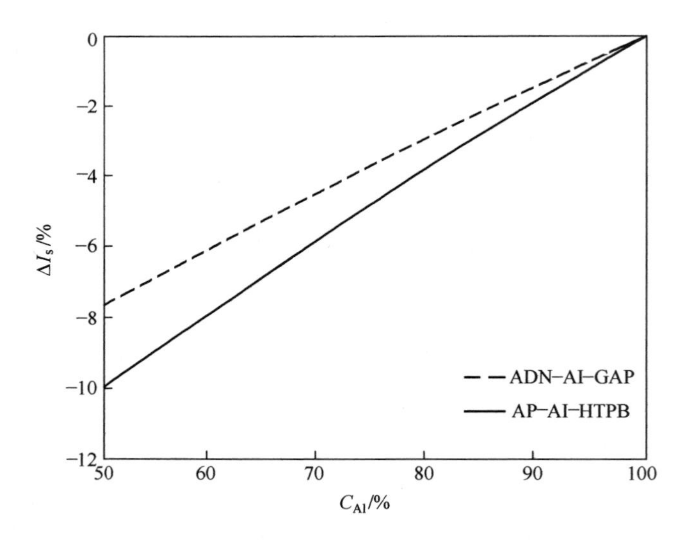

图 13-3　计算重量比冲量减小值和 C_{Al}(燃烧室压力为 7.9MPa,排出口和喉部面积比为 40,真空扩散)的函数关系。AP-Al-HTPB(标称质量比 68 : 18 : 14)和 ADN-Al-GAP(标称质量比 72 : 18 : 20)两个配方之间的比较

较低,纳米铝粉基添加剂可以增强固体燃料的 r_f,并使之存在调节的可能性[17,20,26]。纳米铝粉在固体推进剂配方中的应用使 r_b增加了 2 倍,并且通过减

小产物中团聚体的尺寸改良团聚过程[27-28]。同时,在纳米铝粉基推进剂中观察到了 Vieille 法则弹道系数的减小。纳米粉末在炸药应用中的优点尚不明确。例如,尽管对塑性黏结炸药的影响几乎可以忽略;但随着金属尺寸的减小,TNT-Al 含能材料的爆速和焓有显著的提升,其值仍保持在热力学值之下[29]。

纳米体系减小的尺寸和增加的 S_{SA} 导致了不良的颗粒间作用(团簇的形成和分散困难[30-31]),以及增加了相应浆料/悬浮液的黏度。因此,纳米铝粉的使用增加了处理和制备含能复合物的复杂度。纳米铝粉的堆积密度显著低于微米铝粉,并更倾向于在周围环境中飘散。由于粉尘云的最小点火温度低,此时燃烧反应从扩散机理变成动力学机理,这就导致了处理和制备过程的安全性问题。尺寸小于 50μm 的颗粒的最小爆炸浓度比较平稳[32]。关于纳米铝粉基推进剂/燃料的制备,由于颗粒与介质的相互作用,金属粉 S_{SA} 的增加会导致较大的流体动力学黏度[33]。因此,随着药浆中纳米材料数量的增加,固体燃料和固体推进剂的总体黏度也随之增加。这个作用对高固体含量药浆(也就是铝化推进剂)尤其明显,文献数据[34]表明,悬浮液中纳米铝粉的含量超过 5%,其黏度急剧上升。从这个角度来看,有目的的颗粒包覆不仅可以在防止金属粉进一步老化,更可以用来解决纳米级添加剂的分散困难问题[25,35]。在这种情况下,需要综合分析来估计包覆整个粉末可能造成的利弊(如 C_{Al},反应性)[20,25]。

SPLab 研究团队正在积极地发展并表征应用于空间推进的新型金属添加剂[20-21]。目前的工作集中于火箭推进应用中不同纳米铝粉的预燃烧特征。研究采用了不同钝化技术和具有不同结构的纳米铝粉:比较了空气钝化的纳米铝粉与脂肪酸钝化的同种粉末,讨论了可能的粉末表面处理(颗粒包覆)技术,估计了其对固体推进剂药浆流变学和储存期的影响。此项研究的目的是了解纳米铝粉特征对固体燃料/推进剂发展、制备的影响。

13.2　所测试的铝粉:生产、钝化和包覆

本研究中所测试的粉末的尺寸为微米级和纳米级。涉及的 Al30 是从商业渠道获得的、空气钝化的 30μm Al,生产商为英国的 AMG Alpoco 公司[36]。当表面平均直径为 29.4μm 时,实际的体平均直径(通过 Malvern 粒度分析仪 2000 测量得到)[37] $D_{43}=48.2\mu m$。所测的纳米铝粉由俄罗斯托木斯克先进粉末技术 LLC 生产[38],生产纳米铝粉的设备是 UDP-5 机器[39]。对于所有测试的粉末,EEW 过程均在 Ar 环境下进行,操作参数可保证获得尺寸为 100nm 的颗粒(提供者宣称)。文献[40-41]报道了关于 EEW 操作流程和粉

末制备参数的详细信息。在金属丝爆炸之后,收集凝聚态的纳米尺寸颗粒,并由 Ar+0.1%(体积分数)空气或硬脂酸钝化。钝化降低了制备出的纳米铝粉的极端反应性[30],避免金属与周围环境发生剧烈反应(暴露在氧化性环境下的粉末点火)。钝化层的存在使活性金属含量部分减少。虽然如此,氧化性物质向金属内部扩散仍存在障碍,因此,C_{Al}在储存过程中是较稳定的(钝化层的种类和质量分数影响了粉末老化的进程[9,25])。由于 $Al \rightarrow Al_2O_3$ 反应的发生,空气钝化可以降低粉末的 C_{Al}。另外,脂肪酸(或其他物质)包覆后 C_{Al}的减小是由于裸露金属表面上增加了一层包覆物。钝化纳米铝粉的反应活性、老化行为和在复杂配方中与其他组分的相容性等特征都可以通过包覆物来调节。表 13-1总结了粉末的表面处理方法,包括被空气钝化后的粉末;用溶于乙酸乙酯的邻苯二酚(粉末质量的 0.2%)包覆的 C-ALEX;VF-ALEX 是由 Fluorel™[42]基的氟代烃组分和酯包覆,酯来自于呋喃-2,5-双酮 1H,1H-氟-1-十一醇,VF-ALEX 的包覆物溶解于异丙醇中,其浓度为最终粉末产物质量的 5%~10%[30];C-ALEX 用 1%(质量分数)HTPB 进一步处理,形成了 HC-ALEX[31]。选择 VF-ALEX,是因为含氟聚合物对粉末老化和燃烧行为的特殊影响[13,17]。选择 HTPB 包覆,是用来改善老化特征和简化 HTPB 基燃料配方制备。尤其是,用同一种高聚物包覆金属颗粒来消除体系分散对 HTPB+HC-ALEX 药浆的黏度的影响是一种可行的策略。除了 L-ALEX,研究中所涉及粉末的制备都是实验室级的,由空气钝化的未包覆纳米铝粉制备。文献[17,41]中描述了关于 HTPB 基 VF-ALEX 和 HC-ALEX 固体燃料组分的弹道响应,文献[43-44]讨论了纳米铝粉末在固体推进剂中的燃烧行为。

表 13-1　所测纳米铝粉的钝化及包覆细节

粉体名称	钝化方式	包覆层
ALEX	空气	—
C-ALEX	空气	溶于乙酸乙酯的邻苯二酚(粉末质量的 0.2%)
HC-ALEX	空气	溶于乙酸乙酯的邻苯二酚(粉末质量的 0.2%)和 HTPB(1%(质量分数))
L-ALEX	溶于碳氢化合物的丙烯酸酯(5%~10%(质量分数))	—
VF-ALEX	空气	氟代烃组分和酯包覆,溶解于异丙醇中,其浓度为最终粉末产物质量的 5%~10%

13.3　纳米铝粉的形貌、结构和金属含量

本节讨论纳米铝粉的形貌特征。首先介绍传统微米铝粉,为了方便与纳米铝粉的独特特征进行对比。通过 SEM-TED(JSM-7600F)、TEM(JEOL JEM-2010)、S_{SA}氮吸附(BET 途径)、C_{Al}对所研究的粉末进行了表征。活性 Al 含量通过基本环境中(10% $NaOH_{(aq)}$)中 $Al+H_2O$ 的反应进行确定[45]。

图 13-4 展示了近球形的微米颗粒,图中有少数非球形颗粒。良好的剪切造成了圆滑的边缘和明显平滑的表面。较大的非球形颗粒表现出不规则的结构。由于粉末的低分散性,颗粒与颗粒之间的相互作用受限,因而出现团聚现象。微米级粉末的比表面积要小于通过 BET 方法制备的纳米铝粉能达到的最小值(表 13-1)。ALEX 粉末的显微图如图 13-5 所示。空气钝化和未包覆的纳米铝粉表现为球形/球状体颗粒(图 13-5(a)),具有明显平滑的结构和显著的团聚倾向。由 EEW 制备的粉末呈现出了双-或三-模式粒径分布[46],最终粉末中微米尺寸颗粒较少(但是可能的),如图 13-5(b)所示。ALEX 粉末的 S_{SA}(表 13-2)对应的 $a_s=188$nm,粉末中活性金属含量为 89%。粉末的 TED 和 TEM 图像分别如图 13-6 和图 13-7 所示。变化图像显示,空气钝化的 ALEX 颗粒会出现核-壳结构。如图 13-6(a)所示,外部的 Al_2O_3壳围绕着铝核。这种结构在空气钝化的微米铝粉和纳米铝粉上都有,并与颗粒尺寸无关。在常温常压

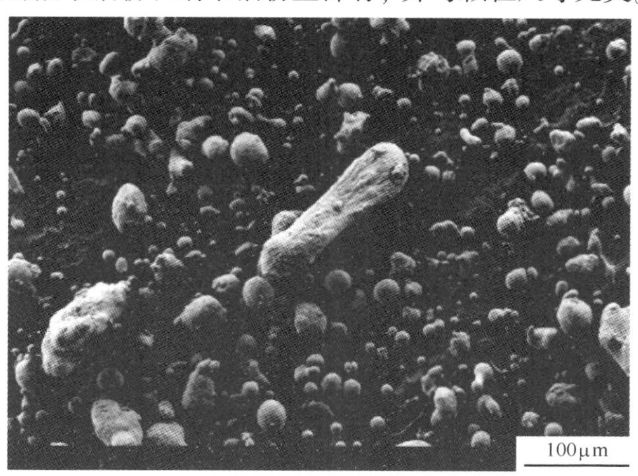

图 13-4　Al30 粉的 SEM 图

注:球形颗粒与相对大的物质。较小的颗粒表现出均匀组织和球体形状,较大颗粒表现出不规则结构和形状。

条件下，Al_2O_3 壳是无定形的。Trunov 等提出的模型强调了 Al_2O_3多晶相转变对加热过程中微米 Al 颗粒点火的影响。Rufino 等[47]的实验数据表明，Al_2O_3晶相转变可以影响纳米铝粉的非等温氧化。考虑到 ALEX 的 a_s并忽略表面吸附气体的存在，由 C_{Al}计算所得的 Al_2O_3壳厚度为 3. 2nm。这个值与公开文献中所报道的最大无定形 Al_2O_3层厚度在 3～5nm 范围内相一致[10,13]。TED/TEM 图像使识别 Al 颗粒结构的细节成为可能，SEM 不能捕获这些细节，例如，由于金属丝爆炸过程中熔化铝滴团聚所导致非球体单体的出现(图 13-6(a))。

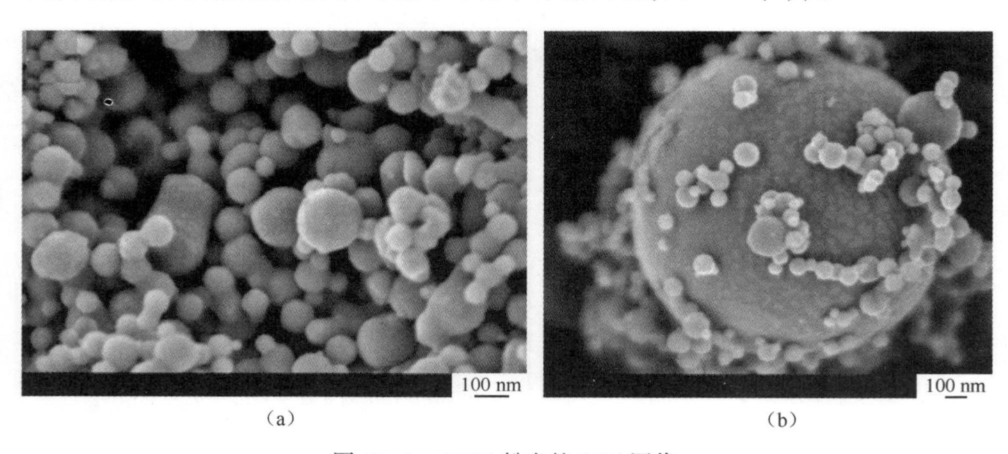

(a)　　(b)

图 13-5　ALEX 粉末的 SEM 图像

(a)来自 EEW 的颗粒展示了球形/球状体以及显著的团簇倾向；(b)团簇在微米颗粒上的纳米颗粒。

表 13-2　来自 N_2 解吸附的比表面积(BET 模型)、表面基颗粒直径 a_s和活性铝含量 C_{Al}

粉体名称	S_{SA}(BET)/(m^2/g)	a_s/nm	C_{Al}/%
Al30	<0. 1	>22000	99. 6±0. 1
ALEX	11. 8±0. 4	188	89±0. 2
C-ALEX	11. 3±0. 1	192	88±1. 5
HC-ALEX	—	—	89±1. 0
L-ALEX	—	—	79①
VF-ALEX	6. 9±0. 2	322	78±1. 5

注：颗粒的包覆促进了其团簇，因此减小了 S_{SA}。

①置信区间未知

L-ALEX 和 VF-ALEX(图 13-6(b)和(c))的 TED 图像展示了由两层壳包围内核的分层结构。对于由硬脂酸包覆的粉末(由于没有钝化过程，Al 不会因

为转化为 Al_2O_3而直接消耗）可能有两个机理：因为铝核与脂肪酸的相互作用而形成的硬脂酸铝[30]及钝化粉末的老化[13]。考虑所观察层相对大的厚度（根据图 13-6（b），约为 5nm），储存过程中粉末老化所导致硬脂酸层和铝核之间 Al_2O_3 壳的形成和增长是对所观察到结构的最有可能的解释[13]。考虑到文献[13]中报道的实验证据，不能排除硬脂酸铝的存在。对 L-ALEX 各批次的 X 射线衍射分析，证明 Al 是样品中唯一存在的晶体，涉及的纳米铝粉一样。应该注意，XRD 技术仅可用于识别晶体相态。包覆层的应用促进了颗粒的团聚，这一点可以通过图 13-6（c）和关于 ALEX 粉末 S_{SA}的减小证实（表 13-2）。硬脂酸钝化与空气钝化都导致了 C_{Al}的减小。考虑包覆部分的质量（初始粉末的 5%～10%），这个减小可能是粉末老化的证据，随着氧气透过脂肪酸层的扩散，导致了 Al_2O_3的形成和增长。对于 VF-ALEX，相对低的活性金属含量是由于包覆是在已发生空气钝化的粉末上进行的。

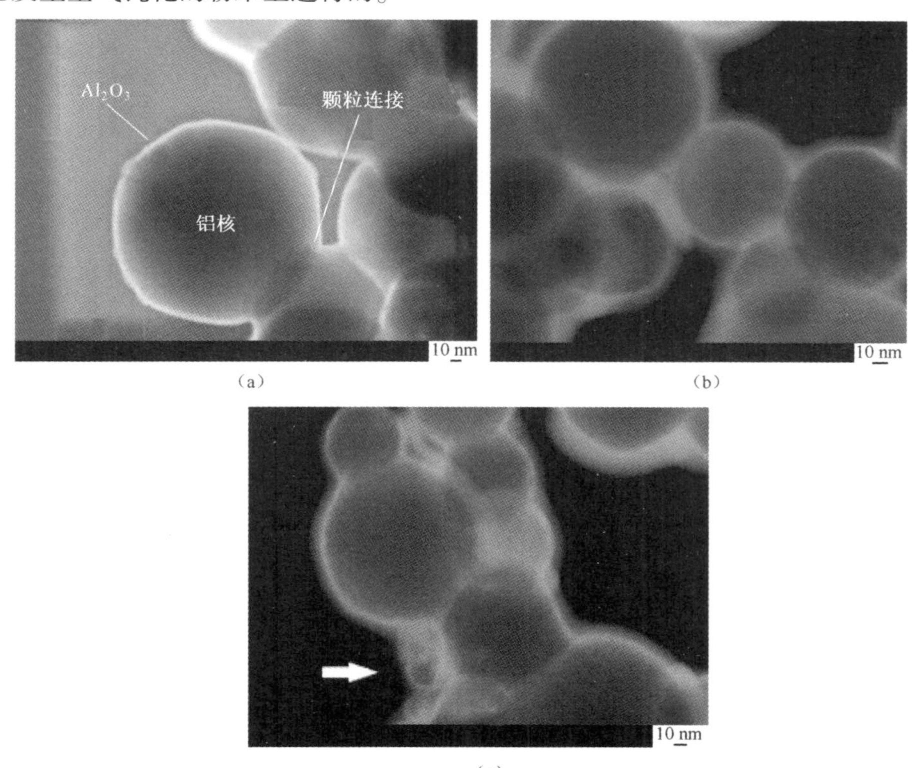

图 13-6　ALEX、L-ALEX 和 VF-ALEX 的 TEM 图

注：图（a）中 Al_2O_3壳围绕着 Al 核；图（b）和图（c）中可以看到 L-ALEX 和 VF-ALEX 分层结构，其中图（c）中可见氢氟碳化合物包覆引发的颗粒团簇。

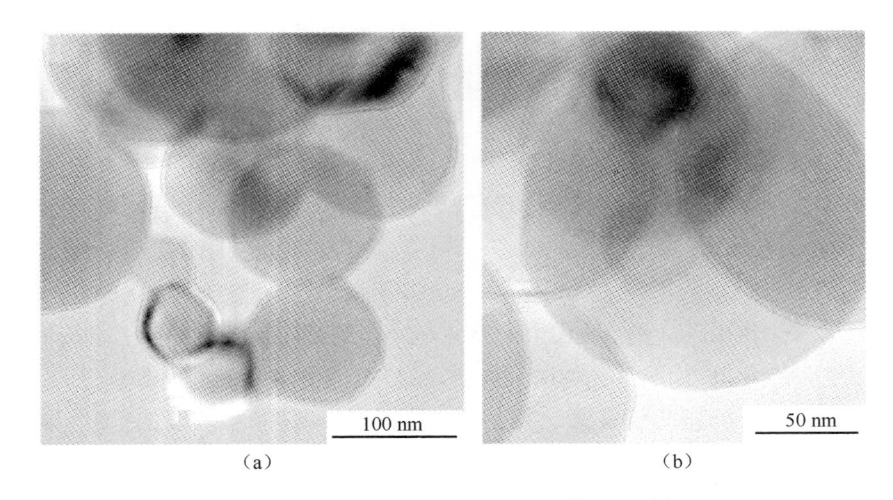

图 13-7 C-ALEX 和 CH-ALEX 的 TEM 图

注:C-ALEX 展现了包围 Al 核 Al_2O_3壳邻苯二酚包覆的分层结构;

CH-ALEX 展现了颗粒周围聚合物的一致包覆层;关于 HTPB 包覆的细节和其选择参见文献[25]。

13.4 纳米铝粉反应性

通过对非等温氧化(DSC 和/或 TG)和点火温度的研究对纳米铝粉在空气中的反应性进行了表征。这些测试旨在提供氧化环境中粉末反应性在不同升温速率下的相对分级。加热过程、形貌和颗粒结构会影响其反应性,从而影响粉末的行为特征(点火温度、燃烧区域等)。

13.4.1 非等温氧化:低升温速率

用 DSC-TG(Netzsch STA 449 F3 Jupiter)和 DTA-TG(Seiko Instruments 6200)在空气中进行了低速非等温氧化,升温速率为 10K/min。用于差示分析的坩埚材质是 $\alpha-Al_2O_3$。用 Ilyin 等提出的反应参数对测得的量热和重量变化进行了分析[48]。表 13-3 列出了所有粉末的 TG 数据,在测试条件下纳米铝粉的典型 DSC-TG 曲线如图 13-8 所示。在低速加热过程中,纳米铝粉的 TG 曲线有三个主要过程[29,49]:一个初始质量损失和一个两阶段的氧化。初始质量损失是由不同原因引起的,取决于粉末钝化/包覆层的特点。对于空气-钝化的粉末,$\Delta m_0<0$ 与加热导致的气体吸附有关。这是纳米铝粉和 Al30 之间的第一点区别——后者较低的 S_{SA} 限制了气体吸附,前者的气体吸附现象非常明

显(表 13-3 中 ALEX 和 Al30 数据)。对于表面有试剂沉积钝化/包覆的粉末，起始的质量损失是由于该层的降解。表 13-3 中所列的数据表明，C-ALEX 的初始质量损失超过了用邻苯二酚包覆的质量损失。这是由于小颗粒粉末具有较高的S_{SA}(表 13-2)，在储存过程中可能会吸附环境气体。另外，VF-ALEX 表现出了 $\Delta m_0=-5.8\%$，意味着质量损失主要是由于包覆层的分解。此外，因为所使用的包覆质量分数为 5%~10%，含氟化合物可能在氧化过程中没有完全降解，剩余的碳残留在颗粒表面。这就解释了具有低/高包覆质量分数纳米铝粉的不同 TG 行为：包覆质量分数越低，颗粒表面残留物越少，因此，粉末质量增加得越多，Al 的氧化更完全。

表 13-3　研究粉末的热重分析数据(空气，10K/min)

粉体名称	Δm_0/%	$\Delta m(T=933\text{K})$/%	$\Delta m(T=1273\text{K})$/%
Al30	0	0.9	1.5
ALEX	-1.3	29.5	66.0
C-ALEX	-1.3	27.1	60.8①
HC-ALEX	-1.4	27.9	66.1
VF-ALEX	-5.8	22.7	53.5

注：L-ALEX 的数据不可用。
①极限温度估值为 1200K

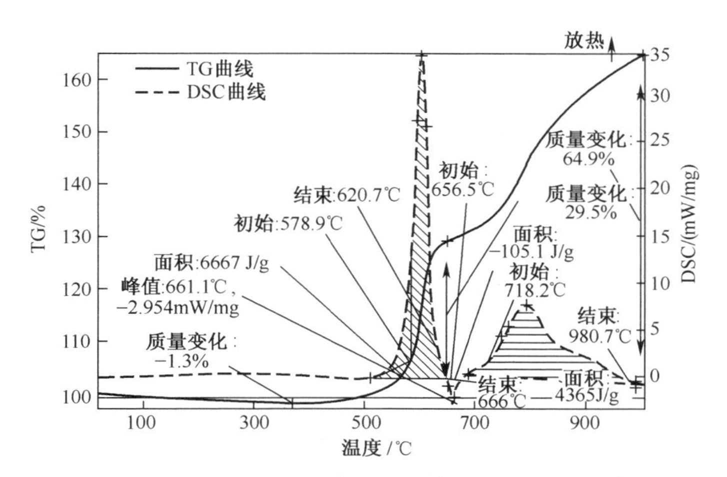

图 13-8　纳米铝粉在空气中氧化的典型的非等温曲线(升温速率 10K/min)[49]

注：铝的分阶段氧化第一阶段的剧烈反应发生在铝熔化之前，第二阶段中含有液态金属。

在该实验条件下，粉末的初始质量损失后有两个剧烈的氧化过程。纳米铝

粉的这个氧化阶段是由于以下原因:

(1) EEW 制备的纳米铝粉的颗粒尺寸分布相对较宽(图 13-5 和图 13-6 及文献[46]),因此与较粗的粉末相比,较细的粉末在较低的温度下先发生了反应。

(2) 围绕铝粉的 Al_2O_3壳在粉末氧化中表现出的复杂的现象,如多晶相转变[12,47]和可能存在的破裂(由于 Al 在 $T=933K$ 时氧化),影响了核的氧化。

(3) $Al+N_2$反应后,产物可能与 O_2 发生相互作用,发生后氧化[18,30]。

第一个纳米铝粉的强氧化阶段发生在 Al 的熔点之前,伴随高 S_{SA}超分散粉体的质量快速增加(表 13-3)。纯 ALEX 和邻苯二酚包覆的 ALEX 具有相似的 $\Delta m(T=933K)$,而 VF-ALEX 的性能受较高的包覆物质量分数影响。第二个氧化阶段中仍有这种现象。研究中考虑的温度有限,除了 VF-ALEX,所有粉末的总体质量都增加了近 66%。表 13-4 对比了 ALEX 和 VF-ALEX 非等温氧化行为的详细数据。在这个分析中,第一个和第二个强氧化的初始温度(分别为 $T_{on,1}$和 $T_{on,2}$)通过切线法进行判定[50]。相比于 VF-ALEX,单独的空气钝化产生的粉末反应性更强。这一点通过 ALEX 较低的 $T_{on,1}$得到验证,比氟化碳氢化合物包覆粉末的相应温度值低 36K(表 13-4)。此外,VF-ALEX 的 $\Delta H_1=$ 4171J/g,而 ALEX 的第一个释放焓值为 6667J/g。粉末的第二个强氧化阶段也有类似的结果,VF-ALEX 的起始温度延迟可达 74K。氟化碳氢化合物包覆的粉末与 ALEX 相比,释放的总体焓值较小:对于空气钝化的纳米铝粉,$\Delta H_1+\Delta H_2=$ 11032J/g,而截至给定温度 1273K,VF-ALEX 释放值为 8090J/g。氟化碳氢化合物包覆粉末的氧化初始延迟解释:在低升温速率下,包覆物分解和粉末氧化在不同温度和时间下发生。因此,虽然不完全分解的包覆物会将碳质残留在 Al 颗粒上,两种现象之间不可能存在相互作用。这些含氟聚合物分解残留物可以阻碍颗粒氧化,从而证实了所得结果。值得注意的是,根据文献结果,在氧气中加热,且升温速率大于 30K/min 时,第二个氧化阶段会与第一个发生合并[51]。

表 13-4 研究粉末的非等温氧化数据(DSC-TG)(空气,10K/min)

粉体	$T_{on,1}$ /K	ΔH_1 /(J/g)	$\alpha(T=933K)$①	$T_{on,2}$ /K	$\Delta H_1+\Delta H_1$/(J/g)	$\alpha(T=1273K)$①
ALEX	852	6667	37.2	991	11032	83.3
VF-ALEX	888	4171	32.7	1065	8090	77.1

①$Al\rightarrow Al_2O_3$反应的转化因子:$\alpha(T)=C_{Al}/[\Delta m(T)\times 0.89]$(见文献[48])

13.4.2 非等温氧化:高升温速率

采用热金属丝技术研究了粉末的点火温度。测试在 SPLab 开发的试验台上进行,将粉末放置在应用焦耳效应加热的Kanthal™热丝上直接加热。通过S型(Pt-Pt/10%Rh)微热电偶(50μm接合点)测试了粉末的温度变化。T_{ign}由红外光电二极管来确定。通过调节输入到金属丝的电能大小可以实现对粉末升温速率的精确的控制,如升温速率350K/s的再现性就很好。加热过程中,通过温度明显跃升的点可以估计测试粉末的T_{ign},样品点火后,发射的辐射信号会急剧上升,光电二极管通过捕获该信号也可以确认点火的发生。文献[6]中对实验设置和数据衰减技术进行了完整描述。热金属丝技术提供了高升温速率下的测试结果,该结果可以与低升温速率的DSC-TG比较。表13-5列出了在空气中,0.1MPa压力下,升温速率为(300±50)K/s时获得的数据。

表13-5 测试粉末的点火温度

粉体名称	T_{ign}/K
Al30	未测得①
ALEX	820 ±12
L-ALEX	771 ±16
VF-ALEX	713 ±20

注:空气,0.1MPa压力,升温速率(300±50)K/s。置信区间为95%,t分布。T_{ign}是至少10次单次有效测试的结果。

①T_{ign}超过了热电偶的极限温度(1873K)

T_{ign}结果表现出了与DSC-TG不同(甚至相反的)的趋势(表13-4中的$T_{on,1}$)。尤其是在该实验条件下,与空气钝化的ALEX相比,VF-ALEX表现出更强的反应活性。氟化碳氢化合物包覆的粉末点火温度降低了近110K,证实了其点火更迅速。同样,在硬脂酸包覆的粉末中也有相似的趋势,其点火温度处于ALEX和VF-ALEX之间。在该条件下,包覆层的降解触发了粉末的点火过程,这解释了结果中观察到的趋势[17,40]。已有的数据不能确定L-ALEX和VF-ALEX的点火是由何种原因引起的,是由于周围空气和包覆层分解产物之间的需氧反应,还是由于固体颗粒和包覆层分解产物之间的多相无氧反应。来自文献[52-53]的数据表明,第二种类型的反应更有可能。实验台的条件限制了低氧(或惰性)环境的测试,不能评价包覆层分解对颗粒点火的具体影响,这在未来的工作中将进一步表述。文献[54]表明了在任何情况下,升温速率对粉末点火都存在影响的现象。同样,含氟聚合物包覆的铝基复合物在高/低升温速率时的结果差异也较为明显[20,22]。包覆层降解产物和纳米Al燃烧之间可能存在的相互作用是HTPB+VF-ALEX燃料在实验室级燃烧实验中所表现出的特殊的弹道行为的原因[17,40]。尤其是氟化包覆层的存在可能会减少影响固体燃料中

ALEX 燃烧的团聚现象[17,52-53,55]。在该条件下，Trunov 等证实了发生在 Al_2O_3 从无定形到 γ 晶型的转变温度范围内的 ALEX 的点火，可能是导致颗粒点火的机理[12]。文献[56]讨论了其他效应，如铝氢氧化物的脱水（颗粒表面暴露在湿润环境中的结果），可能会认为是 ALEX 强反应活性的原因。

13.5 纳米铝粉基固体燃料和推进剂药浆的流变学

本节阐述并讨论未固化燃料和固体推进剂配方的流变行为。关于药浆黏度的研究可以评价金属粉末 S_{SA}、形貌和分散对复合物制备以及最终特征的影响。

纳米添加剂在聚合物基体的分散需要特殊的操作方法，以防止或限制颗粒的团聚，从而保证添加剂能分散至纳米级。分散纳米铝粉常用的方法是对混合物进行超声处理[25,57]。这部分涉及的燃料或推进剂配方都是根据 SPLab 制订的操作规程制备的[58-59]，并使用了声学混合器（Resodyn™ LabRAM 混合器[60]）。在燃料/推进剂药浆制备过程中，混合物的温度通过专用设备控制[61]，以阻止由于剧烈的混合所引起自加热而引起的固化反应。首先讨论固体燃料配方的流变行为，然后评估推进剂药浆的黏度。

13.5.1 未固化固体燃料浆体的流变行为

本节主要讨论未固化的 HTPB 基燃料药浆的流变行为。实验采用 TA AR2000ex 平板流变仪对流变性进行测定。在振荡条件测试了燃料浆体（应变 2%，频率 1Hz）来估计 $|\eta^*| = (\eta'^2 + \eta''^2)^{1/2}$ [61]。设定操作温度为 333K，测试时间为 5h。HTPB－黏结剂配方如表 13－6 所列，测试浆体的配方信息如表 13－7所列。添加剂质量分数参考了关于递减速率增强型混合火箭燃料的公开文献中的经典值[17,26,40]。

表 13－6　分析中所研究 HTPB－黏合剂的详细组分

组　分	含量/%（质量分数）
HTPB R-45 HTLO①	79.2
DOA	13.1
IPDI	7.7

注：配方曲线水平（—NCO/—OH）为 1.04。

①羟值为（0.83±0.5）毫克当量 KOH/g，分子量为 2800g/mol，黏度为 5Pa · s（T=303K）

表 13-7　所测未处理浆状燃料的详细组成

燃料药浆	纳米铝粉类型	纳米铝粉/%(质量分数)
F-HTPB①	—	—
F-ALEX-10%	ALEX	10
F-L-ALEEX-10%	L-ALEX	10
F-OCT②	—	—
注:所用铝粉为 ALEX 或 L-ALEX。F-OCT 燃料配方用于估计纯硬酯酸对 HTPB 流变响应的影响。 ①无金属基础配方; ②HTPB(99.5%)+丙烯酸(0.5%)		

文献[57]报道了关于在此结果的延伸讨论(包括关于若干微米尺寸粉末的数据),表 13-8 列出了该配方的 $|\eta^*|$ 随时间变化的数据。

表 13-8　恒温条件下 $|\eta^*|$ 的时间估计值

	从测试开始到目前的时间/min					
燃料药浆	0	60	120	180	240	300
F-HTPB	0.56	0.78	1.1	1.5	2.0	2.7
F-ALEX-10%	0.85	0.94	1.1	1.4	1.7	2.1
F-L-ALEEX-10%	0.85	1.2	1.9	2.9	4.2	6.1
F-OCT	0.82	4.0	19	111	从 218min 开始凝胶	
注:T=333K,张力 2%,频率 1Hz。在线性区域中选择测试张力条件						

在本书的实验条件下,悬浮液表现为牛顿流体[33]。由于大比表面积,ALEX 和 L-ALEX 表现为半增强填料,由于流体动力学效应和颗粒间相互作用,在 t=0(测试开始)时药浆的 $|\eta^*|$ 就开始增加。特别注意的是,在测试开始时,含 F-ALEX-10%和 F-L-ALEX-10%的黏度较 F-HTPB 高 52%。F-OCT 配方是用来验证在 P-L-ALEX-10%配方中 HTPB-异氰酸盐-硬脂酸之间可能存在的相互作用,并定义 $|\eta^*|$ 的初始值。这个结果是由测试前复合物的快速固化反应导致的。在测试过程中 F-OCT 的复杂黏度呈现出快速的单调递增趋势(表 13-8)。聚合物在 4h 内就达到了凝胶点($\eta'=\eta''$,文献[62]),这表明固化过程中 HTPB 与硬脂酸之间存在相互作用。这可以由表 13-8 中的 F-L-ALEX-10%数据验证。尽管与 ALEX 相比,L-ALEX 的 S_{SA} 较小[61],流变应力也较小,但含 F-L-ALEX-10%的复合药浆的 $|\eta^*|$ 增长速率比 F-HTPB 和含 ALEX 都快。但是,F-ALEX-10%的 $|\eta^*|$ 增长低于基线的值。此外,t 在

180~240min 范围内，ALEX 掺杂配方的 $|\eta^*|$ 慢于 F-HTPB 的值。表 13-9 列出了所测试配方的黏度增长的拟合参数，拟合得到近似指数方程：

$$|\eta^*| = |\eta^*|_{t=0}\exp(k_\eta t) \tag{13-1}$$

含 ALEX 配方表现出的行为与 Mahanta、Pathak、MacManus 等的实验结果一致。他们所得的结果表明，与 HTPB 相比，含微米铝粉配方的黏度增长速率低[63-64]。有趣的是，$\alpha-Al_2O_3$ 微米颗粒对 $|\eta^*|$ 随时间变化的影响却与上述结果不同[61]，由 ALEX（和微米铝粉）导致的特殊行为可能与颗粒周围的无定形铝壳有关。虽然如此，仍需要进一步地分析来对公开文献中并未报道的现象进行合适的评估。

表 13-9　等温条件下复数黏度增长的指数函数

燃料药浆	$\|\eta^*\|_{t=0}$/(Pa·s)	k_s/min^{-1}	R^2
F-HTPB	0.560	0.00527	0.999
F-ALEX-10%	0.854	0.00332	0.992
F-L-ALEEX-10%	0.855	0.00665	0.999
F-OCT	0.824	0.02700	0.999
注：T=333K，张力 2%，频率 1Hz			

13.5.2　未固化固体推进剂浆体的流变行为

采用 Rhemoetrics 动态分析仪 RDA Ⅱ对未固化的固体推进剂药浆的流变行为进行了表征。将药浆放置在流变仪平行盘之间（Al 盘，直径为 40mm）进行测试，间距为（1±0.05）mm。操作在稳定速率范围内进行（剪切率在 0.5~5s^{-1}范围内变化，测试时间为 60s），温度为 333K[33,35,65-66]。

所测试的推进剂配方的详细信息如表 13-10 所列。所测药浆内含两级颗粒级配的 AP 和相对高质量分数的增塑剂，因为额外的 DOA 用来模拟具有相似黏度的液态固化剂（为了阻止固化）。Al30 用于制备基本配方，通过逐步增加纳米铝粉的质量分数（从 3%到 18%）取代其中的微米铝粉。文献[58]报道了固体推进剂制备过程的详细信息，表 13-11 给出了一系列测试配方。

在该条件下，为了验证黏度的结果和将剪切率以扭矩函数的形式表达，对精确数据的约减是必要的（图 13-9）。尤其是通过改变剪切率检测黏度变化的过程中可以监测到药浆-平行板间的黏附校正。这种黏附可以通过 SR 值变化来校正，SR 值超过了临界值 SR*[58]。图 13-9（a）中报道的关于

P-Al30-18%的结果显示,金属板和药浆之间不存在滑移现象。这种黏附在某些条件下会失效。这种情况的例子如图 13-9(b)所示,图中曲线展示了 P-L-ALEX-18%的结果。$SR^* = 1.58s^{-1}$时,药浆与金属板的黏附导致了扭矩的突然降低。所获实验结果如图 13-10～图 13-12 所示。为了描述 $\eta_{(SR)}$ 的所有行为,提出了基于指数或功率法则函数的数据拟合方法(表 13-12)。这些指数法则用于推断 SR 值从 SR^*(终值)到 $5s^{-1}$(极限值)范围内的药浆黏度,如图 13-11 和图 13-12所示。

表 13-10　所测试未固化推进剂浆体的配方信息

组　　分	含量/%(质量分数)
AP-200μm	58.0
AP-10μm	10.0
HTPB R-45HTLO①	11.1
DOA	2.9
铝	18.0

注:所使用铝粉为 Al30、纳米铝粉(ALEX,L-ALEX 和 VF-ALEX)或 Al30 和纳米铝粉的变量混合物。更多详细信息见表 13-11。

①羟值为(0.83 ± 0.5)毫克当量 KOH/g, 分子量为 2800g/mol,黏度为 5Pa · s(T=303K)

表 13-11　用于估计纳米铝粉对推进剂流变行为影响的固体推进剂浆体测试

推进剂药浆	纳米铝粉类型	微米铝粉/%(质量分数)	纳米铝粉/%(质量分数)
P-Al30	—	18	0
P-ALEX-3%	ALEX	15	3
P-ALEX-6%	ALEX	12	6
P-ALEX-18%	ALEX	0	18
P-L-ALEX-3%	L-ALEX	15	3
P-L-ALEX-6%	L-ALEX	12	6
P-L-ALEX-18%	L-ALEX	0	18
P-V-ALEX-3%	VF-ALEX	15	3
P-V-ALEX-6%	VF-ALEX	12	6
P-V-ALEX-18%	VF-ALEX	0	18

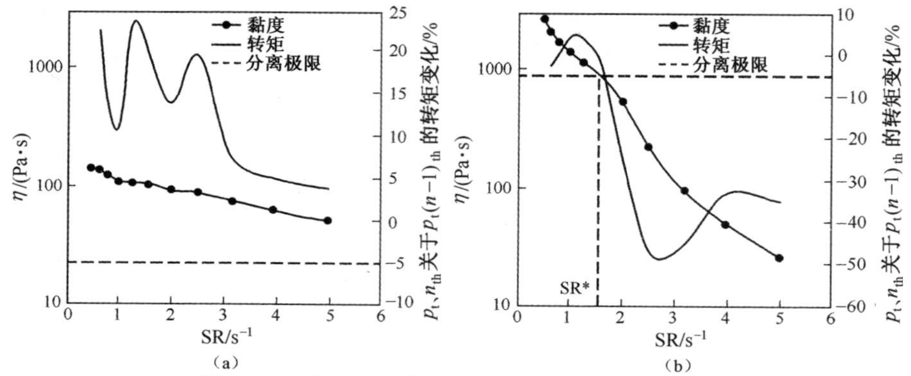

图 13-9 未固化固体推进剂黏度对转矩的依赖性

(a) P-Al30-18%;(b) P-LALEX-18%。

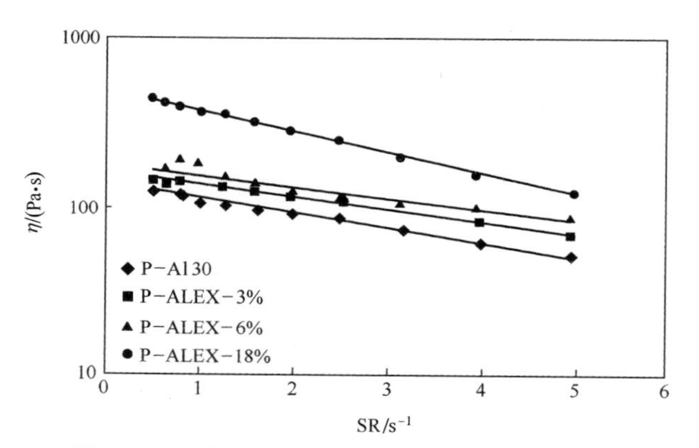

图 13-10 未处理 P -ALEX 系列推进剂的黏度

注:实线表示表 13-12 中数据的指数函数。

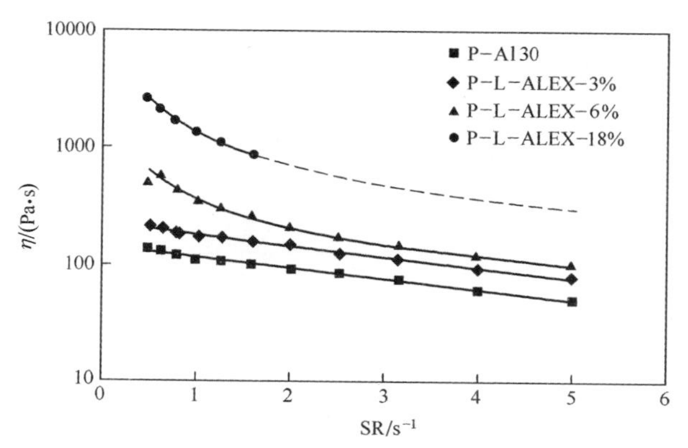

图 13-11 未处理 P-L-ALEX 系列推进剂的黏度

注:实线表示表 13-12 中数据的指数函数;虚线表示 SR≤SR* 范围内实现趋势推测的数据。

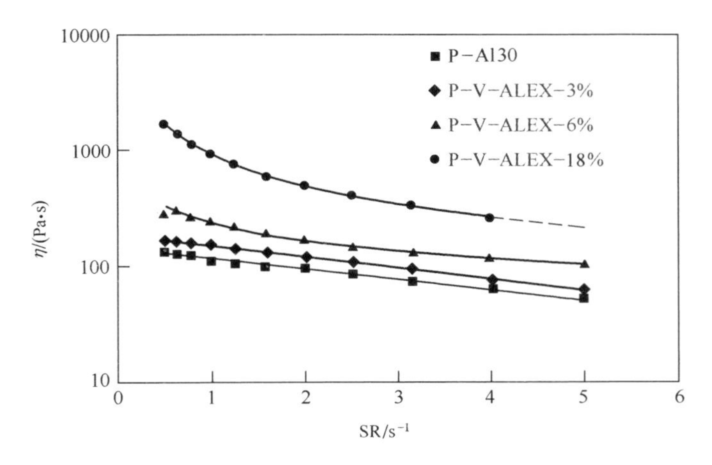

图 13-12　未处理 P-V-ALEX 系列推进剂的黏度

注：实线表示表 13-12 中数据的指数函数；虚线表示 SR ≤ SR* 范围内实现趋势推测的数据。

表 13-12　推进剂浆体流变行为数据拟合

推进剂药浆	η(SR)近似关系式①	R^2
P-Al30	(145.52 ± 3.71) · exp[(-0.214 ± 0.010)SR]	0.977
P-ALEX-3%	(167.63 ± 3.741) · exp[(-0.174 ± 0.008)SR]	0.978
P-ALEX-6%	(181.17 ± 12.4) · exp[(-0.154 ± 0.028)SR]	0.746
P-ALEX-18%	(499.48 ± 5.32) · exp[(-0.281 ± 0.004)SR]	0.998
P-L-ALEX-3%	(232.70 ± 5.39) · exp[(-0.214 ± 0.010)SR]	0.982
P-L-ALEX-6%	$(361.78 \pm 11.8) \cdot SR^{(-0.803 \pm 0.038)}$	0.978
P-L-ALEX-18%	$(1361.4 \pm 14.8) \cdot SR^{(-0.948 \pm 0.026)}$	0.996
P-V-ALEX-3%	(190.33 ± 2.70) · exp[(-0.214 ± 0.010)SR]	0.993
P-V-ALEX-6%	$(231.71 \pm 5.56) \cdot SR^{(-0.493 \pm 0.028)}$	0.969
P-V-ALEX-18%	$(907.93 \pm 6.93) \cdot SR^{(-1.051 \pm 0.089)}$	0.999

注：指数或功率法则数据拟合被选择，取决于形成相关性 R^2 和近似值的协同系数最大值。

①近似原则为 $\eta(SR) = a_{SR} \cdot \exp(n_{SR} \cdot SR)$ 或 $\eta(SR) = a_{SR} \cdot SR^{n_{SR}}$

图 13-10 示出了 ALEX(P-ALEX 系列)含量不同的配方在未固化之前的流变行为，并与基础配方(P-Al30-18%)进行了对比。在该条件下，药浆黏度表现出了剪切稀化行为，随着 SR 的增加，黏度降低。与 Al30 相比，ALEX 颗粒的 S_{SA} 较高，只要增加 3%纳米铝粉，就会导致黏度增加 27%(与 SR = 1s^{-1}时的基本配方相比)。在相同操作条件下，当 ALEX 含量增加到 6%时，黏度变为

181.1Pa·s(与基本配方相比增加了67%)。在实验中测得的P-ALEX-18%的最大黏度为1367Pa·s ($SR=1s^{-1}$)。此配方的黏度比基本配方的值高出一个数量级。表13-12中的数据表明了P-ALEX-18%药浆对SR值得变化的响应度最高。这是因为纳米铝粉的质量分数越高,团聚现象就更严重。这些颗粒的冷黏附团簇可能会被剪切速率引起的流体效应破坏,因此造成了对SR值响应高的现象。P-L-ALEX系列和P-V-ALEX系列药浆的黏度曲线如图13-11和图13-12所示。含硬脂酸处理粉末的推进剂表现出与ALEX掺杂药浆类似的趋势。与相应的含ALEX的配方相比,P-L-ALEX-6%和P-L-ALEX-18%具有更加明显的剪切稀化行为,因此,可以观察到η随SR的变化更接近能量法则的表述(表13-12)。$SR=1s^{-1}$时, P-L-ALEX-6% 和 P-L-ALEX-18% 药浆的黏度分别为基础配方的234%和1160%。根据文献[58],由于包覆层改善了颗粒间的相互作用,纳米铝粉含量高于3%的P-L-ALEX配方存在非常明显的剪切稀化行为,并且在未固化配方中当L-ALEX含量达到临界值时,这种行为较明显。

尽管含氟高聚物和HTPB的相容性较差,含VF-ALEX的药浆的流变行为与P-L-ALEX系列并没有显著的区别(表13-12)。含18%(质量分数)纳米铝粉的推进剂药浆和基本配方的对比如图13-13所示。收集的数据证明了纳米铝粉对相应剪切速率下流变性能的不利影响,η值比基础配方高。含L-ALEX和VF-ALEX药浆的黏度比含ALEX的药浆黏度大。这个结果可能与HTPB+AP混合物对L-ALEX表面和氟化碳氢化合物包覆的粉末表面的润湿性有关。为了对观察到的现象有进一步的理解,还需要进行调查研究。

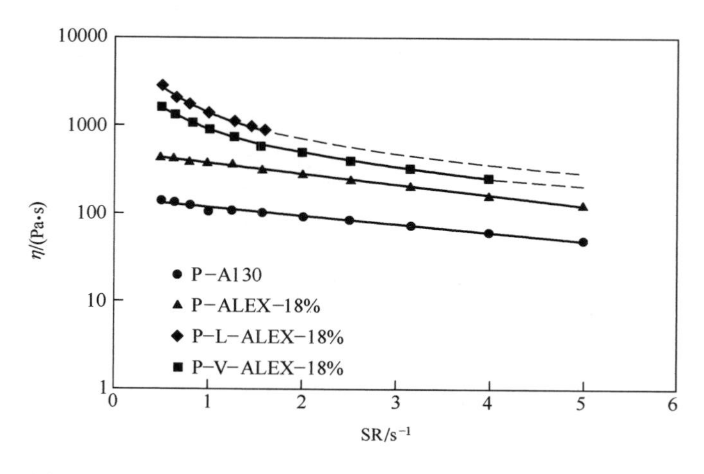

图13-13 纳米铝粉含量为18%的未处理浆状推进剂的黏度图

注意:L-ALEX基和VF-ALEX基配方的剪切稀化现象。

13.6　结论与工作展望

本工作集中于凝聚相含能体系中所使用的纳米铝粉的表征技术。由电子显微镜(SEM、TED 和 TEM)、非等温氧化(DSC—TG、T_{ign}确定)和黏度测量可以获得定性和定量的结果。研究所用的纳米铝粉由 EEW 法制备。采用两种不同的钝化手段(空气和硬脂酸),钝化表面的最终包覆层也不同(表 13-1)。

SEM 显微图像表明,测试的粉末的形貌没有明显的区别。尽管其表面处理不同(空气或硬脂酸钝化、空气钝化层包覆),纳米 Al 颗粒逐渐变为具有光滑表面的球形,其颗粒尺寸可能处于亚微米或微米级。在空气钝化的 ALEX 颗粒中,观察到了明显的团聚行为,并形成了微米尺寸的团聚体(图 13-5)。由于颗粒间相互作用(如静电作用力)的影响,冷团聚是广泛存在于高 S_{SA}体系中的一种现象。TED/TEM 技术使确认 ALEX 颗粒的颈缩和团聚(制备技术的影响)、颗粒团聚(由粉末特征例如 S_{SA}、颗粒尺寸分布和表面结构特征引起的行为)成为可能。尽管 Al_2O_3的无定形特征使其不能通过 XRD 技术检测,透射图像可以表征围绕 ALEX 颗粒的氧化层厚度和结构。对于包覆的空气钝化粉末,TED/TEM 数据使对颗粒多层结构的直接表征成为可能。同时,通过这些检测手段还可以观察到其他重要现象(如包覆沉积促进的团簇)。此外,TED 和 TEM 还可以监测粉末的老化行为(如氧化层变厚,金属核消耗)。一个重要的例子是,可以由 TEM 和 TED 观察到由透过硬脂酸层扩散的氧化剂造成的 L-ALEX 双壳结构。

钝化层的特点(组成、无定形/结晶相)和其在加热过程中的变化对于理解颗粒燃烧行为十分重要[6]。分散体系氧化释放的能量取决于粉末反应活性和 C_{Al}。对于空气钝化粉末,氧化反应起始与 Al_2O_3壳特征[12,56]和/或完整性[56]有关。如果某些氧化剂向金属燃料扩散(或接触)[17,20,40,53,54],在这种情况下,氧化层上包覆物的分解可以引起颗粒点火。反应过程可能是自然氧化破裂和包覆层分解同时发生的结果。非等温分析对研究低升温速率下的行为是非常有效的,尤其是在包覆层存在的情况下(表 13-3 和表 13-4)。虽然有时确认单个过程很不容易,但包覆层的分解、颗粒氧化甚至氧化物的多晶相转变都可以记录下来。TG 曲线可以记录包覆沉积的过程,因为在低升温速率下,纯纳米 Al 颗粒与氧化包覆层发生在不同的温度范围内,Δm_0可以提供颗粒表面存在包覆层的证据(表 13-3)。实验数据表明,高升温速率对定义不同样品的反应活性更有效,为样品提供了更真实的热应力(表 13-5)。从这个角度来看,ALEX 和 VF-ALEX 的 DSC-TG 和 T_{ign}数据的相反结果十分重要。在低升温速率下(10K/min,

见表 13-3)，包覆层退化和纳米铝粉氧化发生在不同的温度范围内，升温速率为(300±50)K/s 时，VF-ALEX 的点火温度比 ALEX 低。在氟化碳氢化合物包覆的情况下，造成颗粒反应性增强的主要原因可能是含氟包覆物分解产物和金属颗粒核之间的相互作用，正如文献[17,20,41,53,54]所呈现的理论和实验结果所示。

由于尺寸的减小和 S_{SA} 的增加，纳米颗粒更倾向于发生颗粒间相互作用，严重影响悬浮液的流变特性，这就需要在固体燃料/推进剂制备过程中采用特定的方法。在低振幅和低频率振荡条件下进行的流变分析揭示了纳米铝粉的半增强行为，提高了药浆的黏度(表 13-8)。在振荡条件下进行的流变研究还发现了 ALEX 对未固化的 HTPB 悬浮液黏度的不利影响(表 13-9)。文献[63,64]报道了微米铝粉掺杂复合物的流变行为，而 ALEX 的高 S_{SA} 增强了这种行为。另外，HTPB + L-ALEX 的固化过程数据表明，脂肪酸层对缩合反应的增强作用，在该条件下，又促进了黏度的快速增加。对未固化的固体推进剂药浆流变行为的研究表明了纳米铝粉造成了 η 的显著增强。在测试条件下，纳米铝粉含量的增加使 η 值增加。对于含有 6%纳米粉体的纳米铝粉+微米铝粉，η 值相对于基本配方约增加了 70%。这些结果强调了对含纳米铝粉药浆流变性的表征对于制备过程的重要性，以及对于可能的工业、大规模应用的重要性。

未来应该采用不同的方法对纳米铝粉的进行更完整的表征，包括颗粒形貌、低和高升温速率反应性，以及悬浮物间的相互作用。对于火箭推进的“高反应活性/高安全性”要求对纳米体系预燃烧特征的完全理解，并充分表征纳米铝粉的特征。储存、处理和纳米粉末在工业中的应用应该建立在大量实验分析的基础之上。

致谢

本工作中所呈现的一些表征结果是在空间推进实验室(SPLab)和米兰理工大学先进制备实验室(AMALA)的合作下共同完成的。

参 考 文 献

[1] A. V. Grosse, J. B. Conway, Combustion of metals in oxygen, Ind. Eng. Chem. 50 (1958) 663-672.

[2] G. P. Sutton, O. Biblarz, Rocket Propulsion Elements, seventh ed., John Wiley & Sons, Hoboken, New Jersey, USA, 2007.

[3] N. Kubota, Propellants and Explosives: Thermochemical Aspects of Combustion, second ed., Wiley-VCH, Weinheim, Germany, 2006.

[4] E. L. Dreizin, Metal-based reactive nanomaterials, Prog. Energy Combust. Sci. 35 (2009) 141-167.

[5] N. H. Yen, L. Y. Wang, Reactive metals in explosives, Propell. Explos. Pyrotech. 37 (2012) 143-155.

[6] L. T. De Luca, L. Galfetti, F. Maggi, G. Colombo, C. Paravan, A. Reina, S. Dossi, M. Fassina, A. Sossi, Characterization and combustion of aluminum nanopowders in energetic systems, in: A. A. Gromov, U. Teipel (Eds.), Metal Nanopowders Production, Characterization, and Energetic Applications, Wiley VCH, Weinheim, Germany, 2014.

[7] A. Vignes, F. Muñoz, J. Bouillard, O. Dufaud, L. Perrin, A. Laurent, D. Thomas, Risk assessment of the ignitability and explosivity of aluminum nanopowders, Process Saf. Environ. Prot. 90 (4) (2012) 304-310.

[8] L. K. Braydich-Stolle, J. L. Speshock, A. Castle, M. Smith, R. C. Murdok, S. M. Hussain, Nanosized aluminum altered immune function, ACS Nano 4 (7) (2010) 3661-3670.

[9] Y. S. Kwon, A. A. Gromov, Y. I. Strokova, Passivation of the surface of aluminum nanopowders by protective coatings of the different chemical origin, Appl. Surf. Sci. 253 (2007) 5558-5564.

[10] L. P. H. Jeurgens, W. G. Sloof, F. D. Tichelaar, E. J. Mittemeijer, Structure and morphology of aluminium oxide films formed by thermal oxidation of aluminium, Thin Solid Films 418 (2002) 89-101.

[11] L. P. H. Jeurgens, W. G. Sloof, F. D. Tichelaar, E. J. Mittemeijer, Composition and chemical state of the ions of aluminium-oxide films formed by thermal oxidation of aluminium, Surf. Sci. 506 (2002) 313-332.

[12] M. A. Trunov, M. Schoenitz, X. Zhu, E. L. Dreizin, Effect of polymorphic phase transformations in Al_2O_3 film on oxidation kinetics of aluminum powders, Combust. Flame 140 (2005) 310-318.

[13] A. Gromov, A. Ilyin, U. Förter-Barth, U. Teipel, Characterization of aluminum Powders: II. Aluminum nanopowders passivated by non-inert coatings, Propell. Explos. Pyrotech. 31 (2006) 401-409.

[14] M. A. Trunov, S. M. Umbrajkar, M. Schoenitz, J. T. Mang, E. L. Dreizin, Oxidation and melting of aluminum nanopowders, J. Phys. Chem. B 110 (2006) 13094-13099.

[15] M. W. Beckstead, A summary of aluminum combustion, in: Internal Aerodynamics in Solid Rocket Propulsion, 2004 (Chapter 5), RTO-EN 023.

[16] Y. Huang, G. A. Risha, V. Yang, R. A. Yetter, Effect of particle size on combustion of aluminum particle dust in air, Combust. Flame 156 (2009) 5-13.

[17] C. Paravan, Ballistics of Innovative Solid Fuel Formulations for Hybrid Rocket Engines (PhD dissertation), Politecnico di Milano, Milan, Italy, 2012.

[18] E. M. Popenko, A. P. Ilyin, A. M. Gromov, S. K. Kondratyuk, V. A. Surgin, A. A. Gromov, Combustion of mixtures of commercial aluminium powders and ultrafine aluminium powders and aluminium oxide in air, Combust. Explos. Shock Waves 38 (2002) 157-162.

[19] W. Ingignoli, B. Veyssiere, B. A. Khasainov, Study of detonation initiation in unconfined aluminium dust clouds, in: G. D. Roy, S. M. Frolov, K. Kailasanath, N. M. Smirnov (Eds.), Gaseous and Heterogeneous Detonaions: Science to Applications, ENAS publishers, Moscow, Russia, 1999, pp. 337-350.

[20] C. Paravan, M. Stocco, S. Penazzo, J. Myzyri, L. T. DeLuca, L. Galfetti, Effects of aluminum composites on the regression rates of solid fuels, Presented at the 6th EuCASS (European Conference for Aeronautics and Space Sciences), Krakow, Poland, 29 June-03 July, 2015.

[21] S. Dossi, C. Paravan, F. Maggi, G. Colombo, L. Galfetti, Enhancing Micrometric Aluminum Reactivity

by Mechanical Activation, AIAA Paper No. 2015-4221, 2015.

[22] M. Boiocchi, C. Paravan, S. Dossi, F. Maggi, G. Colombo, L. Galfetti, Paraffin-based Fuels and Energetic Additives for Hybrid Rocket Propulsion, AIAA Paper No. 2015-4042.

[23] M. Cliff, F. Tepper, V. Lisetsky, Ageing Characteristics of ALEX™ Nanosized Aluminum, AIAA Paper 2001-3287, 2001.

[24] S. Cerri, M. A. Bohn, K. Menke, L. Galfetti, Ageing behaviour of HTPB based rocket propellant formulations, Cent. Eur. J. Energ. Mater. 6 (2009) 149-165.

[25] A. Reina, C. Paravan, M. Morlacchi, A. Frosi, F. Maggi, L. T. DeLuca, Rheological and mechanical behavior of coated aluminum loaded nano-composites, in: C. Bonnal, L. T. DeLuca, S. M. Frolov, O. Haidn (Eds), Advances in Propulsion Physics, vol. 5, Torus Press, Moscow, in press

[26] G. A. Risha, B. J. Evans, E. Boyer, K. K. Kuo, Metals, energetic additives and special binders used in solid fuels for hybrid rockets, in: M. J. Chiaverini, K. K. Kuo (Eds.), Fundamentals of Hybrid Rocket Combustion and Propulsion, AIAA Progress in Astronautics and Aeronautics, vol. 218, 2007 (Chapter 10), pp. 413-456.

[27] L. T. DeLuca, L. Galfetti, G. Colombo, F. Maggi, A. Bandera, V. A. Babuk, V. P. Sinditskii, Microstructure effects in aluminized solid rocket propellants, J. Propuls. Power 26 (2010) 724-732.

[28] L. T. De Luca, L. Galfetti, F. Severini, L. Meda, G. Marra, A. B. Vorozhtsov, V. S. Sedoi, V. A. Babuk, Burning of nano - aluminized composite rocket propellants, Combust. Explos. Shock Waves 41 (2005) 680-692.

[29] P. Brousseau, C. J. Anderson, Nanometric aluminum in explosives, Propell. Explos. Pyrotech. 27 (2002) (2002) 300-306.

[30] A. Sossi, E. Duranti, C. Paravan, L. T. DeLuca, A. B. Vorozhtsov, A. A. Gromov, Y. I. Pautova, M. I. Lerner, N. G. Rodkevich, Non-isothermal oxidation of aluminum nanopowder coated by hydrocarbons and fluorohydrocarbons, Appl. Surf. Sci. 271 (2009) 337-343.

[31] A. Reina, Nano-metal Fuels for Hybrid and Solid Propulsion (PhD dissertation), Politecnico di Milano, Milan, Italy, 2013.

[32] J. Bouillard, A. Vignes, O. Dufaud, L. Perrin, D. Thomas, Ignition and explosion risks of nanopowders, J. Hazard. Mater. 181 (2010) 873-880.

[33] U. Teipel, U. Forter-Barth, Rheology of nano-scale aluminum suspensions, Propell. Explos. Pyrotech. 26 (2001) 268-272.

[34] E. M. Popenko, A. A. Gromov, Y. Y. Shamina, A. V. Sergienko, N. I. Popok, Effects of the addition of ultrafine aluminum powders on the rheological properties and burning rate of energetic condensed systems, Combust. Explos. Shock Waves 43 (2007) 46-50.

[35] B. Mary, C. Dubois, P. J. Carreau, P. Brousseau, Rheological properties of suspensions of polyethylene-coated aluminum nanoparticles, Rheol. Acta 45 (2006) 561-573.

[36] AMG Alpoco UK, http://www.amg-s.com/aluminum.html, 2015 (last visited 13. 07. 15).

[37] Malvern Instruments, http://www.malvern.com/en/support/product - support/mastersizer - range/mastersizer-2000/, 2015 (last visited 13. 07. 15).

[38] Advanced Powder Technology LLC, http://www.nanosized-powders.com, 2015 (last visited31. 03. 15).

[39] Y. S. Kwon, A. P. Ilyin, T. V. Tikhonov, O. Nazarenko, Installation "UDP-5" for nanopowders produc-

tion by wire electrical explosion. Presented at the 8th Russian-Korean International Symposium on Science and Technology (KORUS), 2004.

[40] A. Sossi, E. Duranti, M. Manzoni, C. Paravan, L. T. DeLuca, A. B. Vorozhtsov, M. I. Lerner, N. G. Rodkevich, A. A. Gromov, N. Savin, Combustion of HTPB-based solid fuels loaded with coated nanoaluminum, Combust. Sci. Technol. 185 (2013) 17-36.

[41] Y. F. Ivanov, M. N. Osmonoliev, V. S. Sedoi, V. A. Arkhipov, S. S. Bondarchuk, A. B. Vorozhtsov, A. G. Korotkikh, V. T. Kuznetsov, Productions of ultra-fine powders and their use in high energetic compositions, Propell. Explos. Pyrotech. 28 (2003) 319-333.

[42] 3M Material Safety Data Sheet FC-2175 Fluorel (TM) Brand Fluoroelastomer, October 13, 2010.

[43] S. Dossi, A. Reina, F. Maggi, L. T. De Luca, Innovative metal fuels for solid rocket propulsion, Int. J. Energ. Mater. Chem. Propuls. 11 (2012) 299-322.

[44] F. Maggi, S. Dossi, A. Reina, M. Fassina, L. T. De Luca, Advanced aluminum powders for solid propellants, Presented at the 5th EuCASS (European Conference for Aerospace Sciences), Munich, Germany, 1-5 July, 2013.

[45] L. Chen, W. Song, J. Lv, X. Chen, C. Xie, Research on the methods to determine metallic aluminum content in aluminum nanoparticles, Mater. Chem. Phys. 120 (2010) 670-675.

[46] Y. S. Kwon, Y. Jung, N. A. Yavorovsky, A. P. Ilyin, J. Kim, Ultra-fine powder by wire explosion method, Scr. Mater. 44 (2001) 2247-2251.

[47] B. Rufino, F. Boulc'h, M.-V. Coulet, G. Lacroix, R. Denoyel, Influence of particles size on thermal properties of aluminium powder, Acta Mater. 55 (2007) 2815-2827.

[48] A. P. Ilyin, A. A. Gromov, V. An, F. Faubert, C. de Izarra, A. Espagnacq, L. Brunet, Characterization of aluminum powders I. Parameters of reactivity of aluminum powders, Propell. Explos. Pyrotech. 27 (2002) 361-364.

[49] C. Paravan, A. Reina, A. Sossi, et al., Time-resolved regression rate of innovative solid fuel formulations, in: C. Bonnal, L. T. DeLuca, S. M. Frolov, O. Haidn (Eds.), Advances in Propulsion Physics, vol. 4, Torus Press, Moscow, 2013.

[50] W. W. Wendlandt, Thermal analysis, third ed., John Wiley & Sons, New York, USA, 1986.

[51] L. Chen, W. L. Song, J. Lv, L. Wang, C. S. Xie, Effect of heating rates on TG-DTA results of aluminum nanopowders prepared by laser heating evaporation, J. Therm. Anal. Calorim. 96 (2009) 141-145.

[52] D. A. Yagodinkov, E. A. Andreev, V. S. Vorob'ev, O. G. Glotov, Ignition, combustion, and agglomeration of encapsulated aluminum particles in composite solid propellant. I. Theoretical study of the ignition and combustion of aluminum with fluorine containing coatings, Combust. Explos. Shock Waves 42 (5) (2006) 534-542.

[53] O. G. Glotov, D. A. Yagodinkov, V. S. Vorob'ev, V. E. Zarko, V. N. Simonenko, Ignition, combustion, and agglomeration of encapsulated aluminum particles in composite solid propellant. II. Experimental studies of agglomeration, Combust. Explos. Shock Waves 43 (3) (2007) 320-333.

[54] V. N. Vilyumov, V. E. Zarko, Ignition of Solids, Elsevier Science Publisher, Amsterdam, 1989.

[55] L. T. DeLuca, C. Paravan, A. Reina, M. Spreafico, E. Marchesi, F. Maggi, A. Bandera, G. Colombo, B. Kosowski, Aggregation and incipient agglomeration in metallized solid propellants and solid fuels for rocket propulsion, in: 46th AIAA/ASME/SAE/ASEE Joint Propulsion Conference & Exhibit. American

Institute of Aeronautics and Astronautics, AIAA Paper No. 2010-6752.

[56] A. V. Korshunov, A. P. Iliyin, N. I. Radishevskaya, T. P. Morozova, The kinetics of oxidation of aluminum electroexplosive nanopowders duringheating in air, Rus. J. Chem. Phys. 84 (9) (2010) 1728-1736.

[57] A. Gedanken, Doping nanoparticles into polymers and ceramics using ultrasound radiation, Ultrason. Sonochem. 14 (2007) 418-430.

[58] S. Dossi, Mechanically Activated Al Fuels for High Performance Solid Rocket Propellants(PhD dissertation), Politecnico di Milano, Milan, Italy, 2014.

[59] M. Fassina, Effect of Al Particle Shape on Solid Propellants (PhD dissertation), Politecnico di Milano, Milan, Italy, 2014.

[60] Resodyn™ Acoustic Mixtures, LabRAM Mixer, 2015. http://www. resodynmixers. Com /products/labram/ (last visit 20 Jun 15).

[61] F. Maggi, Curing viscosity of HTPB-based binder embedding micro- and nano-aluminum particles, Propell. Explos. Pyrotech. 39 (2014) 755-760.

[62] H. H. Winter, Can the gel point of a cross-linking polymer be detected by the G'-G'' crossover? Polym. Eng. Sci. 27 (1987) 1698-1702.

[63] A. K. Mahanta, D. D. Pathak, HTPB-polyurethane: a versatile fuel binder for composite solid propellant, in: F. Zafar, E. Sharmin (Eds.), Polyurethane, InTech, Rijeka, Croatia, 2012.

[64] S. P. McManus, H. S. Bruner, H. D. Coble, Stabilization of Cure Rates of Diisocyanates with Hydroxy-terminated Polybutadiene Binders, Research Report 140, University of Alabama inHuntsville, USA, 1973.

[65] D. M. Kalyon, P. Yaras, B. Aral, U. Yilmazer, Rheological behavior of a concentrated suspension: a solid rocket fuel simulant, J. Rheol. 37 (1993) 35-53.

[66] R. Muthiah, R. Manjari, V. N. Krishnamurthy, B. R. Gupta, Rheology of HTPB propellants: effects of mixing speed and mixing time, Defence Sci. J. 43 (1993) 167-172.

内容简介

纳米含能材料是指包含纳米组分的含能材料或含能体系,与含能材料相比,其能量释放速率和化学转换过程均得到较大提升,从而使它的综合性能得以改善和优化。纳米含能材料作为一个新颖但具有广泛应用前景的领域,其研究和应用有望在先进炸药、推进剂和微型装备中取得突破性进展。

本书总结了来自中国、以色列、俄罗斯、德国、意大利和美国等国家的优秀科研团队在纳米含能材料领域所取得的进展与成果,总结了多种纳米含能材料的制备方法,定性、定量表征技术,着重探讨了纳米含能材料的内在反应机理,介绍了纳米含能材料的应用现状。本书共分为13章,涵盖了纳米含能材料合成、表征、反应机理、动力学及应用等内容。

本书可作为兵器专业、材料专业、化学专业及相关专业高年级本科生及研究生的教材或高校教师的参考书,也可供从事火炸药工作的研究人员阅读。